今すぐ使えるかんたん

Power BI

完全ガイドブック

JN218695

Imasugu Tsukaeru Kantan Series
Power BI Guide book
Yuko Uemura

技術評論社

本書の使い方

- 画面の手順解説だけを読めば、操作できるようになる！
- もっと詳しく知りたい人は、左側の「側注」を読んで納得！
- これだけは覚えておきたい機能を厳選して紹介！

特長 1

機能ごとに
まとまっているので、
「やりたいこと」が
すぐに見つかる！

特長 2

基本操作

赤い矢印の部分だけを
読んで、パソコンを
操作すれば、難しいことは
わからなくても、
あっという間に
操作できる！

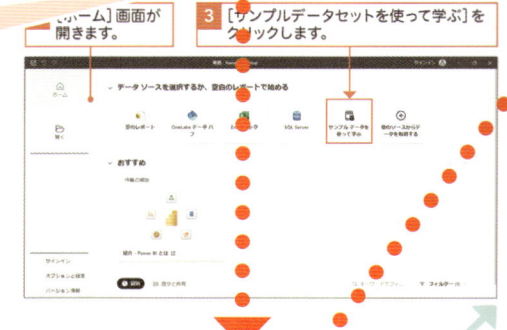

誌面例

05
はじめてのレポー

Section

05 はじめてのレポートを作成しよう

Power BI Desktopの起動、サンプルデータの使用

練習▶なし 完成▶05_練習_end.pbix

① Power BI Desktop を起動し、サンプルデータを読み込む

解説

Power BI Desktop を起動する

Windowsのタスクバーから、Power BI Desktopのショートカットアイコンをクリックして、Power BI Desktop を起動します。

ヒント

ホーム画面とは

Power BI Desktop 起動時に表示される画面です。
ホーム画面が非表示になって場合は、次の画面が表示されるので、[サンプルデータの使用]をクリックしてください。

解説

データを取得する

Power BI Desktop に付属するサンプルデータセットを読み込みます。このサンプルデータは、Microsoft社提供のExcelのブックで、ある企業の売上や利益が700件分含まれています。

1 タスクバーの[Power BI Desktop]をクリックして起動します。

[ホーム]画面が開きます。

3 [サンプルデータセットを使って学ぶ]をクリックします。

32

Business Intelligence と Powe

特長 3

やわらかい上質な紙を
使っているので、
開いたら閉じにくい！

● 補足説明

操作の補足的な内容を「側注」にまとめているので、
よくわからないときに活用すると、疑問が解決！

 解説　　 ヒント　　 重要用語

 応用技　　 補足　　 注意

 解説

Excelブックを指定する

ナビゲーター画面で、Financial Sample.xlsx ブックの[financials]シートを選択して、サンプルデータをダウンロードします。プレビューで列やデータの中身を確認した後、Power BI Desktop へ読み込みます。

✏ 補足

使用するフィールドを確認する

ここでは、次の4つのフィールドを使用します。
[Country (国)]
[Product (製品)]
[Sales (売上高)]
[Profit (利益)]

✏ 補足

読み込み中のメッセージ

データの読み込み中、画面に作業の進行を知らせるメッセージ(黄色の帯)が表示されます。ここでは、表示が消えるまで待ちます。

---

4 [サンプルデータの読み込み]をクリックします。

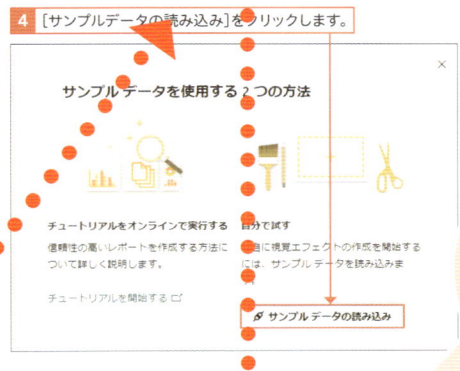

5 [financials]をダブルクリックします。

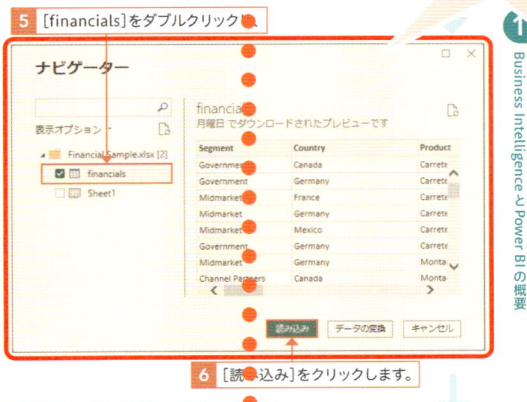

特長 4

大きな操作画面で
該当箇所を囲んでいるので
よくわかる！

6 [読み込み]をクリックします。

7 [レポート]ビューが表示されます。

05
はじめてのレポ

1
Business Intelligence と Power BI の概要

基礎編

33

サンプルファイルのダウンロード

本書では操作手順の理解に役立つサンプルファイルを用意しています。
サンプルファイルは、Microsoft Edgeなどのブラウザーを利用して、以下のURLのサポートページからダウンロードすることができます。ダウンロードしたときは圧縮ファイルの状態なので、展開してから使用してください（5ページ参照）。

> https://gihyo.jp/book/2024/978-4-297-14508-8/support

サンプルファイルは章ごとにフォルダーに分かれており、ファイル名には、セクション番号が付いています。
サンプルファイルは、そのセクションの開始時点の状態になっています。「完成」フォルダーには、各セクションの手順を実行したあとのファイルが入っています。
なお、セクションの内容によっては、サンプルファイルがない場合もあります。

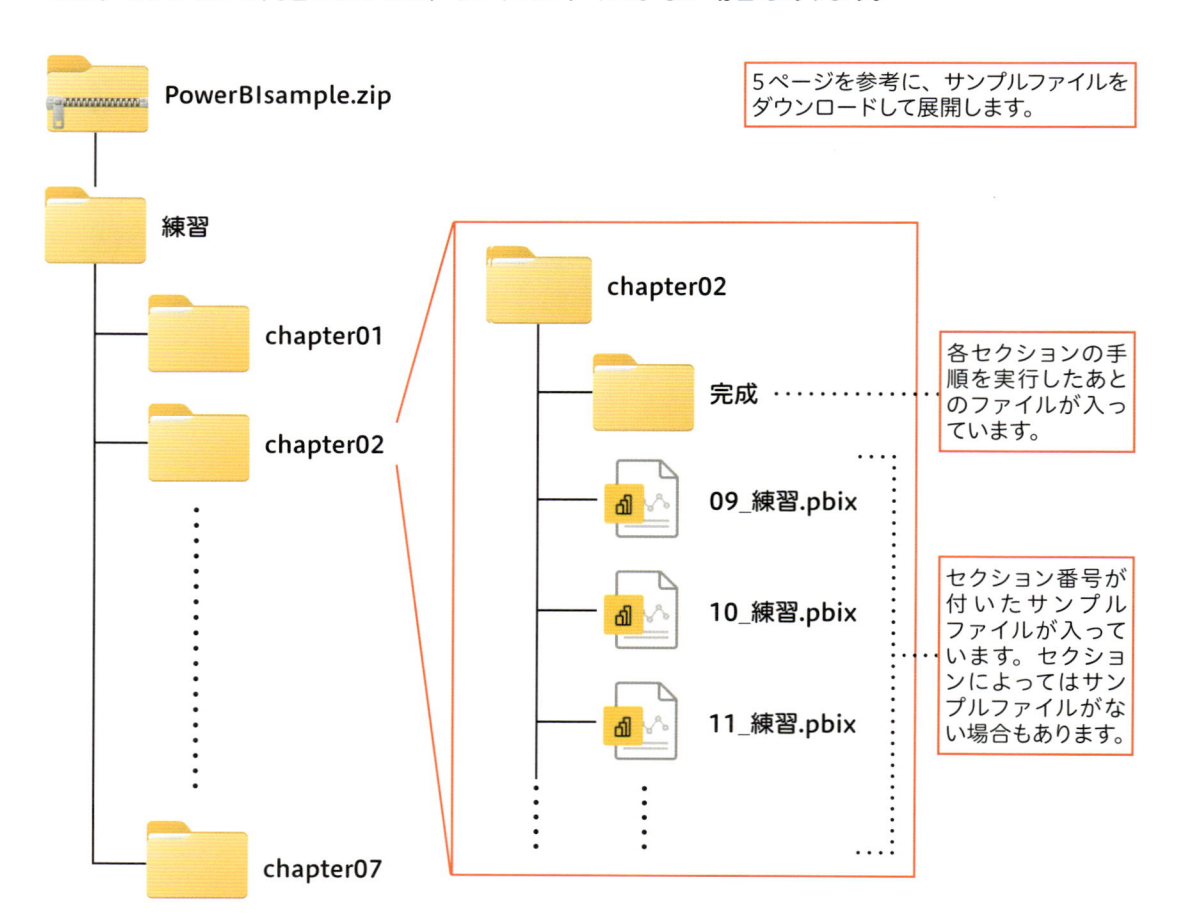

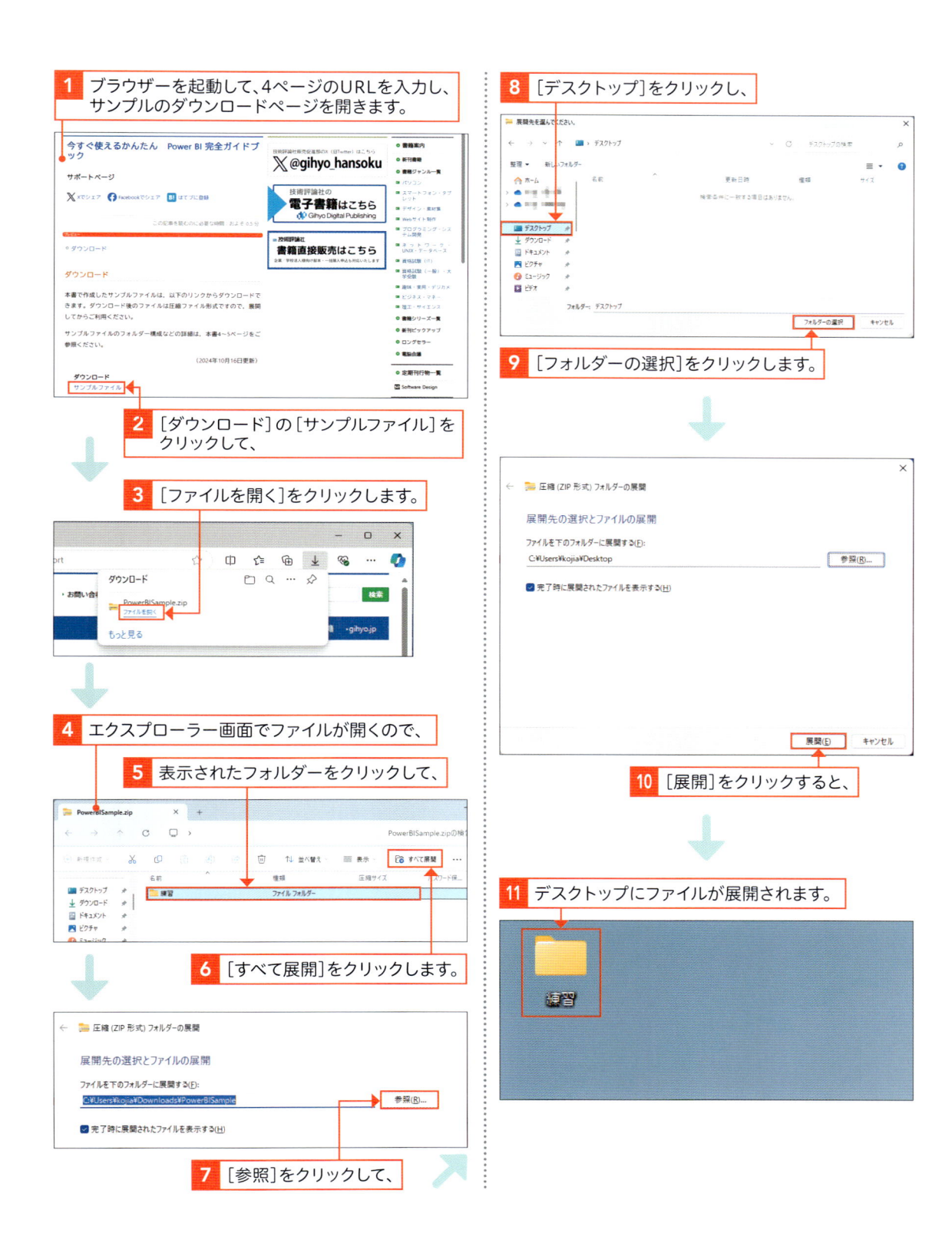

1 ブラウザーを起動して、4ページのURLを入力し、サンプルのダウンロードページを開きます。

2 [ダウンロード]の[サンプルファイル]をクリックして、

3 [ファイルを開く]をクリックします。

4 エクスプローラー画面でファイルが開くので、

5 表示されたフォルダーをクリックして、

6 [すべて展開]をクリックします。

7 [参照]をクリックして、

8 [デスクトップ]をクリックし、

9 [フォルダーの選択]をクリックします。

10 [展開]をクリックすると、

11 デスクトップにファイルが展開されます。

目次

第2章 レポートの視覚化機能

第3章 レポートの探索機能

第4章 Power BI Desktopによるデータの整備

第6章　Power BI サービスによる共有

付録　Appendix

第 **1** 章

Business Intelligenceと
Power BIの概要 基礎編

BIの利用環境を整えよう

▶ BIとは？

BIとは、Business Intelligenceの頭文字で、**経営や事業に関する情報を分析して、戦略の策定や遂行に活かす仕組み**です。

今、世界は第4次産業革命の真っただ中にあるといわれています。蒸気機関による工業化が推し進められた第1次、電力による大量生産が可能になった第2次、情報通信技術の革命による第3次、そして、AIやIoTに牽引される技術革新によるのが第4次産業革命である、と世界経済フォーラムで示されました。

第4次産業革命で重要なキーワードの1つが**インテリジェンス**です。インフォメーションに「知性や知恵」などの価値が付加されたものがインテリジェンス。たとえば、人口知能AI（Artificial Intelligence）の「I」、スパイの世界では、米英の諜報機関のCIAやMI6の「I」、そして、BI（Business Intelligence）の「I」は、インフォメーションではなく、インテリジェンスです。

このインテリジェンスをビジネスで活用するために、Microsoft社は、Power BIという統合プラットフォームを提供しています。この章では、そのプラットフォームの中のPower BI Desktop製品をインストールし、基本の操作を体験します。

▶ Microsoft Power BIとは？

Microsoft Power BI（オフィス向け）は次の3つの製品から構成されます。

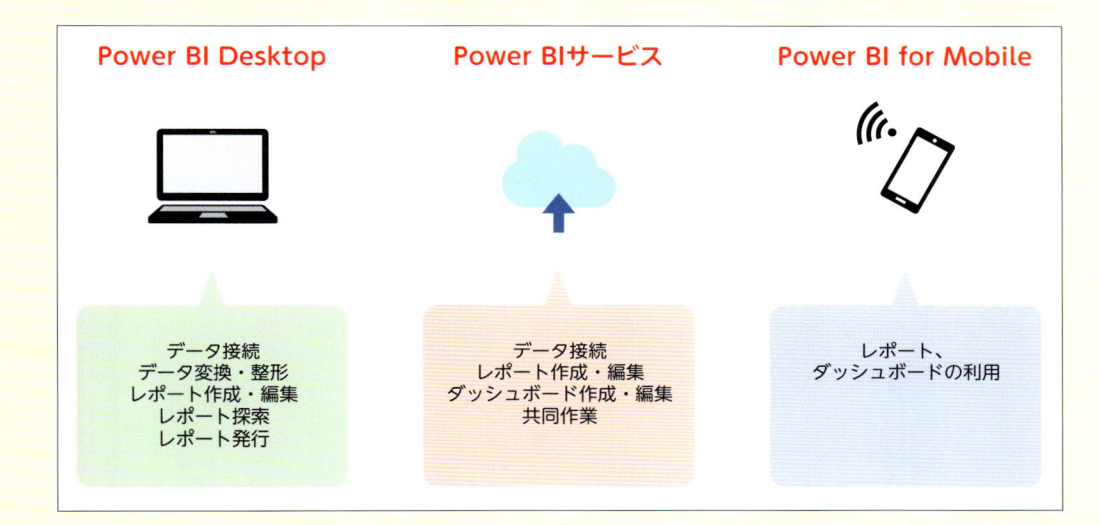

Power BI Desktop

データ接続
データ変換・整形
レポート作成・編集
レポート探索
レポート発行

Power BIサービス

データ接続
レポート作成・編集
ダッシュボード作成・編集
共同作業

Power BI for Mobile

レポート、
ダッシュボードの利用

●Power BI Desktop

Power BI Desktopは、ローカルコンピューターにインストールするアプリケーションです。外部データへの接続、変換、可視化、探索など分析に必要な機能が整っています。これらの機能を使ってレポート（コンテンツ）を作成し、データから洞察を得ます。
Power BI Desktopは、無料でダウンロードして利用できます。

●Power BI サービス

Power BI サービスは、クラウドベースのサービスです。
組織内での共同作業に役立つ機能を揃えています。分析から得られた知見の共有に役立ちます。
コンテンツを共有するには有償のライセンスが必要ですが、共有せず個人で利用する場合は無料です。

●Power BI for Mobile

Power BI for Mobileは、モバイルデバイス用のアプリです。
Power BI DesktopやPower BIサービスで作成されたコンテンツをモバイル環境で操作することができます。
Power BI for Mobileも、無料でダウンロードして利用できます。

Power BI Desktopをインストールしよう

アプリのダウンロード、Windowsへのインストール

① Microsoft Store へアクセスする

解説

製品をダウンロードする

Microsoft StoreからPower BI Desktopを取得し、インストールします。

他にIT管理者向けに、「直接ダウンロードする」インストール方法もあります。詳しくはマイクロソフトの公式ドキュメント(ブラウザの検索画面で「Power BI Desktopを直接ダウンロードする」と入力すると検索できます)を参照してください。

ヒント

事前にインストールの最低要件を確認する

インストールの前に、デバイスとOSのインストール要件を確認します。

OS	Windows 8.1 または Windows Serer2012.R2 以降
メモリ	2 GB以上使用可能、4 GB以上を推奨
ディスプレイ	1440 × 900以上または1600 × 900(16：9)

1 Windowsのタスクバーの検索BOXに「ストア」と入力します。

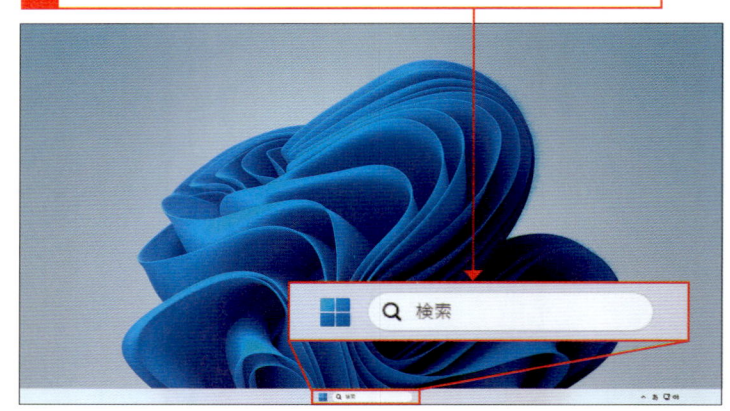

2 検索結果の「Microsoft Store」をクリックします。

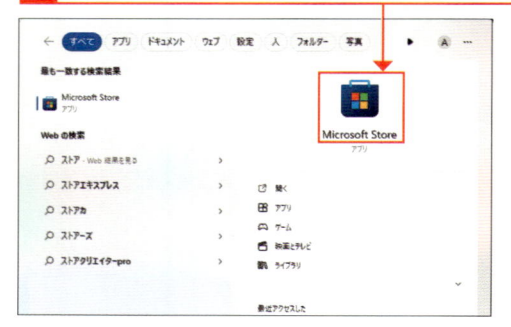

3 「Microsoft Store」の検索BOXに「powerbi desktop」と入力します。

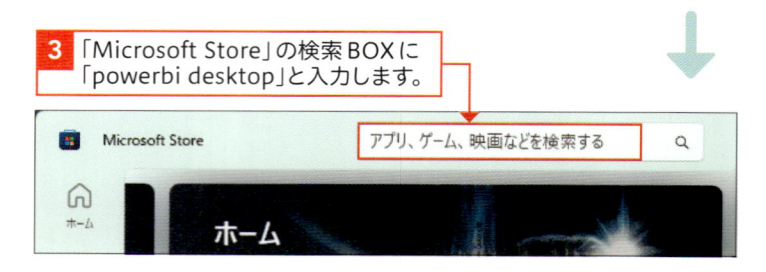

② Power BI Desktopをインストールする

💬 解説

インストールを実施する

インストールボタンをクリックしてから、インストールが完了するまで、しばらく時間がかかります。手順2の[開く]ボタンが表示されれば、インストール成功です。

1 [インストール]をクリックして、インストールを開始します。

2 インストールが完了したら、右下の[開く]をクリックします。

3 Power BI Desktopが起動し、[ようこそ]画面が表示されます。

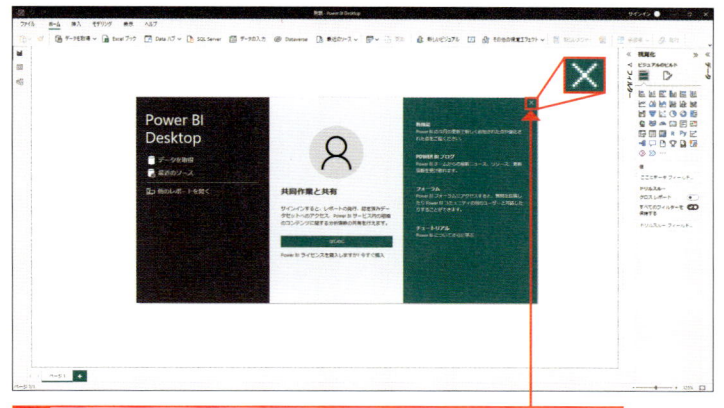

4 スタート画面の右上の ❌ をクリックして画面を閉じます。

💡 ヒント

[ようこそ]画面が表示されない場合

すでにマイクロソフトにアカウントを登録し、Office製品の利用などでサインイン済みの場合は、[ようこそ]画面は表示されないことがあります。インストール操作に支障はないので、そのまま次の手順へ進んでください。

③ 初期画面を確認する

 解説

バージョン情報を確認する

初期画面が表示されたら、製品のバージョンを確認しておきましょう。Power BI Desktopは、毎月自動更新され、常に新しい機能が使用できる状態になります。現在インストール済みのバージョンの更新月は、「バージョン情報」で確認することができます。

[バージョン情報]のその他の情報（ユーザーIDやセッションID、セッションエラーの診断など）は、マイクロソフトのヘルプデスクにサポートを求めるときに、必要になることがあります。本書では使用しません。

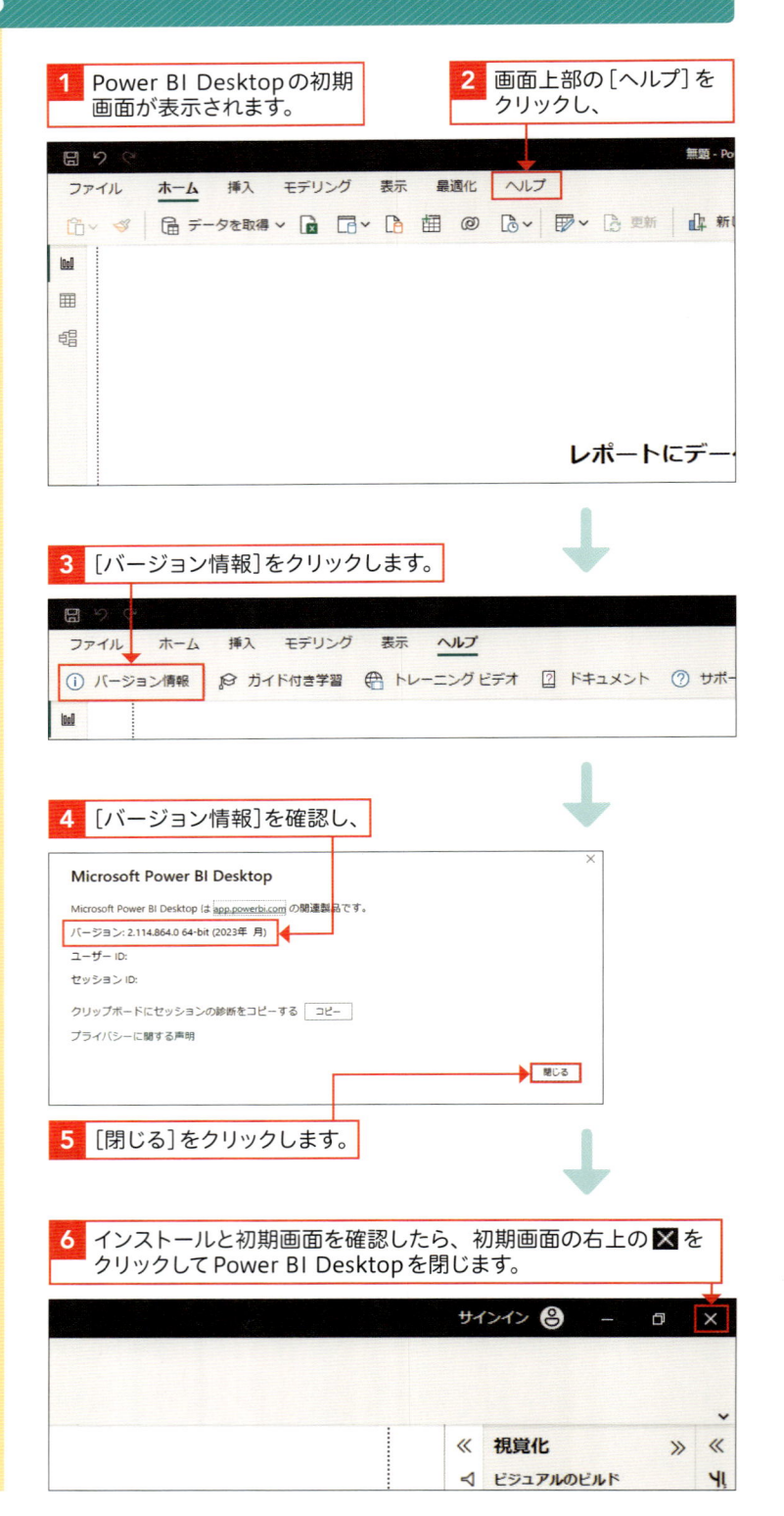

1 Power BI Desktopの初期画面が表示されます。

2 画面上部の[ヘルプ]をクリックし、

3 [バージョン情報]をクリックします。

4 [バージョン情報]を確認し、

Microsoft Power BI Desktop

Microsoft Power BI Desktop は app.powerbi.com の関連製品です。

バージョン: 2.114.864.0 64-bit (2023年 月)

ユーザー ID:

セッション ID:

クリップボードにセッションの診断をコピーする　コピー

プライバシーに関する声明

閉じる

5 [閉じる]をクリックします。

6 インストールと初期画面を確認したら、初期画面の右上の ✕ をクリックしてPower BI Desktopを閉じます。

④ ショートカットを作成する

💬 解説

ショートカットの作成

タスクバーに、Power BI Desktop を起動するショートカットアイコンを作成します。頻繁に Power BI Desktop を使用する場合は、タスクバーからの起動が便利です。使用しない場合は、次の方法で、ショートカットアイコンを削除することができます。

1 タスクバー上のショートカットアイコンを右クリックし、
2 [タスクバーからピン留めを外す]をクリックする。

1 タスクバーの検索ボックスをクリックします。

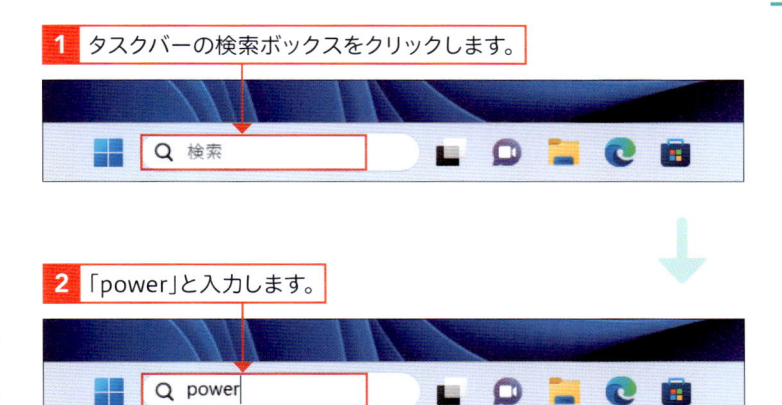

2 「power」と入力します。

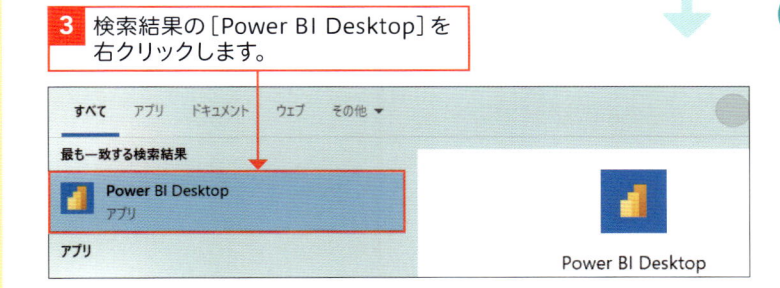

3 検索結果の[Power BI Desktop]を右クリックします。

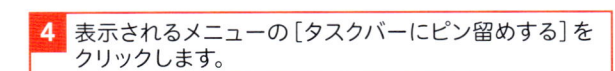

4 表示されるメニューの[タスクバーにピン留めする]をクリックします。

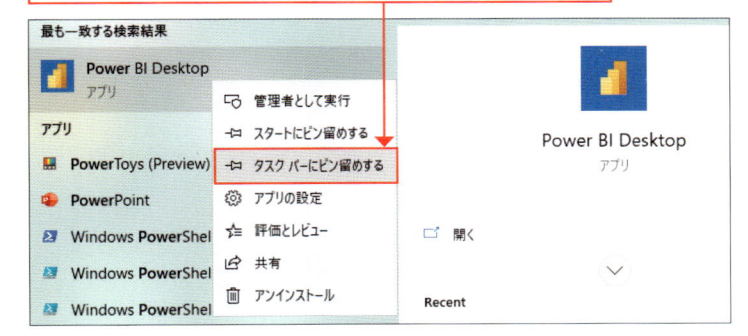

5 Power BI Desktopアイコンが表示されました。

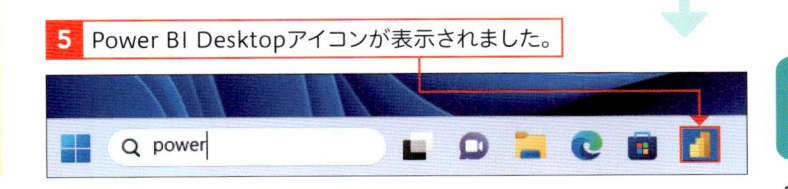

Power BI Desktopの全体像を知ろう

レポートビュー、テーブルビュー、モデルビュー、BIの仕事の流れ

▶ Power BI Desktop の主要3画面を確認する

次の3つの主要ビューとそれぞれの機能から構成されています。ビューはナビゲーションのアイコンで切り替えます。各ビューの機能は、画面上部のリボンから呼び出します。

名称	概要
レポートビュー	レポートビューは、データを視覚化して、グラフや集計表（「ビジュアル」と総称する）を作成するときに使います。
テーブルビュー	テーブルビューとモデルビューは、Power BI Desktop に読み込んだデータのテーブル構造の確認や、フィールドを整備するときに使います。テーブルが複数ある場合は、モデルビューでテーブル間の関連を定義します。
モデルビュー	
リボン	3つのビューの上部に、各ビューで使用するコマンドやアクションがまとめられています。［ホーム］や［ヘルプ］などのタブにグループ分けされています。

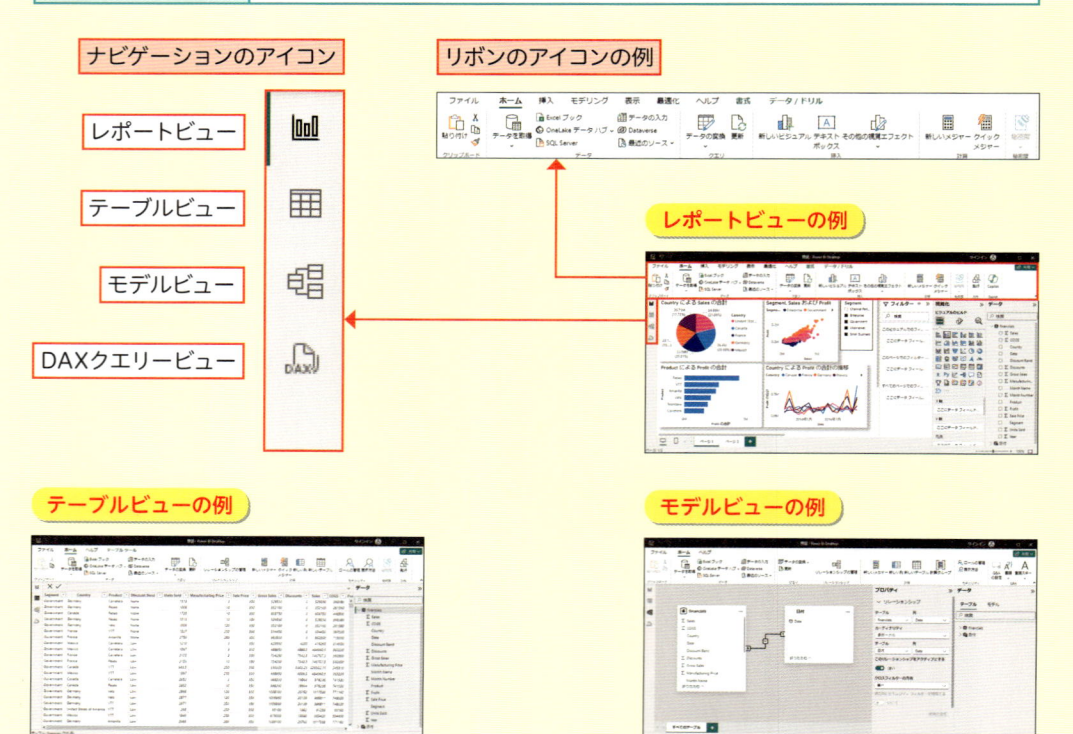

ナビゲーションのアイコン

リボンのアイコンの例

レポートビュー

テーブルビュー

モデルビュー

DAXクエリービュー

レポートビューの例

テーブルビューの例

モデルビューの例

▶ BIの仕事の進め方とPower BIの関係を確認する

▶ 分析作業の全体像

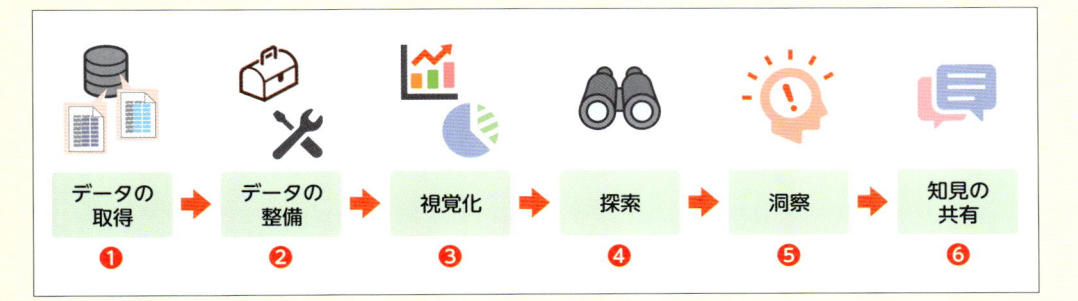

名称	説明
❶データの取得	集中管理された構造化データや、分散配置された多様なデータに接続し、分析者（自分や同僚）が扱いやすいように、加工します。
❷データの整備	
❸視覚化	データの塊から、量や割合、推移の傾向、散らばりや偏りなどにパターンを見出します。BIの可視化の目的は、「分析者の洞察を促進する」であり、表計算アプリのように「相手にわかりやすく伝える」と異なります。
❹探索	レポートと対話をし、試行錯誤をしながら洞察します。洞察とは、「このデータは何を意味するのか？」「このデータから何がいえるのか？」を導き出すことです。過去の結果を整理するだけでなく、「これから、どうすべきか？」に答えや提案を出し、事業に役立てます。
❺洞察	
❻知見の共有	分析者の洞察を組織に共有し、組織の知見を高めます。

▶ Power BI Desktop の位置づけ

「Microsoft　Power BI」は、組織の事業分析を支援するアプリケーションです。上の図の「データの取得」〜「洞察」を担う「Power BI Desktop」と、主に「探索」「洞察」「知見の共有」に役立つ「Power BI サービス」の2つの製品で構成されています。「Microsoft Power BI」は、組織での利用を前提としていますが、「Power BI Desktop」は、個人で使うこともできます。

✏️補足 Power BIサービスとは

Power BI Desktopで作成したレポートを組織で共有するための製品です。Power BI サービスへ発行（アップロード）してクラウド上で利用します。右の画面は、Power BI サービスの画面の例です。本書では、第6章で扱います。

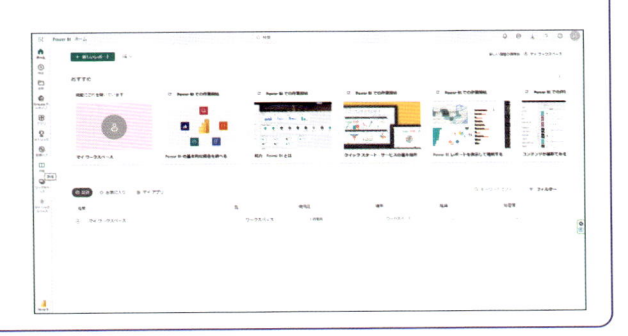

基礎編

Section

03
レポートビューの構成を知ろう
レポートビューの画面構成、レポートビューの構成要素

▶ レポートビューの画面の構成を確認する

レポートビューは、Power BI Desktopの既定のビューです。レポートビューは、データを視覚化して、ビジュアルを作成するときに使います。各部の名称は次の通りです。

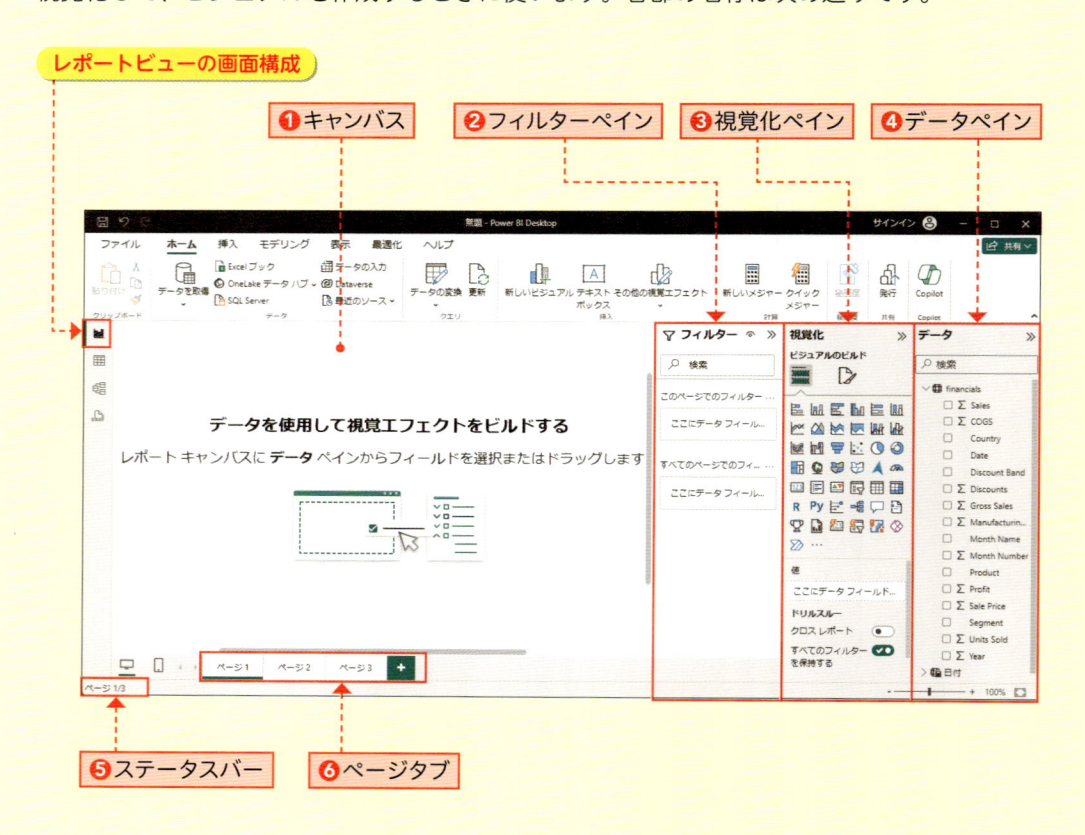

レポートビューの画面構成

❶キャンバス ❷フィルターペイン ❸視覚化ペイン ❹データペイン

❺ステータスバー ❻ページタブ

 **ペインとは**

ペイン (pane) とは、日本語で「窓枠」という意味で、ウィンドウ内の小さな区画を示します。マイクロソフトの公式ドキュメントで、ペイン (pane) をウィンドウと翻訳されていることがあります。ペインに読み替えてください。

レポートビューの構成要素

名称	機能
❶キャンバス	ビジュアルをレイアウトする作業領域です。
❷フィルターペイン	レポートに表示するデータの絞り込みを指示します。
❸視覚化ペイン	ビジュアルの構成の組み立てや書式の設定を指示します。ビジュアルの構成要素（フィールド）を選択し、役割を設定することを「ビルドする」といいます。
❹データペイン	レポートで使うテーブルとフィールドを表示します。
❺ステータスバー	ページ番号などキャンバスについての情報が表示されます。
❻ページタブ	複数のキャンバスの表示を切り替えます。

▶ 視覚化ペインの構成

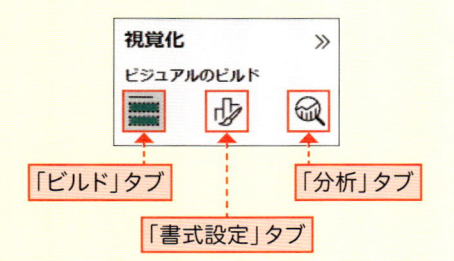

「ビルド」タブ

「書式設定」タブ

「分析」タブ

名称	機能
❶ビルド	ビジュアルのタイプとプロパティから構成されます。タイプと構成要素（フィールド）を選択し、役割を設定することを「ビルドする」といいます。
❷書式設定	ページや個々のビジュアルの外観に関する設定を指示します。
❸分析	ビジュアルに補助線を追加して、分析の判断を助けます。ビジュアル作成後に「分析」タブのアイコンが表示されます。

「ビルド」タブ

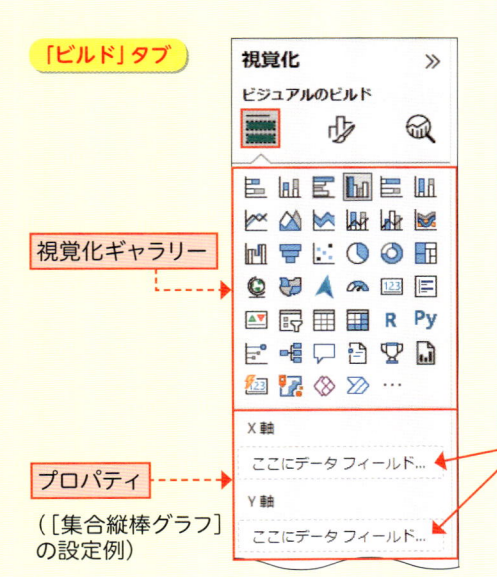

視覚化ギャラリー

プロパティ

（［集合縦棒グラフ］
の設定例）

タブ	名称	説明
ビルド	視覚化ギャラリー	視覚化タイプ（棒、円、折れ線、マトリクスなど）を選択します。
	プロパティ	ビジュアルを構成するフィールドや、その役割を指定します。視覚化タイプごとに指定する項目は異なります。

ウェル
（設定値の入力欄）

注意
インストールされている製品バージョンによって、視覚化ギャラリー内のアイコンの数や場所が異なることがあります。

「書式設定」タブ

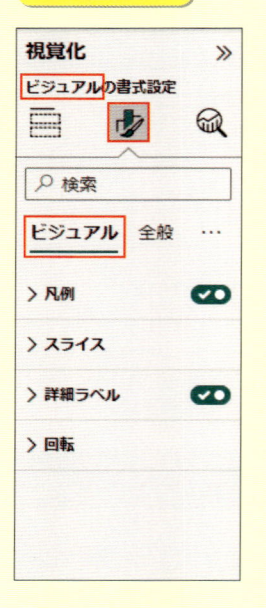
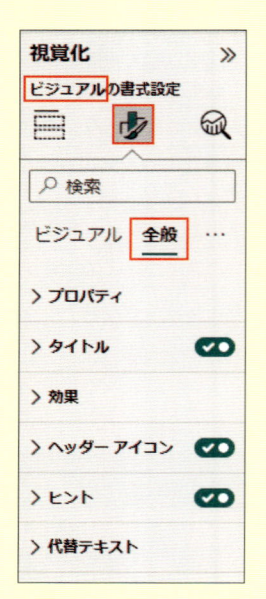
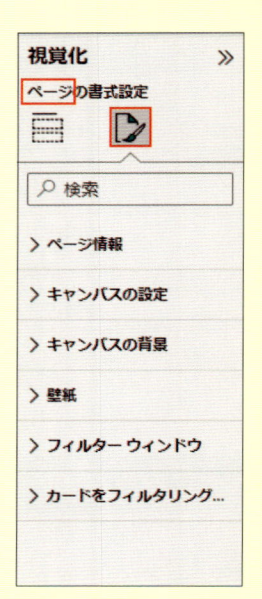

名称	機能
ビジュアルの書式設定	ビジュアル： 視覚化タイプごとの固有の設定を指示します。 全般： 視覚化タイプによらない共通の設定を指示します。
ページの書式設定	ページやキャンバス全体の設定を指示します （例　ページのサイズ、背景の色）。

⚠️注意　**画面の構成要素の違い**

Power BI Desktop の画面の構成要素について、インストールされている製品バージョンによって、皆さんの Power BI Desktop と、本章に掲載する画面が異なる場合があります。

たとえば、[ビルド] タブ、[書式設定] タブ、[分析] タブ内のカテゴリやサブカテゴリの展開／折り畳み状態や、画面内の構成要素の名称や並び順が異なることがあります。

「分析」タブ

ビジュアルに補助線を追加して、分析の判断を助けます。ビジュアル作成後に「分析」タブのアイコンが表示されます。

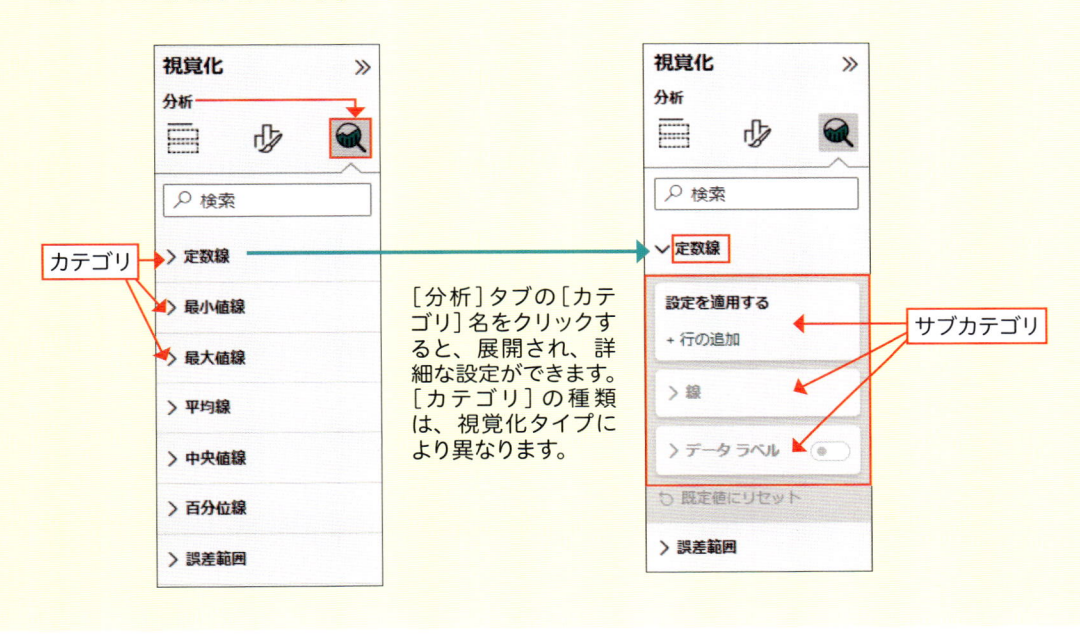

[分析]タブの[カテゴリ]名をクリックすると、展開され、詳細な設定ができます。[カテゴリ]の種類は、視覚化タイプにより異なります。

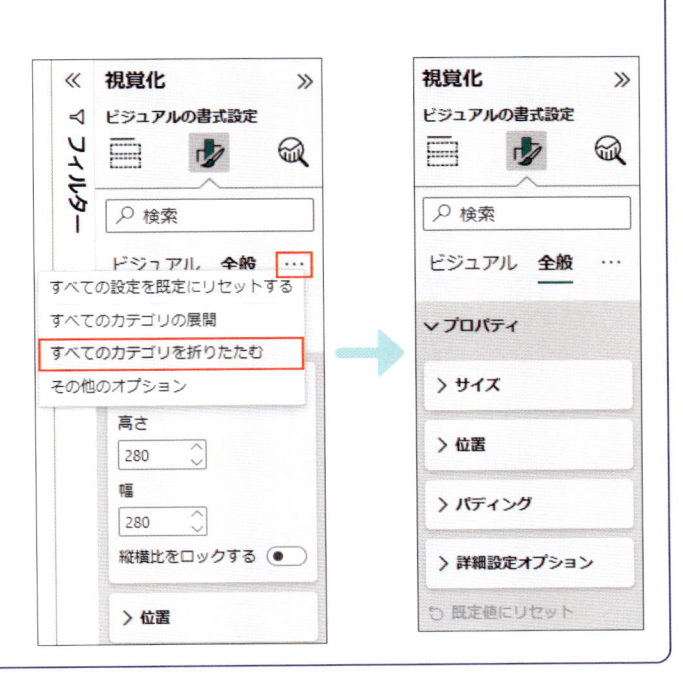

✏ 補足　書式カードの検索

[カテゴリ]名をクリックすると、展開されて、「サブカテゴリ」が表示されます。基本、先頭の[サブカテゴリ]の[書式カード]が表示されます（2番目以降の[サブカテゴリ]の[書式カード]は折りたたまれた状態です）。[カテゴリ]名のクリック時に、先頭の[書式カード]を表示させないようにするには、[…]をクリックし、[すべてのカテゴリを折りたたむ]をクリックしてから、[カテゴリ]名 を選択します。

Section 04 テーブル／モデルビューの構成を知ろう

テーブルビューとモデルビューの画面構成、構成要素

▶ テーブルビューの画面の構成を確認する

ナビゲーションペインの 2 番目のボタンをクリックするとテーブルビューが表示されます。テーブルビューでは、読み込んだデータのデータ型や、書式、集計方法、並べ替えなどを指定します。新しい列を作成することもできます。各部の名称は次の通りです。

テーブルビューの画面構成

❶数式バー　　**❷データグリッド**　　**❸データペイン**

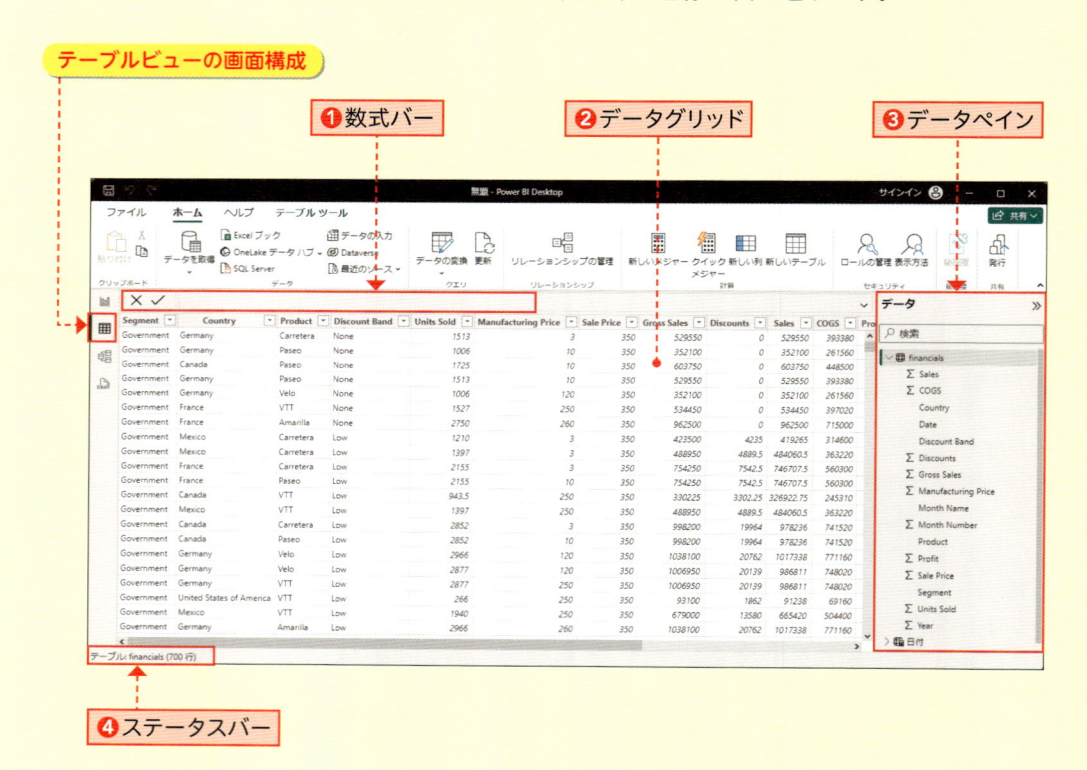

❹ステータスバー

テーブルビューの構成要素

名称	機能
❶数式バー	計算式を入力します。
❷データグリッド	読み込んだテーブルのフィールドや行を表示します。
❸データペイン	レポートで使うテーブルとフィールドを表示します。
❹ステータスバー	読み込んだ行数など、クエリの情報を表示します。

🔍 **重要用語** **データ型とは**

各フィールドの値を、レポート内での使用目的に応じて、数値型、日付／時刻型、テキスト型、True/False 型に分けて識別します。True/False 型とは、True/False（真／偽）のいずれかを判定する値です。

▶ **モデルビューの画面の構成を確認する**

ナビゲーションペインの 3 番目のボタンをクリックするとモデルビューが表示されます。
テーブルが複数ある場合に、テーブル間の関連を定義します。各部の名称は次の通りです。

モデルビューの画面構成

❶キャンバス　　❷プロパティペイン　　❸データペイン

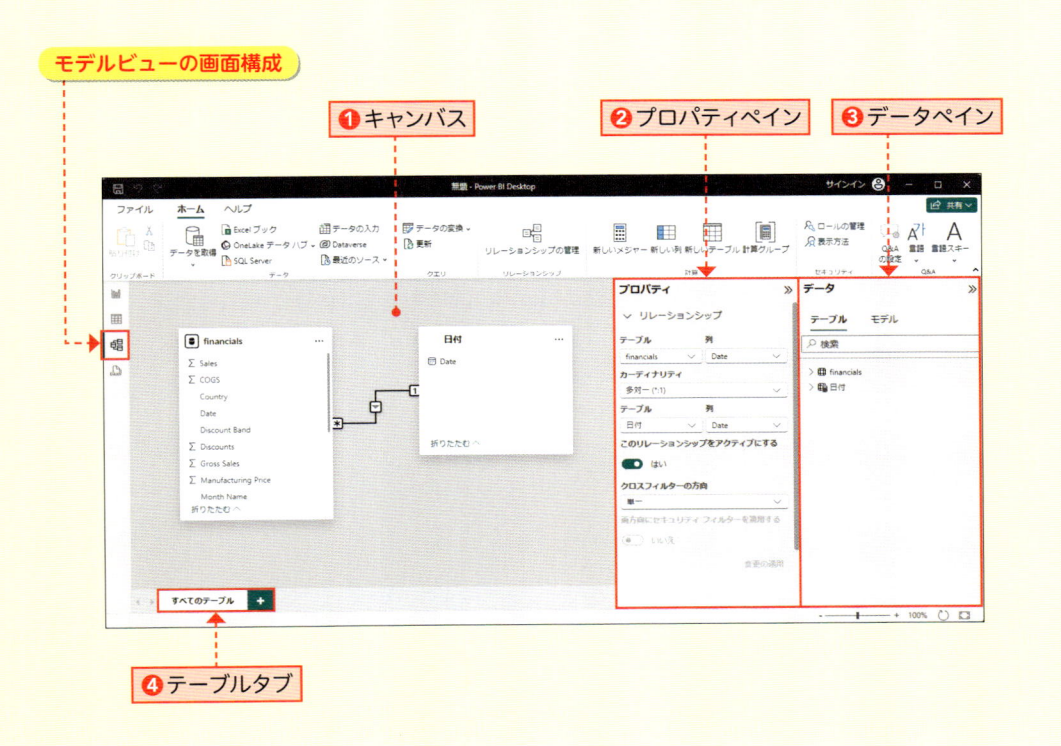

❹テーブルタブ

モデルビューの構成要素

名称	機能
❶キャンバス	テーブル同士の組み合わせを設計し、レイアウトする作業領域です。
❷プロパティペイン	テーブルのプロパティを表示します。
❸データペイン	レポートで使うテーブルとフィールドを表示します。
❹テーブルタブ	複数のキャンバスの表示を切り替えます。

🔍 重要用語 モデリングとは、モデルとは

外部のデータに接続し、読み込んだデータを Power BI Desktop で使用できる状態にすることをモデリングといいます。本書では、データを読み込んで、加工する場所を「モデル」と呼びます。

✏️ 補足 モデルの構成要素

名称	機能
❶テーブル	外部データの読み込み先で、行と列（フィールド）で構成されます。新規に作成することもできます。
❷リレーションシップ	モデル内のデータ ソースの間に、論理接続を作成する構成要素です。
❸メジャー	集計データを格納するためのモデル内の構成要素です。既定では合計、平均、最大値、最小値、カウントなどがあります。計算式を使って新規に自作することもできます。

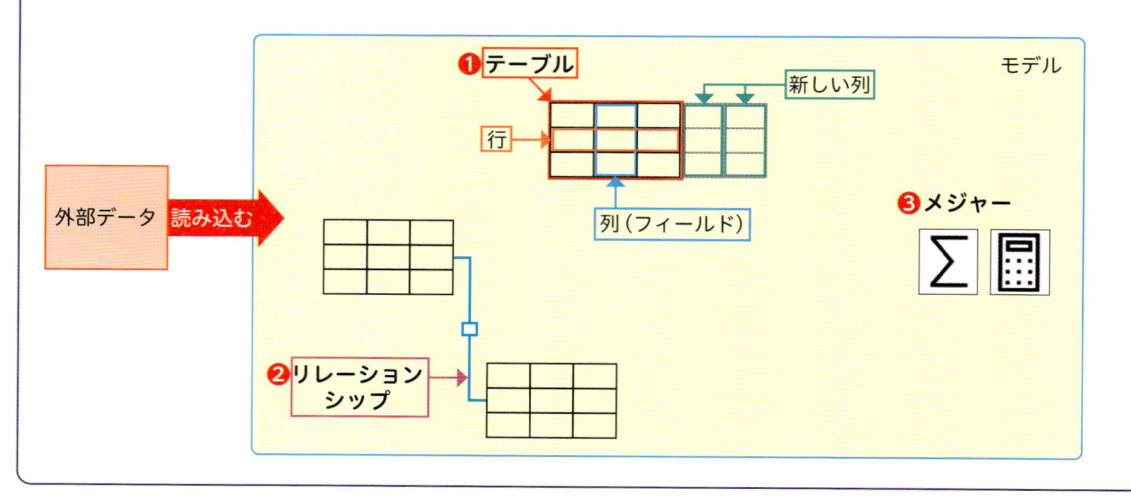

▶ Power Query エディターの画面の構成を確認する

レポートビューやテーブルビューで［ホーム］タブの［データの変換］をクリックすると、Power Query エディターが起動し、専用の画面が表示されます。読み込んだデータに対して高度な加工を行うときに使用します。各部の名称は次の通りです。

Power Query エディターの画面構成

❶クエリペイン　　❷データグリッド　　❸クエリの設定ペイン

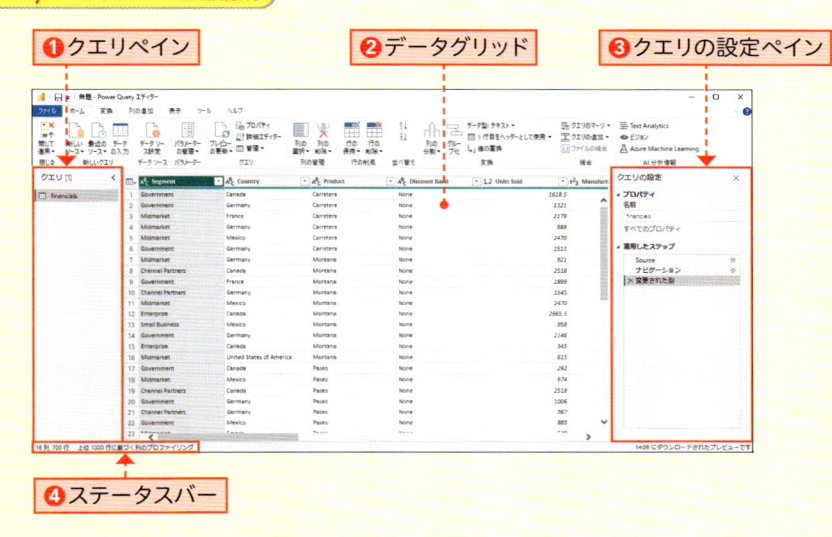

❹ステータスバー

Power Query エディターの構成要素

名称	機能
❶クエリペイン	利用可能なクエリの一覧を表示します。
❷データグリッド	クエリペインで選択されているクエリのデータをプレビュー表示します。
❸クエリの設定ペイン	クエリに加えた変更の履歴を表示します。
❹ステータスバー	読み込んだ行数など、クエリの情報を表示します。

🔍 重要用語　クエリとは

一般に、データセットに対して問合せを実行することを「クエリを実行する」といいます。
本書では、Power Query に読み込まれたデータに、問い合わせを処理する場所を示します。

✏️ 補足　Power Query とは

アプリケーションからのデータ問い合せ要求を処理し、結果を返すプログラムです。Microsoft Excel からも呼び出すことができます。データや、要求、処理結果の受け渡しは、それぞれアプリケーションごとに用意されたエディターを使用して行います。Power BI Desktop では、Power Query エディターを使用します。

05 はじめてのレポートを作成しよう

Power BI Desktopの起動、サンプルデータの使用

練習▶なし　完成▶05_練習_end.pbix

① Power BI Desktop を起動し、サンプルデータを読み込む

解説

Power BI Desktopを起動する

Windowsのタスクバーから、Power BI Desktopのショートカットアイコンをクリックして、Power BI Desktopを起動します。

ヒント

ホーム画面とは

Power BI Desktop起動時に表示される画面です。
ホーム画面が非表示になって場合は、次の画面が表示されるので、[サンプルデータの使用]をクリックしてください。

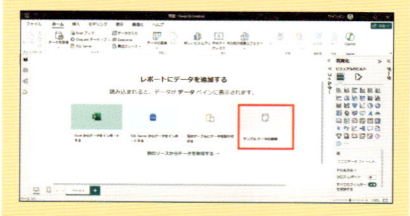

解説

データを取得する

Power BI Desktopに付属するサンプルデータセットを読み込みます。このサンプルデータは、Microsoft社提供のExcelのブックで、ある企業の売上や利益が700件分含まれています。

1 タスクバーの[Power BI Desktop]をクリックして起動します。

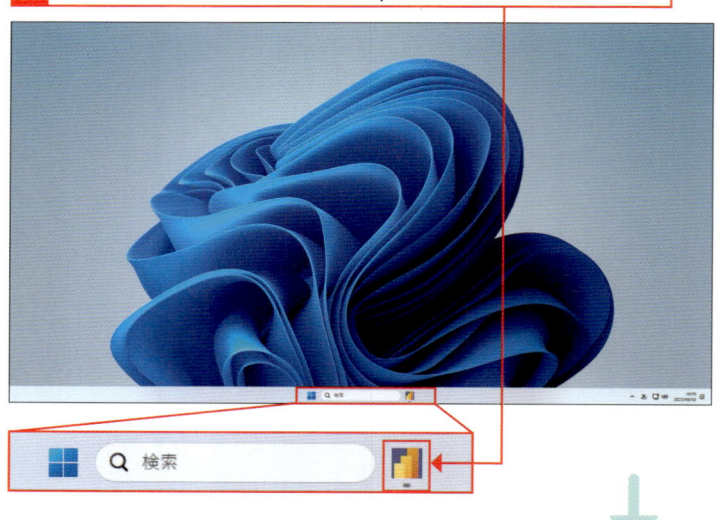

2 [ホーム]画面が開きます。

3 [サンプルデータセットを使って学ぶ]をクリックします。

 **解説**

Excelブックを指定する

ナビゲーター画面で、Financial Sample.xlsx ブックの [financials] シートを選択して、サンプルデータをダウンロードします。プレビューで列やデータの中身を確認した後、Power BI Desktop へ読み込みます。

 **補足**

使用するフィールドを確認する

ここでは、次の 4 つのフィールドを使用します。
[Country（国）]
[Product（製品）]
[Sales（売上高）]
[Profit（利益）]

 **補足**

読み込み中のメッセージ

データの読み込み中、画面に作業の進行を知らせるメッセージ（黄色の帯）が表示されます。ここでは、表示が消えるまで待ちます。

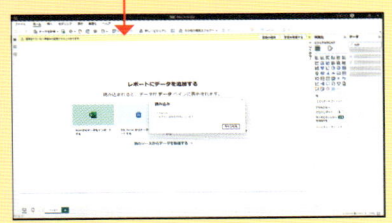

4 ［サンプルデータの読み込み］をクリックします。

5 ［financials］をダブルクリックし、

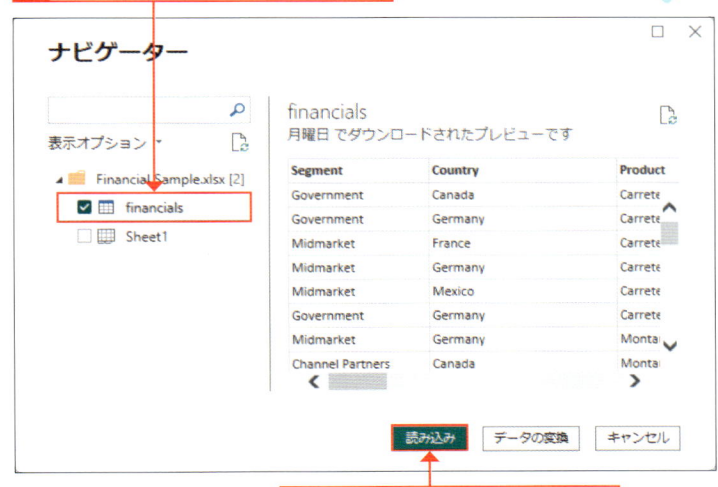

6 ［読み込み］をクリックします。

7 ［レポート］ビューが表示されます。

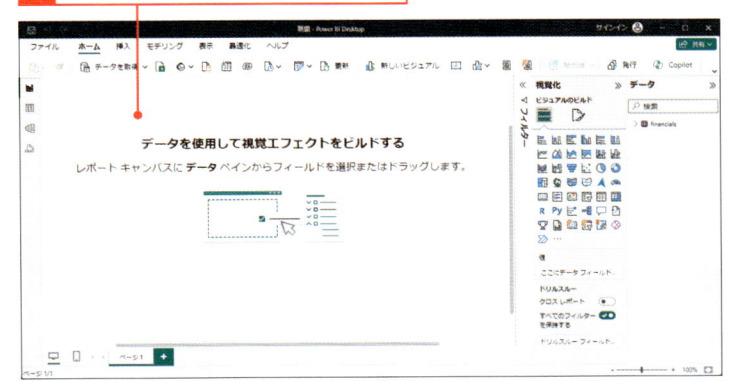

② ビジュアル（円グラフ）をビルドする

解説

視覚化タイプを選択する

ビルドペインのギャラリーから、[円グラフ]の視覚化タイプを選択します。このとき、ギャラリーの下段に、円グラフの作成に必要なプロパティ（[凡例][値][詳細] など）が準備されます。

補足

フィルターペインが開かれた場合

視覚化タイプを選択すると、フィルターペインが自動的に展開されることがあります。ここでは使用しないので、>>をクリックして、ペインを折りたたみます。

解説

使用するフィールドを選択する

「国別の売上の合計の割合」のビジュアルを作成します。
フィールドを次のように指定します。
・集計の対象：[Σ Sales]
・ディメンション：[Country]

1 [円グラフ]をクリックします。

2 [フィルター] ペインの [>>] クリックして、折りたたみます。

3 [データ] ペインの [financials] の [>] をクリックします。

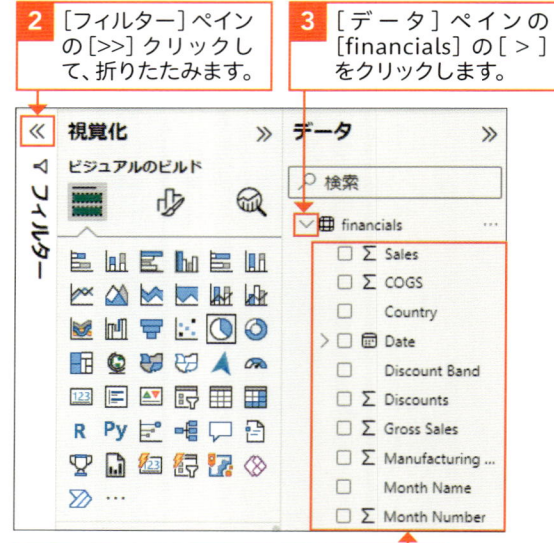

4 [financials]テーブルのフィールドの一覧が表示されます。

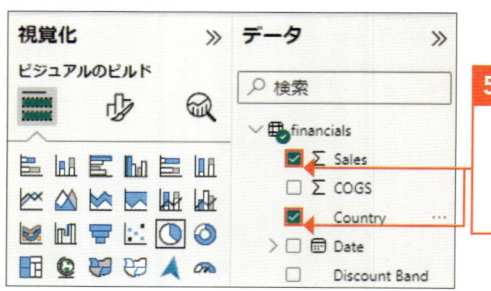

5 集計対象の [Σ Sales] とディメンションの [Country]をクリックしてオンにします。

重要用語

ハンドルとは

ビジュアルを選択したとき、ビジュアルの4隅と上下左右、計8か所に表れる小さなマークです。ハンドルを縦や横、斜め方向にドラッグすると、ビジュアルのサイズを拡大/縮小することができます。

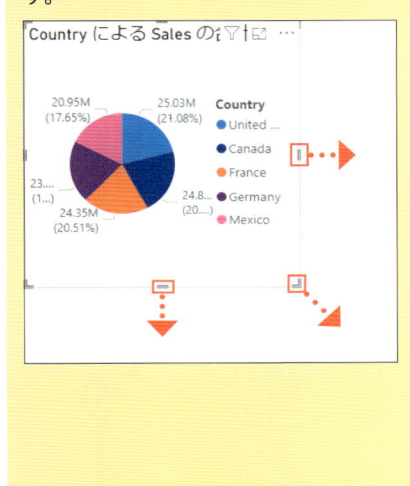

6 [円グラフ]が作成されました。

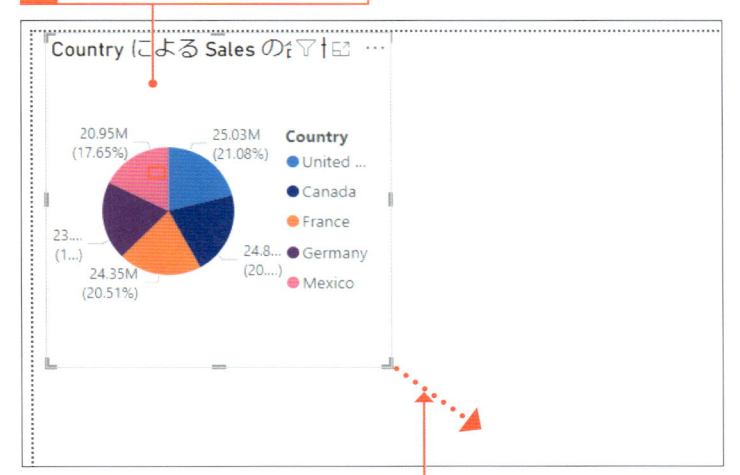

7 [ハンドル]をドラッグして、ビジュアルを拡大します。

8 [円グラフ]が拡大されました。

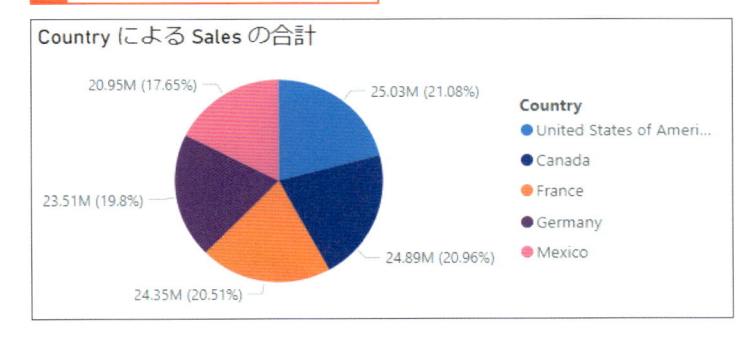

補足　ビジュアルをアクティブにする/解除する

ビジュアル内の任意の場所をクリックすると、ビジュアルが選択されます。この状態を[アクティブ]と呼びます。ビジュアルの枠外の場所(ビジュアルの外側)をクリックすると、アクティブな状態が解除されます。

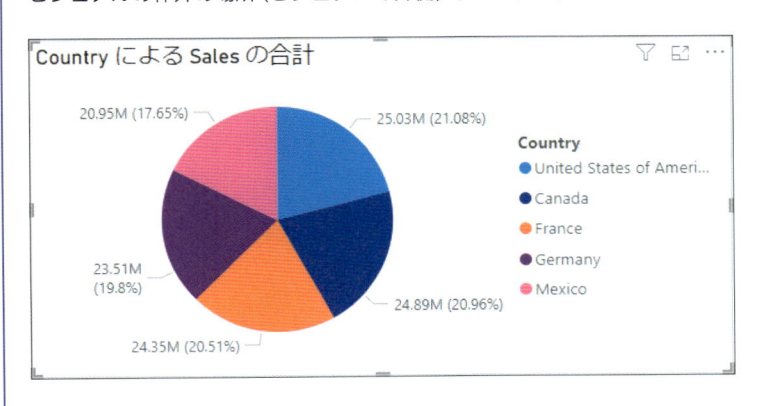

ビジュアルに対して操作を行う場合は、事前にアクティブにしておくことが必要です。視覚化ペインやデータペインでクリックして設定しているのに、ビジュアルに反応がない場合は、「アクティブな状態(線が表示されている)」になっているかどうか再確認してください(本書に掲載する画面は、枠線の表示が略されている場合もあります。ご自身の操作画面で適宜、「アクティブな状態」を確認してください)。

③ ビジュアル（棒グラフ）をビルドする

💡ヒント

ビジュアルのプレースホルダーとは

ビジュアルを作成する場所（ビジュアルに置き換わる場所）です。
既定では、積み上げ縦棒グラフがグレーで表示されます。アクティブ状態のまま、キャンバス上でビジュアルの位置やサイズを決め、視覚化ペインやデータペインでの設定を加えます。

💬解説

使用するフィールドを選択する

「製品別の利益の合計」のビジュアルを作成します。
フィールドを次のように指定します。
  ・集計の対象：[Σ Profit]
  ・ディメンション：[Product]

✏️補足

ビルドのプロパティを確認する

手順⑤で、棒グラフをアクティブにしたとき、ビルドのプロパティが次のように自動設定されていることを確認します。

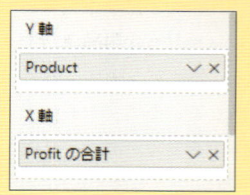

---

1 ［ホーム］タブの［新しいビジュアル］をクリックすると、

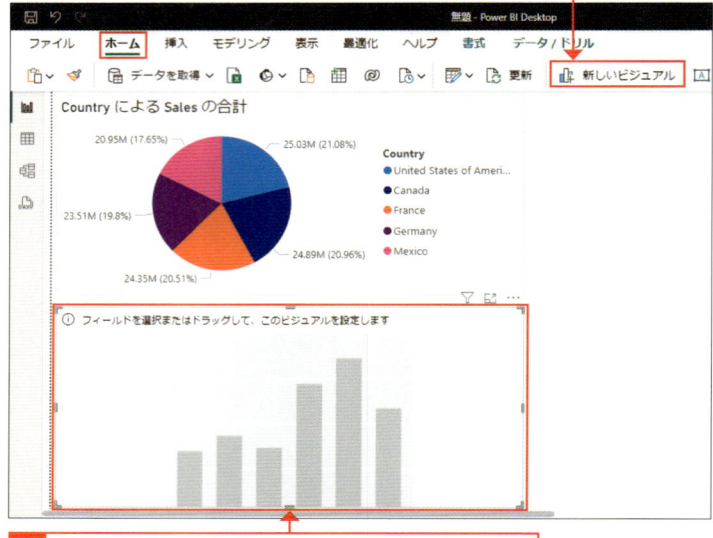

2 キャンバスに、ビジュアルのプレースホルダーが表示されます。

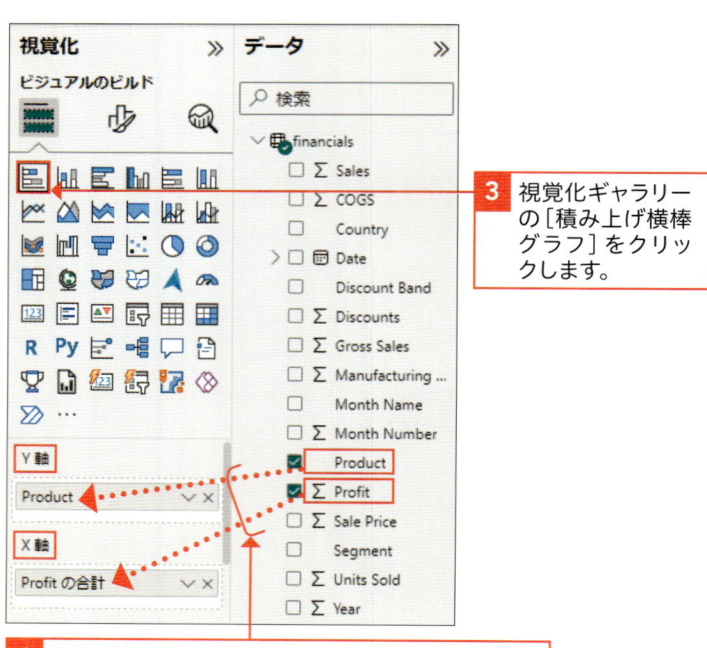

3 視覚化ギャラリーの［積み上げ横棒グラフ］をクリックします。

4 集計対象の［Σ Profit］をX軸にディメンションの［Product］をY軸にドラッグします。

5 ［積み上げ横棒グラフ］が作成されました。

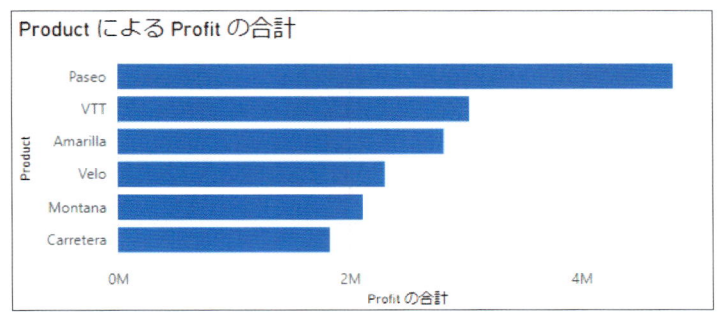

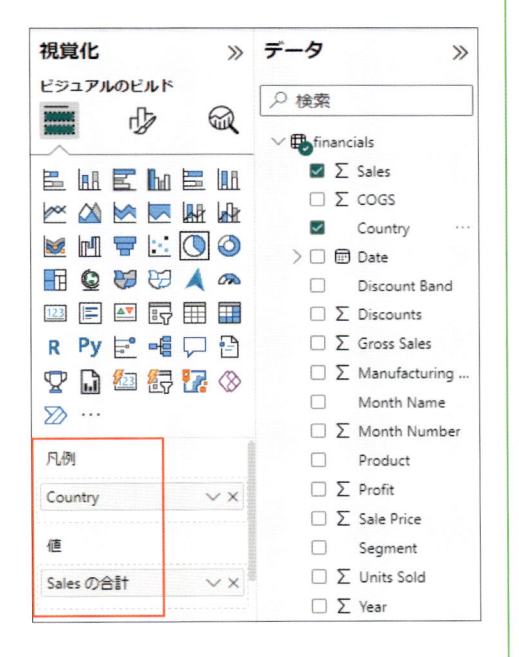

ヒント　ビルドのプロパティの自動設定と手動設定

ビジュアルの作成は、次の 2 ステップで操作します。

1．視覚化ギャラリーでビジュアルのタイプを指定し、

2．ビルドのプロパティで、使用するフィールドとその詳細を指定する。

上記の円グラフの例では、集計対象の［値］と、ディメンション（円グラフの色分け）を示す［凡例］を指定しています。

ビルドのプロパティには、

・［値］に［Σ Sales］フィールド

・［凡例］に［Country］フィールド

を設定しています。

上記横棒グラフの例では、集計対象の［横軸（X軸）］と、ディメンション（分類）を示す［縦軸（Y軸）］を指定しています。

ビルドのプロパティには、

・［X軸］に［Σ Profit］フィールド

・［Y軸］に［Product］フィールド

を設定しています。

このプロパティの指定は、自動による方法と、手動による方法があります。

自動による方法は、34 ページの手順 **5** のように、データペインでフィールド名の前のチェックボックスをクリックしてオンにして、ビルドのプロパティにフィールド名を自動で設定します。

手動による方法は、36 ページの手順 **4** のようにデータペインのフィールドを、直接、ビルドのプロパティにドラッグして設定します。

自動／手動どちらの方法でもかまいません。また、自動で設定した後、ビルドのプロパティ上で、［x］をクリックしてやり直したり、プロパティ内のフィールドの順番をドラッグで入れ替えることも可能です。

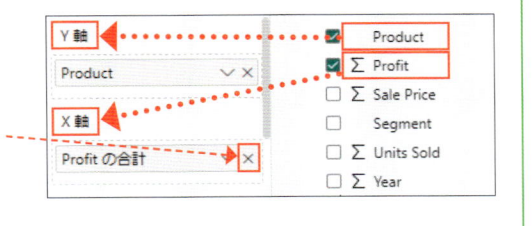

Section

06 レポートに書式を設定しよう

レポートのタイトルの整備、円グラフと棒グラフの書式設定

📁 練習▶06_練習.pbix　完成▶06_練習_end.pbix

① 円グラフの書式を設定する

🔍 重要用語

ラベルとは

グラフ上に表示する文字や数字を[ラベル]といいます。既定では、円グラフの外側に、カテゴリ別の集計値と、その割合（％）が表示されます。これを[詳細ラベル]と呼びます。

セクション05から続けて操作します。または、練習フォルダーの06_練習.pbixをダブルクリックして開きます。

1 [円グラフ]の空白の場所をクリックしてアクティブにします。

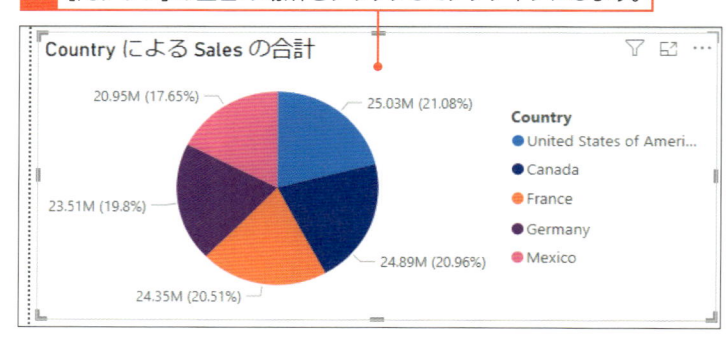

💬 解説

円グラフの詳細ラベルを設定する

円グラフの詳細ラベルに、それぞれの[カテゴリ]名と、その割合（％）が表示されるよう、設定します。

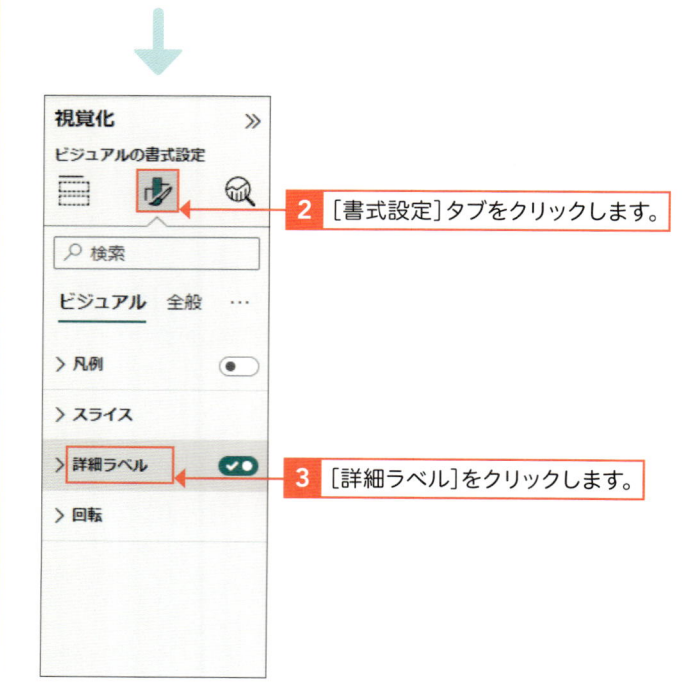

2 [書式設定]タブをクリックします。

3 [詳細ラベル]をクリックします。

 **解説**

詳細ラベルの表示位置と内容を指定する

表示する位置は、円グラフの内側か、外側のいずれかから選択できます。
ラベルの内容を、[カテゴリ]名（例　国名）と利益の割合（%）]にカスタマイズします。

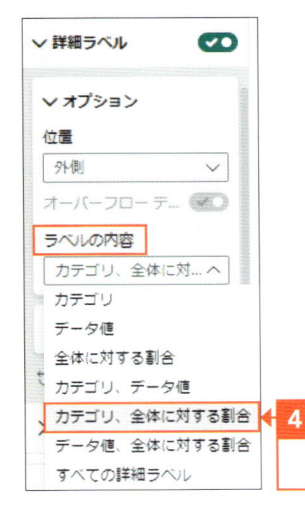

4 ［ラベルの内容］で、［カテゴリ、全体に対する割合］をクリックして選択します。

5 ［凡例］をクリックしてオフにします。

 **ヒント**

凡例を非表示にする

詳細ラベルに［国名］を表示すると、凡例に同じ情報を表示するのは冗長です。［書式設定］タブで［凡例］を非表示に設定します。

6 円グラフに国名と割合（%）が表示され、

7 ［凡例］の国名は非表示になりました。

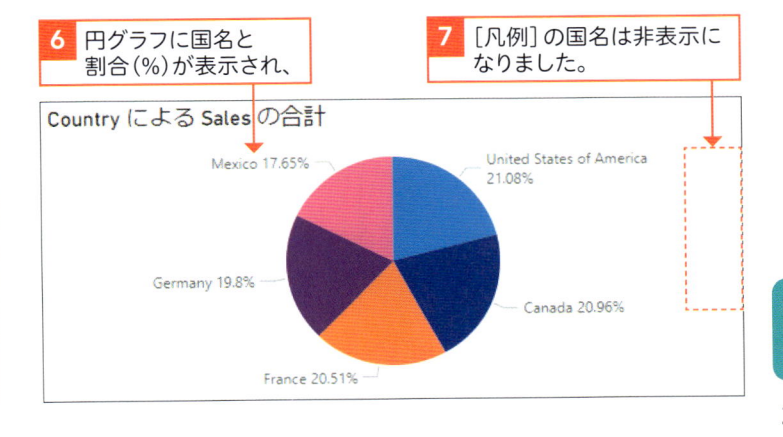

② 円グラフのタイトルを整える

💬 **解説**

**円グラフのタイトルを
カスタマイズする。**

円グラフのタイトルは、ビルドの指示内容に従って自動作成されます。ここでは、英文字のフィールド名を日本名に置き換えます。[Country] を [国] に、[Sales] を [売上] に変更し、タイトルを [国別の売上の合計] にカスタマイズします。

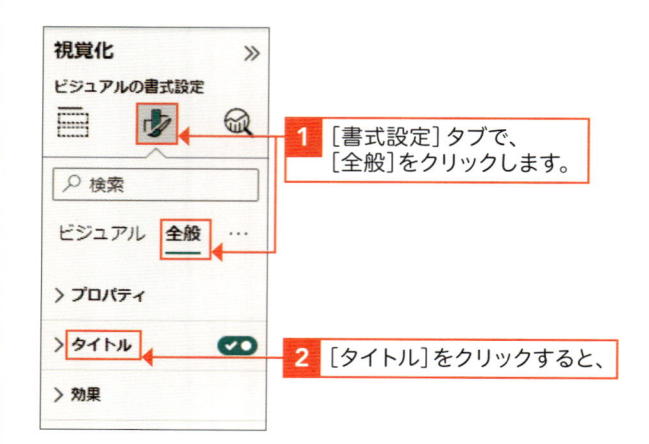

1 [書式設定] タブで、[全般] をクリックします。

2 [タイトル] をクリックすると、

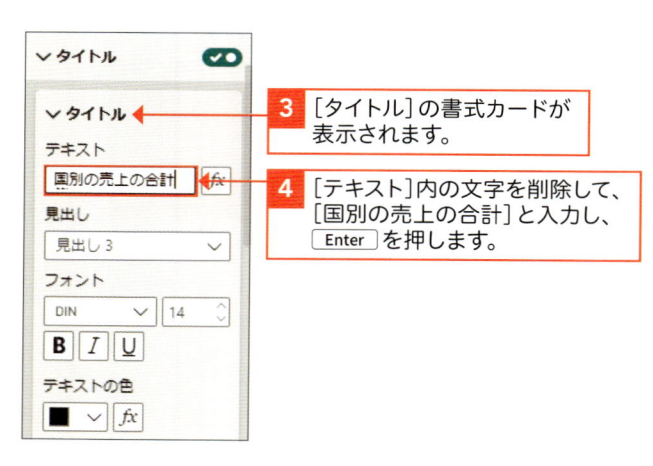

3 [タイトル] の書式カードが表示されます。

4 [テキスト] 内の文字を削除して、[国別の売上の合計] と入力し、Enter を押します。

5 円グラフのタイトルが変更されました。

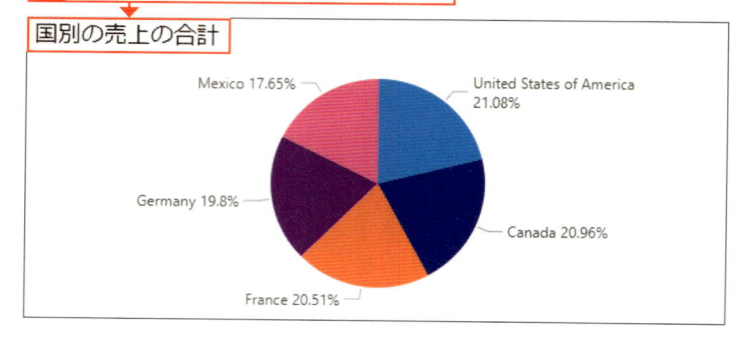

③ 棒グラフの書式を設定する

解説

棒グラフにデータラベルを表示する

グラフ上に表示する文字や数字を[ラベル]といいます。棒グラフでは、[データの値]を示します。

補足

データラベルの位置

表示する位置は、棒グラフの左端、中央、右端、棒の内側、外側から選択できます。右の例では既定の[自動]を選択しています。変更するには、[書式設定]ペインの[データラベル]を展開して[オプション]で指定します(「上」は棒グラフの右端、「中央」は真ん中、「下」は左端です)。

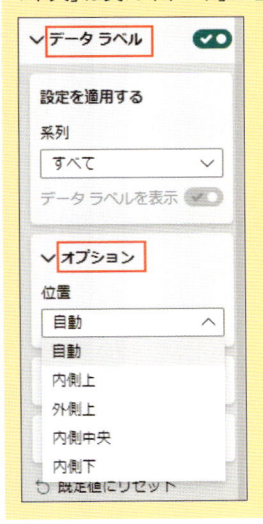

1 [横棒グラフ]の空白の場所をクリックしてアクティブにします。

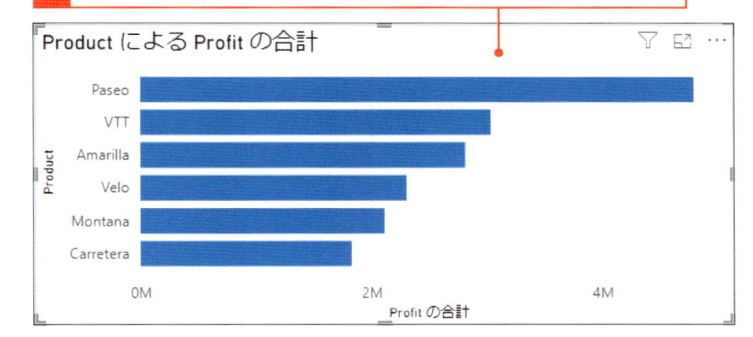

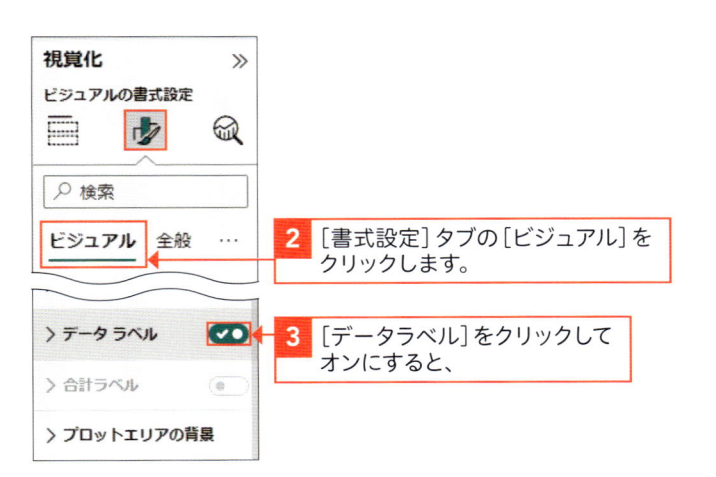

2 [書式設定]タブの[ビジュアル]をクリックします。

3 [データラベル]をクリックしてオンにすると、

4 [データラベル]が表示されました。

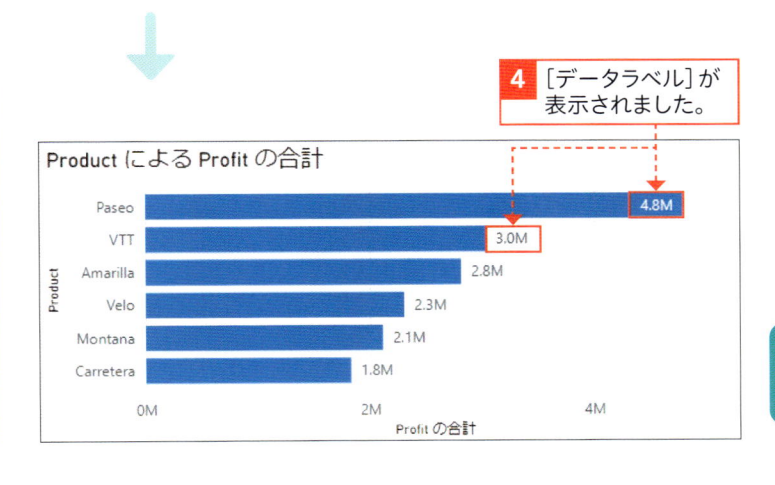

41

④ 棒グラフのタイトルを整える

 解説

棒グラフのタイトルをカスタマイズする

棒グラフのタイトルには、ビジュアルのメインのタイトルと、軸のタイトルの2種類があります。どちらもビルドの指示内容に従って自動作成されます。ここでは、メインのタイトルの[Product]を[製品]に、[Profit]を[利益]に変更し、タイトルを「製品別の利益の合計」にカスタマイズします。

 補足

サブタイトルを使用する

タイトルが1行で収まらない場合は、サブタイトルを併用します。
[書式設定]ペインの[サブタイトル]を使うと、タイトルの下にサブタイトルを表示することができます(例 単位:ドル)。

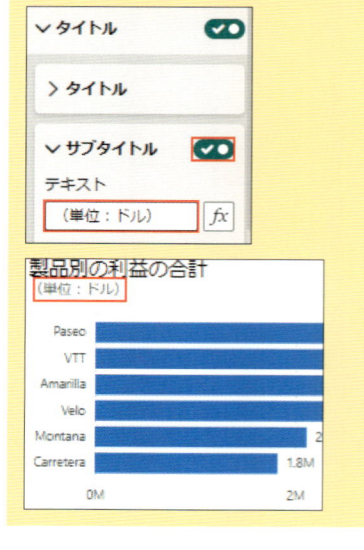

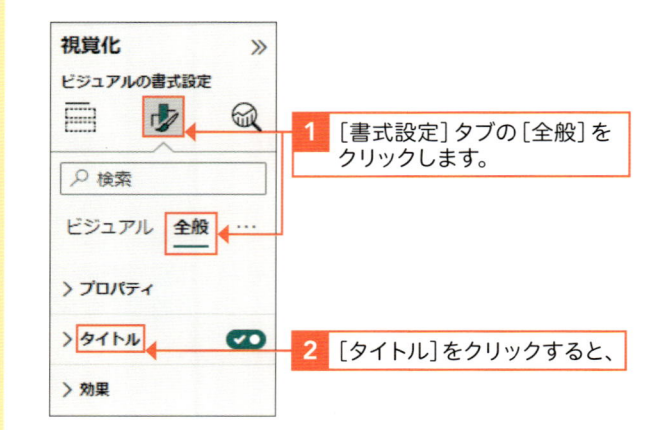

1 [書式設定]タブの[全般]をクリックします。

2 [タイトル]をクリックすると、

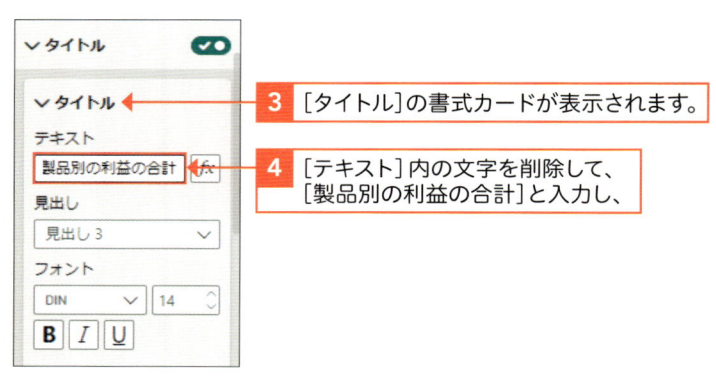

3 [タイトル]の書式カードが表示されます。

4 [テキスト]内の文字を削除して、[製品別の利益の合計]と入力し、

5 棒グラフのタイトルが変更されました。

 **解説**

軸のタイトルを非表示にする

メインのタイトルを見ただけで、ディメンションや集計対象が明らかな場合は、2軸のタイトルは不要です。これらを非表示にして、ビジュアルをすっきりとさせます。

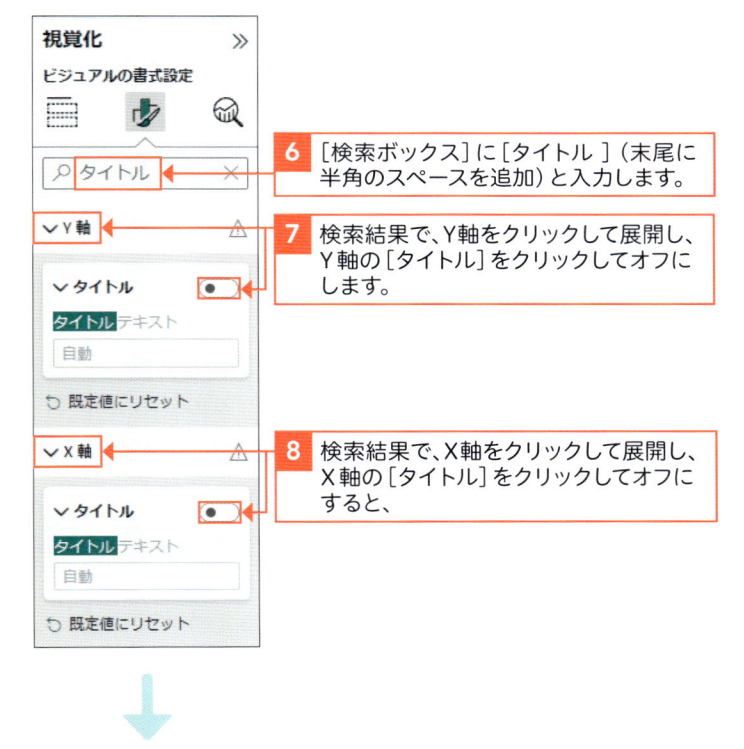

6 [検索ボックス]に[タイトル](末尾に半角のスペースを追加)と入力します。

7 検索結果で、Y軸をクリックして展開し、Y軸の[タイトル]をクリックしてオフにします。

8 検索結果で、X軸をクリックして展開し、X軸の[タイトル]をクリックしてオフにすると、

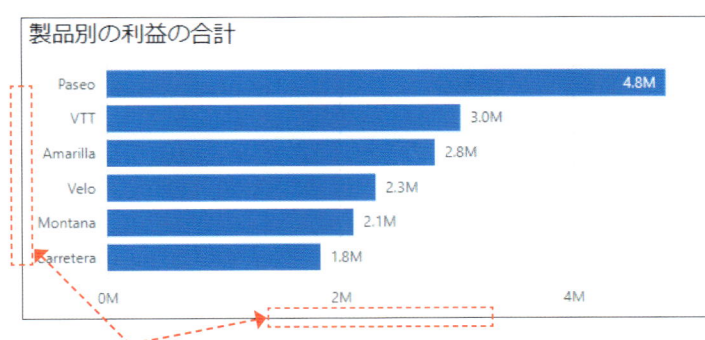

9 X軸とY軸のタイトルが非表示になりました。

 **ヒント**

[書式設定]の検索を利用する

書式設定の項目は多数あるので、検索ボックスを利用すると、探しやすく、ピンポイントで見つけることができます。また、該当の[書式カード]が展開された状態で表示されるので、クリック数を減らすことができます。

レポートを使って探索の体験をしよう

軸の並べ替え、強調表示、スライサーの使用

📁 練習▶07_練習.pbix　完成▶07_練習_end.pbix

① 並べ替え機能を使って探索する

💬 **解説**

オプション機能を確認する

ビジュアルをアクティブし、右上の[その他のオプション][…]をクリックすると、オプション機能のメニューが表示されます（ビジュアルの位置やサイズによって、[…]がビジュアルの右下に表示されることもあります）。

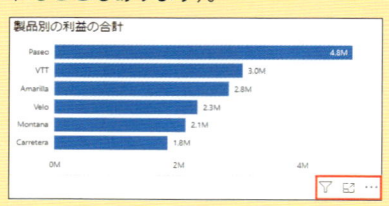

セクション06から続けて操作します。または、練習フォルダーの07_練習.pbixをダブルクリックして開きます。

1 [棒グラフ]の任意の部分をクリックしてアクティブにし、

2 […]クリックします。

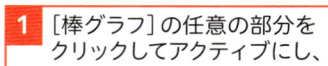
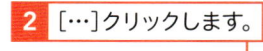
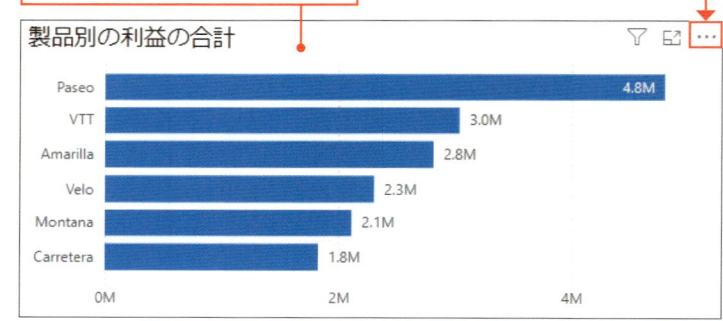

3 [軸の並べ替え]をクリックして、

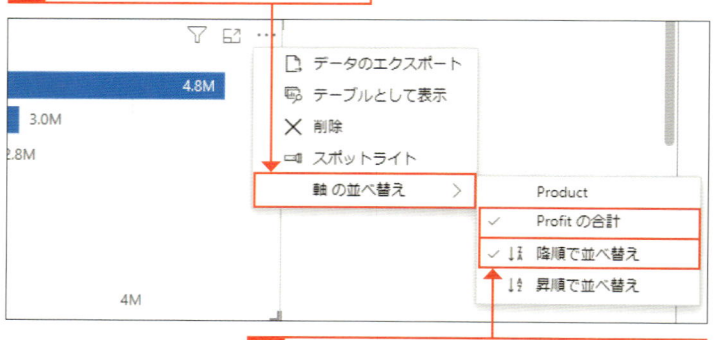

4 [Profitの合計]と[降順で並べ替え]が既定で選択されていることを確認します。

💬 **解説**

並べ替え機能を使って探索する

オプションの並べ替え機能を使うと、ビジュアル内の要素の表示順を指定することができます。降順／昇順を指定して、数字の多い順／少ない順、または、アルファベット順や五十音順に並べ替えることができます。

軸を並べ替える

既定では、集計対象のフィールドの降順
に並びます。右の例では、[Σ Profit]の
降順に（利益の多い製品から少ない製品
へ）並んでいます。

5 [軸の並べ替え]の[昇順で並べ替え]をクリックすると、

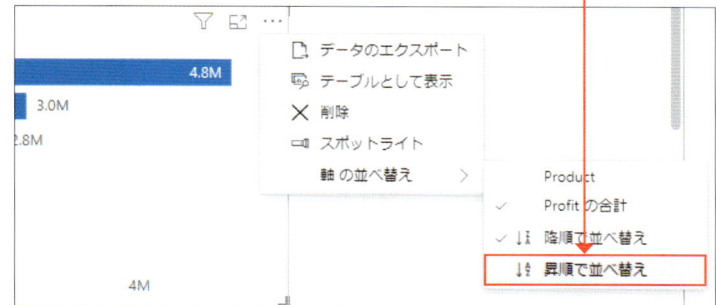

6 [Σ Profit]の昇順に並べ替えられました。

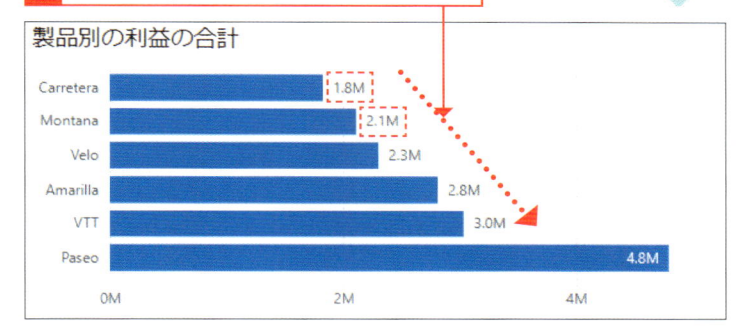

7 [軸の並べ替え]の[Product]をクリックすると、

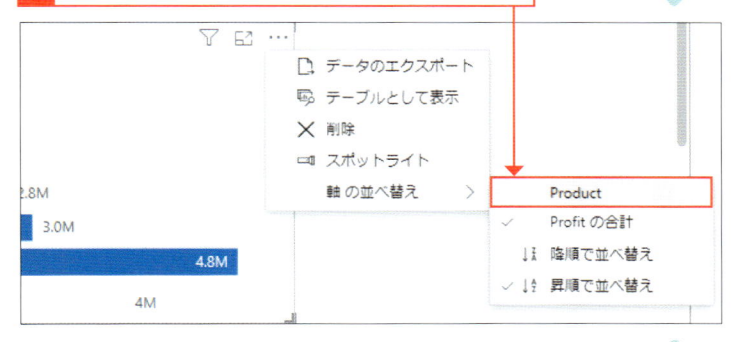

**ディメンションの順に
並べ替える**

ディメンションに対して、[昇順]や[降
順]に並べ替えを指定することができま
す。たとえば、[Product]の[昇順]を指
定すると、製品名のアルファベット順に
並べ替えられます。

8 [Product]の昇順に並べ替えられました。

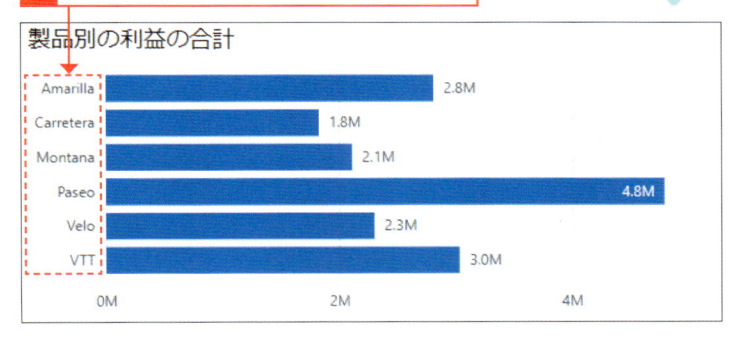

② 円グラフのデータを探索する

ヒントとは

グラフの一部にマウスポインターを重ねると、その部分の詳細が表示される機能です。既定では、ビルドで指定したフィールドの値が表示されます（例　国名と売上の合計金額）。

解説

連動機能を使って探索する

円グラフ上の要素をクリックすると、レポートの同じページ内の他のビジュアルも影響を受けます。
右の例では、円グラフ上で[Germanyの売上]をクリックすると、棒グラフ上で、[Germanyの利益]が各製品別に強調表示されます。円グラフで、各々の国をクリックして比較すると、国ごとに、どの製品の利益が高いかがわかります。

ヒント

選択の解除方法

選択中の要素を再度クリックすると色の濃淡で強調表示されていた部分が解除され、元に戻ります。

1 円グラフ上の[Germany]にマウスポインターを重ねると、

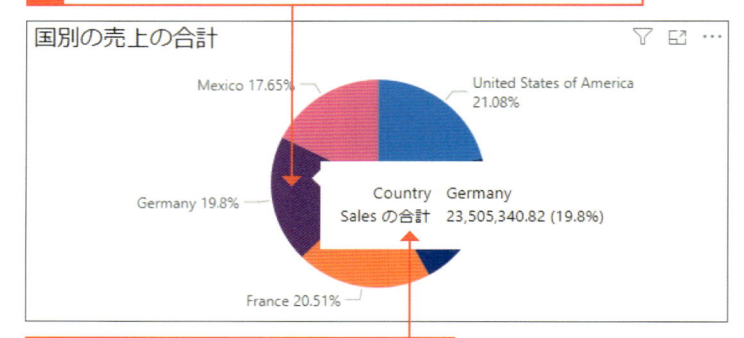

2 [ヒント]が表示され、[Germany]の Sales の合計が表示されます。

3 [円グラフ]の[Germany]をクリックすると、

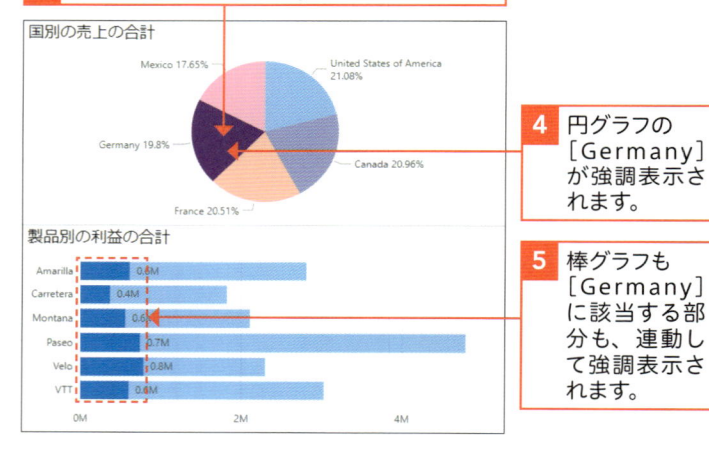

4 円グラフの [Germany] が強調表示されます。

5 棒グラフも [Germany] に該当する部分も、連動して強調表示されます。

6 再度[円グラフ]の[Germany]をクリックすると、選択が解除されます。

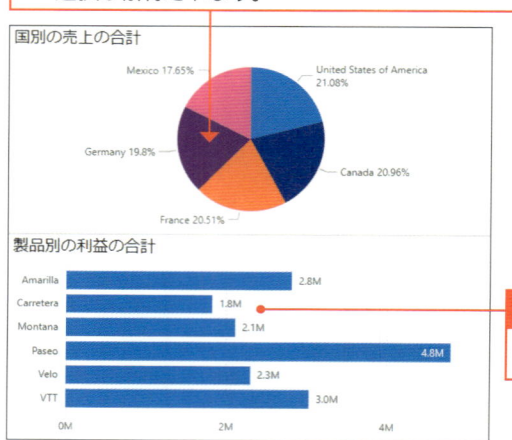

7 連動して強調表示も解除されます。

③ スライサーを使って探索する

💬 解説

絞り込み機能を使って探索する

現在、5か国の売上と利益の合計を調べることができます。ここで、視覚化タイプの[スライサー]を使って、CanadaとMexicoの2か国に絞って、分析を進めます。

💡 ヒント

プレースホルダーとは

ビジュアルの作成予定の場所です。ダミーの縦棒グラフがグレーで表示されます。

1 [ホーム]の[新しいビジュアル]をクリックすると、

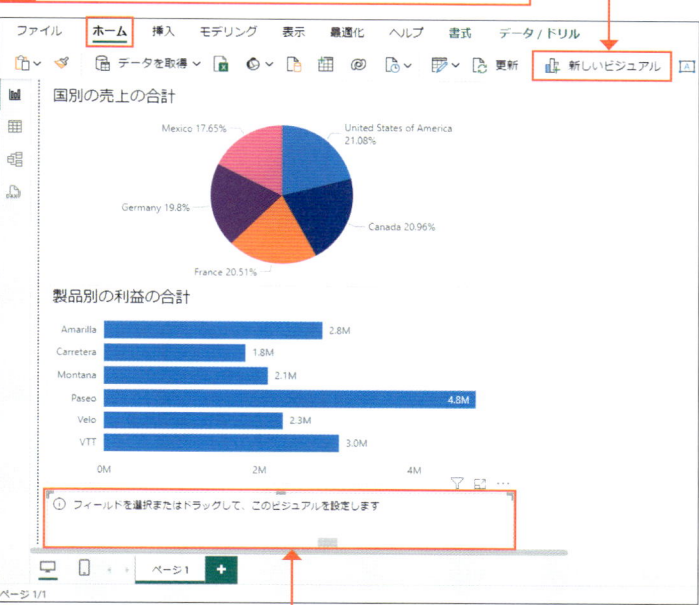

2 キャンバスに新しいプレースホルダーが作成されます。

3 円グラフの横幅を半分程度に縮め、

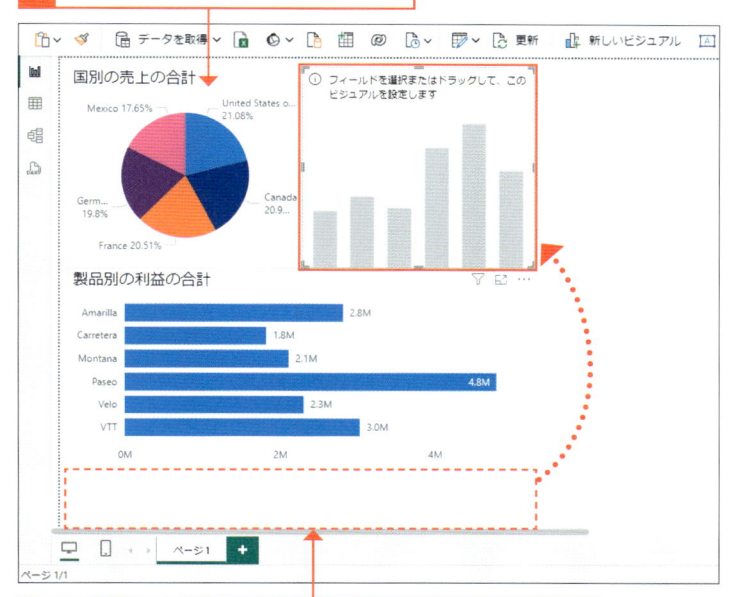

4 手順**1**、**2**で作成したプレースホルダーを円グラフの右側にドラッグし、サイズを調整します。

5 [視覚化ギャラリー]の[スライサー]をクリックします。

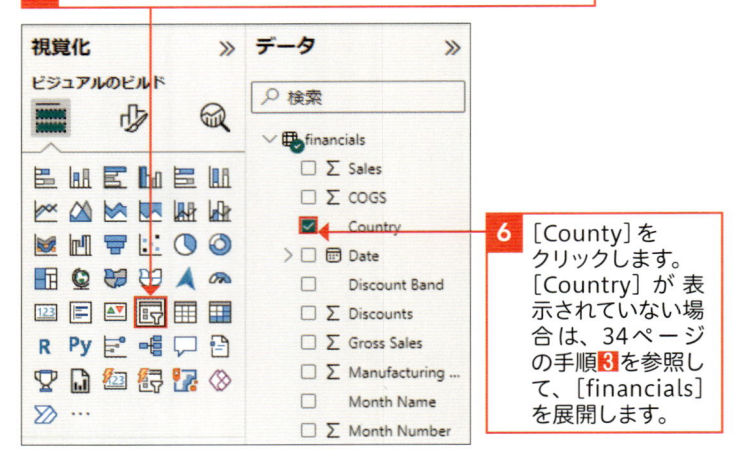

6 [County]を
クリックします。
[Country] が 表
示されていない場
合は、34ページ
の手順 3 を参照し
て、[financials]
を展開します。

重要用語

スライサーとは

視覚化タイプの1つで、ビジュアルに表
示される要素を、分析者が試行錯誤し、
グラフと対話しながら絞り込むことがで
きます。

解説

データを2か国に絞る

右の例では、5か国の売上と製品別の利
益が示されています。ここでは、カナダ
とメキシコの2か国に分析を集中させる
ため、分析対象のデータを絞ります。

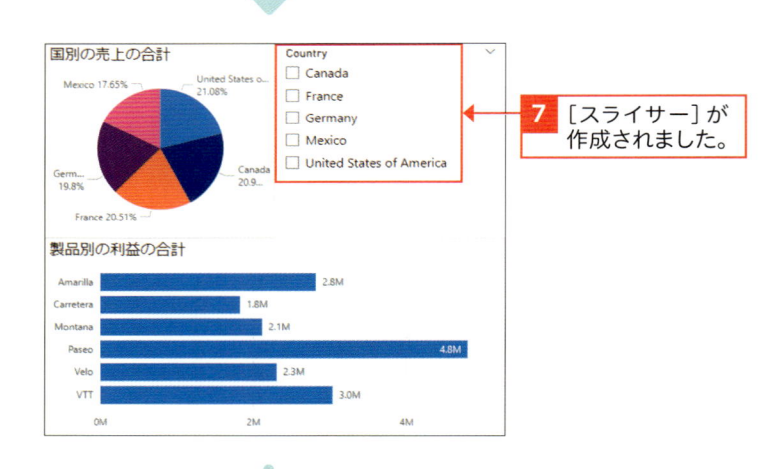

7 [スライサー]が
作成されました。

補足

2か国合算の売上と利益

右の例の棒グラフは、Canada と Mexico
の2か国合算の利益が表示されていま
す。
次の手順では、棒グラフ上で、2か国そ
れぞれの利益を明らかにします。

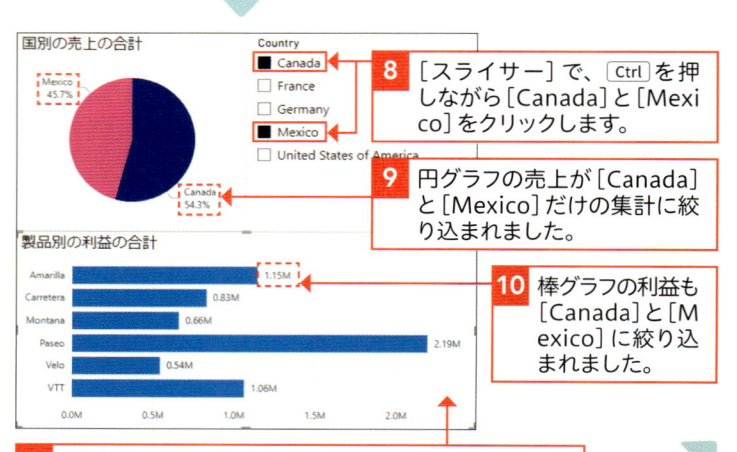

8 [スライサー] で、[Ctrl] を押
しながら [Canada] と [Mexi
co] をクリックします。

9 円グラフの売上が [Canada]
と [Mexico] だけの集計に絞
り込まれました。

10 棒グラフの利益も
[Canada] と [M
exico] に絞り込
まれました。

11 棒グラフの空白の場所をクリックしてアクティブにし、

 解説

2つ目のディメンションで 詳細化する

棒グラフを、国別に色分けします。棒グラフのビルドにデータペインの[Country]を追加します。

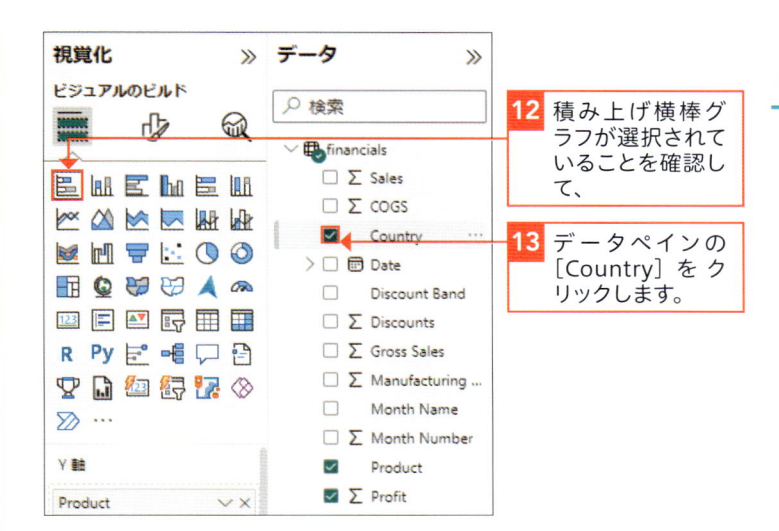

12 積み上げ横棒グラフが選択されていることを確認して、

13 データペインの[Country]をクリックします。

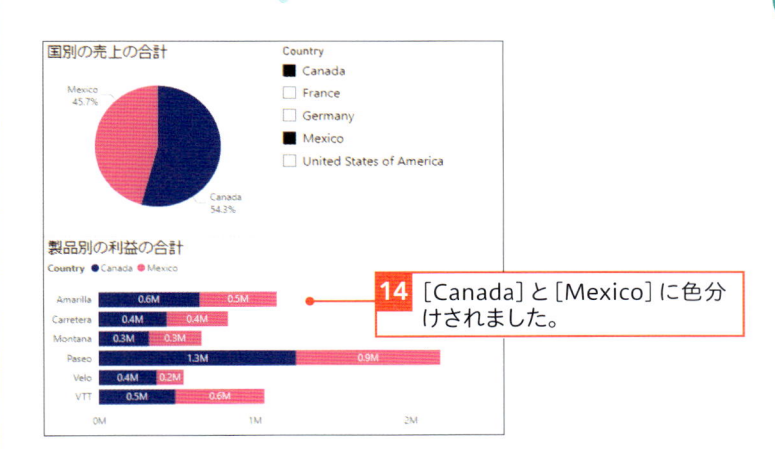

14 [Canada]と[Mexico]に色分けされました。

💡 ヒント

スライサー利用の動的な効果

スライサーを利用すると、分析の途中過程で、対象の国の数や国名を変更しながら、動的に結果を得ることができます。

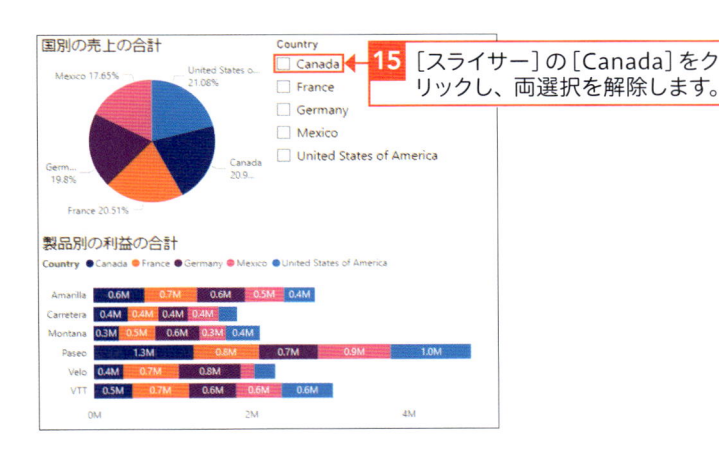

15 [スライサー]の[Canada]をクリックし、両選択を解除します。

💡 ヒント

スライサー上のクリック操作

選択済みの値を再度クリックすると、選択を解除することができます。値の選択／解除は、チェックボックスだけでなく、値やその右横の空白部分をクリックすると、選択／解除できます（スライサーの最下の空白部分をクリックすると反応しません。スライサーについての詳細は第3章参照）。

08

Power BI Desktopを閉じて 作業を終了しよう

Power BI Desktopの終了、レポートの保存

① Power BI Desktop を終了する

🗨 解説

Power BI Desktop を 終了する

レポートファイルを閉じて、Power BI Desktop を終了します。
[Alt] を押しながら [F4] を押して、ファイルを閉じて終了することもできます。
レポートを変更している場合は、[変更を保存しますか？] ダイアログが表示されます。

✏ 補足

レポートの保存は不要

本書では、保存は不要です。第2章以降の各セクション末のPower BI Desktopを終了時も保存は不要です。
右の画面では[保存しない]を選択してください。
もし、各自の都合で保存が必要な場合は、51ページ[（参考）レポートを保存する]を参照してください。

セクション07から続けて操作します。

1 Power BI Desktop画面の[x]をクリックすると、

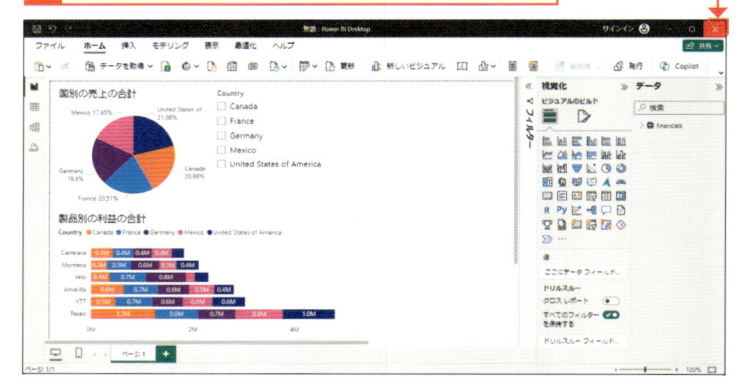

2 [変更を保存しますか？]のダイアログボックスが 表示された場合は、

3 [保存しない]をクリックします。

4 [Power BI Desktop]が終了します。

② （参考）レポートに名前を付けて保存し、終了する場合

 **補足**

レポートを保存する場合

レポートを保存するには、[ファイル]メニューで、「名前を付けて保存」を選択し、保存場所とファイル名を指定します。

 **補足**

保存場所とファイル名の指定

Windowsの[名前を付けて保存]画面で、保存場所とファイル名を指定します。
手順❸では、保存場所に、デスクトップを指定し、ファイル名は[はじめての練習]を指定しています。
各自、任意の場所に、任意のファイル名で保存してください。

ヒント

保存時の拡張子

Power BI Desktopでレポートを保存すると、ファイルの種類は、[Power BI ファイル]が指定され、[.pbix]という拡張子が自動的に付きます。

---

1 [ファイル]をクリックし、

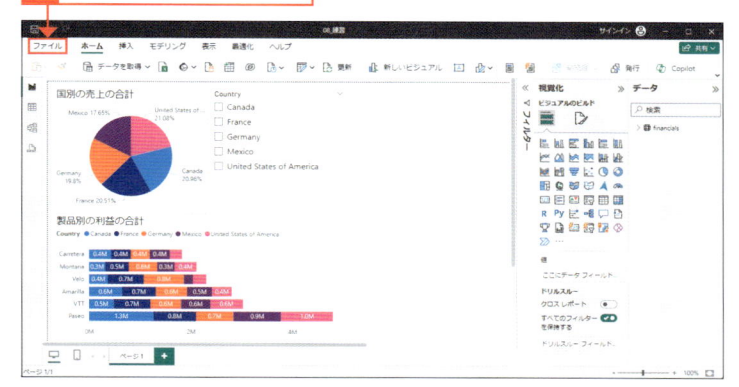

2 ホーム画面で、[名前を付けて保存]をクリックします。

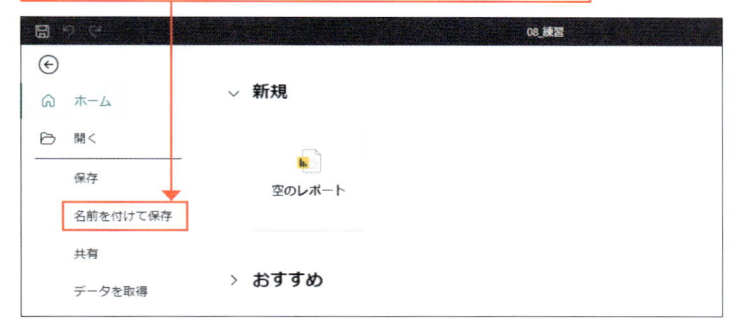

3 [このデバイスを参照する]をクリックします。

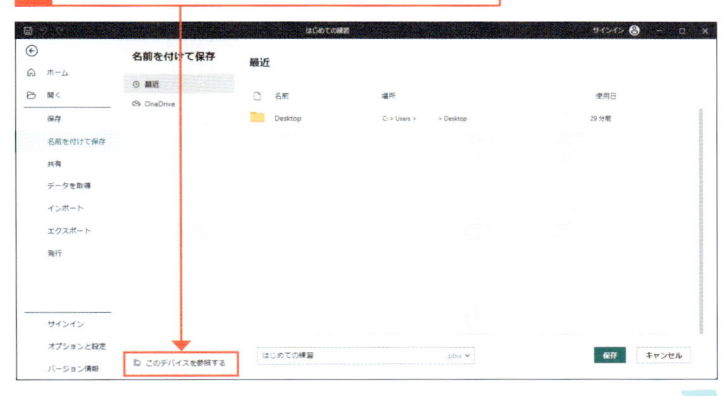

基礎編

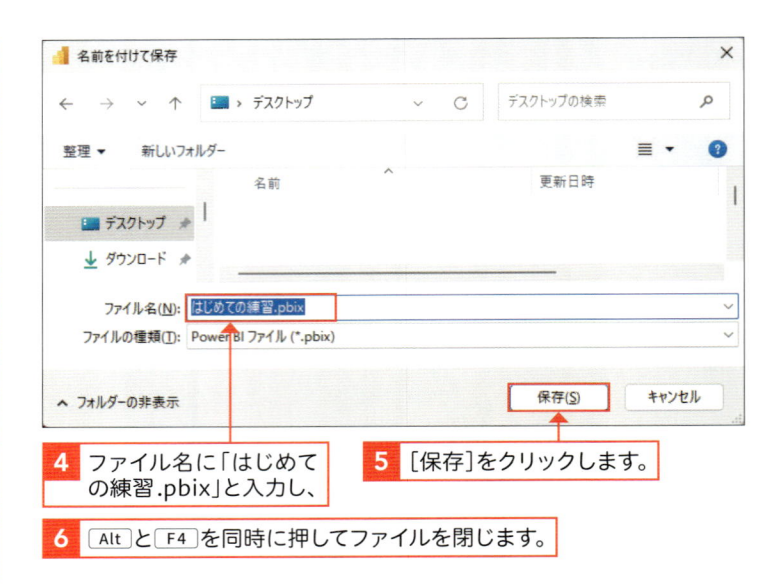

<table>
<tr><td>4</td><td>ファイル名に「はじめて
の練習.pbix」と入力し、</td><td>5</td><td>[保存]をクリックします。</td></tr>
</table>

6	Alt と F4 を同時に押してファイルを閉じます。

③ （参考）レポートを開いて作業を再開する

💬 解説

**レポートを開いて作業を
再開する**

レポートを再び開くには、Windowsの
エクスプローラーで、保存したフォルダ
ーを開き、[はじめての練習.pbix] をダ
ブルクリックします。
右は、[デスクトップ]に保存した場合の
例です。

1	Windowsのエクスプローラーを クリックし、保存先のフォルダで、	2	[はじめての練習.pbix] をダブルクリックすると、

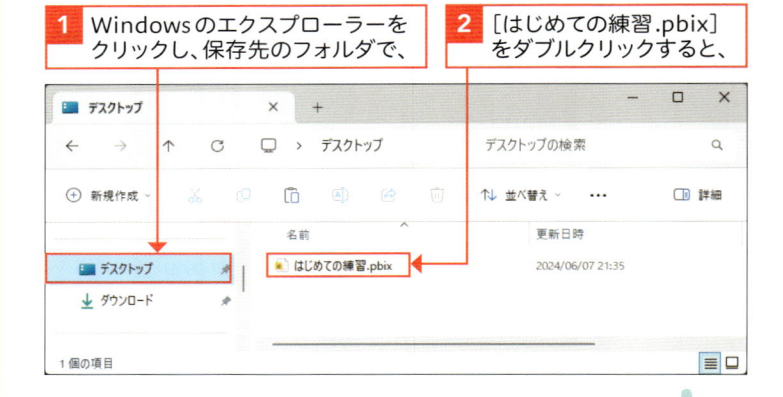

3	pbixファイルが開き、レポートビューが表示されます。

✏️ 補足

**エクスプローラーでの
レポートファイルの表示**

お使いのWindowsの設定により、ファ
イルの拡張子.pbixが表示されない場合
もあります。
また、次のようなアイコンのファイルが
Power BI Desktopのレポートファイル
です。

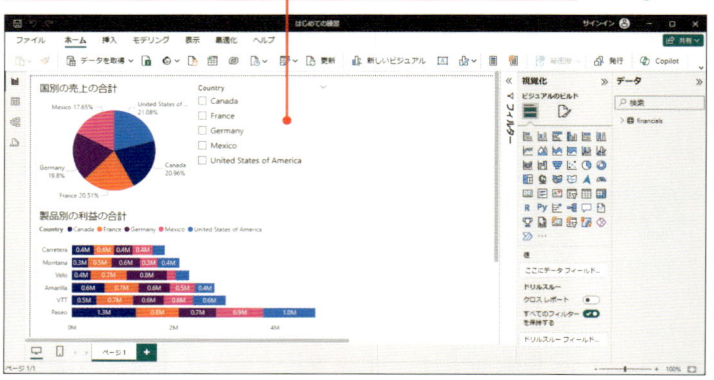

4	Chapter01は以上です。 Alt と F4 を 同時に押してファイルを閉じます。

第 2 章

レポートの視覚化機能
基礎編

視覚化機能を使って
ビジュアルを作成しよう

▶ 視覚化の位置付けとステップを確認する

この章では、Power BI Desktopを使用して、ビジュアルを作成する方法を説明します。1
章で紹介した「分析作業の全体像」の中で、「視覚化」の部分に相当します。

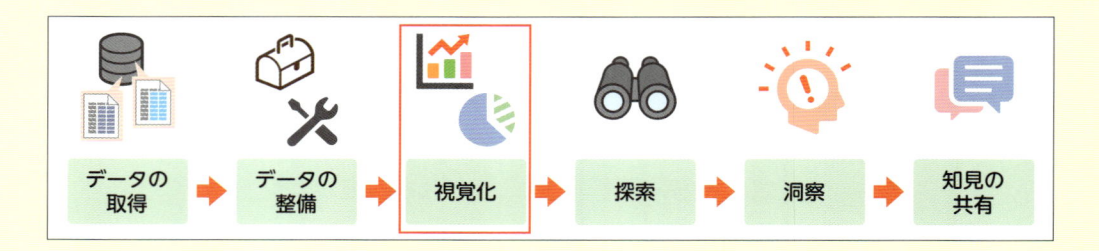

1章で、ビジュアルを作成する方法を体験しました。2章でも次の4つの手順でレポートビ
ューのキャンバス上にビジュアルを作成します。

手順1	Power BI Desktopの視覚化ペインのギャラリーから、ビジュアルのタイプを選択する。
手順2	データペインで、分析対象のフィールドを選択する。
手順3	視覚化ペインで、ビジュアルの組み立て方（ビルド）を指示する。
手順4	視覚化ペインで、ビジュアルの外観（書式）を指示する。

ビルドは、BIの考え方に慣れるためにも、ビジュアルの作成過程で、次のような思考のス
テップを踏むように習慣付けてください。
まず、課題（分析で知りたいこと）を解決するために、**何を集計するのかを明確**にします。
次に、**どのような側面に焦点をあてて分析するか（ディメンションは何か）**を吟味します。
さらに、必要に応じて、**分析の焦点（ディメンション）**をもう1つ追加して詳細化を進めます。
第2章では、視覚化ギャラリーのビジュアルタイプの中から、20種類以上のタイプを学習
します。それぞれのビジュアル作成の操作方法を知るだけではなく、ビジュアルの特徴を理
解し、分析の目的に応じてビジュアルを選び分けられるようになりましょう。

▶ この章で使用する練習用データを確認する

練習用フォルダーに、セクションごとに使用する練習ファイルが用意されています。各セクションを始める前に、それぞれの練習ファイル XX_練習.pbix（XXはセクション番号に置き替え）を開いてください。練習ファイルには、インテリア家具店の注文データが読み込まれていて、10フィールド、全8320件のデータが格納されています。フィールドの構造は次の通りです（データに対する操作は、4章でデータビューを使用して確認します）。

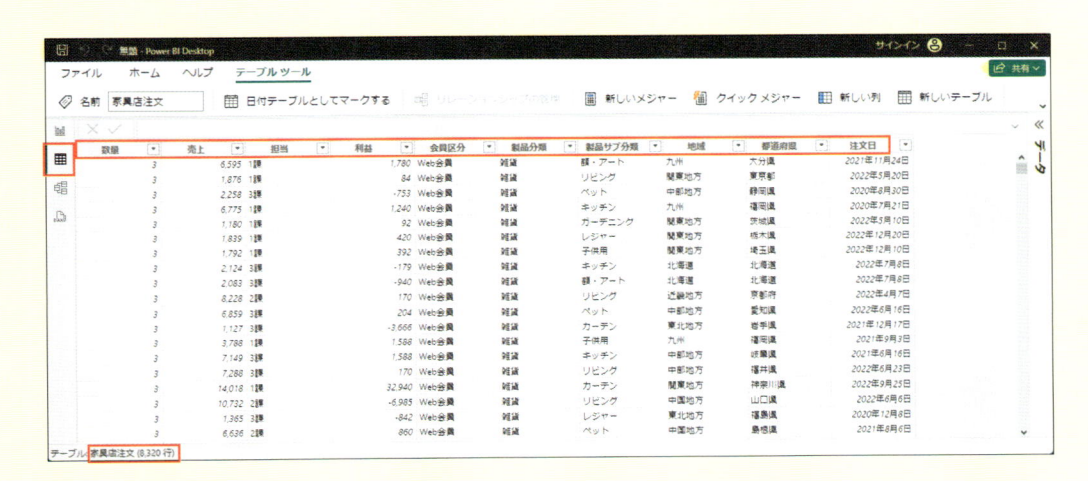

集計に使うフィールド

項目	内容
数量	注文ごとの数量
売上	注文ごとの売上高
利益	注文ごとの利益

ディメンション用のフィールド

項目	内容
製品分類	家具、家電、雑貨の3分類
製品サブ分類	16種類（家具3種類、家電4種類、雑貨9種類）
担当	社内の担当部署（営業第1課、2課、3課と本社統括の4部署）
地域	8地域（北海道、東北、関東、中部、近畿、中国、四国、九州）
都道府県	45都道府県（高知県と山梨県の注文データはありません）
会員区分	会員登録の方法による分類（店頭会員、Web会員、未登録の3区分）
注文日	2021年1月1日から2023年12月31日まで

▶ この章で取り扱う用語を確認する

各セクションで使用する練習ファイルでレポートビューを開くと、ページが2〜3個、用意されています。セクション内の説明に沿って、ページタブのページ1〜3をクリックして使用してください。

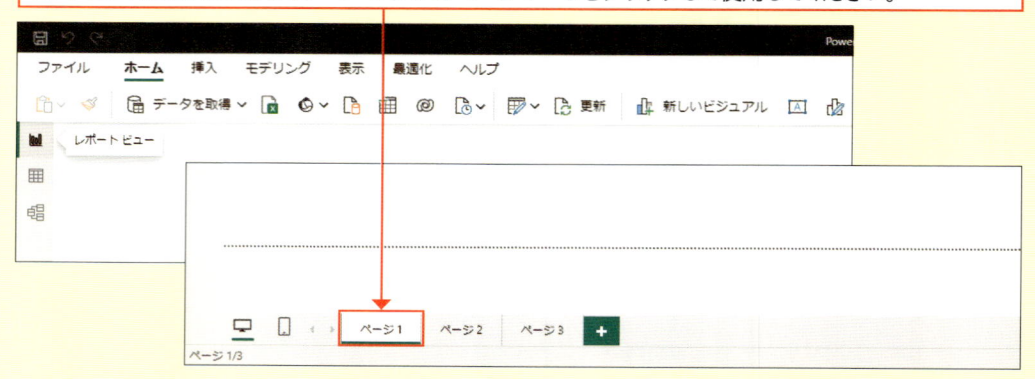

ビジュアル内の代表的な部位の名称は次の通りです。詳細は各セクションで学びます。

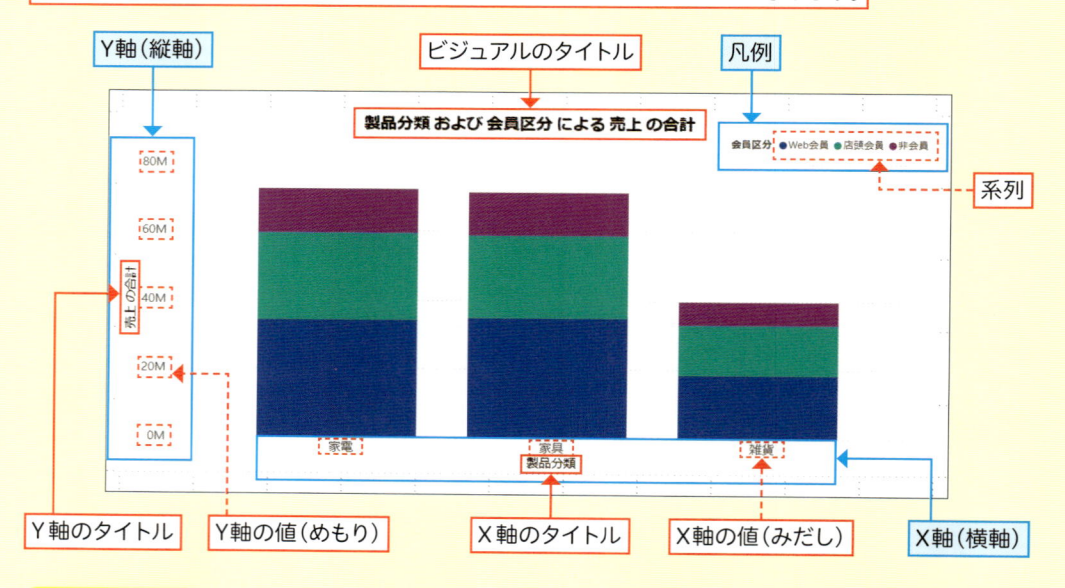

縦棒グラフの例

Y軸（縦軸）	集計対象のフィールドの情報。
X軸（横軸）	メインの分析の観点（1つ目のディメンション）のフィールドの情報。
凡例	詳細化（2つ目のディメンション）のフィールドの情報。 フィールド内の値を系列といいます （例　［会員区分］フィールド内の値［Web会員］［店頭会員］［非会員］が系列）。

2
レポートの可視化機能

次の例は、オプションで使用するビジュアルのパーツの名称です。

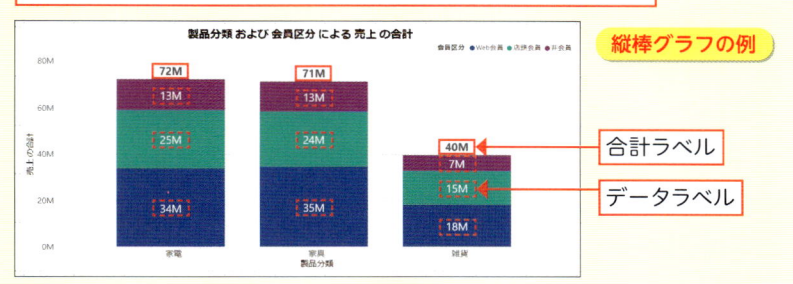

縦棒グラフの例

合計ラベル

データラベル

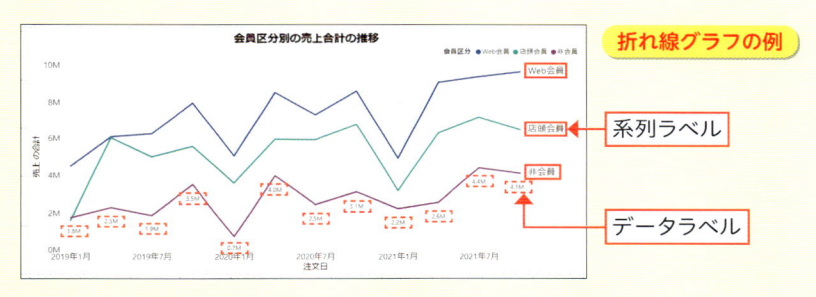

折れ線グラフの例

系列ラベル

データラベル

データラベル	集計対象のフィールドの詳細な（カテゴリ別・系列別の）集計値。
合計ラベル	集計対象のフィールドのカテゴリ別の集計値。
系列ラベル	詳細化（2つ目のディメンション）の値の名称。

✏ 補足　レポートのテーマを設定する

リボンの［表示］タブで、［テーマ］を選択することができます。テーマとは、レポート全体の色のセットを既定するものです。本書の練習ファイルでは、［エグゼクティブ］を選択しています。

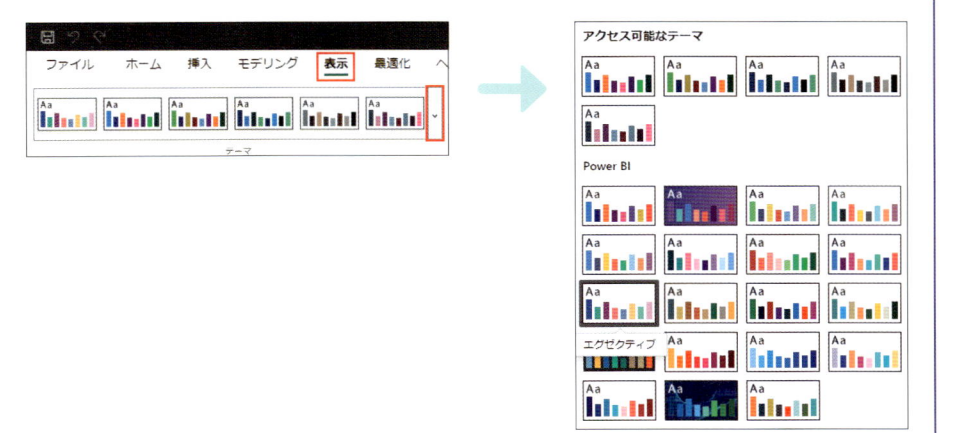

Section 09

大小を比較するビジュアルを作成しよう

積み上げ棒グラフ、集合棒グラフ

練習▶09_練習.pbix　完成▶09_練習_end.pbix

▶ 量や長さを並べて比較する

販売数量や売上額を分類集計し、分類ごとの大小を比較するには、[棒グラフ] を利用します。さらに [棒グラフ] を詳細化して、地域別の内訳を調べたり、担当部門別に横並びにして大小を比較することができます。

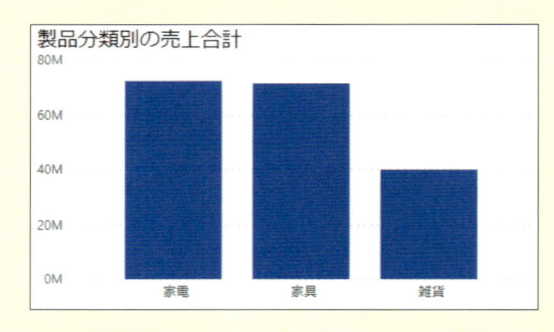

基本の縦棒グラフ
縦軸に集計値、横軸にディメンション（カテゴリ）を指定して分類集計し、カテゴリ別に大小を比較する棒グラフをビルドします。
例　製品分類別の売上合計

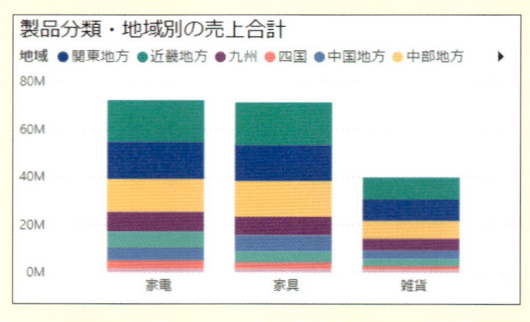

積み上げ縦棒グラフ
基本の縦棒グラフを、2つ目のディメンション（系列）で詳細化し、系列別の集計値を、各棒に内訳で示します。
例　製品分類・地域別の売上合計

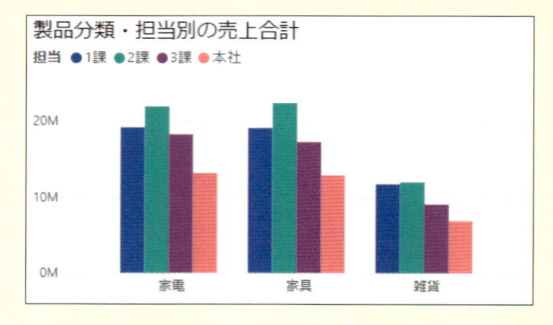

集合縦棒グラフ
基本の縦棒グラフを、2つ目のディメンション（系列）で詳細化し、系列別の集計値を、それぞれ独立した棒で示します。
例　製品分類・担当別の売上合計

① 基本の縦棒グラフをビルドする

💬 解説

操作を開始する

練習フォルダーの[09_練習.pbix]をダブルクリックして開きます。

キャンバスに**プレースフォルダー**が表示されます。プレースフォルダーとは、ビジュアルの作成予定の場所で、ダミーの縦棒グラフがグレーで表示されています。

作業を始める前に、プレースフォルダーの任意の場所をクリックして、ビジュアルを**アクティブ**にします。

ビジュアルがアクティブになると、ビジュアルの周囲に、ハンドル付の枠線が表示されます。

1 「09_練習.pbix」をダブルクリックして、ファイルを開きます。

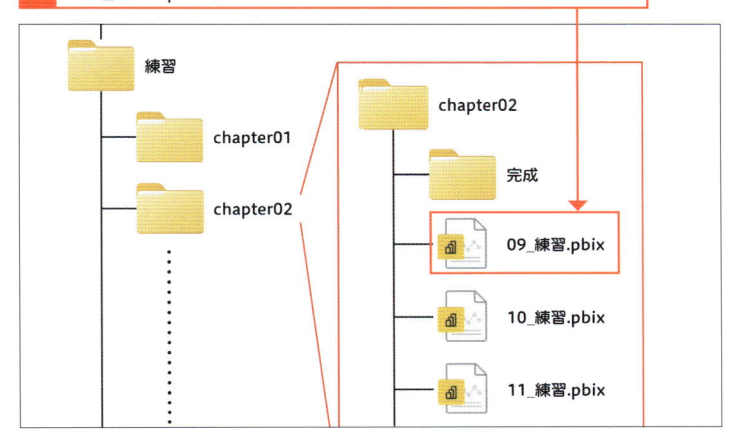

2 キャンバスに**プレースフォルダー**（ビジュアルの作成予定の場所）が表示されます。

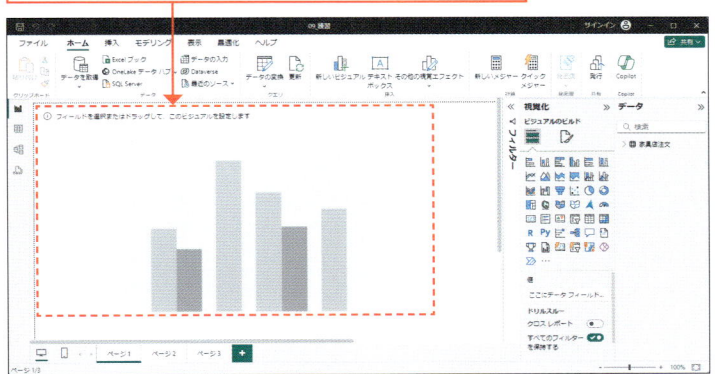

3 プレースフォルダーの任意の場所をクリックして、

4 ビジュアルを**アクティブ**にします。

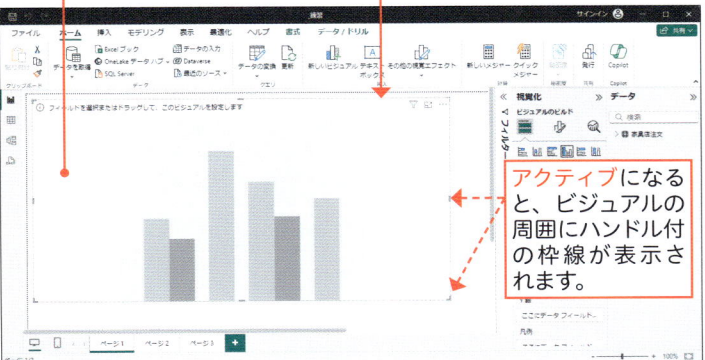

アクティブになると、ビジュアルの周囲にハンドル付の枠線が表示されます。

解説

フィールドを指定する

［製品分類別の売上合計］を分析します。
フィールドを次のように指定します。

・集計の対象　　：［売上］
・ディメンション：［製品分類］

補足

プロパティの自動設定を確認する

フィールドが指定された時点で、［ビルド］タブのプロパティが、次のように自動設定されていることを確認します。

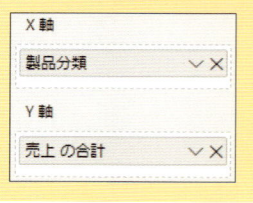

5 ［積み上げ縦棒グラフ］をクリックして、

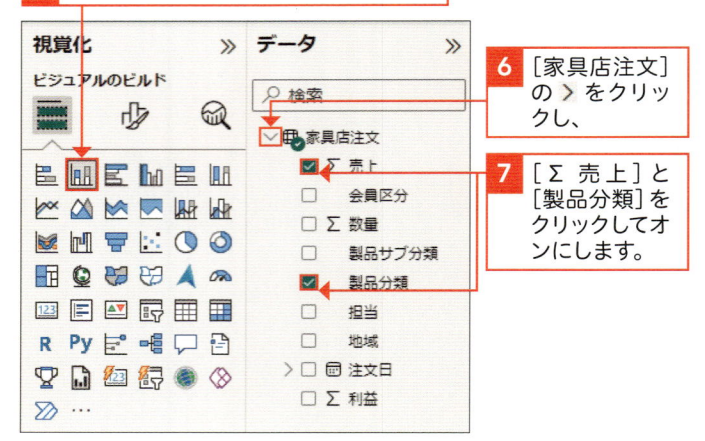

6 ［家具店注文］の ＞ をクリックし、

7 ［Σ 売上］と［製品分類］をクリックしてオンにします。

8 キャンバスに縦棒グラフが作成されました。

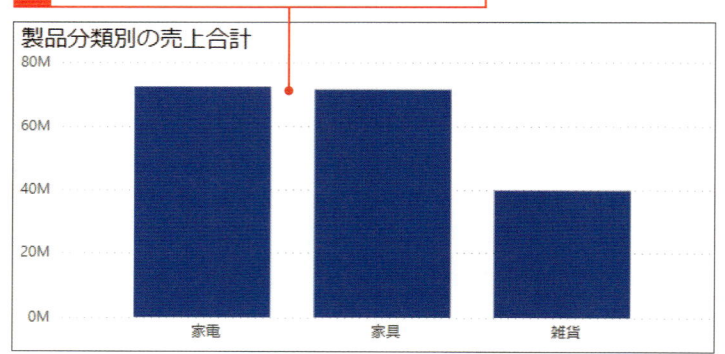

補足　基本の横棒グラフをビルドする

視覚化タイプで積み上げ横棒グラフを指定し、データペインで集計の対象とディメンションのフィールドをクリックすると、横棒グラフを作成することができます。または、縦棒グラフのビルド後に、視覚化タイプで積み上げ横棒グラフをクリックすると、横棒グラフに変更することができます。

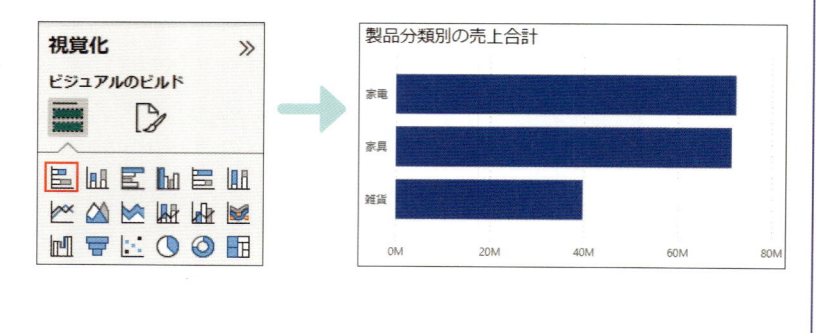

② 積み上げ縦棒グラフをビルドする

💬 解説

操作を開始する

画面下の[ページ]タブの[ページ2]をクリックして開きます。

キャンバスに**プレースフォルダー**が表示されます。プレースフォルダーとは、ビジュアルの作成予定の場所で、ダミーの縦棒グラフがグレーで表示されます。

作業を始める前に、プレースフォルダーの任意の場所をクリックして、ビジュアルを**アクティブ**にします。

ビジュアルがアクティブになると、ビジュアルの周囲に、ハンドル付の枠線が表示されます。

---

1 画面下の[ページ]タブの[ページ2]をクリックして開きます。

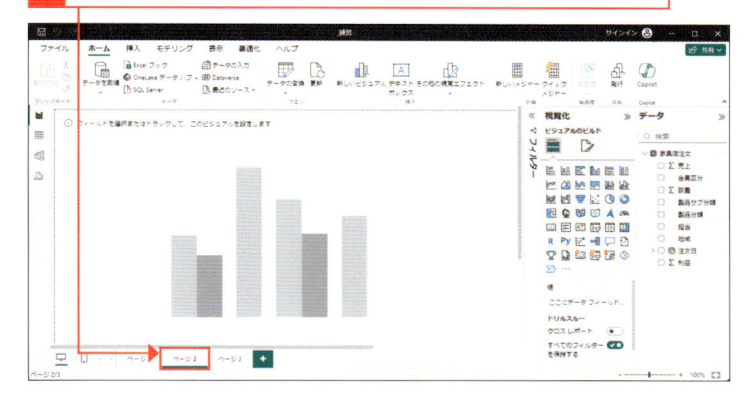

---

2 キャンバスに**プレースフォルダー**（ビジュアルを作成する予定の場所）が表示されます。

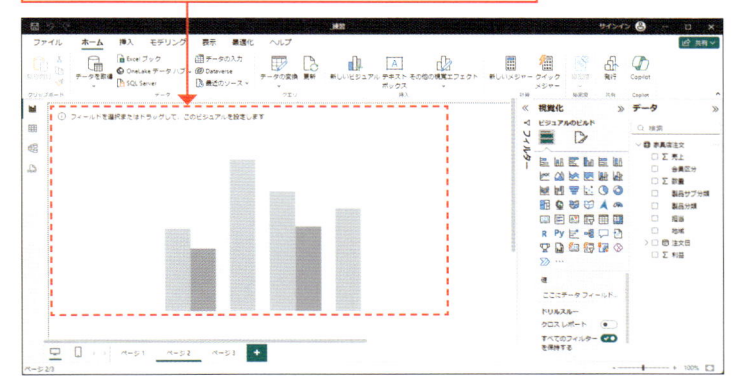

---

3 プレースフォルダーの任意の場所をクリックして、

4 ビジュアルを**アクティブ**にします。

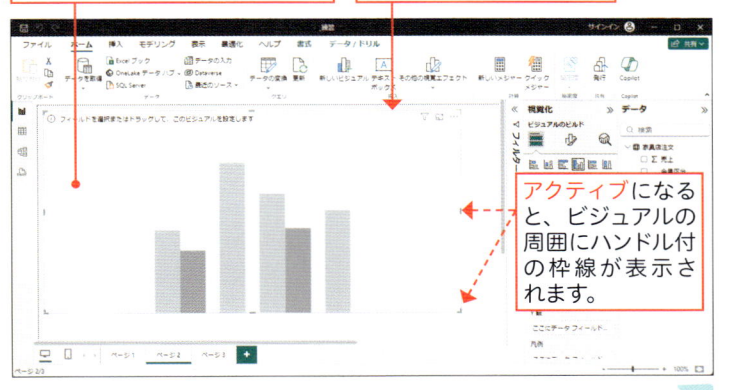

アクティブになると、ビジュアルの周囲にハンドル付の枠線が表示されます。

解説

フィールドを指定する

［製品分類・地域別の売上合計］を分析します。フィールドを次のように指定します。

・集計の対象　：［売上］
・ディメンション：［製品分類］

さらに、2つ目のディメンション［地域］で詳細化します。

補足

プロパティの自動設定を確認する

フィールドが指定された時点で、［ビルド］タブのプロパティが、次のように自動設定されていることを確認します。

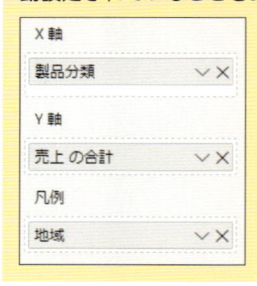

5 ［積み上げ縦棒グラフ］をクリックします。

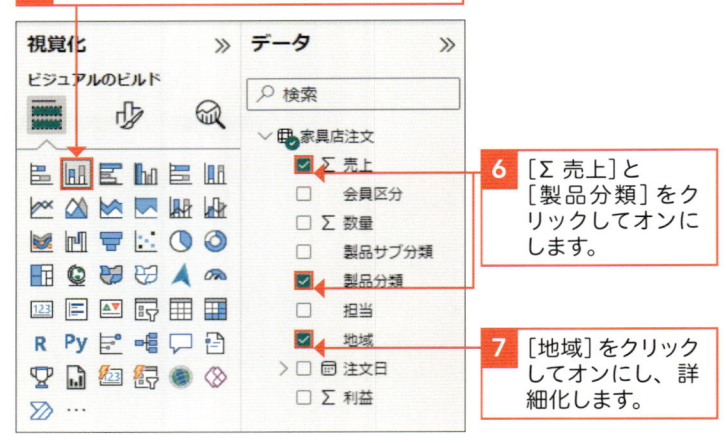

6 ［Σ 売上］と［製品分類］をクリックしてオンにします。

7 ［地域］をクリックしてオンにし、詳細化します。

8 キャンバスに積み上げ縦棒グラフが作成されました。

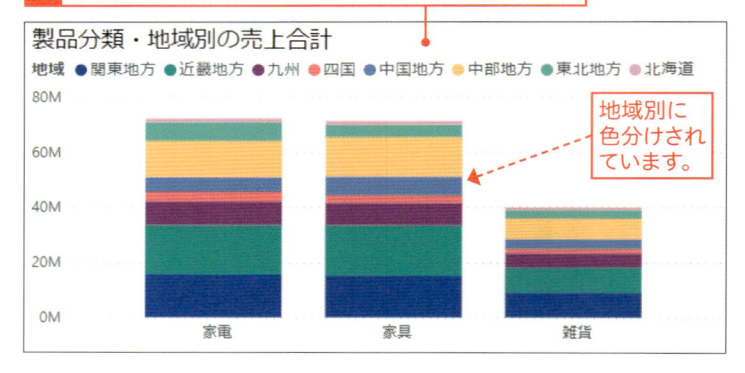

地域別に色分けされています。

補足　積み上げ横棒グラフをビルドする

視覚化タイプで積み上げ横棒グラフを指定し、データペインで集計の対象とディメンションのフィールドをクリックし、2つ目のディメンションで詳細化すると、積み上げ横棒グラフを作成することができます。または、縦棒グラフのビルド後に、視覚化タイプで積み上げ横棒グラフをクリックすると、積み上げ横棒グラフに変更することができます。

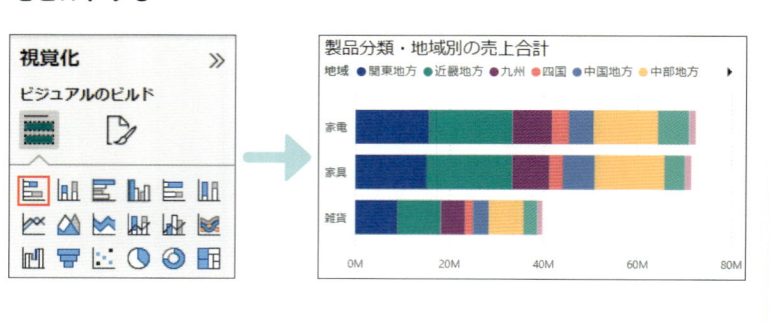

③ ビジュアルに書式を設定する

前のページの操作から続きます。

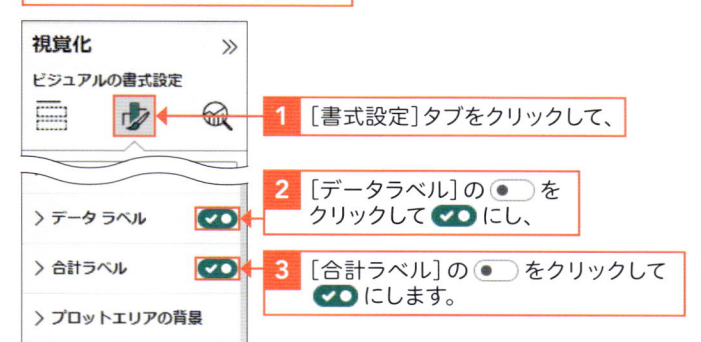

1 [書式設定]タブをクリックして、

2 [データラベル]の（ ● ）を
クリックして にし、

3 [合計ラベル]の（ ● ）をクリックして
にします。

解説

売上の合計と内訳を表示する

製品分類（「家電」「家具」「雑貨」）別の売上の合計と、それぞれの地域別の集計値をビジュアル上に表示します。

重要用語

データラベル、合計ラベルとは

ビジュアル上の各棒の合計の表示を合計ラベルといいます。積み上げ棒グラフについて、各棒の内訳の集計の表示をデータラベルといいます。

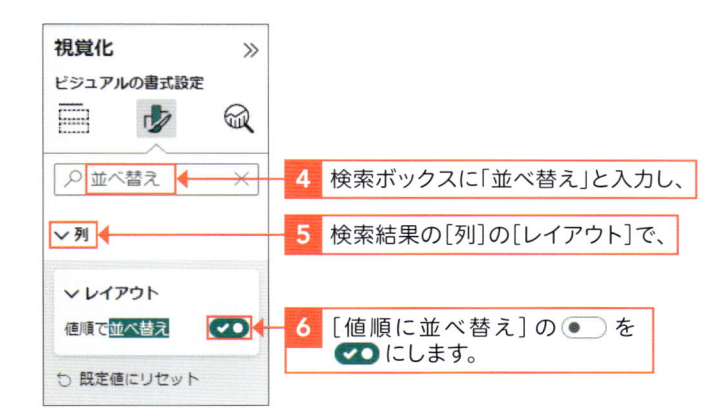

4 検索ボックスに「並べ替え」と入力し、

5 検索結果の[列]の[レイアウト]で、

6 [値順に並べ替え]の（ ● ）を
にします。

解説

売上の降順に並べ替える

地域の売上高の多い順に各棒の内訳を並べ替えます。

7 地域別の集計値（白字）と、製品分類別の合計（黒字）が
表示されました。

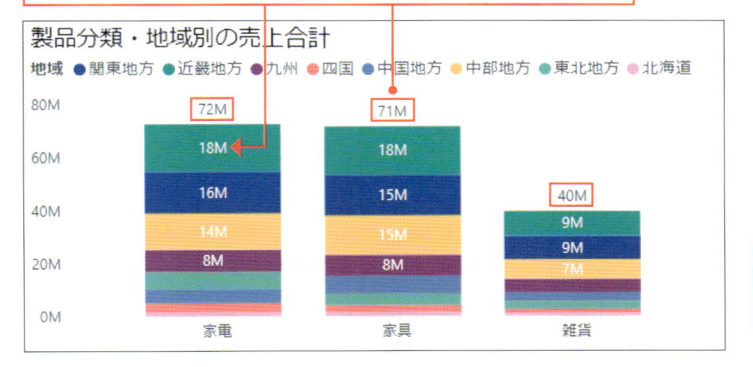

④ 集合縦棒グラフをビルドする

💬 **解説**

フィールドを指定する

[ページ3]をクリックして開き、プレースホルダーの任意の場所をクリックしてアクティブにします。

[製品分類・担当別の売上合計]を分析します。フィールドを次のように指定します。

- 集計の対象　：[売上]
- ディメンション：[製品分類]

さらに、2つ目のディメンション[担当]で詳細化します。

✏️ **補足**

プロパティの自動設定を確認する

フィールドが指定された時点で、[ビルド]タブのプロパティが、次のように自動設定されていることを確認します。

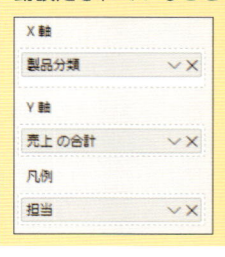

[ページ3]をクリックしプレースホルダーを**アクティブ**にします(側注参照)。

1 [集合縦棒グラフ]をクリックします。

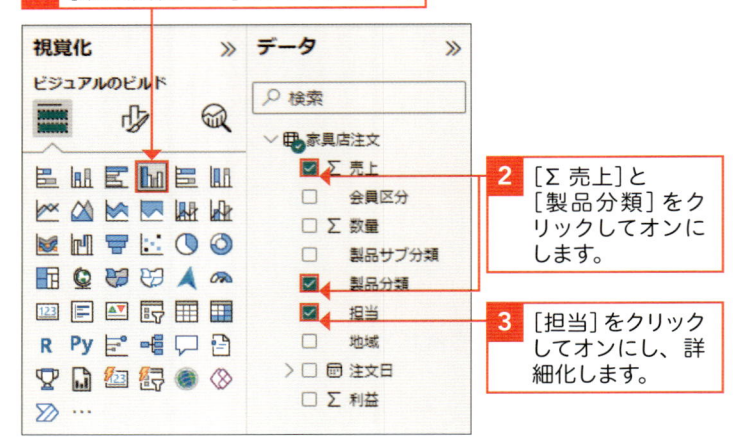

2 [Σ 売上]と[製品分類]をクリックしてオンにします。

3 [担当]をクリックしてオンにし、詳細化します。

4 キャンバスに集合縦棒グラフが作成されました。

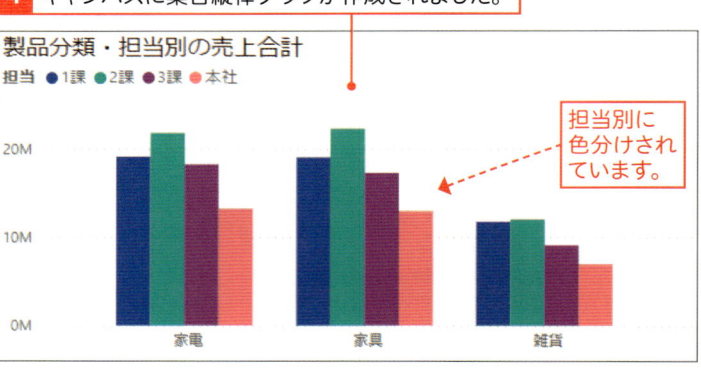

担当別に色分けされています。

5 [Alt]と[F4]を同時に押してファイルを閉じます(保存不要)。

✏️ **補足**　**集合横棒グラフをビルドする**

視覚化タイプで集合横棒グラフを指定し、データペインで集計の対象とディメンションのフィールドをクリックし、2つ目のディメンションで詳細化すると、集合横棒グラフを作成することができます。または、縦棒グラフのビルド後に、視覚化タイプで集合横棒グラフをクリックすると、集合横棒グラフに変更することができます。

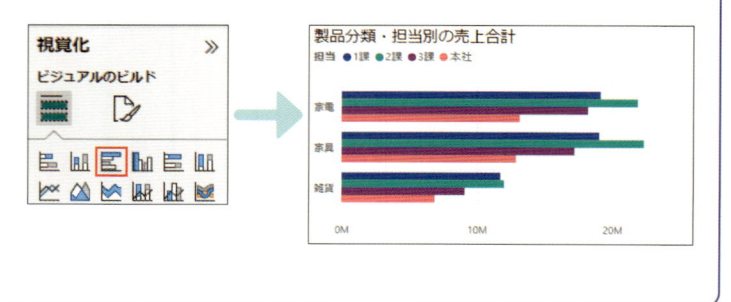

✏️ 補足　各種の棒グラフの使い分け

積み上げ棒グラフ（Stacked chart）と集合棒グラフ（Clustered chart）の使い分け

基本の棒グラフは、集計値とディメンションを1つずつ指定して作成します。

その基本の棒グラフに対して、もう1つのディメンションを追加し、詳細化したのが積み上げ棒グラフと集合棒グラフです。

積み上げ棒グラフと集合棒グラフの使い分けは、それぞれの棒を横並びにして大小比較したい場合は[集合棒グラフ]を、それぞれの棒内の内訳に注目したい場合は、「積み上げ棒グラフ」を選択します。

集合棒グラフは、英語で「クラスター（Clustered Chart）と呼ばれ、Clusterは「ぶどうの粒」を意味します。似たものどうしが集まっているイメージです。

たとえば、あるコンビニで、ライバル関係にある飲料メーカーA、B、C社の売上を並べて比較する場合は、集合棒グラフ（左のグラフ）が適しています。

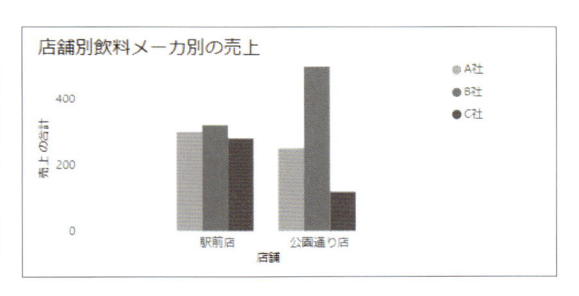
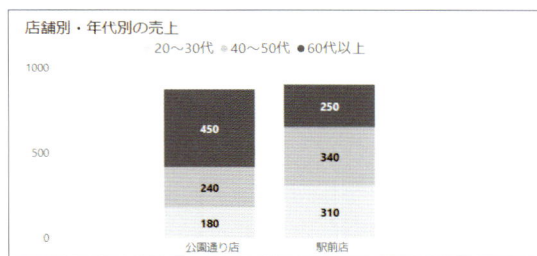

左の集合棒グラフは、A,B,Cの3社の背比べが容易です。店舗別に見ると、駅前店では3社の売上に大差はありません。一方、公園通り店では、B社の売れ行きが群を抜いています。

公園通り店でB社の商品を買うのはどんな客だろう？　と、公園通り店の客層が知りたくなるかもしれません。

店舗に来る客の内訳を調べる場合は、右の積み上げ棒グラフが向いています。

店舗別に年代の内訳を見ると、公園通り店では60代以上の客が多いことが分かります。

公園通り店でB社商品の売れ行きが好調なのは、60代以上の客が好んで購入するからなのかもしれません。

棒グラフで因果関係の判断はできませんが、さらに調査を進める上で、ヒントが得られそうです。

縦棒グラフ（Column chart）と横棒グラフ（Bar chart）の使い分け

縦棒グラフのColumnは、「柱」を意味するところから、一般に高さで大小比較をしたいときに用います。あるいは積み木を上に積み重ねていくようなイメージを示すときにも使います。

それに対して、横棒グラフ（Bar Chart）は、長さや距離を比較したいときに適します。時間をかけて実績を伸ばしていくようなもの、あるいは、階段のように1段ずつ増えていくもの（減っていくもの）に適しています。たとえば、ランキングを示すのによく用いられます。

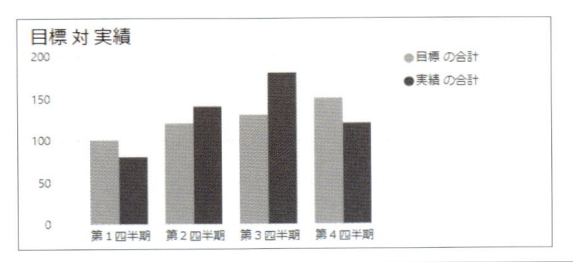
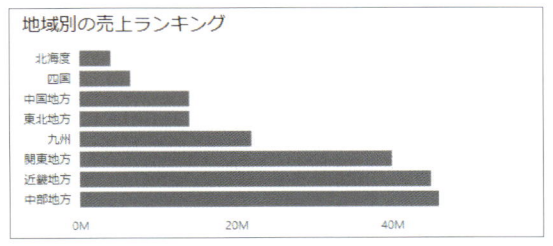

Section
10 推移を分析するビジュアルを作成しよう

折れ線グラフ、カテゴリ別、2軸の折れ線グラフ

📁 練習▶10_練習.pbix　完成▶10_練習_end.pbix

▶ 時間の経過に伴う変化を調べる

時間の流れに沿って、販売数量や売上高の変化や推移を調べるには、「折れ線グラフ」を利用します。増減や勾配の大きさ（変化の緩急）、変動の規則性の有無など、「折れ線グラフ」から傾向を把握することができます。

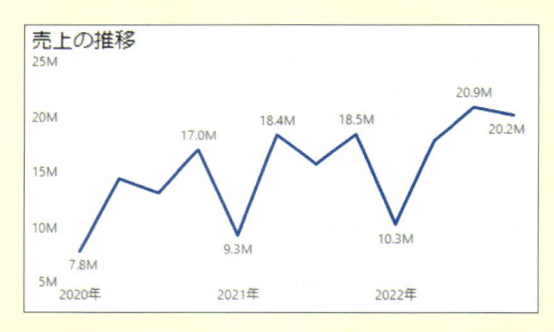

基本の折れ線グラフ
縦軸に集計値、横軸にディメンション（［注文日］などの日付型のフィールド）を指定して、連続する時間の経過に伴う、集計値の推移を示す折れ線グラフをビルドします。
例　売上の推移

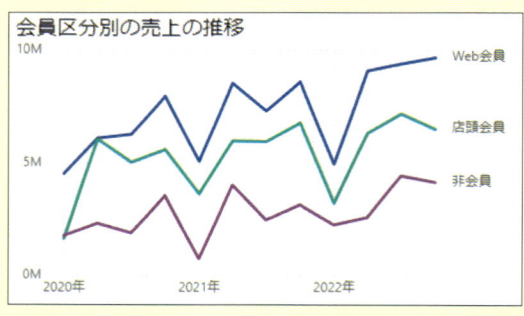

カテゴリ別の折れ線グラフ
基本の折れ線グラフに対して、2つ目のディメンション（系列）で詳細化し、系列別の集計値の推移を折れ線で示します。
例　会員区分別の売上の推移

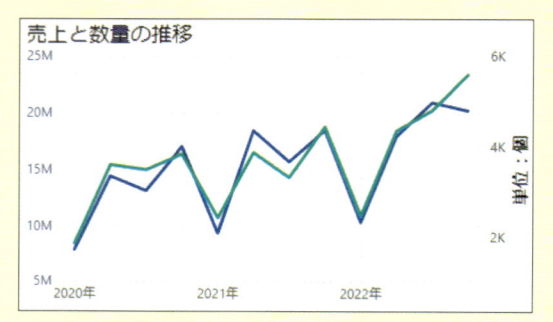

2軸の折れ線グラフ
基本の折れ線グラフに対して、2つ目の集計値を追加し、2つの集計値（たとえば売上と利益）の推移を折れ線で示します。
例　売上と利益の推移

① 折れ線グラフをビルドする

💬 **解説**

フィールドを指定する

練習フォルダーの[10_練習.pbix]をダブルクリックして開き、プレースホルダーの任意の場所をクリックしてアクティブにします。

「売上の推移」を分析します。
フィールドを次のように指定します。

- ・集計の対象　　：[売上]
- ・ディメンション：[注文日]

✏️ **補足**

プロパティの設定を確認する

フィールドが指定された時点で、[ビルド]タブのプロパティが、次のように設定されていることを確認します。

✏️ **補足**

注文日の詳細度（粒度）を元に戻す

[注文日]の[∨]をクリックし、[すべてのレベルを表示する]をクリックすると、年・四半期・月・日が全て表示されます。

[10_練習.pbix]を開きプレースホルダーを**アクティブ**にします（側注参照）。

1 [折れ線グラフ]をクリックします。

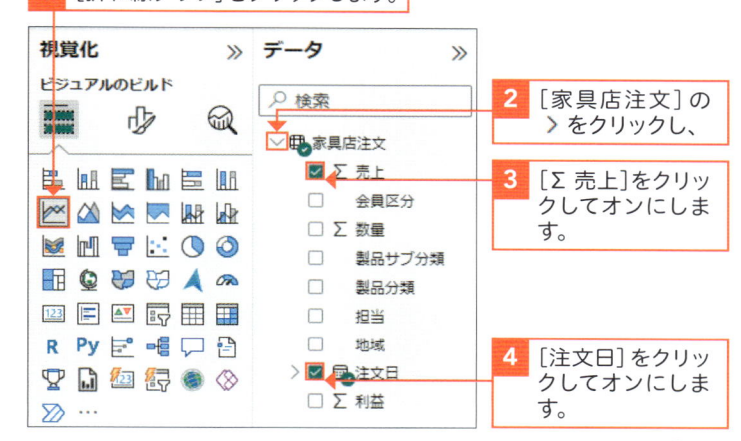

2 [家具店注文]の ＞ をクリックし、

3 [Σ 売上]をクリックしてオンにします。

4 [注文日]をクリックしてオンにします。

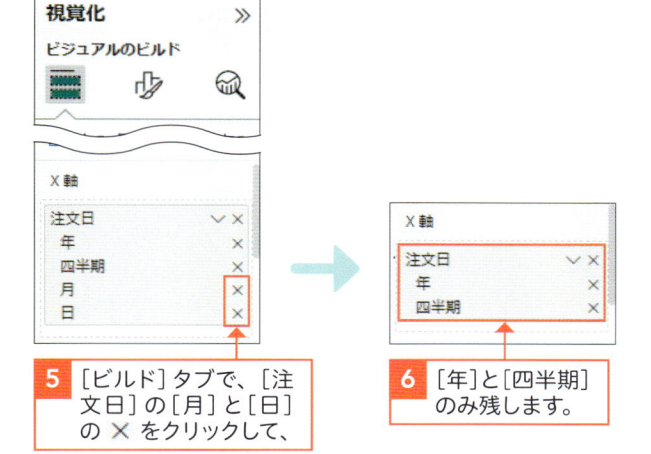

5 [ビルド]タブで、[注文日]の[月]と[日]の ✕ をクリックして、

6 [年]と[四半期]のみ残します。

7 キャンバスに折れ線グラフが作成されました。

② ビジュアルに書式を設定する

💬 解説

四半期ごとの売上を表示する

折れ線の上に売上高を表示するには、[書式設定]の[データラベル]を使用します。第1章で使用した、棒グラフや円グラフの[データラベル]と同様に、折れ線グラフにも設定することができます（円グラフでは[詳細ラベル]といいます）。

前のページから続けて操作します。

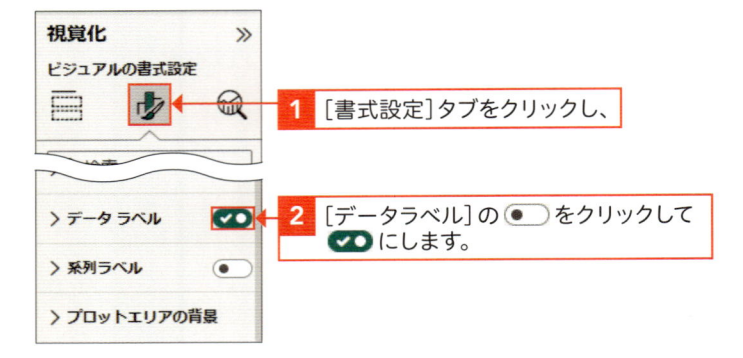

1 [書式設定]タブをクリックし、

2 [データラベル]の ● をクリックして ✅ にします。

3 キャンバスの折れ線グラフの線上に売上合計が表示されました。

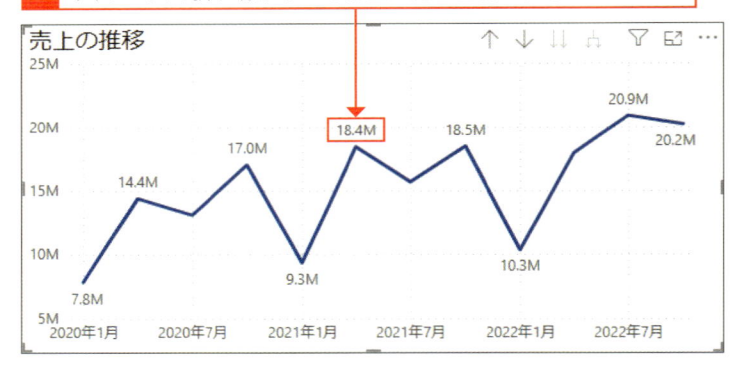

✏️ 補足

データラベルの密集を避ける

ビジュアルのサイズが小さく、ラベルが密集する場合は、互いに重なり合わないように、データラベルの一部が非表示になることがあります。

✏️ 補足　データラベルのオプションを指定する

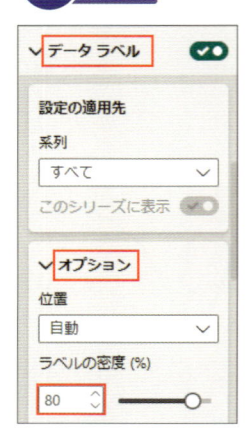

すべてのデータラベルが表示されるよう、ラベル同士の密度を調整します。
次の例では、[ラベルの密度]に「80」を設定して、すべてのデータラベルを表示しています。

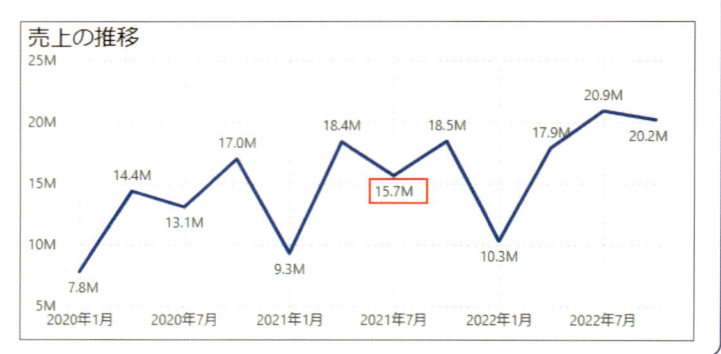

③ カテゴリ別の折れ線グラフをビルドする

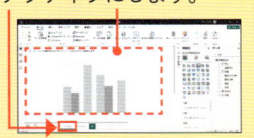

解説

フィールドを指定する

［ページ2］をクリックして開き、プレースホルダーの任意の場所をクリックしてアクティブにします。

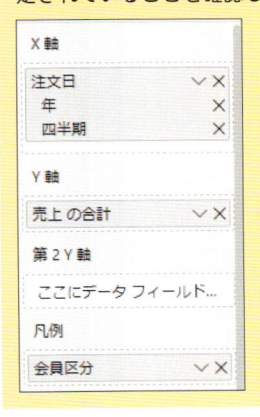

［会員区分別の売上の四半期ごとの推移］を分析します。

フィールドを次のように指定します。

・集計の対象　：［売上］
・ディメンション：［注文日］

［注文日］は、実務でよく使われる、［年］と、［四半期］で詳細化します

さらに、2つ目のディメンション［会員区分］で折れ線を色分けして示します。

補足

プロパティの設定を確認する

フィールドが指定された時点で、［ビルド］タブのプロパティが、次のように設定されていることを確認します。

X軸	
注文日	∨ ×
年	×
四半期	×

Y軸	
売上 の合計	∨ ×

第2Y軸	
ここにデータ フィールド…	

凡例	
会員区分	∨ ×

［ページ2］をクリックしプレースホルダーを**アクティブ**にします（側注参照）。

1 ［折れ線グラフ］をクリックします。

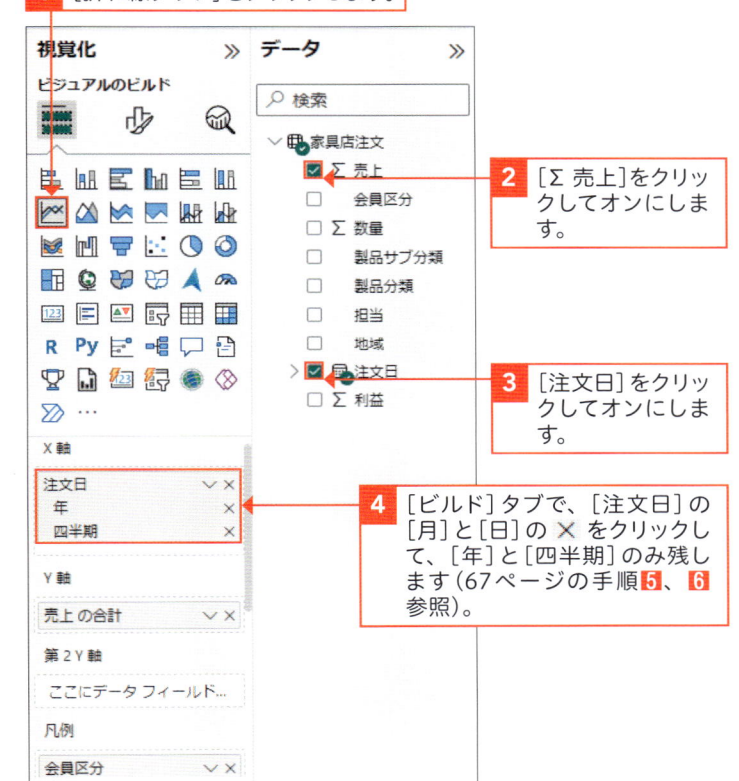

2 ［∑ 売上］をクリックしてオンにします。

3 ［注文日］をクリックしてオンにします。

4 ［ビルド］タブで、［注文日］の［月］と［日］の × をクリックして、［年］と［四半期］のみ残します（67ページの手順 **5**、**6** 参照）。

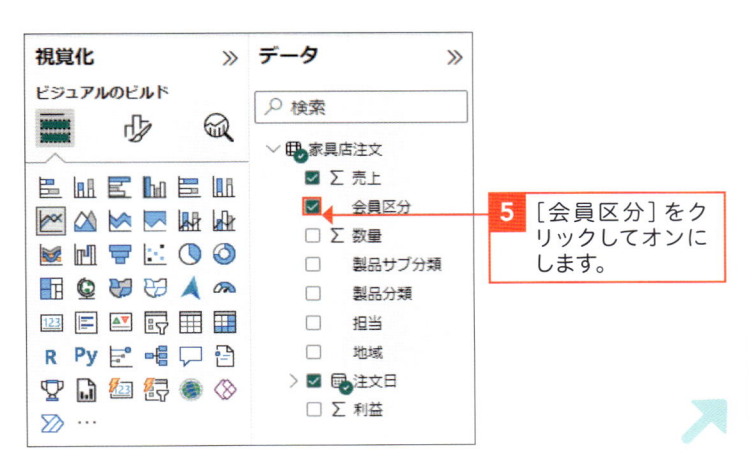

5 ［会員区分］をクリックしてオンにします。

重要用語

系列ラベルとは

系列とは、 ディメンションフィールドに含まれる値の種類です。たとえば、[会員区分] の中に [店舗会員] [Web会員] [非会員] と3種類の値が含まれている場合、それぞれを系列といいます。

解説

売上の推移を会員区分別に表示する

会員区分別に売上を分類集計し、その推移を分析します。ここでは、それぞれの折れ線の上に会員区分名を表示し、凡例を非表示にします。

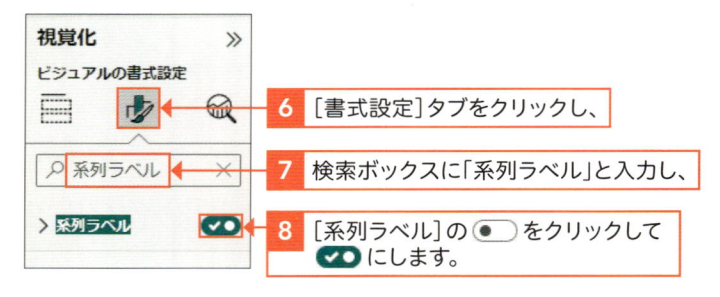

6 [書式設定] タブをクリックし、

7 検索ボックスに「系列ラベル」と入力し、

8 [系列ラベル] の ◉ をクリックして ◉ にします。

9 [検索ボックス]の[x]をクリックして、

10 「凡例」と入力し、

11 [凡例] の ◉ をクリックして ◉ にします。

12 折れ線の右端に系列が追加されました。

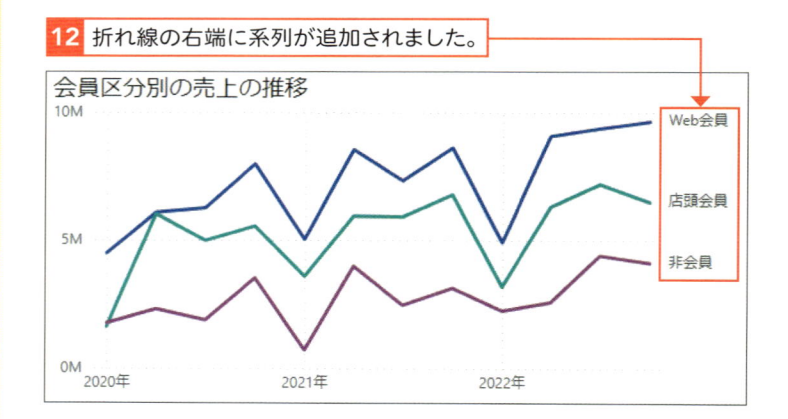

会員区分別の売上の推移

④ 単位や桁が異なる折れ線グラフをビルドする

🗨 解説

フィールドを指定する

[ページ3]をクリックして開き、プレースホルダーの任意の場所をクリックしてアクティブにします。

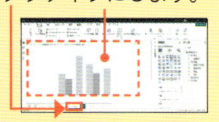

[売上と数量の四半期ごとの推移]を分析します。フィールドを次のように指定します。

・集計の対象：[売上][数量]
・ディメンション：[注文日]

🗨 解説

第2Y軸を使用する

前のページの、[会員区分別の売上]グラフでは、左側の縦軸（Y軸）のみを使用しました。系列ごとの折れ線は単位や桁が同じなので、1つの軸を共有することができます。一方、売上と数量を表す場合、単位が異なるので、1つの軸を共有することができません。このような場合は、右側の縦軸（第2Y軸）を併用します。

✏ 補足

プロパティの設定を確認する

フィールドが指定された時点で、[ビルド]タブのプロパティが、次のように設定されていることを確認します。

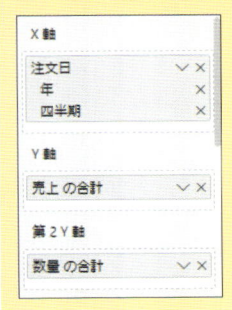

[ページ3]をクリックしプレースホルダーを**アクティブ**にします（側注参照）。

1 [折れ線グラフ]をクリックして、

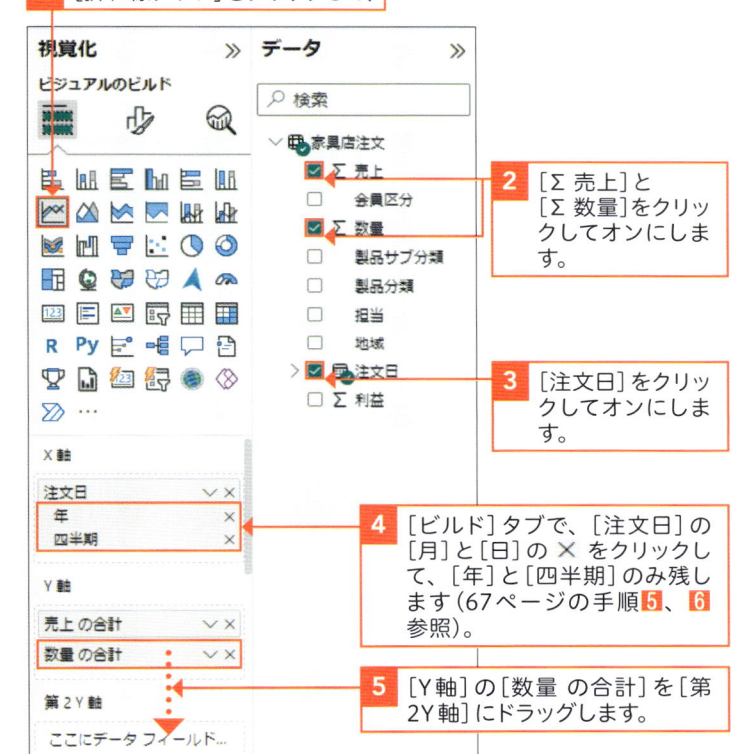

2 [Σ 売上]と[Σ 数量]をクリックしてオンにします。

3 [注文日]をクリックしてオンにします。

4 [ビルド]タブで、[注文日]の[月]と[日]の × をクリックして、[年]と[四半期]のみ残します（67ページの手順**5**、**6**参照）。

5 [Y軸]の[数量 の合計]を[第2Y軸]にドラッグします。

6 キャンバスに、売上と数量の推移を表す折れ線グラフが作成されました。

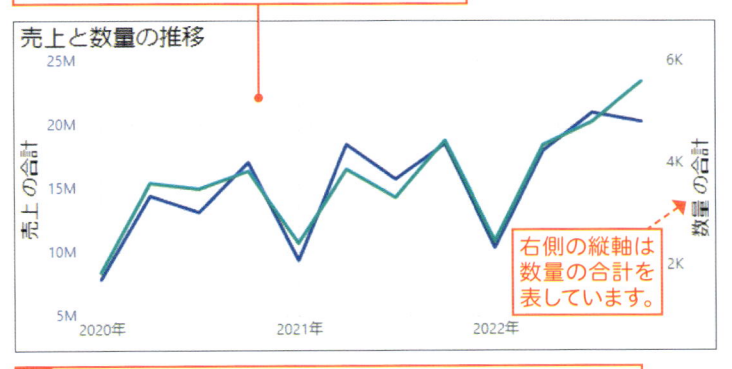

右側の縦軸は数量の合計を表しています。

7 Alt と F4 を同時に押してファイルを閉じます（保存不要）。

Section 11 割合を分析する ビジュアルを作成しよう

円グラフ、100%積み上げ棒グラフ、ツリーマップ

練習▶11_練習.pbix　完成▶11_練習_end.pbix

▶ 全体に対して各要素が占める割合を調べる

各地域が占める売上額が、全体の何%にあたるのか、それぞれの要素が占める割合を調べるには、「円グラフ」や「100%積み上げ棒グラフ」（別名 帯グラフ）を利用します。円グラフの機能に加えて階層別に表すことができる「ツリーマップ」もあります。

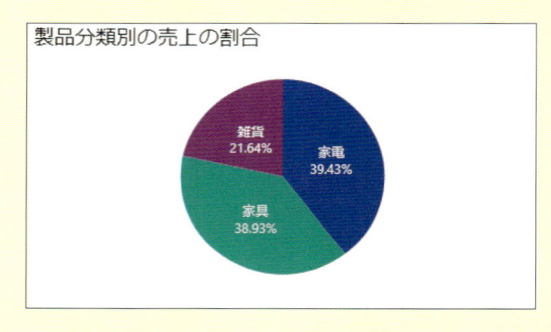

基本の円グラフ（別名　パイチャート）
集計値と、ディメンション（カテゴリ）を指定して、カテゴリ別の集計値が全体に占める割合を示す円グラフをビルドします。
例　製品分類別の売上の割合

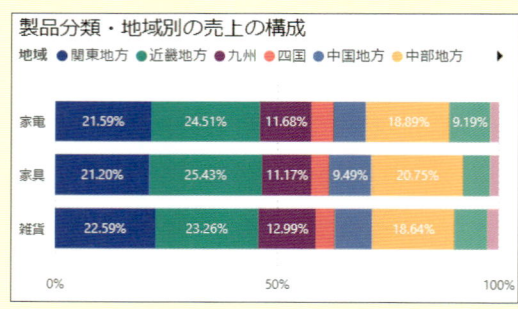

100%積み上げ横棒グラフ（別名　帯グラフ）
横軸に集計値、縦軸にディメンションを指定して分類集計し、2つ目のディメンション（系列）で詳細化し、系列別の集計値の構成比を、各棒に内訳で示します。
例　製品分類・地域別の売上の構成

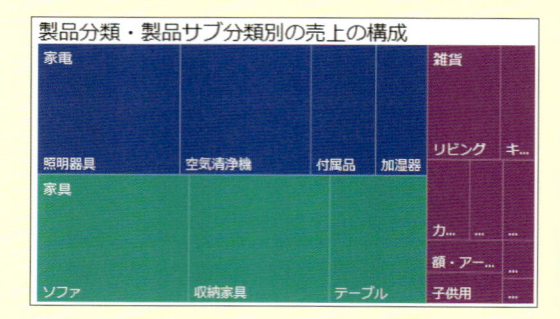

ツリーマップ
集計値と、ディメンション（カテゴリ）を指定して、さらに2つ目のディメンション（系列）で詳細化し、カテゴリ別、系列別の集計値を階層構造で示します。
例　製品分類・サブ分類別の売上の構成

① 円グラフをビルドする

フィールドを指定する

練習フォルダーの[11_練習.pbix]をダブルクリックして開き、キャンバスのプレースホルダーの任意の場所をクリックしてアクティブにします。

円グラフを使って、[売上に占める、製品分類別の割合]を分析します。フィールドを次のように指定します。

・集計の対象　：[売上]
・ディメンション：[製品分類]

プロパティの自動設定を確認する

フィールドが指定された時点で、[ビルド]タブのプロパティが、次のように自動設定されていることを確認します。

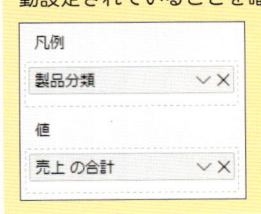

[11_練習.pbix]を開きプレースホルダーをアクティブにします（側注参照）。

1 視覚化ペインのギャラリーで[円グラフ]をクリックします。

2 [家具店注文]の > をクリックし、

3 [Σ 売上]と[製品分類]をクリックしてオンにします。

4 キャンバスに円グラフが作成されました。

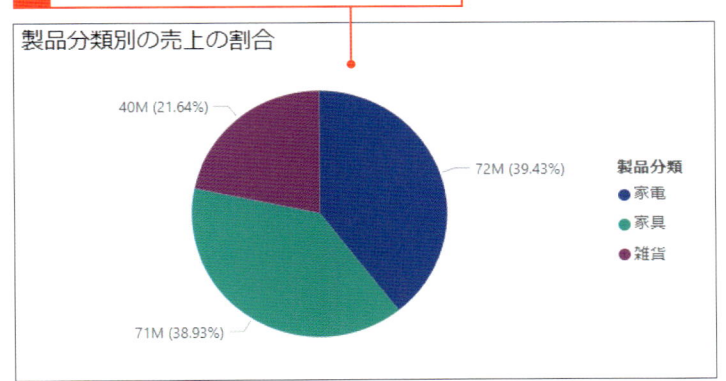

製品分類別の売上の割合

ドーナツチャートをビルドする

視覚化タイプでドーナツチャートを指定し、データペインで集計の対象とディメンションのフィールドをクリックすると、ドーナツチャートを作成することができます。または、円グラフをビルド後に、視覚化タイプでドーナツチャートをクリックすると、円グラフをドーナツチャートに変更することができます。

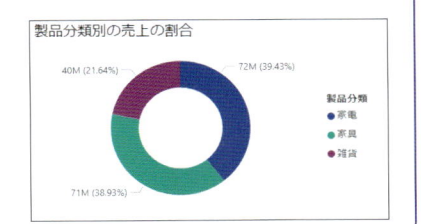

② ビジュアルに書式を設定する

💬 **解説**

凡例を削除する

円グラフの詳細ラベルに「家具」「家電」「雑貨」が何色か（円グラフのどの部分か）を示すことができるので、ここでは、凡例は削除します。

💬 **解説**

円グラフ上に製品分類名と%を表示する

円グラフの内側に詳細ラベルと、それぞれの占める割合（%）を表示します。

前のページの手順から続けて操作します。

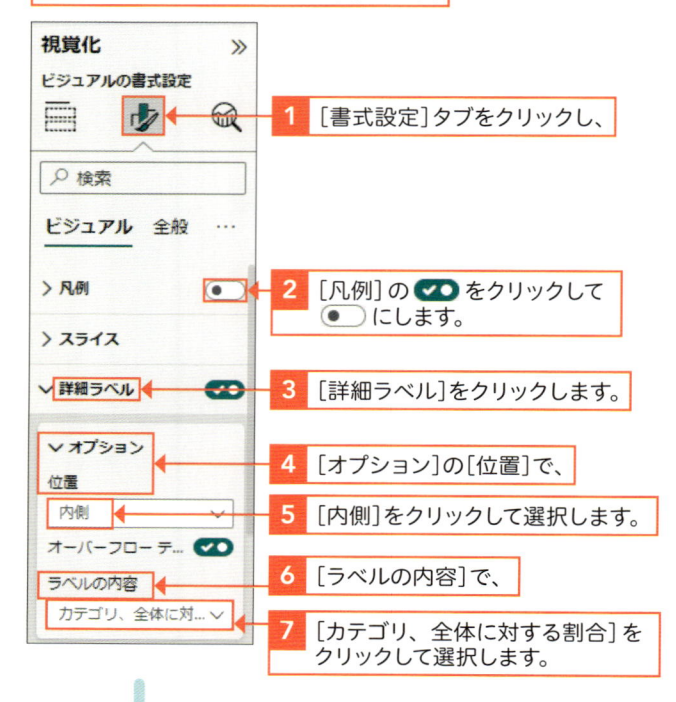

1 ［書式設定］タブをクリックし、

2 ［凡例］の **⚫️** をクリックして **⚪️** にします。

3 ［詳細ラベル］をクリックします。

4 ［オプション］の［位置］で、

5 ［内側］をクリックして選択します。

6 ［ラベルの内容］で、

7 ［カテゴリ、全体に対する割合］をクリックして選択します。

8 円グラフの内側に、製品分類名と割合（%）が表示されました。

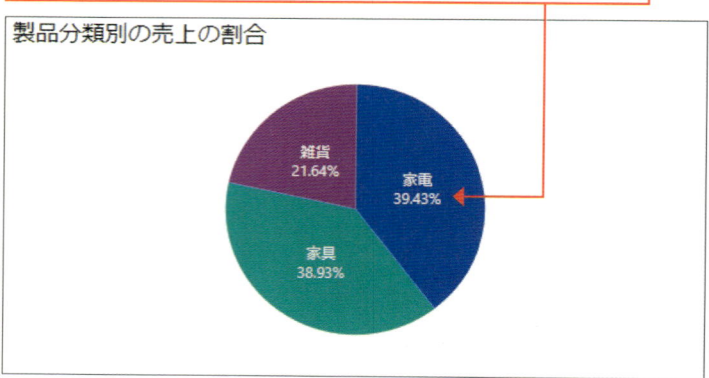

製品分類別の売上の割合

③ 100%積み上げ棒グラフをビルドする

💬 解説

フィールドを指定する

[ページ2]をクリックして開き、プレースホルダーの任意の場所をクリックしてアクティブにします。

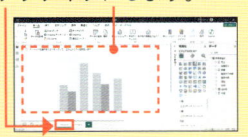

「製品分類別の売上に対する地域の構成比」を分析します。
フィールドを次のように指定します。

・集計の対象　：［売上］
・ディメンション：［製品分類］

さらに、2つ目のディメンション［地域］で詳細化します。

✏️ 補足

プロパティの自動設定を確認する

フィールドが指定された時点で、［ビルド］タブのプロパティが、次のように自動設定されていることを確認します。

Y軸	
製品分類	∨ ×

X軸	
売上 の合計	∨ ×

凡例	
地域	∨ ×

💬 解説

積み上げ横棒グラフ上に構成比を示す

積み上げ横棒グラフのデータラベルに構成比(%)を表示します。

[ページ2]をクリックしプレースホルダーをアクティブにします(側注参照)。

1 ［100%積み上げ横棒グラフ］をクリックします。

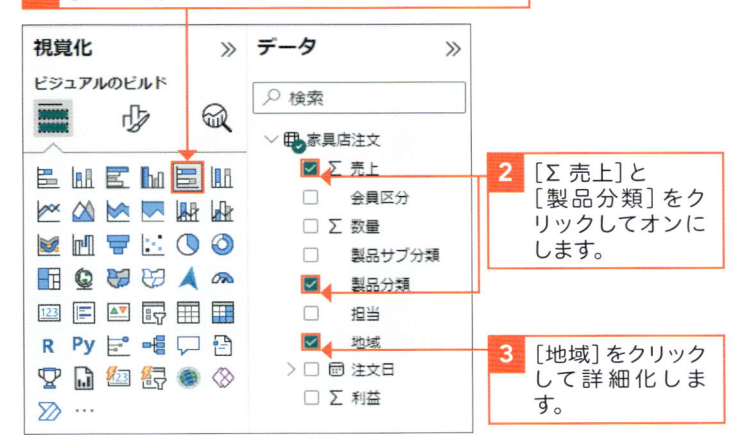

2 ［Σ 売上］と［製品分類］をクリックしてオンにします。

3 ［地域］をクリックして詳細化します。

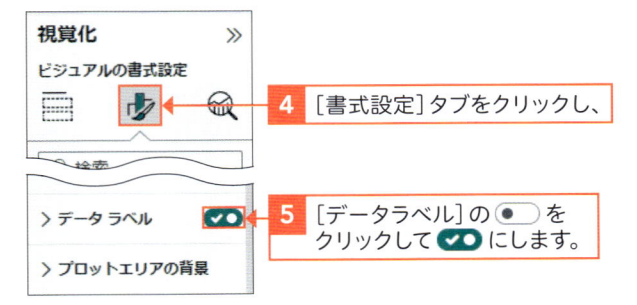

4 ［書式設定］タブをクリックし、

5 ［データラベル］の（⚪︎）をクリックして（✓）にします。

6 100%積み上げ横棒グラフが作成されました。

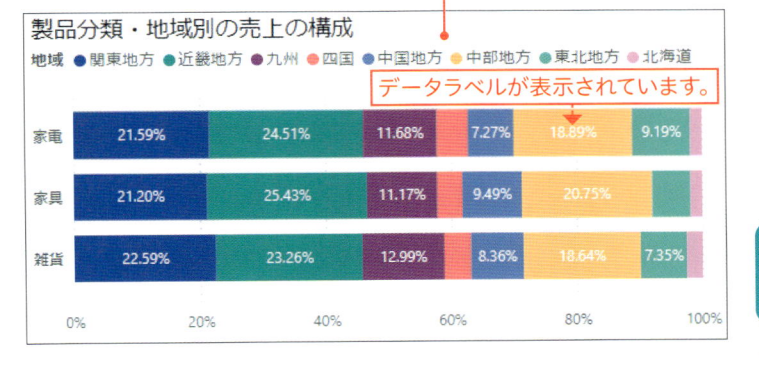

製品分類・地域別の売上の構成
地域 ●関東地方 ●近畿地方 ●九州 ●四国 ●中国地方 ●中部地方 ●東北地方 ●北海道

データラベルが表示されています。

家電	21.59%	24.51%	11.68%	7.27%	18.89%	9.19%
家具	21.20%	25.43%	11.17%	9.49%	20.75%	
雑貨	22.59%	23.26%	12.99%	8.36%	18.64%	7.35%

0%　　　20%　　　40%　　　60%　　　80%　　　100%

基礎編

④ ツリーマップをビルドする

💬 解説

フィールドを指定する

[ページ3]をクリックして開き、プレースホルダーの任意の場所をクリックしてアクティブにします。

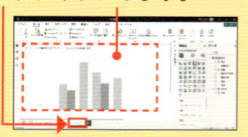

「製品分類・製品サブ分類別の売上の構成」を分析します。
フィールドを次のように指定します。

・集計の対象　：[売上]
・ディメンション：[製品分類]

さらに、2つ目のディメンション[製品サブ分類]で構成を階層表示します。

✏️ 補足

プロパティの自動設定を確認する

フィールドが指定された時点で、[ビルド]タブのプロパティが、次のように自動設定されていることを確認します。

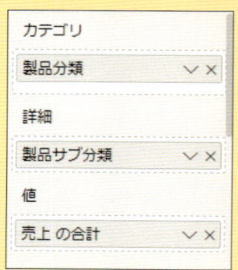

[ページ3]をクリックしプレースホルダーを**アクティブ**にします（側注参照）。

1 [ツリーマップ]をクリックします。

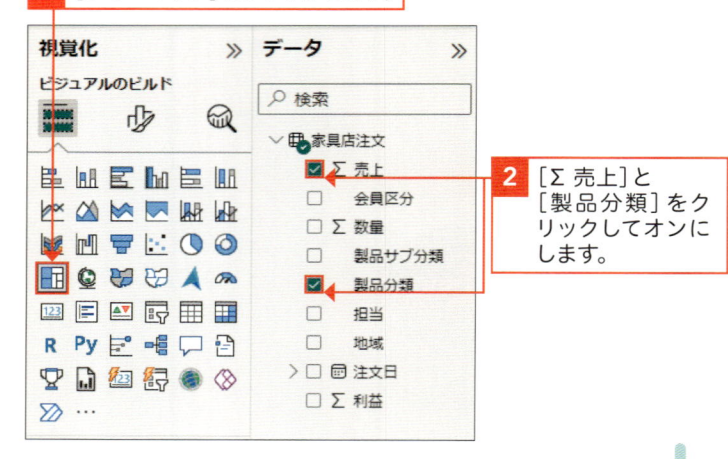

2 [Σ 売上]と[製品分類]をクリックしてオンにします。

3 [製品サブ分類]をクリックして詳細化します。

4 キャンバスにツリーマップが作成されました。

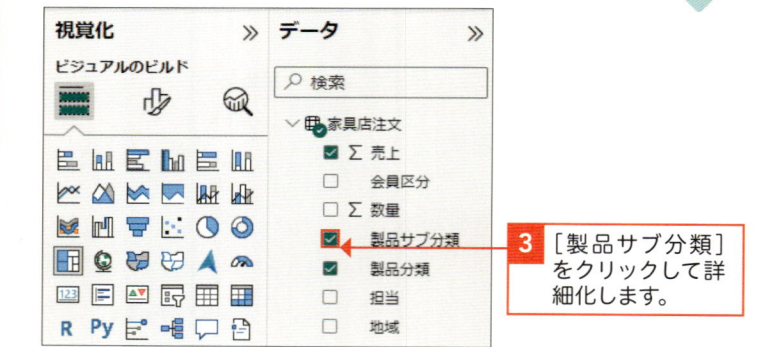

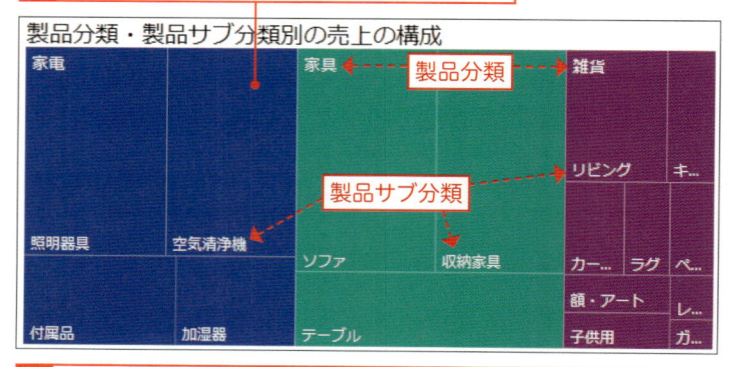

5 [Alt]と[F4]を同時に押してファイルを閉じます（保存不要）。

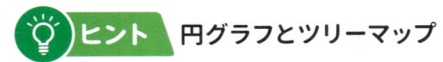 **ヒント　円グラフとツリーマップ**

円グラフは 各要素が扇型のため、要素間の大小を比較する場合、角度が小さくなると、微妙な大小の判別が難しいといわれています。一方、ツリーマップでは、各要素が長方形のため、面積の大小比較が容易です。

たとえば、次のグラフのように要素数が多い場合は、小さい角度の判別が難しいため、円グラフは適しません。要素が5個を超える場合は、円グラフではなく、ツリーマップの使用を検討しましょう。

円グラフが適さない事例

以下のグラフのように要素数が多い場合は、円グラフは適していません。

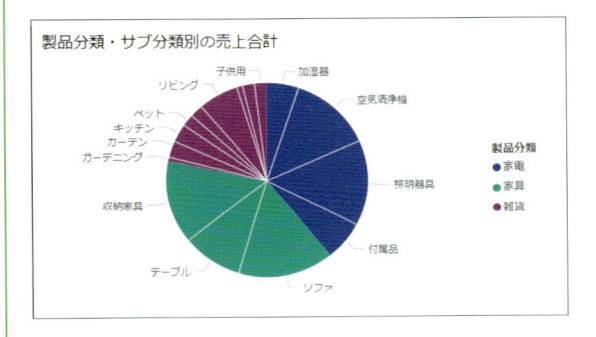

 **補足　ファネルを使って割合の推移を分析する**

割合を示すビジュアルは、このセクションで学んだ円グラフ、ドーナツチャート、100％棒グラフ、ツリーマップの他に、ファネル（漏斗）があります。

ファネルは、複数の段階を経て最終目標にたどり着くような事例について、最初の段階を100％とし、段階が進むにつれて、次第に絞り込まれる様子を示すのに便利です。

次の事例は、新卒の採用で、説明会から最終選考までの5段階で、応募者がどのように絞り込まれるか示したものです。左の2021年は、各段階で少しずつ絞り込まれていましたが、2022年は筆記試験を難しくしすぎたのか、次の一次面接に進めなかった応募者が多かったことがわかります。

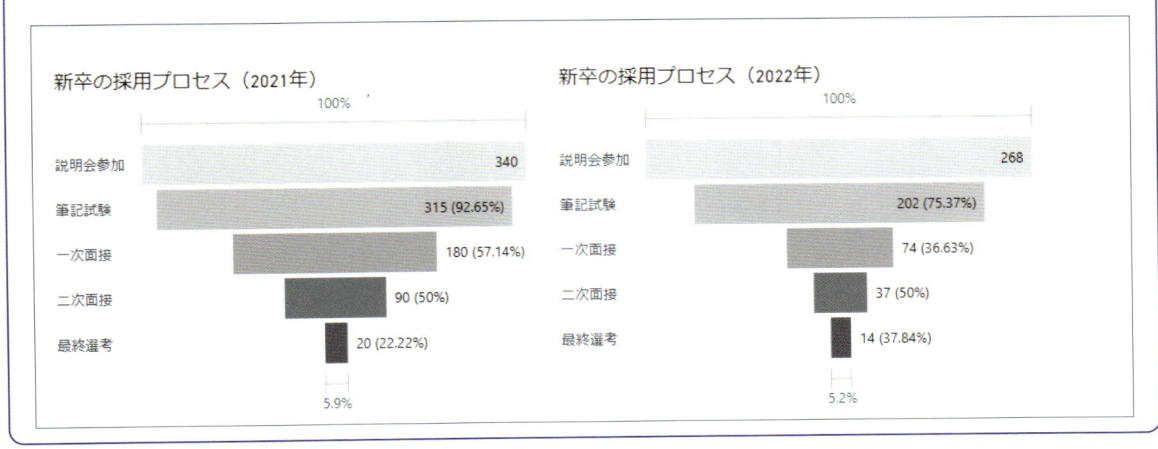

相関と分布を分析する
ビジュアルを作成しよう

散布図、バブルチャート

練習▶12_練習.pbix　完成▶12_練習_end.pbix

▶ 相関関係や散らばり具合を調べる

変化する2つの値の関係や値の偏りを調べるには、「散布図」を利用します。たとえば、売上と利益について、売上が高くなれば利益も高くなるのか、逆に利益は低くなるのかなど相関関係を明らかにすることができます。

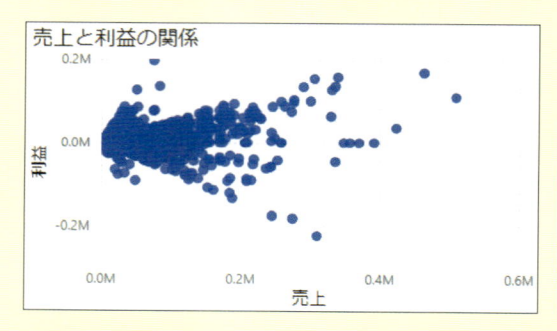

基本の散布図
縦軸と横軸に数値型のフィールドを指定します。既定では数値型フィールドは集計済ですが、散布図では集計を解除して、1件1件の個別データをビジュアル上に点描することができます。
例　売上と利益の関係

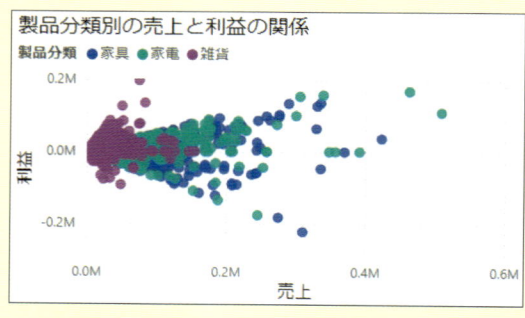

系列別の散布図
基本の散布図に、ディメンション（カテゴリ）を指定して、散布図上の点（マークといいます）を色分けします。
例　製品分類別の売上と利益の関係

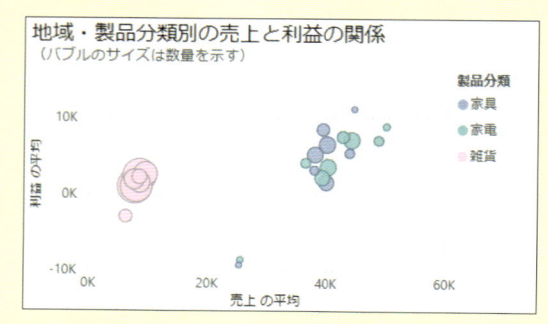

バブルチャート
基本の散布図に対して、3つ目の集計値を追加し、3つの集計値（たとえば売上と利益と数量）の関係を散布図で示します。
例　地域・製品分類別の売上・利益・数量

① 散布図をビルドする

解説

フィールドを指定する

練習フォルダーの［12_練習.pbix］をダブルクリックして開き、キャンバスのプレースホルダーの任意の場所をクリックしてアクティブにします。

散布図を使って、［全注文取引の売上と利益］の相関を分析します。フィールドを次のように指定します。

- ・集計の対象：［売上］と［利益］
- ・ディメンション：なし

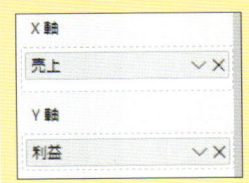解説

集計を解除する

集計対象の［売上］と［利益］は、既定では集計されますが、集計を解除して、１取引ごとに分解して、グラフ上にばらまくこともできます。

補足

プロパティの設定を確認する

フィールドが指定された時点で、［ビルド］タブのプロパティが、次のように設定されていることを確認します。

X軸

| 売上 | ∨× |

Y軸

| 利益 | ∨× |

［12_練習.pbix］を開きプレースホルダーを**アクティブ**にします（側注参照）。

1 ［散布図］をクリックします。

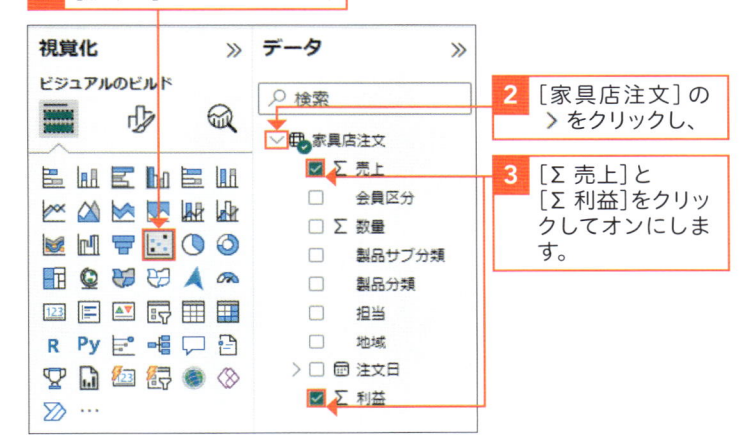

2 ［家具店注文］の ＞をクリックし、

3 ［Σ 売上］と［Σ 利益］をクリックしてオンにします。

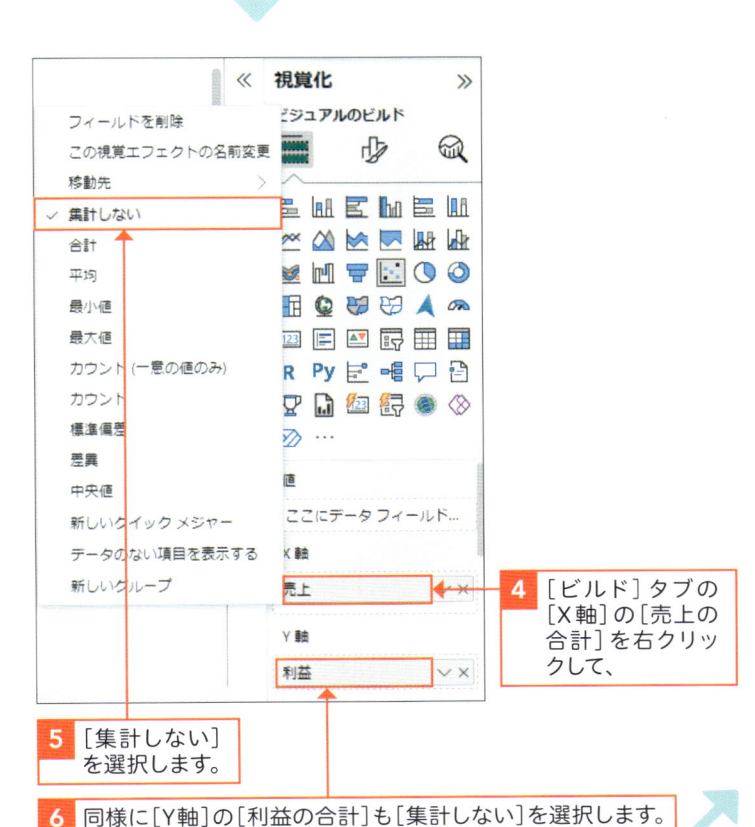

4 ［ビルド］タブの［X軸］の［売上の合計］を右クリックして、

5 ［集計しない］を選択します。

6 同様に［Y軸］の［利益の合計］も［集計しない］を選択します。

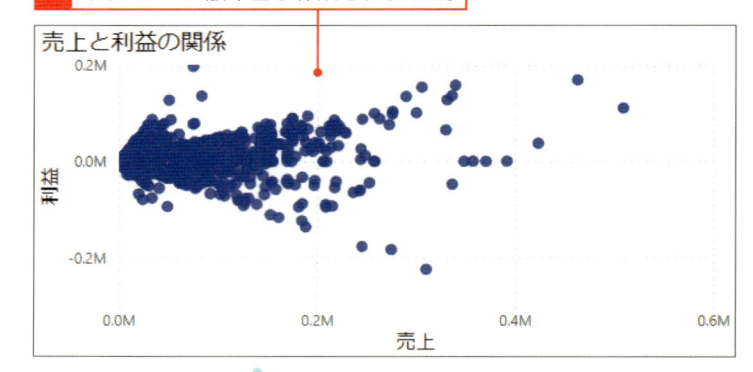

売上と利益の関係

補足

ビジュアルからデータを理解する

売上が30万円以下の場合、利益が±5万円の間に密集していて、各取引が似たような傾向にあることがわかります。一方、売上が高額になると、利益はばらつきが大きいことがわかります。

解説

製品分類で色分けする

[売上]と[利益]で作成した基本の散布図に、ディメンションの[製品分類]を加え、色分けして分布の特徴を明確にします。

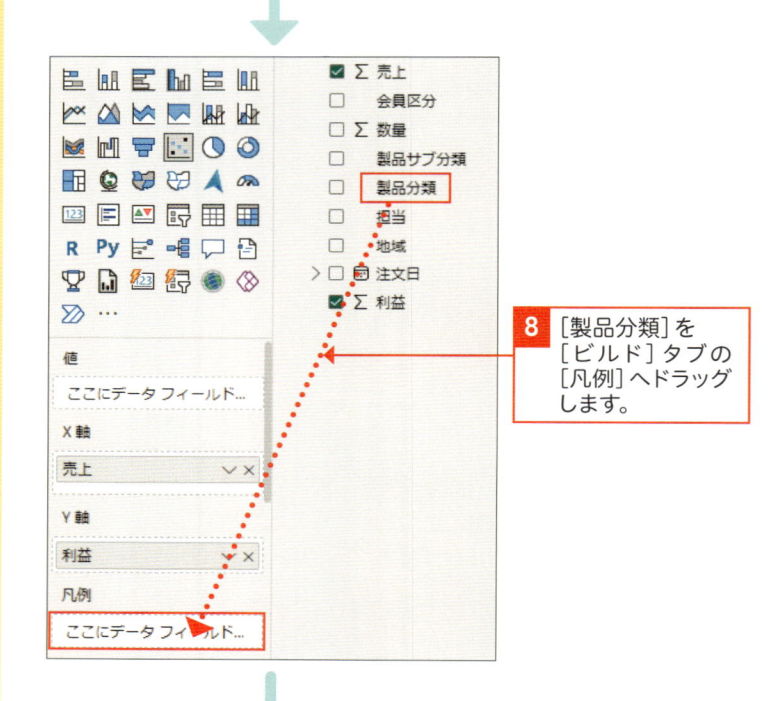

8 [製品分類]を[ビルド]タブの[凡例]へドラッグします。

補足

プロパティの設定を確認する

フィールドが指定された時点で、[ビルド]タブのプロパティが、次のように設定されていることを確認します。

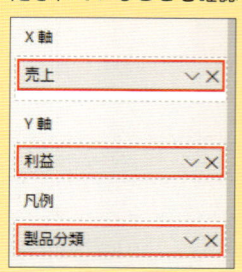

9 キャンバスに3色で色分けされた散布図が作成されました。

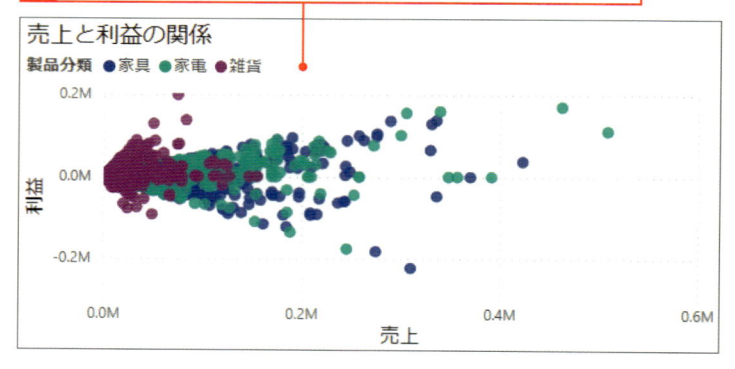

売上と利益の関係
製品分類 ●家具 ●家電 ●雑貨

② バブルチャートをビルドする

💬 解説

フィールドを指定する

[ページ2]をクリックして開き、プレースホルダーの任意の場所をクリックしてアクティブにします。

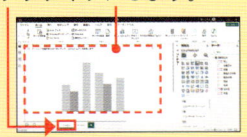

「地域別の平均売上と平均利益」の相関図を使って、「製品分類別の販売数量」を分析します。
フィールドを次のように指定します。

- ・集計の対象　：[売上]と[利益]
  集計の方法　：平均
- ・ディメンション：[地域]

さらに、次のように詳細化します。

- ・ディメンション：[製品分類]
- ・バブルのサイズ：[数量]

✏️ 補足

プロパティの設定を確認する

フィールドが指定された時点で、[ビルド]タブのプロパティが、次のように設定されていることを確認します。

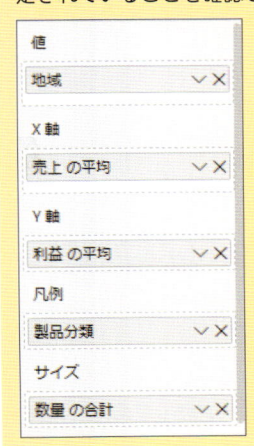

[ページ2]をクリックしプレースホルダーをアクティブにします（側注参照）。

1 [散布図]をクリックします。

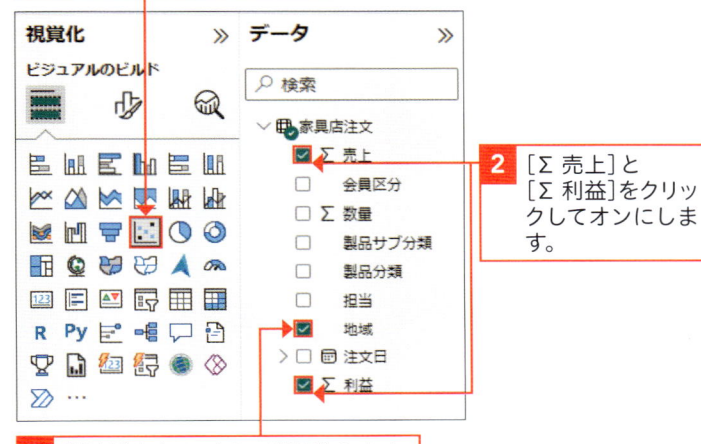

2 [Σ 売上]と[Σ 利益]をクリックしてオンにします。

3 [地域]をクリックして詳細化します。

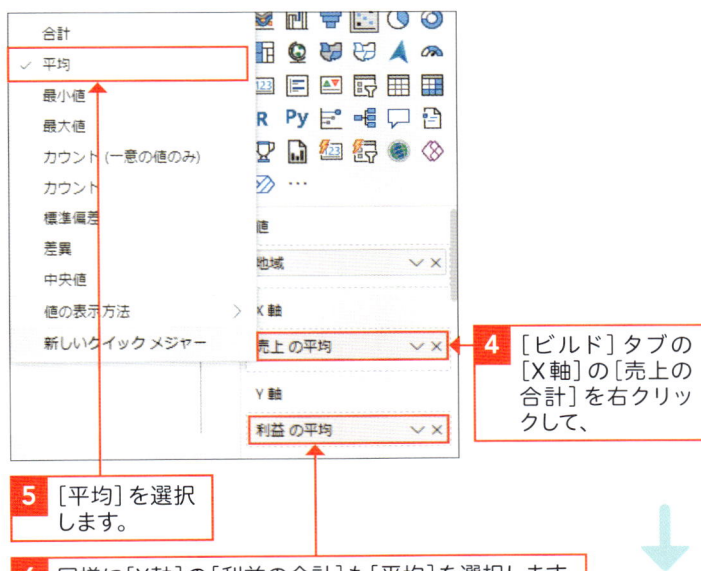

4 [ビルド]タブの[X軸]の[売上の合計]を右クリックして、

5 [平均]を選択します。

6 同様に[Y軸]の[利益の合計]も[平均]を選択します。

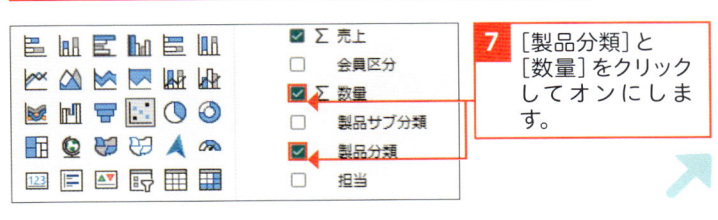

7 [製品分類]と[数量]をクリックしてオンにします。

重要用語

バブルチャートとは

散布図に、もう1つ量を表すデータ（数値など）を加え、円の大きさで表すビジュアルです。大小の円が泡のように見えるのでバブルチャートといいます。

8 キャンバスにバブルチャートが作成されました。

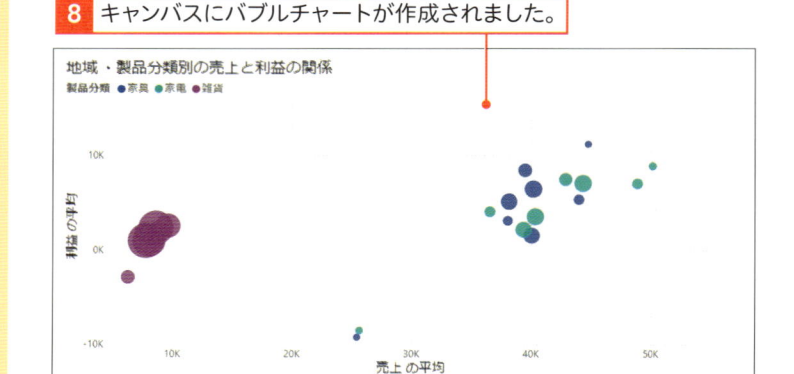

③ ビジュアルに書式を設定する

解説

サブタイトルを追加する

基本の散布図のタイトルに加えて、詳細化のための［数量］の情報を、サブタイトルに表示します。

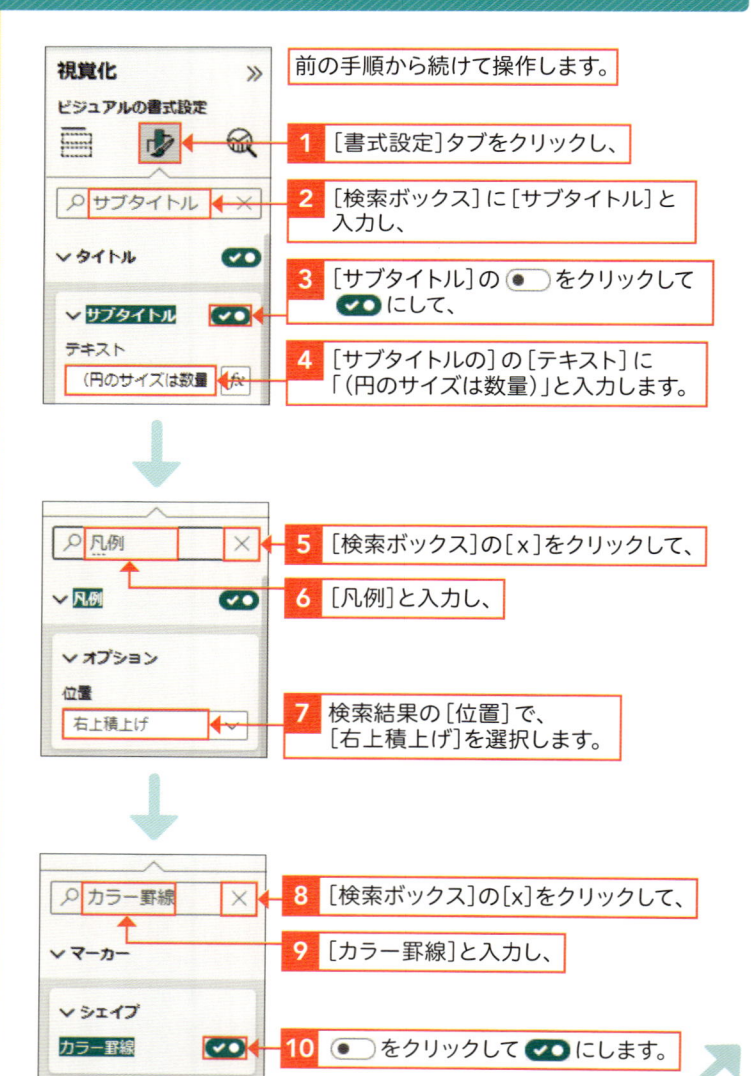

前の手順から続けて操作します。

1 ［書式設定］タブをクリックし、

2 ［検索ボックス］に［サブタイトル］と入力し、

3 ［サブタイトル］の ● をクリックして ✓● にして、

4 ［サブタイトルの］の［テキスト］に「（円のサイズは数量）」と入力します。

5 ［検索ボックス］の［x］をクリックして、

6 ［凡例］と入力し、

7 検索結果の［位置］で、［右上積上げ］を選択します。

解説

凡例の表示を移動する

タイトルの下の凡例を右上に移動して、分析時に目に付きやすくします。

8 ［検索ボックス］の［x］をクリックして、

9 ［カラー罫線］と入力し、

10 ● をクリックして ✓● にします。

解説

密集部分を判別しやすくする

マーカーに枠線を追加し、境界線をはっきりさせます。
さらに、重なっている部分が透き通って見えるように薄めの色を使います。

補足

ビジュアルから
データを理解する

雑貨は薄利多売（利益は低いが販売数が多い）ですが、家具や家電は、売上の平均が高く、利益もしっかりと得られていることがわかります。

11 ［検索ボックス］の［×］をクリックして、

12 ［マーカー］と入力し、

13 ［設定の適用先］の［系列］で
［家具］を選択します。

14 ［シェイプ］のここをクリックして
折りたたみ、

15 ［カラー］のここをクリックし、

16 ［テーマの色］で、薄い青色
に変更します。

17 手順**13**、**15**と同様、
［系列］で［家電］を選択し、
［テーマの色］で薄い色に、
［系列］で［雑貨］を選択し、
［テーマの色］で薄い色に
変更します。

18 バブルチャートの密集部分が判別しやすくなりました。

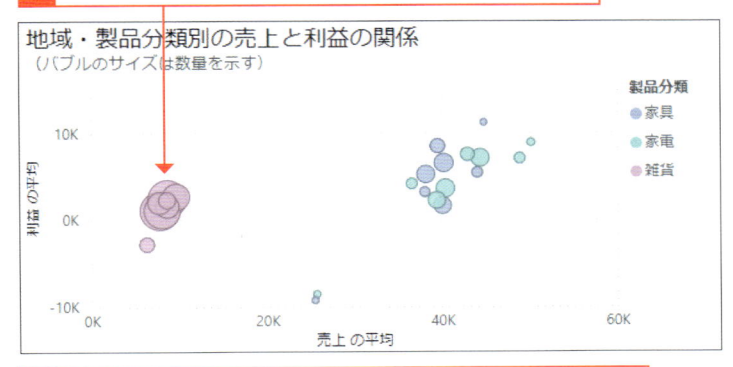

19 [Alt]と[F4]を同時に押してファイルを閉じます（保存不要）。

13

詳細を表示する
ビジュアルを作成しよう

テーブル、マトリックス

練習 ▶ 13_練習.pbix　完成 ▶ 13_練習_end.pbix

● ピンポイントで具体的な数字を確認する

Excelに似たフォーマットで一覧表や集計表に具体的な集計値を表示するには、「テキスト表」や「マトリックス」を利用します。総計合計だけでなく、「マトリックス」では、縦計、横計の他、小計を追加することもできます。

基本のテーブル

データペインのフィールドを指定して一覧表（テーブルといいます）を作成し、集計を表示します。全件の総計を求めて、一覧表（テーブル）の最終行に表示することができます。

地域	数量 の合計	売上 の合計	売上 の割合
近畿地方	9,925	45,167,689	24.60%
関東地方	10,128	39,757,908	21.65%
中部地方	8,643	35,909,499	19.56%
九州	5,165	21,600,823	11.76%
中国地方	3,526	15,368,056	8.37%
東北地方	3,362	13,906,821	7.59%
四国	1,809	8,190,532	4.46%
北海道	1,467	3,706,191	2.02%
合計	44,025	183,607,519	100.00%

テーブルの応用

基本のテーブルに対して、数値フィールドの既定の集計方法を変更して表示します（データペインには集計値を追加することができます）。
例 地域別の数量・売上合計と売上の割合

マトリックス

集計値と、2つのディメンション（カテゴリと系列）を指定して分類集計し、カテゴリ別かつ系列別の集計値をマトリックス形式（縦×横）の一覧表に表示します。
例 製品と会員区分別の数量合計

製品・会員区分別の数量

製品分類	Web会員	店頭会員	非会員	合計
家具	3,655	2,008	1,248	6,911
家電	3,514	2,178	1,336	7,028
雑貨	14,535	9,751	5,800	30,086
合計	21,704	13,937	8,384	44,025

マトリックスの展開表示

展開、折り畳み機能を使って、ディメンションを階層的に表示することもできます。
例 製品／サブ分類と会員区分別の数量合計

製品・会員区分別の数量

製品分類	Web会員	店頭会員	非会員	合計
⊞ 家具	3,655	2,008	1,248	6,911
⊟ 家電	3,514	2,178	1,336	7,028
加湿器	564	286	217	1,067
空気清浄機	999	580	388	1,967
照明器具	921	642	370	1,933
付属品	1,030	670	361	2,061
⊞ 雑貨	14,535	9,751	5,800	30,086
合計	21,704	13,937	8,384	44,025

① テーブルをビルドする

💬 解説

フィールドを指定する

練習フォルダーの［13_練習.pbix］をダブルクリックして開き、キャンバスのプレースホルダーの任意の場所をクリックしてアクティブにします。

「地域別の数量と売上」を表すテキスト表を作成します。
フィールドは、テキスト表に表示する順に、次のように指定します。

- ディメンション：［地域］
- 集計の対象：［数量］と［売上］

✏️ 補足

プロパティの設定を確認する

ビジュアルが作成された時点で、［ビルド］タブのプロパティが、次のように設定されていることを確認します。

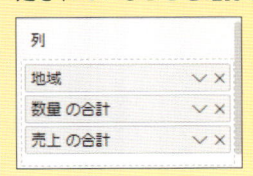

［13_練習.pbix］を開きプレースホルダーを**アクティブ**にします（側注参照）。

1 ［テーブル］をクリックします。

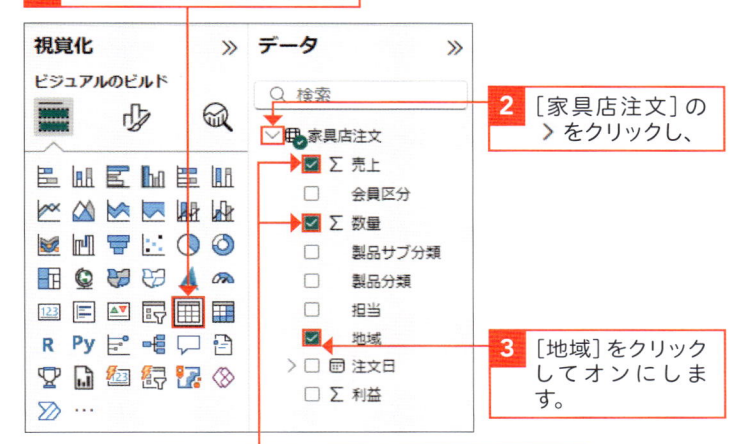

2 ［家具店注文］の 〉 をクリックし、

3 ［地域］をクリックしてオンにします。

4 ［Σ 数量］［Σ 売上］の順にクリックしてオンにします。

5 キャンバスに地域ごとの数量と売上の合計を示すテーブルが作成されました。

地域	数量 の合計	売上 の合計
関東地方	10,128	39,757,908
近畿地方	9,925	45,167,689
九州	5,165	21,600,823
四国	1,809	8,190,532
中国地方	3,526	15,368,056
中部地方	8,643	35,909,499
東北地方	3,362	13,906,821
北海道	1,467	3,706,191
合計	**44,025**	**183,607,519**

✏️ 補足　3桁ごとにコンマで区切って表示する

テーブルの数値の表示方法を変更することができます。
たとえば、テーブルの「売上の合計」を3桁ごとにコンマで区切って表示するには、❶データペインで［Σ 売上］をクリックし、❷［列ツール］タブの［,］をクリックします。

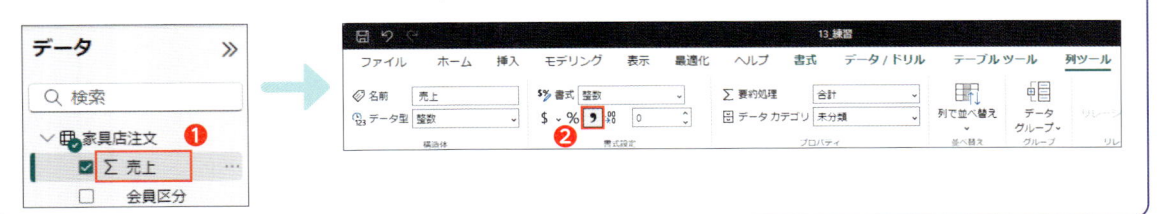

② ビルドのオプションを使用する

🗨 解説

テーブルに売上の割合を追加する

前のページで作成したテキスト表に、もう一列[売上の割合]を追加します。売上の総合計に対して、各地域の売上が占める割合を計算して表示します。

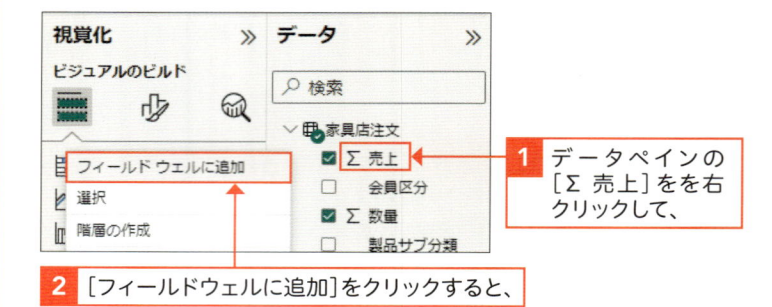

1 データペインの[Σ 売上]をを右クリックして、

2 [フィールドウェルに追加]をクリックすると、

3 テーブルの最後尾に[売上の合計]が追加されます。

地域	数量 の合計	売上 の合計	売上 の合計
関東地方	10,128	39,757,908	39,757,908
近畿地方	9,925	45,167,689	45,167,689
九州	5,165	21,600,823	21,600,823
四国	1,809	8,190,532	8,190,532
中国地方	3,526	15,368,056	15,368,056
中部地方	8,643	35,909,499	35,909,499
東北地方	3,362	13,906,821	13,906,821
北海道	1,467	3,706,191	3,706,191
合計	44,025	183,607,519	183,607,519

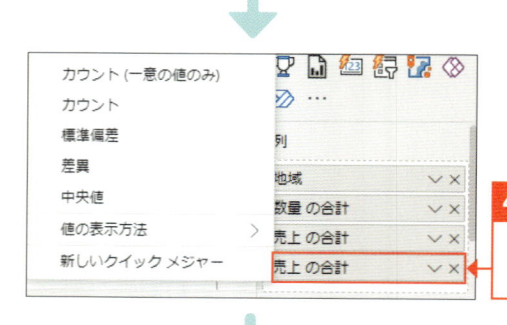

4 [ビルド]タブの[列]の最下の[売上の合計]を右クリックし、

 解説

総合計に対する割合を表示する

データペインの[Σ 売上]を選択してビルドすると、既定では合計が算出されます。これを[総合計に対する割合]に変更するためには、ビルドのオプションの、[値の表示方法]で設定します。

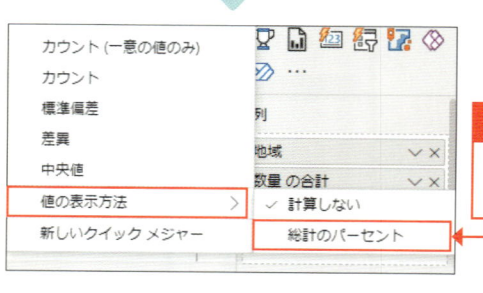

5 [値の表示方法]の[総計のパーセント]をクリックします。

解説

テーブルの見出しを変更する

ビルドのプロパティのフィールド名を、[売上の合計の総計のパーセント]から、[売上の割合]に変更します。このフィールド名は、テーブルの列見出しに表示されます。

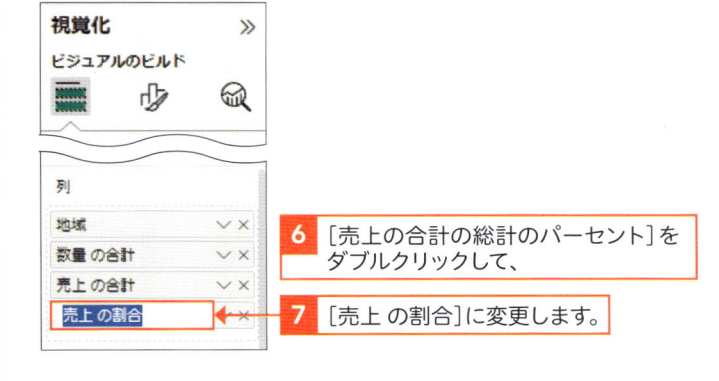

6 [売上の合計の総計のパーセント]をダブルクリックして、

7 [売上 の割合]に変更します。

補足

プロパティの設定を確認する

ビジュアルが作成された時点で、[ビルド]タブのプロパティが、次のように設定されていることを確認します。

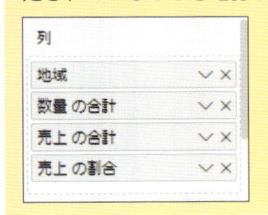

8 [地域別の数量と売上]のテーブルが作成されました。

地域	数量 の合計	売上 の合計	売上 の割合
関東地方	10,128	39,757,908	21.65%
近畿地方	9,925	45,167,689	24.60%
九州	5,165	21,600,823	11.76%
四国	1,809	8,190,532	4.46%
中国地方	3,526	15,368,056	8.37%
中部地方	8,643	35,909,499	19.56%
東北地方	3,362	13,906,821	7.57%
北海道	1,467	3,706,191	2.02%
合計	44,025	183,607,519	100.00%

売上の割合が追加され、％で表示されます。

💡 ヒント　桁数の大きい数字の表示の単位を変更する

桁が非常に大きい場合は、表示を千、百万、十億、一兆単位に変更することができます。たとえば百万を指定すると、[3,000,000（3百万）]は、[3M]と表示されます。[書式設定]タブの[特定の列]で、対象の列を選択し、単位を、千、百万、十億、兆で指定すると、K、M、B、Tで表示されます。Kはギリシャ語由来のKilo、M、B、Tは英語のMillion、Billion、Ttrillionの頭文字です。

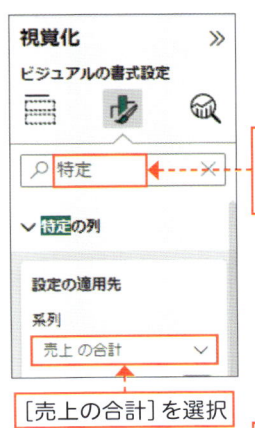
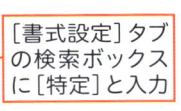

[書式設定]タブの検索ボックスに[特定]と入力

[売上の合計]を選択

[表示単位]で[百万]を選択すると、[売上 の合計]の表示の単位が、百万（M）に変わります。
例　関東地方　39,757,908 → 40M

③ マトリクスをビルドする

💬 解説

フィールドを指定する

[ページ2]をクリックして開き、プレースホルダーの任意の場所をクリックしてアクティブにします。

「製品分類別の数量合計」を示すマトリクスを作成します。

フィールドを次のように指定します。

・集計の対象：数量
・ディメンション：製品分類

次に2つ目のディメンションを追加します。

・会員区分

1つ目のディメンションは縦軸に、2つ目のディメンションは横軸に表示されます。

💬 解説

行と列のディメンションを指定する

マトリクスにおいて、データペインで最初に指定するディメンションは、[ビルド]タブの[行]に、2番目に指定するディメンションは、[列]に自動設定されます。右の例では、[製品分類]は[行]に、[会員区分]は[列]に自動設定されています。[行]は、縦方向の見出しや縦計を表します。[列]は、横方向の見出しや横計を表します。

[ページ2]をクリックしプレースホルダーを**アクティブ**にします（側注参照）。

1 [マトリクス]をクリックします。

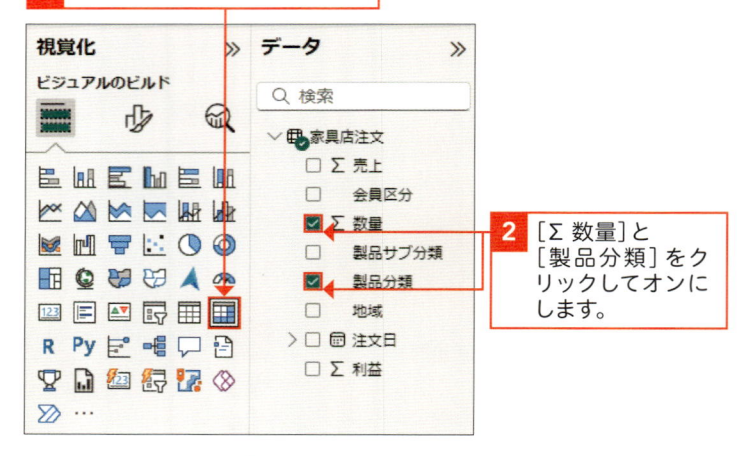

2 [Σ 数量]と[製品分類]をクリックしてオンにします。

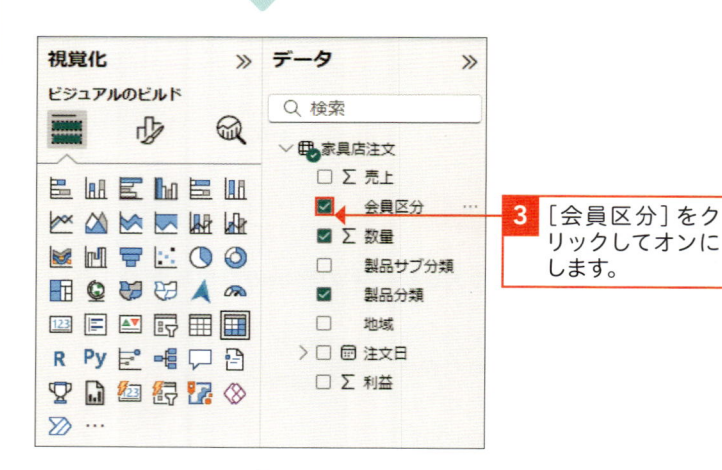

3 [会員区分]をクリックしてオンにします。

4 キャンバスにマトリクスが作成されました。

製品分類	Web会員	店頭会員	非会員	合計
家具	3,655	2,008	1,248	6,911
家電	3,514	2,178	1,336	7,028
雑貨	14,535	9,751	5,800	30,086
合計	21,704	13,937	8,384	44,025

解説

製品の分類を階層で定義する

[行]や[列]に、複数のディメンションを指定すると、階層構造が定義されます。右の例では、[行]に[製品分類]と[製品サブ分類]を指定し、[製品分類]を大分類、[製品サブ分類]を小分類とみなします。
マトリクスの縦軸で[製品分類(大分類)]の+ボタンをクリックすると、[製品サブ分類(小分類)]が展開表示されます。

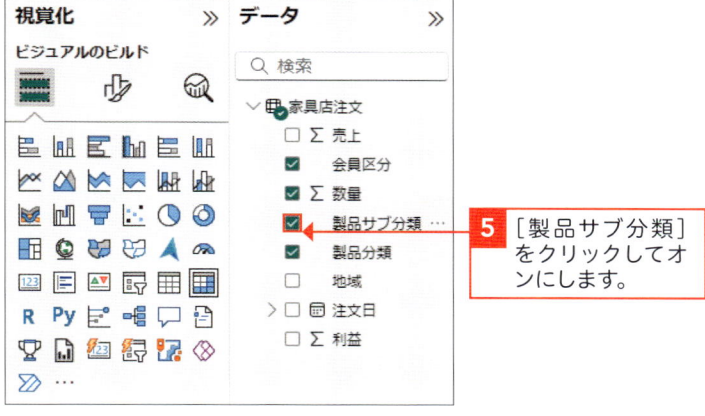

5 [製品サブ分類]をクリックしてオンにします。

6 マトリクスの製品分類に、展開用の ⊞ が表示されました。

製品分類	Web会員	店頭会員	非会員	合計
⊞ 家具	3,655	2,008	1,248	6,911
⊞ 家電	3,514	2,178	1,336	7,028
雑貨	14,535	9,751	5,800	30,086
合計	21,704	13,937	8,384	44,025

7 [家電]の ⊞ をクリックすると、

補足

プロパティの設定を確認する

ビジュアルが作成された時点で、[ビルド]タブのプロパティが、次のように指示されていることを確認します。

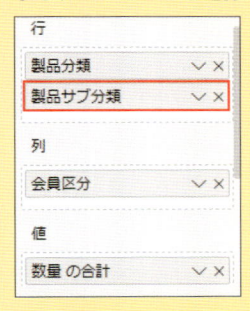

補足

小計の表示場所を確認する

[+]を展開すると、小計と明細行(「家電」に含まれる[製品サブ分類]別の数量)が表示されます。既定では、小計は、明細行の上に表示されます。

8 [家電]のサブ分類が表示されます。

行の小計

製品分類	Web会員	店頭会員	非会員	合計
⊞ 家具	3,655	2,008	1,248	6,911
⊟ 家電	3,514	2,178	1,336	7,028
加湿器	564	286	217	1,067
空気清浄	999	580	388	1,967
照明器具	921	642	370	1,933
付属品	1,030	670	361	2,061
⊞ 雑貨	14,535	9,751	5,800	30,086
合計	21,704	13,937	8,384	44,025

行の総合計

9 Alt と F4 を同時に押してファイルを閉じます(保存不要)。

練習▶14_練習.pbix　完成▶14_練習_end.pbix

▶ 目標に対する進捗を定点観測する

重要な数値を常に把握し、その増減を観測するには、「ゲージ」や「カード」を利用します。たとえば、部の四半期ごとの売上目標に対して、日々売上実績を集計し、達成の進捗をチェックするときに役立ちます。

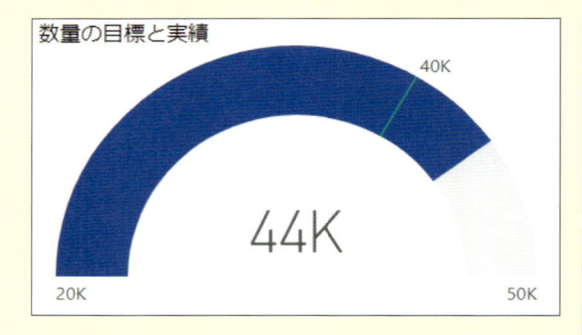

ゲージとは
分析対象の値が、目標値に到達しているか否か、または、最小（0%）から最大（100%）までの間の百分位を、放射状に示すビジュアルです。
最小値、最大値と目標値を円弧上に、集計対象の値を円弧の内側に表示します。

基本のゲージ
集計値（実績値）に対して、最小値や最大値を与えたり、目標値を指定して、目標までの達成状況など、進捗を示すビジュアルを作成します。
例　数量の目標と実績

カード
1つまたは複数の集計値を、ビジュアルに数字で表示することができます。

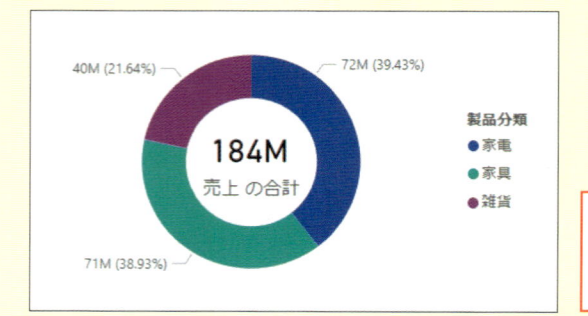

カードの応用例
ドーナツグラフの中央にカードを配置するなど、他のビジュアルと組み合わせて使用するのに便利です。

① ゲージをビルドする

💬 解説

フィールドを指定する

[14_練習.pbix]をダブルクリックして開き、キャンバスのプレースホルダーの任意の場所をクリックしてアクティブにします。

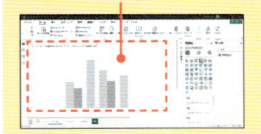

「販売数量目標に対する達成度」をゲージを使って分析します。
フィールドを、次のように指定します。
- ・集計の対象：[数量]
- ・最小値：手入力で指定
- ・最大値：　　〃
- ・目標値：　　〃

右の例では、数量の範囲を、最小2万個、最大5万個と想定し、目標を4万個と指定しています。

✏️ 補足

プロパティの自動設定を確認する

フィールドが指定された時点で、[ビルド]タブのプロパティが、次のように自動設定されていることを確認します。

✏️ 補足

ゲージが示す情報を確認する

青の扇形の示す角度から、進捗が最大値のおよそ80%（目測）まで到達していることが判断できます。青のバーと緑の目標線から、数量の合計が、目標値40Kを上回っていることが確認できます。

[14_練習.pbix]を開きプレースホルダーを**アクティブ**にします（側注参照）。

1 ［ゲージ］をクリックします。

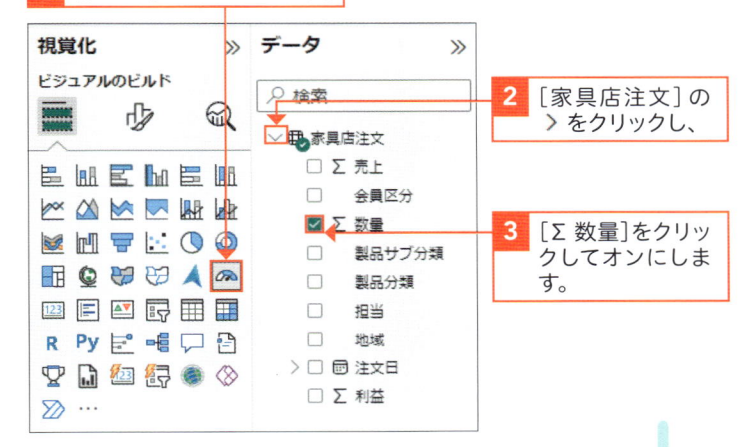

2 ［家具店注文］の 〉 をクリックし、

3 ［Σ 数量］をクリックしてオンにします。

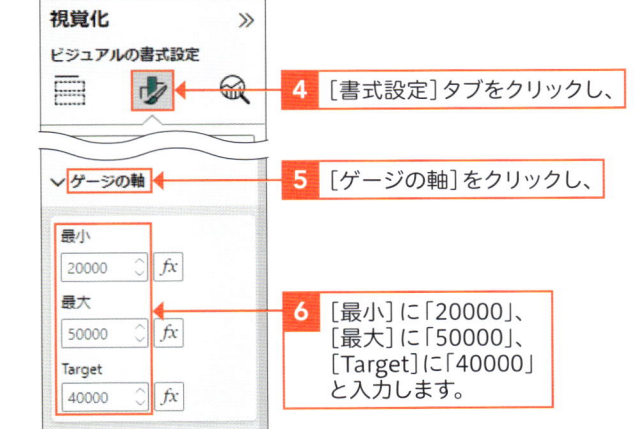

4 ［書式設定］タブをクリックし、

5 ［ゲージの軸］をクリックし、

6 ［最小］に「20000」、［最大］に「50000」、［Target］に「40000」と入力します。

7 キャンバスに数量合計のゲージが作成されました。

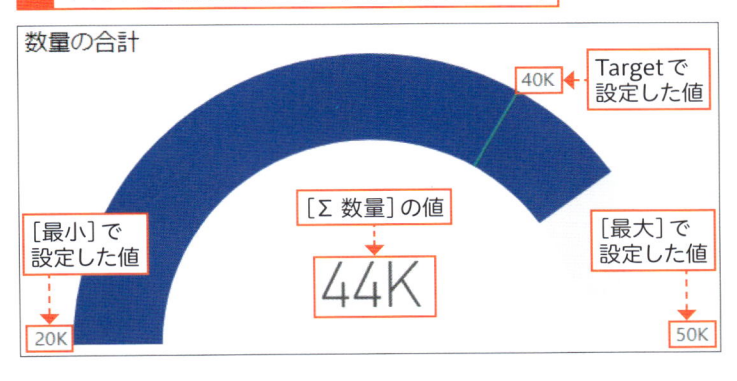

② 外部ファイルの値を使用する

💬 解説

フィールドを指定する

[ページ2]をクリックして開き、プレースホルダーの任意の場所をクリックしてアクティブにします。

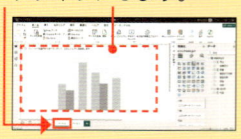

「売上目標に対する達成度」をゲージを使って分析します。

フィールドを、次のように指定します。

・集計の対象：[売上]
・最小値：外部ファイルの値を使用
・最大値：　　〃
・目標値：　　〃

💬 解説

CSVファイルの値を読み込む

外部のCSVファイルに、最小、最大、目標値を用意しておき、Power BI Desktopに読み込みます。データペインに表示されるフィールドを指定して、ゲージにビルドします。

🔍 重要用語

CSVファイルとは

テキストデータが格納されたファイルです。1行に複数の値を含み、それぞれが[,]（コンマ）で区切られているので、Comma Separated Valueと呼ばれます（CSVは頭文字）。

[ページ2]をクリックしプレースホルダーを**アクティブ**にします（側注参照）。

1 [ゲージ]をクリックして、

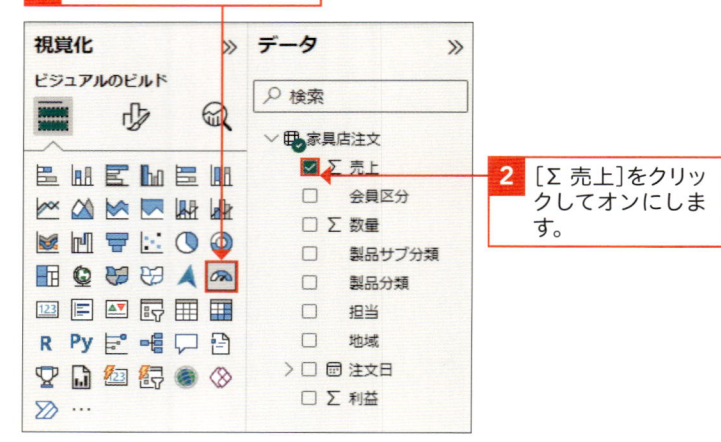

2 [Σ 売上]をクリックしてオンにします。

3 [ホーム]タブの[データを取得]をクリックし、

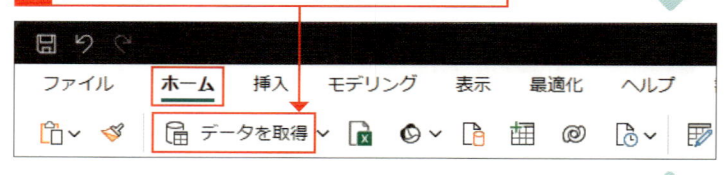

4 [テキスト／CSV]をダブルクリックします。

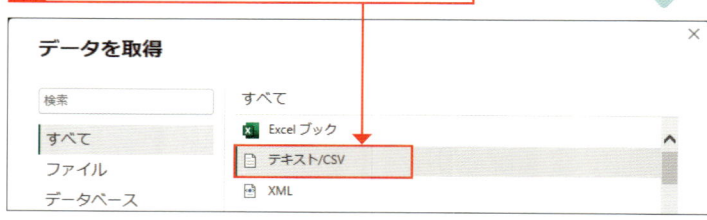

5 [開く]画面で、練習フォルダーのChapter02[ゲージの値.csv]をダブルクリックして選択し、

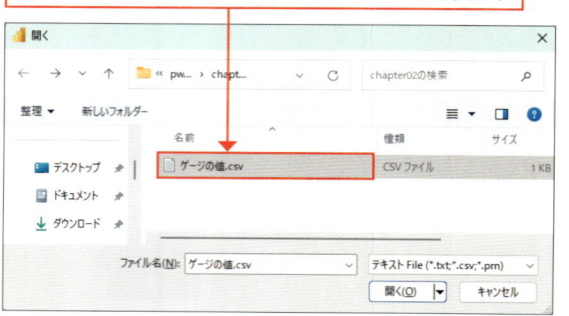

解説

CSVファイルの中身を確認する

Power BI Desktopの読み込み画面でファイルの中身を確認します。先頭行はフィールド名で、2行目以降にデータが続きます（今回は1行のみのファイル）。[ゲージの値.csv]ファイルの中身はメモ帳でも確認できます。

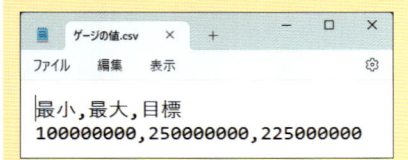

解説

フィールドを指定する

読み込まれたデータは、Power BI Desktopのデータペインで確認することができます。テーブル名の[ゲージの値]をクリックして展開すると、3つのフィールドが表示されます。これらのフィールドをビルドのプロパティのゲージの各値に設定します。

補足

プロパティの自動設定を確認する

フィールドが指定された時点で、[ビルド]タブのプロパティが、次のように自動設定されていることを確認します。

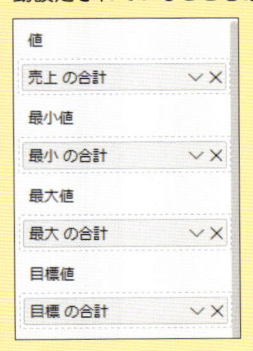

---

6 [ゲージの値.csv]に最小、最大、目標の3列が含まれていることを確認して、

7 [読み込み]をクリックします。

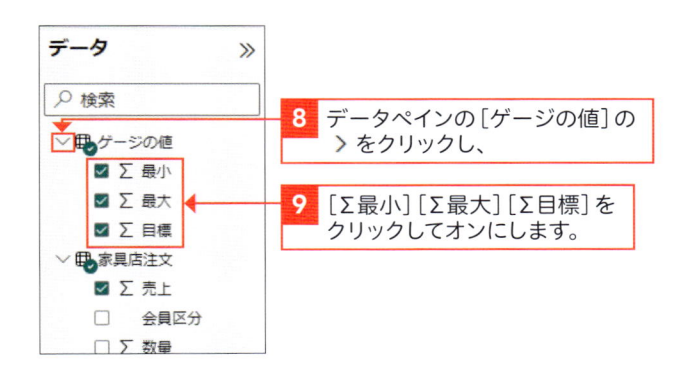

8 データペインの[ゲージの値]の〉をクリックし、

9 [Σ最小][Σ最大][Σ目標]をクリックしてオンにします。

10 キャンバスに売上目標に対する達成度のゲージが作成されました。

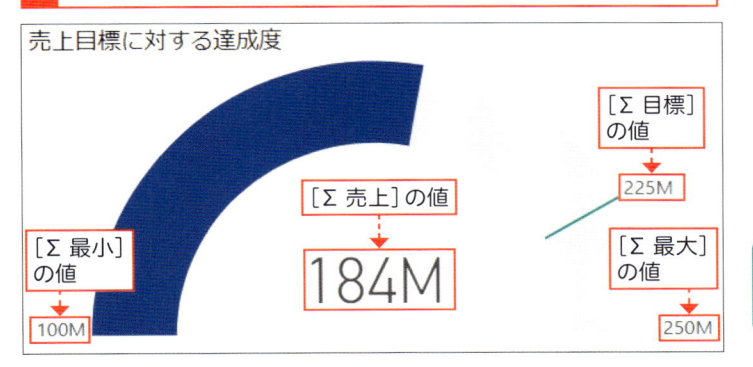

③ ビジュアルに書式を設定する

💬 解説

ゲージに書式設定する

ゲージの各部に、次のように色を付けます。

- ［ターゲット］（目標）：赤
- ［吹き出しの値］（売上の合計）：青

前ページの手順から続けて操作します。

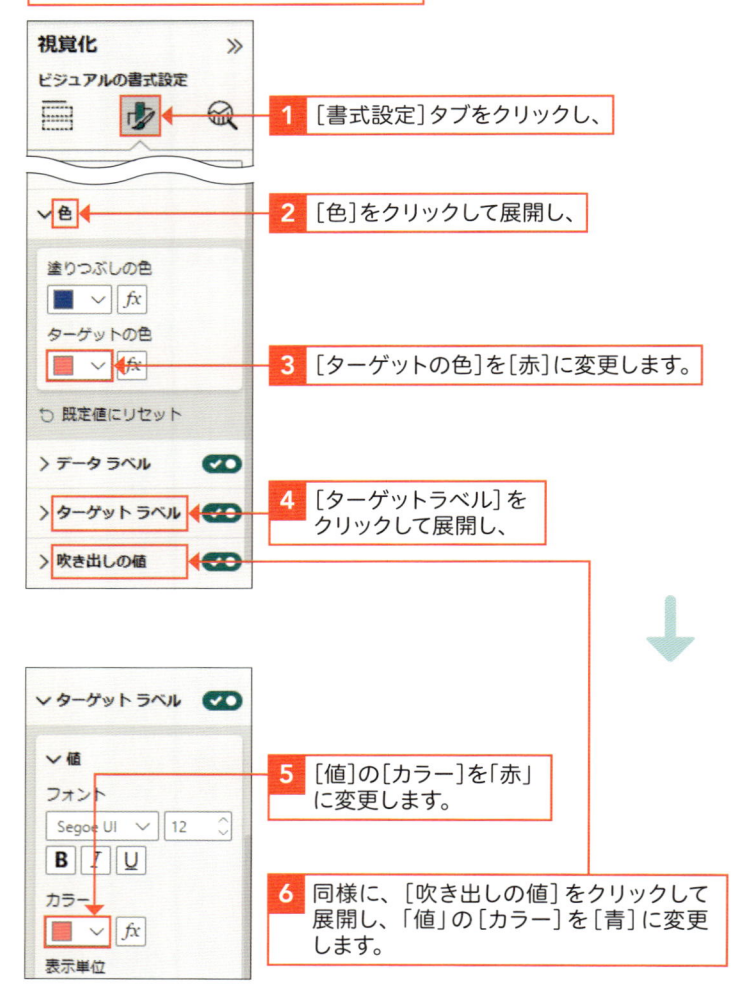

1 ［書式設定］タブをクリックし、

2 ［色］をクリックして展開し、

3 ［ターゲットの色］を［赤］に変更します。

4 ［ターゲットラベル］を
クリックして展開し、

5 ［値］の［カラー］を「赤」
に変更します。

6 同様に、［吹き出しの値］をクリックして
展開し、「値」の［カラー］を［青］に変更
します。

7 ［ゲージ］の書式がカスタマイズされました。

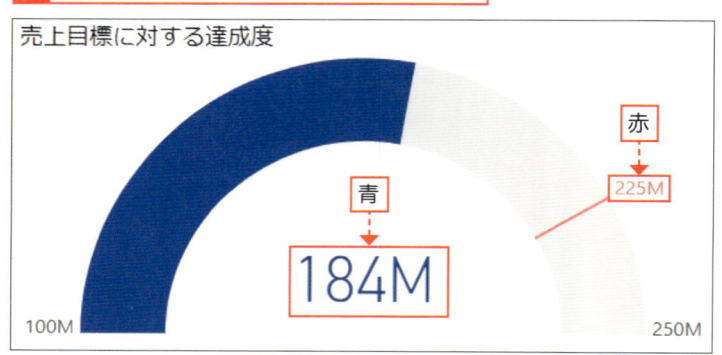

🔍 重要用語

吹き出しとは

ゲージの円弧の中央に表示される集計値
を［吹き出し（Callout）］と呼びます。

④ カードをビルドする

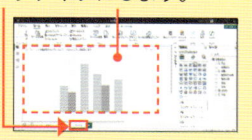 **解説**

フィールドを指定する

[ページ3]をクリックして開き、プレースホルダーの任意の場所をクリックしてアクティブにします。

集計値のみをシンプルに表示するカードを作成します。
[売上]フィールドを使用します。

[ページ3]をクリックしプレースホルダーを**アクティブ**にします（側注参照）。

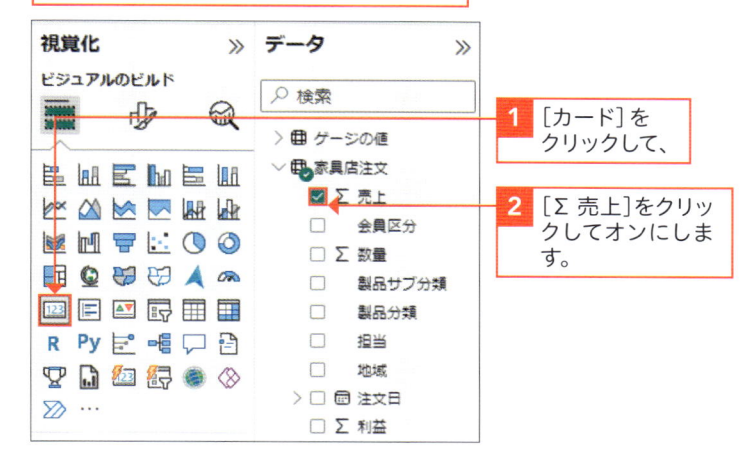

1 [カード]をクリックして、

2 [Σ 売上]をクリックしてオンにします。

3 キャンバスにカードが作成されました。

4 [Alt]と[F4]を同時に押してファイルを閉じます（保存不要）。

 **補足**

プロパティの自動設定を確認する

フィールドが指定された時点で、[ビルド]タブのプロパティが、次のように自動設定されていることを確認します。

184M
売上 の合計

 **補足**　**カードとドーナツチャートを組み合わせる**

同じページ内に、❶[新しいビジュアル]を作成し、❷[ビルド]タブで[ドーナツチャート]を選択して、データペインの❸❹[Σ 売上]と[製品分類]をクリックして、ドーナツチャートを作成し、サイズを拡大します。
上で作成した[カード]のサイズを小さくし、ドーナツチャートの中央に❺ドラッグすると、次のようなビジュアルが作成できます。

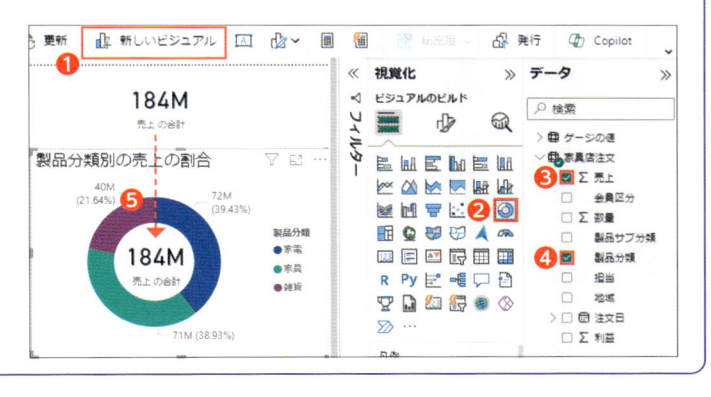

Section

15 ビジュアルのバリエーションを利用しよう

複合グラフ（コンボチャート）、スモールマルチプル、マップ

📁 練習▶15_練習.pbix　完成▶15_練習_end.pbix

▶ 複数のビジュアルを統合／解体する

異なるタイプのビジュアルを1つにまとめたり、逆に、1つのビジュアルをバラバラに解体するなど、多様な分析を行うには、特殊なビジュアル（「複合グラフ」や「スモールマルチプル」）を利用します。

また、バブルチャートを応用し、地図を組み合わせる「マップ」も、よく利用します。

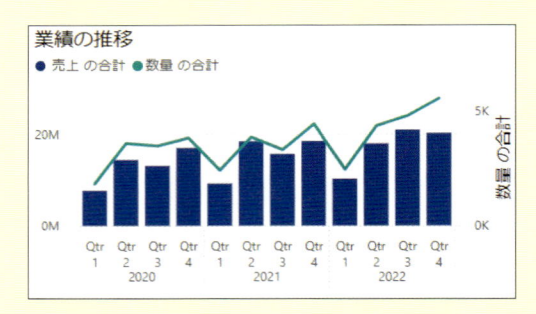

複合グラフ
複合グラフとは、異なる視覚化タイプのビジュアルを、1つのビジュアルに合体したものです。たとえば、縦棒グラフと、折れ線グラフを、1つのビジュアルに重ね合わせて表示します。複合グラフは、コンボ（コンビネーション）チャートと呼ばれることもあります。
例　業績の推移

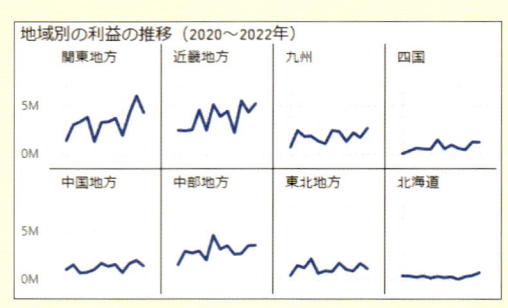

スモールマルチプル
スモールマルチプルとは、1つのビジュアルを、個々のビジュアルに解体したものです。たとえば、1つの折れ線グラフを、系列別に3つの折れ線グラフに分け、個々の傾向を並べて比較しやすくします。スモールマルチプルは、トレリス（格子）と呼ばれることもあります。
例　地域別の利益の推移

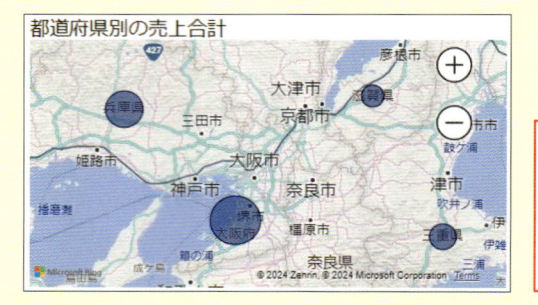

マップ
集計値の地理的な分布を、地図に重ね合わせて表示します。
例　都道府県別の売上合計
セクション12で作成したバブルチャートを応用してビルドします。

① 基本の縦棒グラフをビルドする

フィールドを指定する

[15_練習.pbix]をダブルクリックして開き、キャンバスのプレースホルダーの任意の場所をクリックしてアクティブにします。

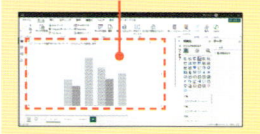

「業績の推移」を分析します。
フィールドを次のように指定します。

・集計の対象　：[売上]
・ディメンション：[注文日]

[注文日]は、「年ごと、四半期ごと」で詳細化します。

[15_練習.pbix]を開きプレースホルダーを**アクティブ**にします（側注参照）。

1 [集合縦棒グラフ]をクリックします。

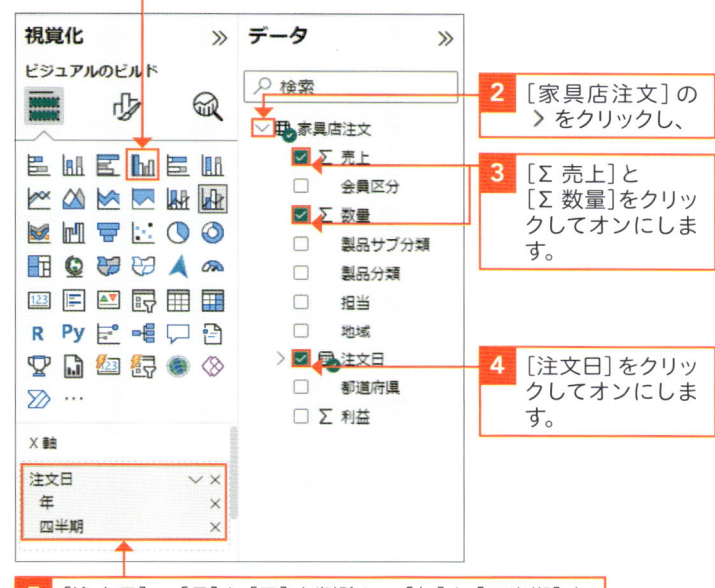

2 [家具店注文]の〉をクリックし、

3 [Σ 売上]と[Σ 数量]をクリックしてオンにします。

4 [注文日]をクリックしてオンにします。

5 [注文日]の[月]と[日]を削除し、[年]と[四半期]を残します（67ページの手順**5**、**6**参照）。

プロパティの設定を確認する

フィールドが指定された時点で、[ビルド]タブのプロパティが、次のように設定されていることを確認します。

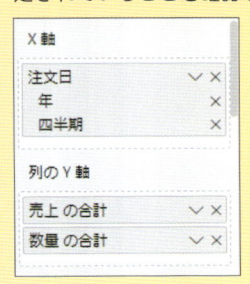

6 集計対象の売上と数量が、集合縦棒グラフで表示されます。

数量は、売上に比べて桁が小さいので、値が隠れてしまいます。

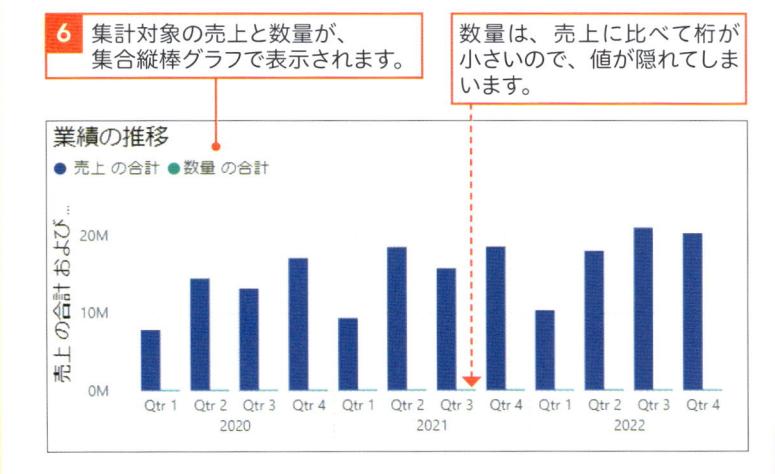

② ビジュアルを複合グラフに変更し書式設定する

💬 解説

数量を折れ線グラフに変更する

前のページの「業績の推移」のビジュアルで、数量を折れ線グラフに変更します。

💬 解説

数量専用の軸を使用する

集計対象の売上と数量について、それぞれ専用の縦軸（列のY軸と、線のY軸）を使用します。また、売上の合計は千万円単位、数量の合計は千個単位と、桁や単位が異なるので、左右の両軸にそれぞれのめもりを表示します。

✏️ 補足

プロパティの設定を確認する

フィールドが指定された時点で、[ビルド]タブのプロパティが、次のように設定されていることを確認します。

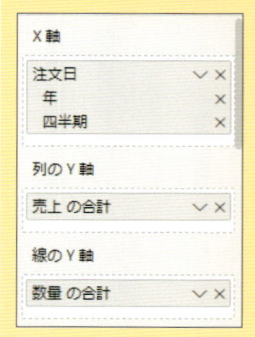

前ページの手順から続けて操作します。

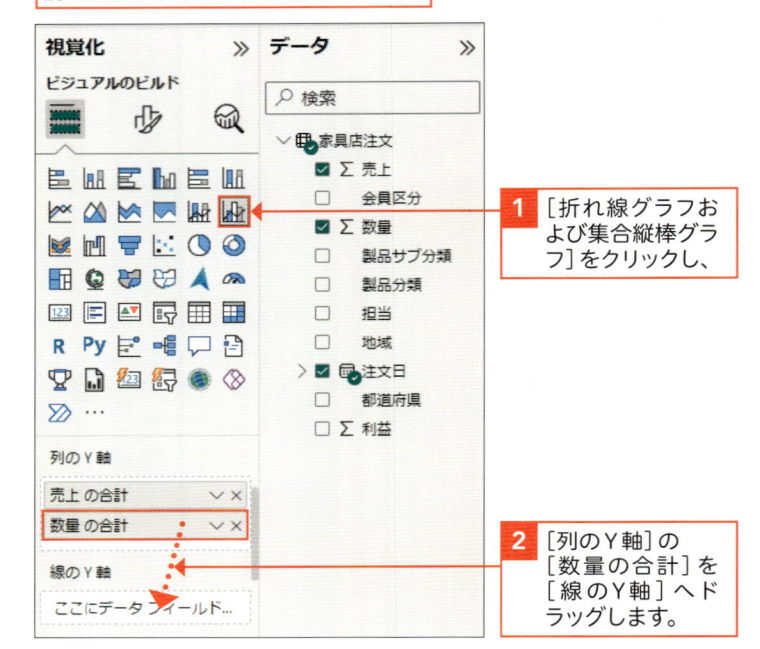

1 [折れ線グラフおよび集合縦棒グラフ]をクリックし、

2 [列のY軸]の[数量の合計]を[線のY軸]へドラッグします。

3 Y軸（左）と第2Y軸（右）を分け、、第2Y軸を数量専用に使用することにより、数量の値も表示されるようになりました。

③ スモールマルチプル機能を使用する

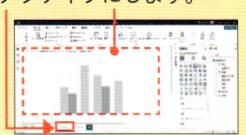 **解説**

フィールドを指定する

[ページ2]をクリックして開き、プレースホルダーの任意の場所をクリックしてアクティブにします。

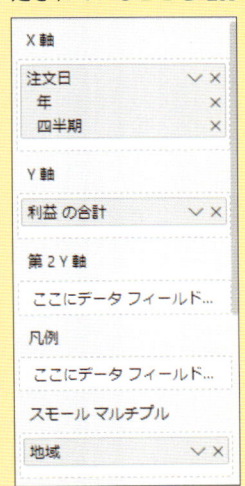

「地域別の利益の推移」を分析します。
フィールドを次のように指定します。
- 集計の対象　：[利益]
- ディメンション：[注文日]

[注文日]は、実務でよく使われる、[年]と、[四半期]で詳細化します。
さらに、2つ目のディメンション[地域]を使って、地域ごとの傾向を横並びにして比較します。

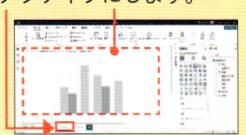 **補足**

プロパティの設定を確認する

フィールドが指定された時点で、[ビルド]タブのプロパティが、次のように設定されていることを確認します。

[ページ2]をクリックしプレースホルダーをアクティブにします（側注参照）。

1 [折れ線グラフ]をクリックして、

2 [Σ 利益]をクリックしてオンにします。

3 [注文日]をクリックしてオンにします。

4 [地域]をクリックしてオンにします。

5 [ビルド]タブで、[注文日]の[月]と[日]のxをクリックして、[年]と[四半期]のみ残します（67ページの手順 **5**、**6** 参照）。

6 [折れ線グラフ]が作成されます。

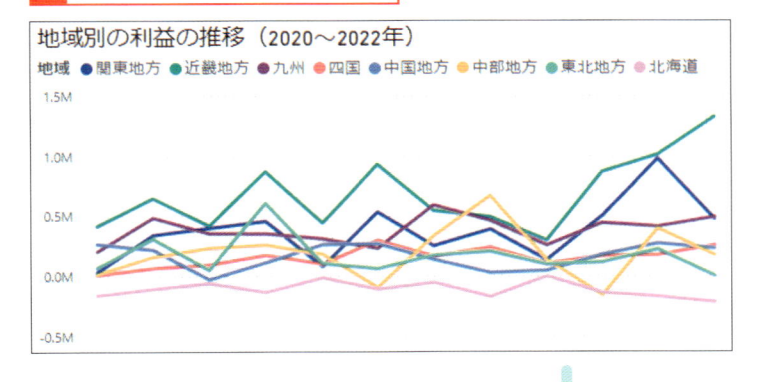

7 [ビルド]タブの[凡例]の[地域]を、[スモールマルチプル]へドラッグします。

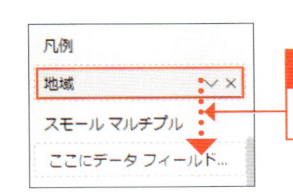

💬 解説

折れ線グラフを地域別に独立表示する

全社の利益合計を1本の線で示すグラフを、地域別に別々の折れ線グラフに分け、並べて示します。

💡 ヒント

スモールマルチプルのメリットを生かす

通常の折れ線グラフで、［地域］をビルドの［凡例］に指定すると、8色の折れ線が交錯して系列ごとの傾向が把握しにくくなります（99ページの手順 6 ）。一方、スモールマルチプルでは、系列ごとに独立したビジュアルなので、それぞれの傾向が把握しやすく、さらに横並びにして比較することができます。たとえば、「利益の上下の変動が大きいのは、関東と近畿である」と、特徴が明らかです。

💬 解説

縦長から横長のビジュアルへ変更する

複数のグラフを格子状に並べる際、縦長（縦4個×横2個）の格子を、横長（横4個×縦2個）に変更します。

---

8 スモールマルチプルの折れ線グラフが作成されました。

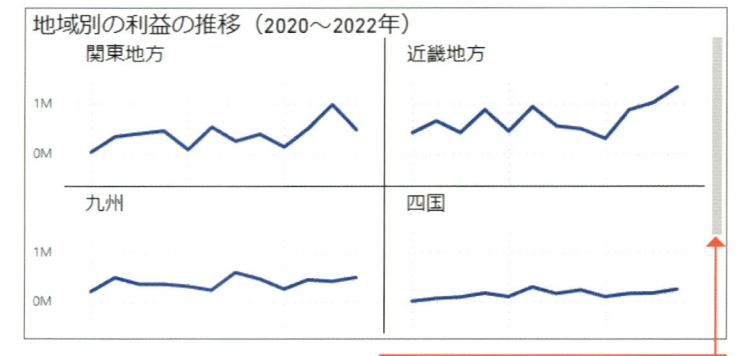

地域別の利益の推移（2020〜2022年）

9 垂直バーを上下し、8地域の折れ線グラフを確認します。

10 ［書式設定］タブをクリックし、

11 ［スモールマルチプル］をクリックして、

12 ［レイアウト］の［列］に「4」と入力します。

13 ビジュアルが、2×4の横長のスモールマルチプルに変更されました。

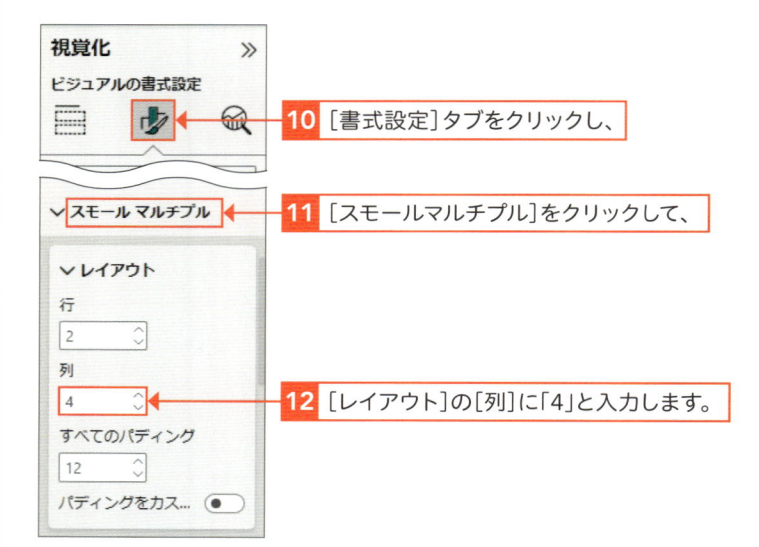

地域別の利益の推移（2020〜2022年）

④ マップをビルドする

🗨 解説

フィールドを指定する

[ページ3]をクリックして開き、プレースホルダーの任意の場所をクリックしてアクティブにします。

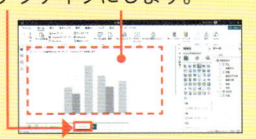

「都道府県別の売上」を分析します。
フィールドを次のように指定します。
- 集計の対象　：[売上]
- ディメンション：[都道府県]

⚠ 注意

[画面表示が無効]エラーが表示された場合

マップの作成時に、次のようなエラーが表示された場合は、下のヒントの手順に沿って、設定を変更してください。

⊗
マップと、塗り分け地図の画面表示が無効になっています。有効にするには、[ファイル]＞[オプションと設定]＞[オプション]＞[グローバル]＞[セキュリティ]に移動します。詳細を確認する

ここに注目

[ページ3]をクリックしプレースホルダーをアクティブにします（側注参照）。

1 [マップ]をクリックします。

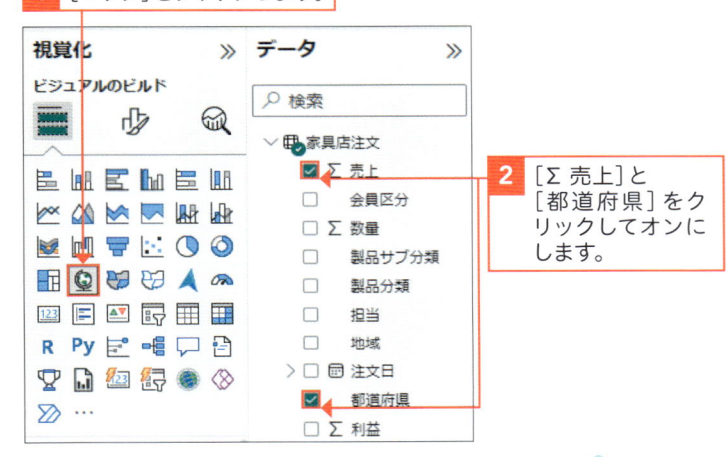

2 [Σ 売上]と[都道府県]をクリックしてオンにします。

3 キャンバスにマップが作成されました。

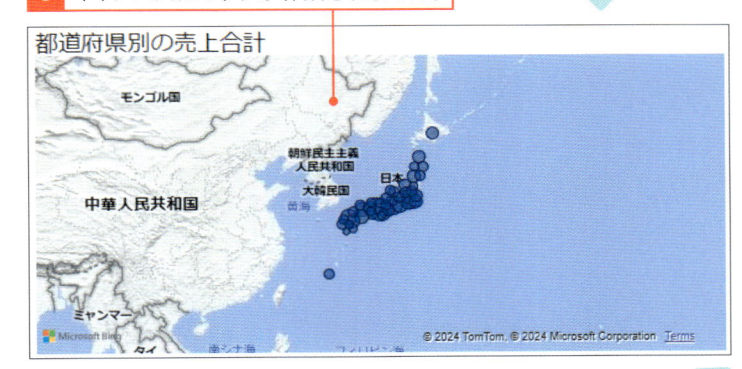

都道府県別の売上合計

💡 ヒント　[画面表示が無効]を有効化する方法

次の手順を参照してください。
❶[ファイル]タブをクリックし、❷[オプションと設定]の❸[オプション]をクリックします。
❹[セキュリティ]をクリックし、❺垂直バーを下へ移動し、
❻[地図と塗分け地図の画像を使用する]をクリックして、❼[OK]をクリックします。

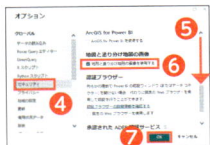

❽AltとF4を同時にクリックして、ファイルを閉じ、
❾再び[練習_15.pbix]をダブルクリックし、[ページ3]を開き、
❿データペインで[家具店注文]の[>]をクリックして、
⓫101ページの手順**1**からやり直します。

補足

プロパティの自動設定を確認する

フィールドが指定された時点で、[ビルド]タブのプロパティが、次のように自動設定されていることを確認します。

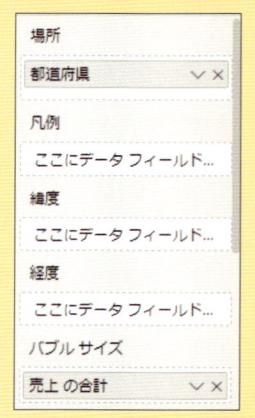

解説

特定の場所にフォーカスする

ここでは、近畿地方にフォーカスし、ズームアップして、畿内各県の売上を比較してみましょう。

補足

マップをビルドする仕組み

マップは、セクション12で作成したバブルチャートと同じ仕組みでビルドされます。まず、X軸とY軸に緯度・経度を指定して散布図を作成し、バブルのサイズで集計対象の[売上]の大きさを指定します。データペインで[都道府県]を指定したときにマップ機能により緯度・経度情報が自動生成され、ビジュアルの背景にその場所の地図が表示されます。

4 [書式設定]タブをクリックし、

5 [マップの設定]をクリックします。

6 [コントロール]をクリックし、

7 [ズームボタン]の ● を クリックして にします。

8 [バブル]をクリックし、

9 [サイズ]を[30]に設定します。

10 ⊕ を数回クリックして拡大したり、地図上で上下左右に ドラッグしたりしながら近畿地方に移動します。

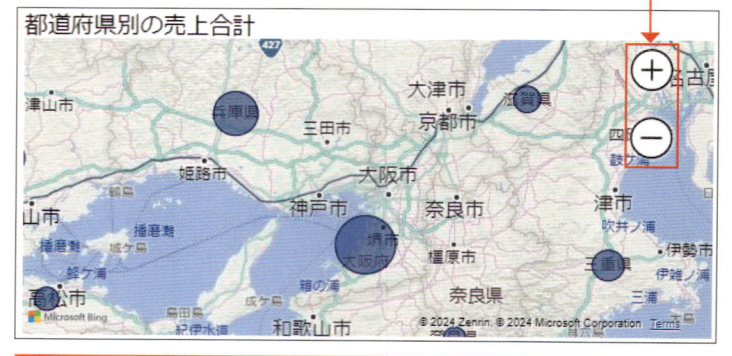

11 Alt と F4 を同時に押してファイルを閉じます(保存不要)。

第 3 章

レポートの探索機能
基礎編

この章で学ぶこと

対話機能を使ってレポートを探索しよう

▶ 探索でできることを確認する

この章では、Desktopを使用して、レポートと対話する方法で、1章で紹介した「分析作業の全体像」の中で、「探索」の部分に相当します。

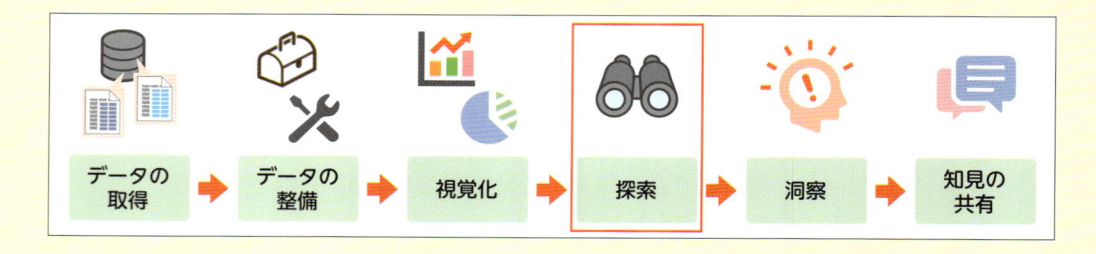

2章では、各種のビジュアルを作成する方法を体験しました。ここで作成したビジュアルに対して、より詳細な分析を行うのに役立つ機能を学びます。

●マウスを使った機能

1つ目は、**マウスを使ってビジュアルと対話を進める機能**です。この機能を利用すると、ビジュアル上の気になる部分、たとえば棒グラフの最も大きい部分にマウスポインターを合わせて詳細を表示したり、棒上をクリックして、異なるビジュアルに連携させたりすることができます。こうしたマウス操作によるビジュアルとの対話によって、新たな情報を得ることを「**探索する**」といいます。

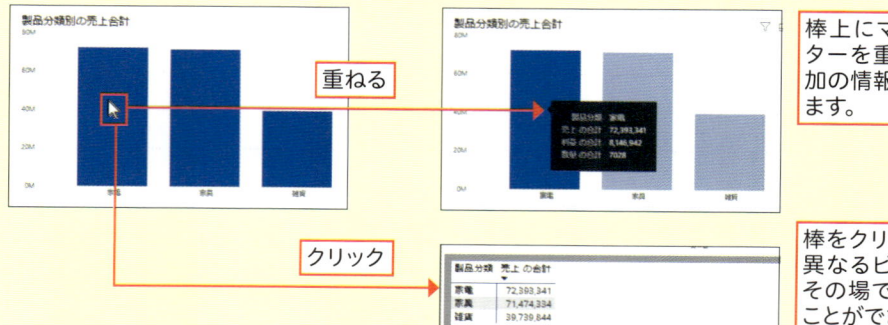

棒上にマウスポインターを重ねると、追加の情報が表示されます。

棒をクリックすると、異なるビジュアルにその場で切り替えることができます。

同じページに複数のビジュアルがある場合や、同じレポートの異なるページに、別のビジュアルがある場合、クリック操作によって連携して探索することができます。あるビジュアルをクリックすると、他のビジュアルに影響を与えたり、他から影響を受けたりして連動し合う機能を「**相互作用**」といいます。

相互作用の例

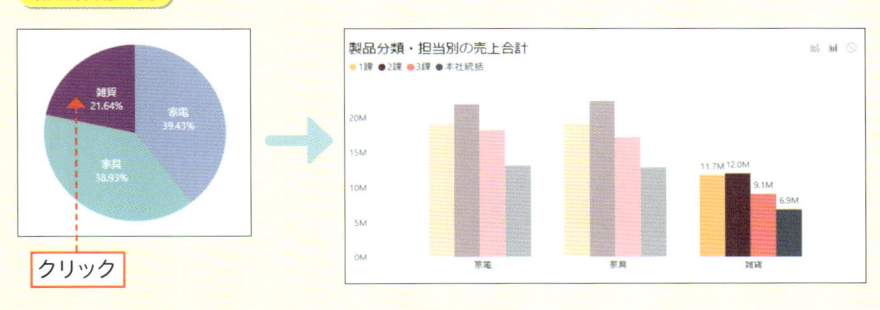

クリック

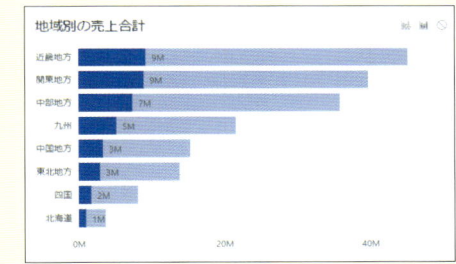

円グラフ内の[製品分類]=[雑貨]の部分をクリックすると、同じページ内の他のビジュアルも連動し、[雑貨]の部分の色が濃く表示されます。

●参照線を追加する機能

2つ目は、**参照線を追加してビジュアルと対話を進める機能**です。作成済みのビジュアルに、**目標線**、**平均線**や**傾向線**を追加し、基準の線より上回っているか否か、あるいはその線に沿っているか否かを判断し、分析を進めやすくします。

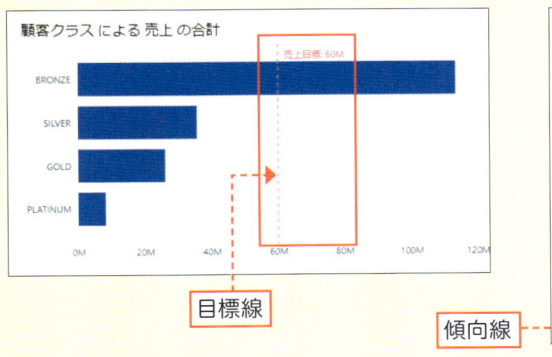

目標線

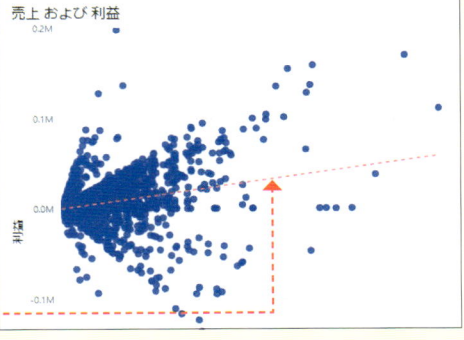

傾向線

基礎編

Section 16 相互作用を使って探索しよう

クロスフィルター、クロス強調、無効化機能

練習▶16_練習.pbix

▶ ビジュアル間の相互作用（クロス機能）とは？

「クロス強調」と「クロスフィルタ」の2種類の相互作用の機能を使うと、複数のビジュアル間の連動に注目することができます。たとえば、連動する値を目立たせ、連動しない値を淡色や非表示にしたりします。対話コントロールボタンで制御します。

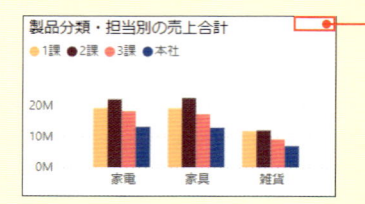

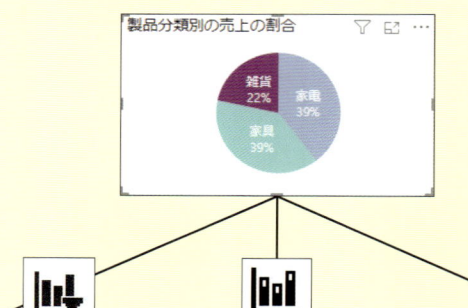

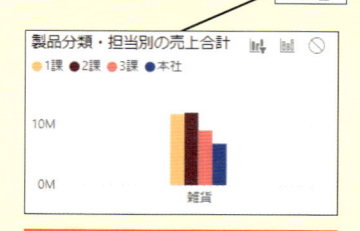

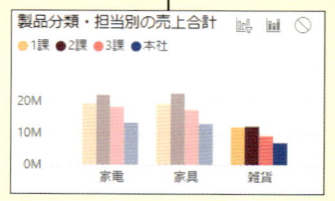

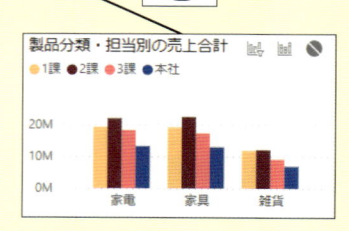

クロスフィルター機能
円グラフの［雑貨］がクリックされた場合、同じページの他のビジュアルでは、［雑貨］のデータのみを表示します。

クロス強調表示機能
円グラフの［雑貨］がクリックされた場合、同じページの他のビジュアルでは、［雑貨］のデータのみ濃い色で表示します。

無効化の機能
円グラフの［雑貨］がクリックされた場合、同じページの他のビジュアルに無効化が設定されている場合、円グラフのクリックの影響を無効にします。

① 相互作用の利用を開始する

🗨 解説

操作を開始する

練習フォルダの「16_練習.pbix」をダブ
ルクリックして開き、キャンバスに3種
類のビジュアルが作成されていることを
確認します。

🗨 解説

相互作用利用の開始を設定する

相互作用には[クロスフィルター][クロ
ス強調表示][無効]の3種類のオプショ
ンがあります。既定は[クロス強調表示]
です。既定以外のオプションを使用する
ために、事前に利用開始の設定を行いま
す。

🗨 解説

対話コントロールボタンを確認する

利用開始の設定が済むと、相互作用の影
響を受けるビジュアルの右上または右下
に、オプションを切り替えるための対話
コントロールボタンが表示されます。左
から[クロスフィルター][クロス強調表
示][無効]の3種類のボタンが表示され
ていることを確認します。

1 「円グラフ」をクリックしてアクティブにし、

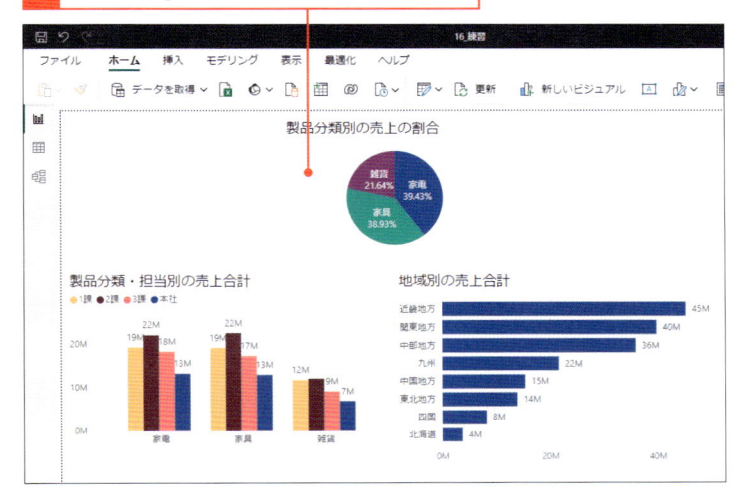

2 [書式]タブの[相互作用を編集]を
クリックします。

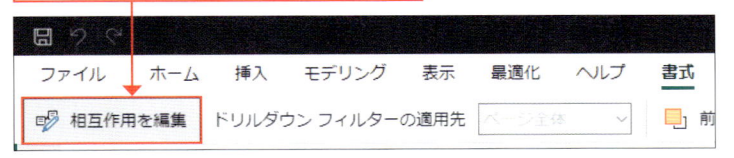

3 [円グラフ]の空白の部分をクリックすると、

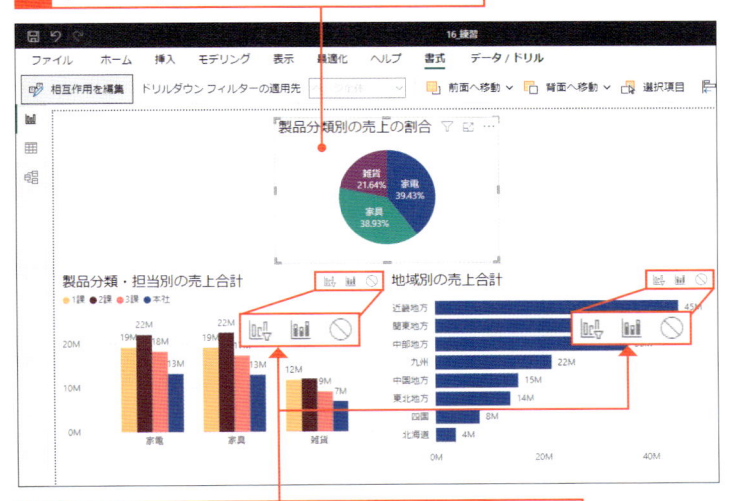

4 縦棒グラフや横棒グラフに、[対話コントロール]の
3種類のボタンが表示されます。

② 相互作用のクロスフィルター機能を利用する

解説

クロスフィルターオプションを使用する

クロスフィルターオプションの相互作用を確認します。絞り込み操作を行う円グラフをアクティブにしてから、操作の影響を受けるビジュアル（縦棒グラフ、横棒グラフ）で、対話コントロールの［クロスフィルター］を選択します。

解説

クロスフィルターの相互作用を確認する

円グラフで、［製品分類］の［雑貨］をクリックしたとき、残る2つのビジュアル（縦棒グラフ、横棒グラフ）も影響を受けます。［雑貨］のみ表示、［雑貨］以外は非表示になることを確認します。ページ全体で、［雑貨］に分析を集中することができます。

ヒント

クロスフィルターオプションを解除する

［クロスフィルター］オプションを解除するには、中央の［クロス強調］ボタンをクリックして、既定の状態に戻します。

1 縦棒グラフのクロスフィルターボタンをクリックします。

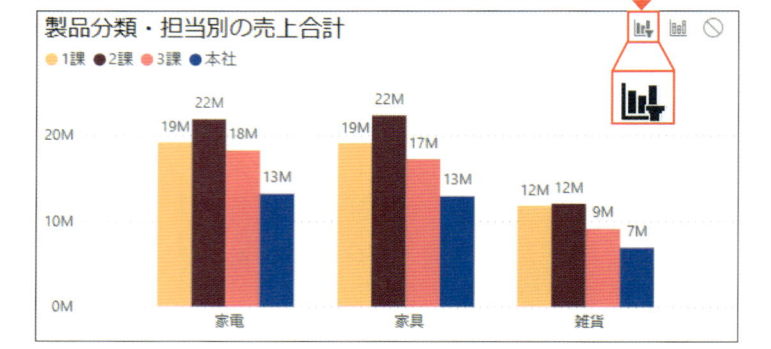

2 横棒グラフのクロスフィルターボタンもクリックします。

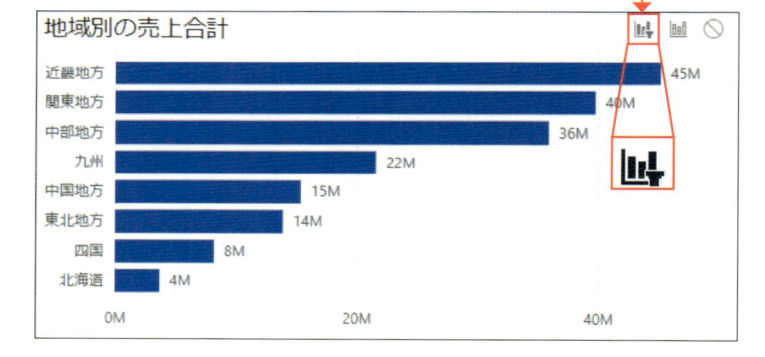

3 円グラフの［雑貨］をクリックすると、

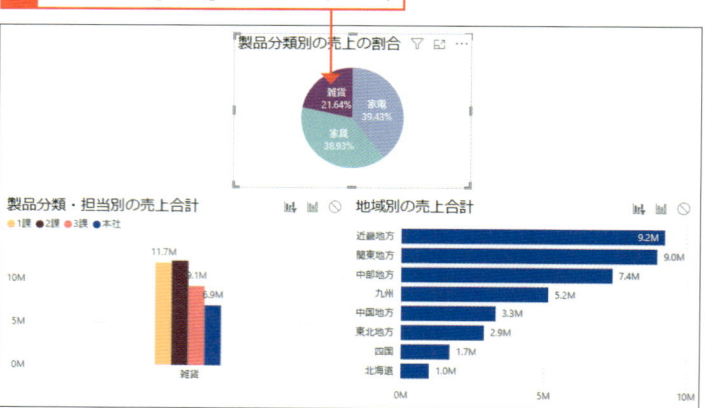

4 縦棒グラフ、横棒グラフともに、［雑貨］のデータだけが表示されます。

5 再び、円グラフの［雑貨］をクリックします。

③ 相互作用のクロス強調表示機能を利用する

解説

クロス強調表示オプションを使用する

クロス強調表示オプションの相互作用を確認します。絞り込み操作を行う円グラフをアクティブにしてから、操作の影響を受けるビジュアル（縦棒グラフ、横棒グラフ）で、対話コントロールの［クロス強調表示］を選択します。

解説

クロス強調表示の相互作用を確認する

円グラフで、［製品分類］の［雑貨］をクリックしたとき、残る2つのビジュアル（縦棒グラフ、横棒グラフ）も影響を受けます。

クロスフィルターオプションと異なり、［雑貨］以外は淡色で表示されるので、［雑貨］の全体に占める割合を把握しながら分析できます。

1 縦棒グラフのクロス強調表示ボタンをクリックします。

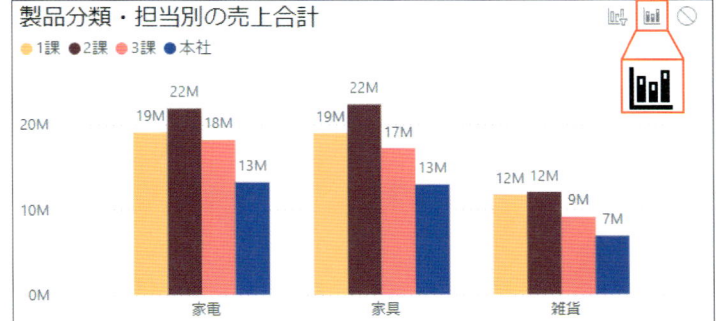

2 横棒グラフのクロス強調表示ボタンもクリックします。

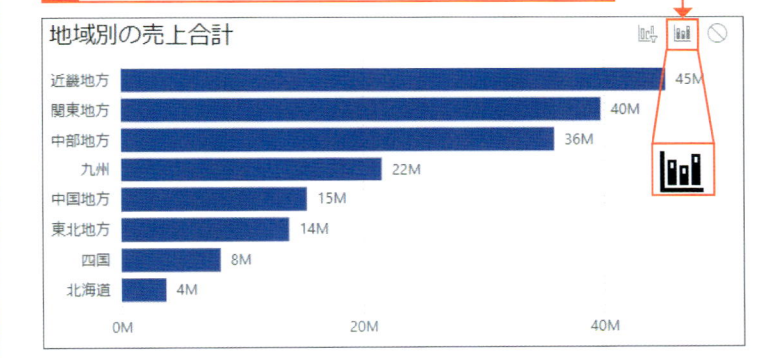

3 円グラフの［雑貨］をクリックすると、

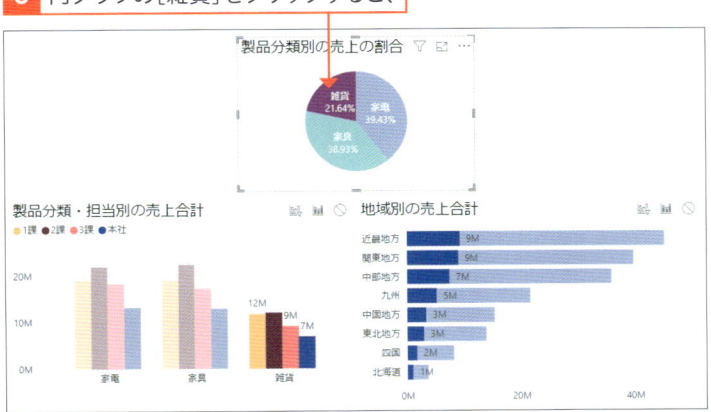

4 縦棒グラフ、横棒グラフともに、［雑貨］以外のデータもすべて表示され、［雑貨］のデータだけが濃い色で表示されます。

5 再び円グラフの［雑貨］をクリックします。

④ 相互作用を無効にする

💬 **解説**

無効オプションを使用する

相互作用を無効にするオプションの機能を確認します。絞り込み操作を行う円グラフをアクティブにしてから、操作の影響を受けるビジュアル（縦棒グラフ、横棒グラフ）で、対話コントロールの[無効]を選択します。

💬 **解説**

クロス作用の無効を確認する

円グラフで、[製品分類]の[雑貨]をクリックしたとき、残る2つのビジュアル（縦棒グラフ、横棒グラフ）は一切影響を受けません。このオプションを選択すると、他のビジュアルへのクリックに左右されず、ビジュアルごとに独立して分析を行うことができます。

💡 **ヒント**

無効オプションを解除する

[無効]オプションを解除するには、中央の[クロス強調]ボタンをクリックして、既定の状態に戻します。

1 縦棒グラフの相互作用無効ボタンをクリックします。

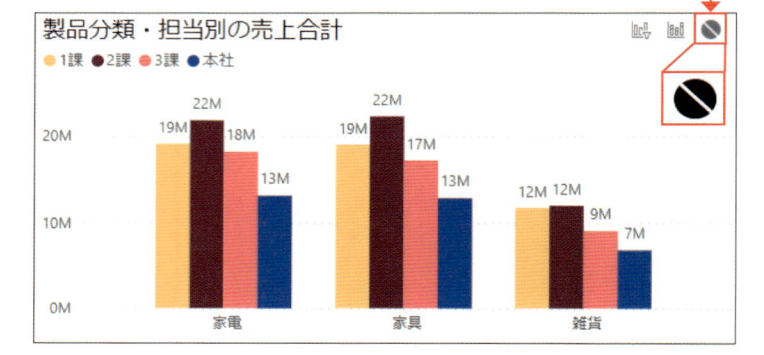

2 横棒グラフの相互作用無効ボタンもクリックします。

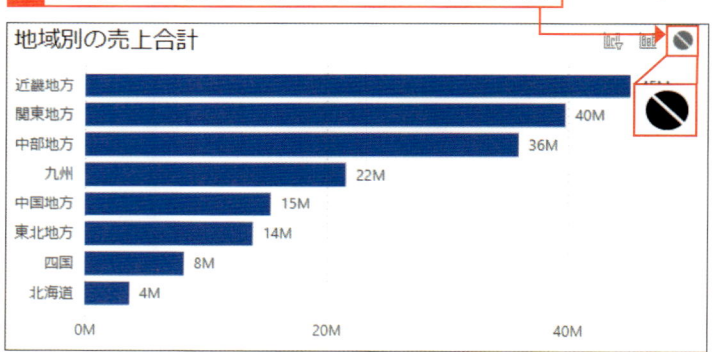

3 円グラフの[雑貨]をクリックすると、

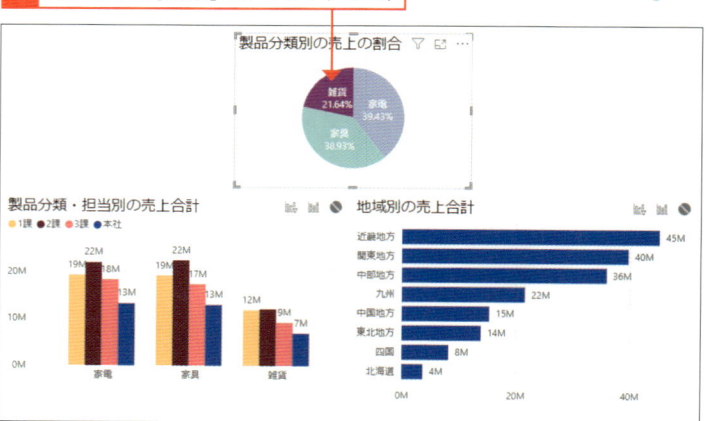

4 縦棒グラフ、横棒グラフともに、影響を受けません。

5 Alt と F4 を同時に押してファイルを閉じます（保存不要）。

補足　他のグラフに及ぶ影響のパターン

「地域別の売上合計」（横棒グラフ）の［近畿地方］をクリックすると、同じページ内の縦棒グラフと円グラフは、次のように影響を受けます。

クロスフィルター機能が設定されている場合

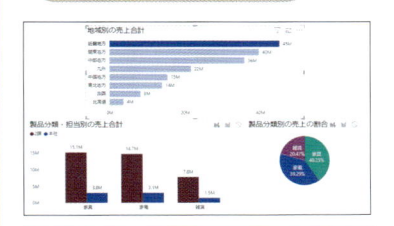

近畿地方のデータの集計値のみが表示されます。

クロス強調表示機能が設定されている場合

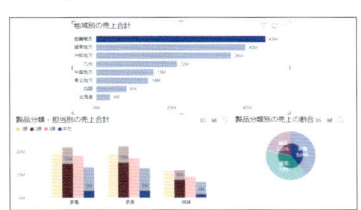

近畿地方のデータの集計値が濃い色で表示されます。

クロス機能が無効にされている場合

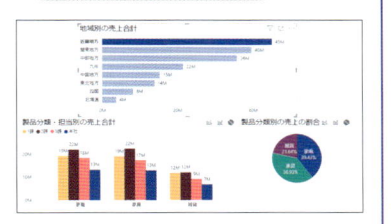

横棒グラフのクリックに影響を受けず、全ての地方の集計値が表示されます。

「製品分類・担当別の売上合計」（縦棒グラフ）の［雑貨］の［2課］をクリックすると、同じページ内の横棒グラフと円グラフは、次のように影響を受けます。

クロスフィルター機能が設定されている場合

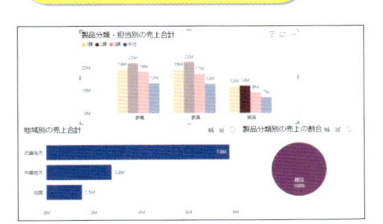

「雑貨」かつ「2課」のデータの集計値のみが表示されます。

クロス強調表示機能が設定されている場合

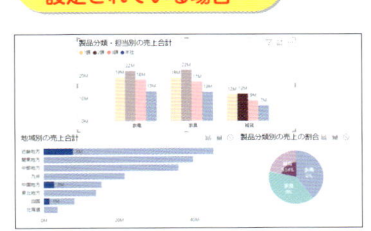

「雑貨」かつ「2課」のデータの集計値が濃い色で表示されます。

クロス機能が無効にされている場合

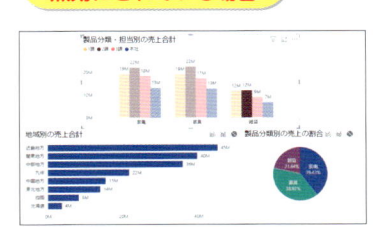

縦棒グラフのクリックに影響を受けず、全ての製品分類と担当の集計値が表示されます。

Section

17 絞り込み機能を使って探索しよう

スライサー、フィルターペイン

練習▶17_練習.pbix　完成▶17_練習_end.pbix

▶ 絞り込みの設定とその影響範囲

フィルター機能を使うと、分析対象のデータを絞り込み、注目したい値に焦点を当てることができます。簡易で対話的な絞り込みは、視覚化ペインの［スライサー］で、高度な絞り込みは、フィルターペインで指定します。

・視覚化ペインの**スライサー**による絞り込み機能

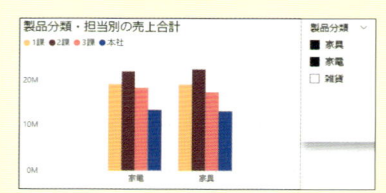

［スライサー］を使うと、ビジュアル内に表示する要素を絞り込むことができます。

例）スライサーで［家具］と［家電］を選択すると、［家具］と［家電］の棒グラフのみが表示され、［雑貨］は表示されません。

・**フィルターペイン**の３種類のオプションによる絞り込み機能

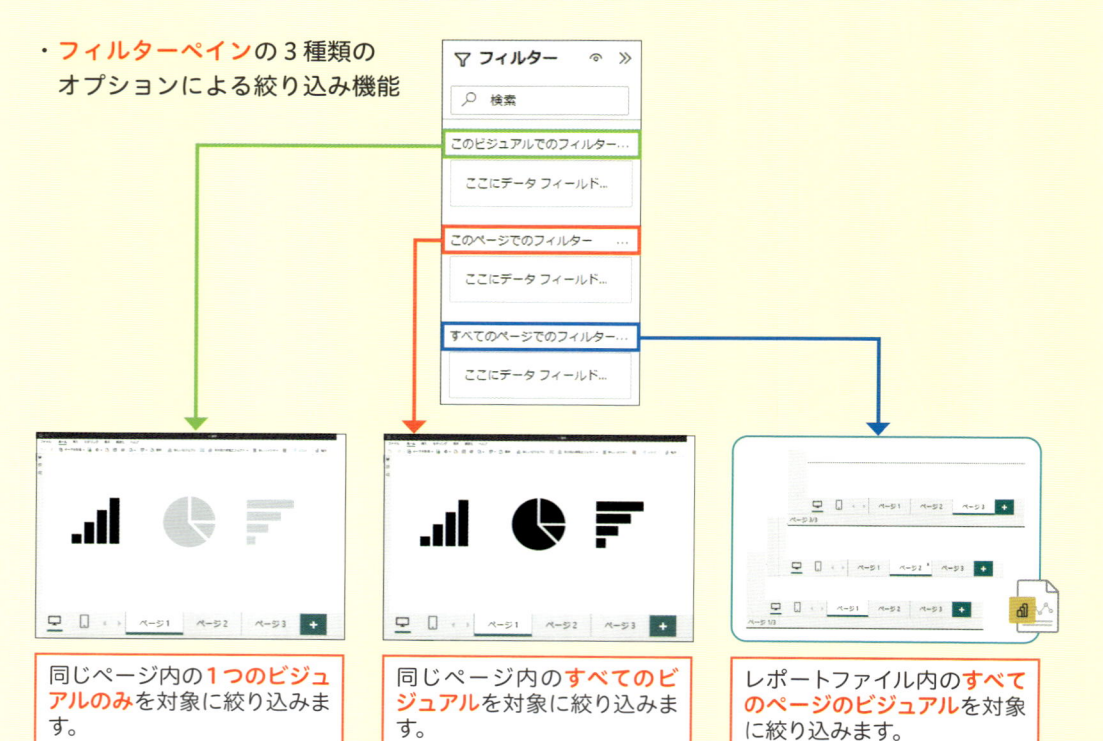

同じページ内の**1つのビジュアルのみ**を対象に絞り込みます。

同じページ内の**すべてのビジュアル**を対象に絞り込みます。

レポートファイル内の**すべてのページのビジュアル**を対象に絞り込みます。

① スライサー機能を使って絞り込む

解説

操作を開始する

練習フォルダの「17_練習.pbix」をダブルクリックして開きます。

解説

スライサー機能を確認する

ビジュアルにスライサー機能を追加するため、視覚化ギャラリーで［スライサー］を選択し、データペインで、絞り込みを指示するディメンションを指定します。

解説

スライサーの外観を変更する

既定では、絞り込みの選択肢が、チェックボックス形式で縦（バーティカル）に表示されます。
チェックボックスを、より大きなパネル形式（タイルとよびます）にカスタマイズすることができます。何が選択されているかが一目でわかるようになります。

補足

単一選択に制限する

［単一選択］を有効にすると、外観がラジオオタンに変わり、複数選択できなくなります。

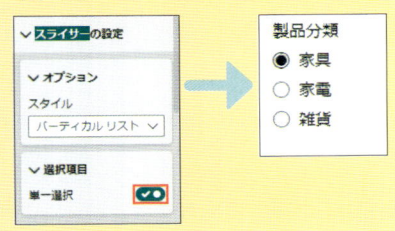

---

1 円グラフ、集合縦棒グラフ、スライサーが表示されていることを確認します。

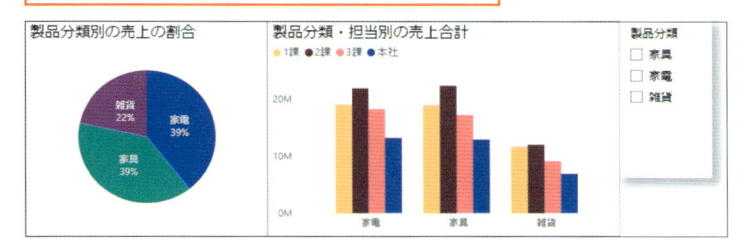

2 スライサーの［家具］［家電］をクリックしてオンにすると、

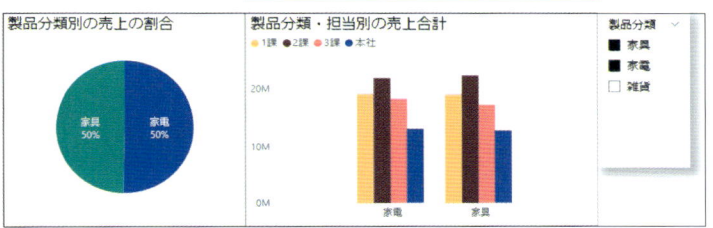

3 円グラフと棒グラフが［家具］と［家電］に絞り込まれます。

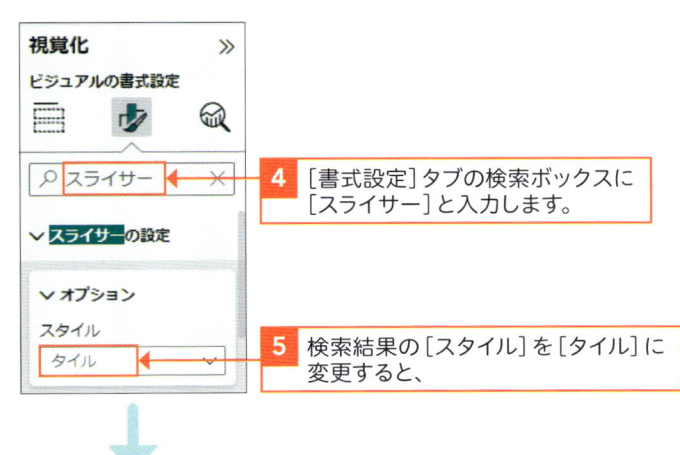

4 ［書式設定］タブの検索ボックスに［スライサー］と入力します。

5 検索結果の［スタイル］を［タイル］に変更すると、

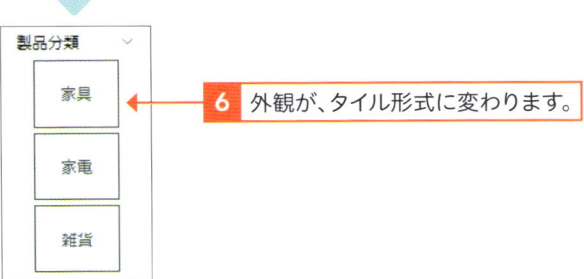

6 外観が、タイル形式に変わります。

解説

[すべて選択] オプションを設定する

[スライサーの設定]の[すべて選択]オプションを ◯◯ に変更すると、スライサーの選択肢に[すべて選択]が表示されます。

この場合は、[すべて選択]を一回クリックするだけで、[家具][家電][雑貨]が一挙に選択されます。

もう一回[すべて選択]をクリックすると、[家具][家電][雑貨]が一挙に解除されます。

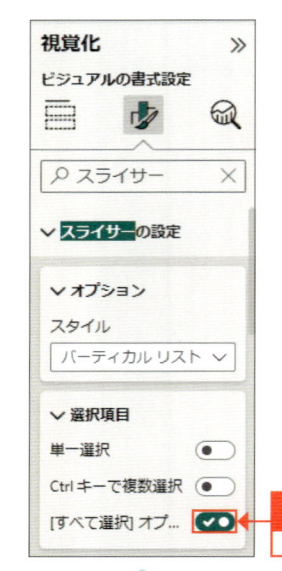

7 [すべて選択] オプションを ◯◯ に変更すると、

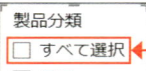

8 選択肢に[すべて選択]が表示されます。

✏️ 補足 既定のスライサーの設定

[スライサーの設定]で[既定値にリセット]をクリックすると、[Ctrlキーで複数選択]は ◯◯ に戻ります。
この状態で、複数選択する場合は、[Ctrl] を押しながら項目を選択します。

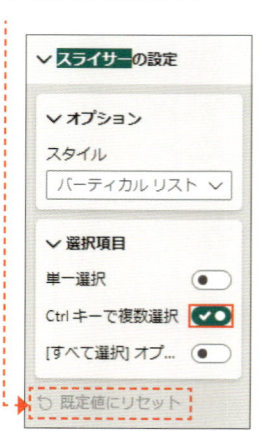

✏️ 補足 新規のスライサー

2023年11月の製品の更新で、ビジュアルのタイプに[新しいスライサー]が追加されました。従来のスライサーの機能に加えて、外観を整えるオプションが充実しています。

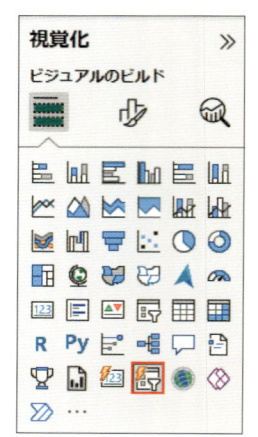

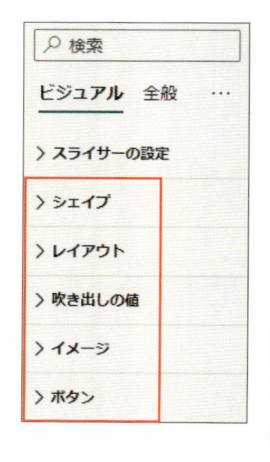

② ［このページでのフィルター］機能を使って絞り込む

💬 解説

フィルターペインでデータの絞り込みを行う

フィルター機能を使用してビジュアルに表示するデータを絞り込みます。スライサーと同等の機能ですが、スライサーより高度な設定を行うことができます。操作を開始するには、画面下の［ページ］タブの［ページ2］をクリックして開きます。

💬 解説

フィルターペインの3種類のオプションを確認する

フィルター機能には、［このページでのフィルター］［すべてのページでのフィルター］［このビジュアルでのフィルター］の3種類のオプションがあります。これから、それぞれのオプションを使用して、データの絞り込みの影響を確認します。

💬 解説

［このページでのフィルター］オプションを設定する

［このページでのフィルター］オプションを使って、［ページ2］内の2つのビジュアルに対してデータを絞り込みます。

1 ［ページ］タブで［ページ2］をクリックして開きます。

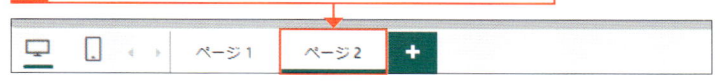

2 横棒と折れ線の両グラフの［凡例］に、［製品分類］の［家具］［家電］［雑貨］が表示されていることを確認します。

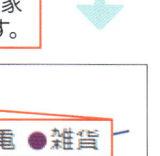

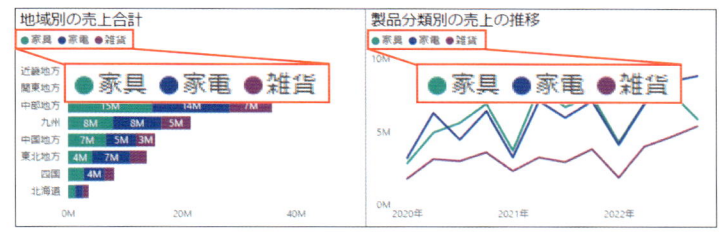

3 ［フィルター］ペインの>>をクリックして開くと、

4 ［このページでのフィルター］と［すべてのページでのフィルター］の2種類のフィルターが表示されます。

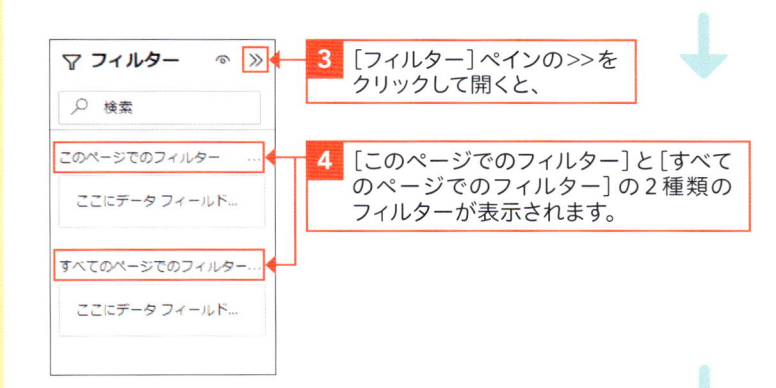

5 ［データ］ペインの［家具店注文］の>をクリックして、

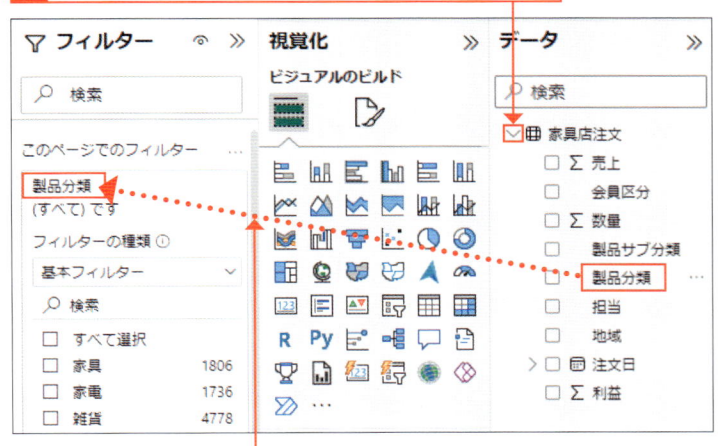

6 ［製品分類］を［このページでのフィルター］へドラッグします。

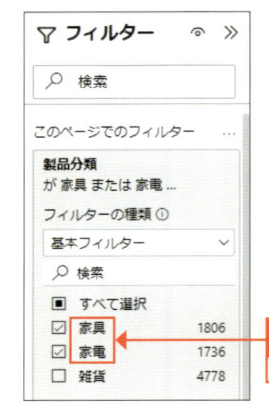

解説

[このページでのフィルター]オプションで絞り込む

[このページでのフィルター]オプションを使って、[製品分類]フィールドで[家具]と[家電]を指定します。

7 [製品分類]の[家具]と[家電]をクリックすると、

解説

絞り込みの結果を確認する

[ページ2]内の両方のグラフが、[家具]と[家電]のデータに絞り込まれることを確認します。[雑貨]のデータは非表示になります。

8 棒グラフと折れ線グラフが、[家具]と[家電]に絞り込まれます。

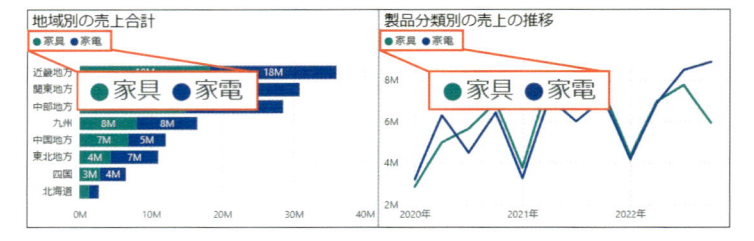

補足 スライサーとフィルターの使い分け

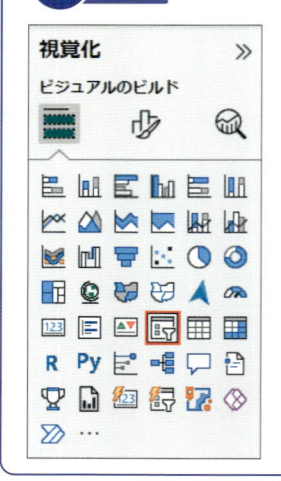

視覚化タイプの[スライサー]もフィルターペインのフィルター機能も、どちらもページ内のビジュアルに表示するデータを制限する機能です。
[スライサー]はキャンバス内のビジュアルの近くに配置し、分析を進めながら動的にデータを絞り込んでいくときによく使います。

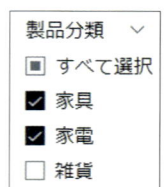

一方、[フィルター]機能は、ビジュアル作成前にデータの絞り込みを済ませておくような場合に使います。

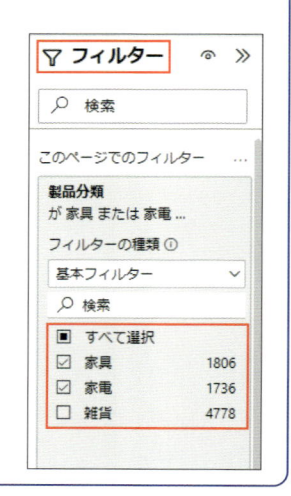

③ ［このビジュアルでのフィルター］機能を使って絞り込む

💬解説

［このビジュアルでの フィルター］を設定する

［ページ2］内の横棒グラフを選択し、［こ のビジュアルでのフィルター］オプション を使って、横棒グラフのみを対象にデー タを絞り込みます。

💬解説

［このビジュアルでのフィル ター］オプションで絞り込む

［このビジュアルでのフィルター］オプシ ョンを使って、横棒グラフに対して［製 品分類］フィールドで［家具］を指定しま す。

💬解説

絞り込みの結果を確認する

［ページ2］内の横棒グラフだけが、［家 具］に絞り込まれることを確認します。折 れ線グラフは変化せず、［家具］と［家電］ のままです。

1 棒グラフのビジュアルをクリックしてアクティブにすると、

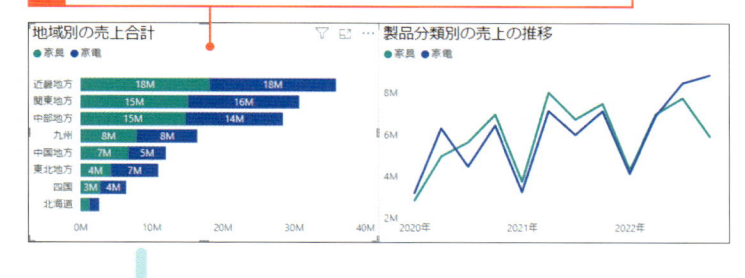

2 ［フィルター］ペインで［このビジュアル でのフィルター］が表示されます。

3 ［このビジュアルでのフィルター］の［製 品分類］をクリックし、

4 ［家電］をクリックしてオフにし、［家具］ だけをオンにすると、

5 棒グラフだけが影響を受け、 ［家具］に絞り込まれます。

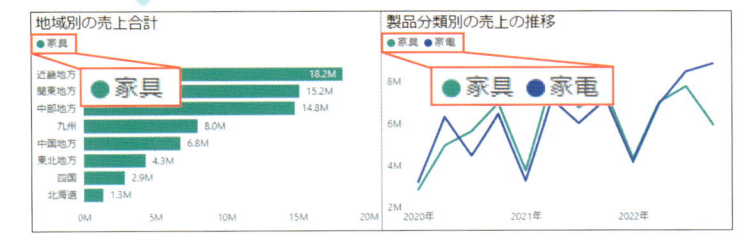

④ ［すべてのページでのフィルター］機能を使って絞り込む

 **解説**

**［すべてのページでの
フィルター］を設定する**

［ページ1］には、円グラフと縦棒グラフ、
［ページ2］には、横棒グラフと折れ線グ
ラフの、計4つのビジュアルが作成され
ています。
［すべてのページでのフィルター］オプシ
ョンを使って、ページ1とページ2の全
てのビジュアルに対してデータを絞り込
みます。

1 ［ページ］タブで、［ページ1］をクリックして開きます。

2 ［フィルター］ペインで［このページでのフィルター］と［すべての
ページでのフィルター］が設定できることを確認します。

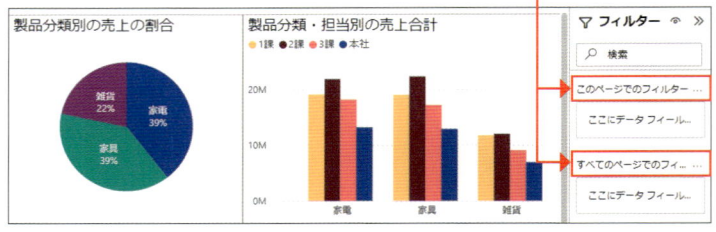

3 ［担当］を［すべてのページでのフィルター］に
ドラッグします。

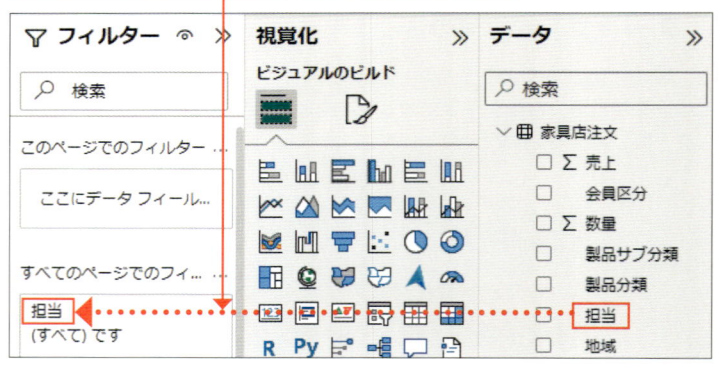

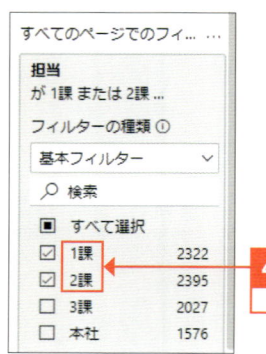

4 ［担当］の［1課］と［2課］を
クリックします。

解説

**［すべてのページでのフィル
ター］オプションで絞り込む**

［すべてのページでのフィルター］オプシ
ョンを使って、［担当］フィールドで［1
課］と［2課］を指定します。

解説

ページ1で絞り込みの結果を確認する

[ページ1]内の縦棒グラフが1課と2課に絞り込まれていることを確認します。円グラフも[家具]と[家電]の順位が逆転し、絞り込みの影響を受けていることがわかります。

解説

ページ2で絞り込みの結果を確認する

[ページ2]内の横棒グラフの各地域、折れ線グラフの各月の売上が減少していることより、ともに絞り込みの影響を受けていることがわかります。

補足

個々のビジュアルでフィルターの影響を確認する

絞り込みは、[スライサー]、[フィルター]ペインの3つのオプションで指定することができます。それぞれでの指定は、全ての条件がANDで適用されます。それぞれのビジュアルが、どの絞り込みの設定の影響を受けているかを調べることができます。

5 ページ1の縦棒グラフが、[1課]と[2課]に絞り込まれます。

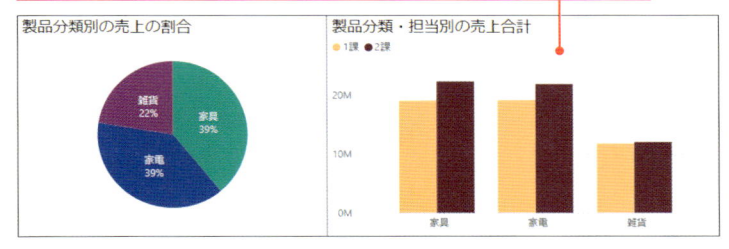

6 ページ1の縦棒グラフも、家具と家電の順位が逆転していることから、[担当]による絞り込みの影響を受けていることがわかります。

7 [ページ]タブの[ページ2]をクリックして開きます。

8 ページ2の横棒グラフも、各地域の数字が減少していることから、[担当]によるフィルターの影響を受けていることがわかります。

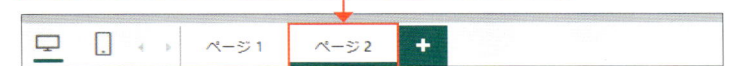

9 折れ線グラフの漏斗アイコン[フィルターオプション]をクリックすると、

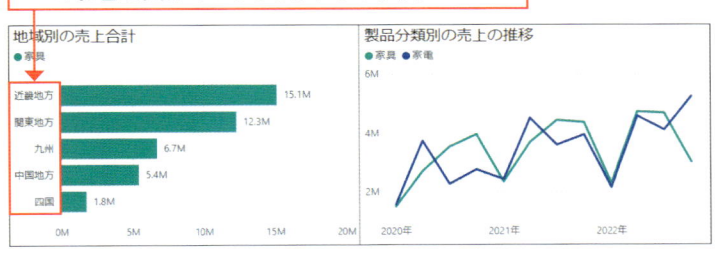

10 [このページのフィルター]と[すべてのページのフィルター]の設定の影響を受けていることが確認できます。

11 [Alt]と[F4]を同時に押してファイルを閉じます（保存不要）。

深掘り機能を使って探索しよう

ドリルアップ、ドリルダウンモード、階層表示

練習 ▶ 18_練習.pbix

▶ 深掘り機能とドリルダウンモードとは

ドリルダウン／アップ機能を使うと、分類集計の粒度（集計の単位）を動的に指定することができます。たとえば、1つのビジュアルで、年単位にサマリー表示したり、四半期や月単位の詳細な集計を示すなど、柔軟に切り替えることができます。

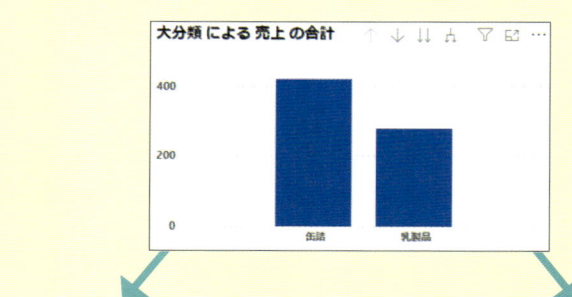

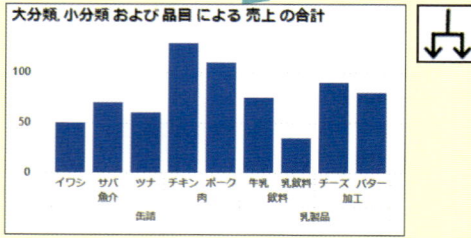

1つ下の階層を展開する
階層構造を維持して表示します。

1つ下のレベルを表示する
階層構造を無視して表示します。

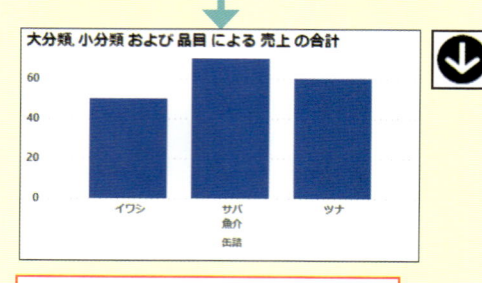

ドリルダウンモード
特定の項目に注目して深掘りします。

このセクションでは、催事「北欧フェア」での売上データを扱います。

大分類	小分類	品目
缶詰	魚介	イワシ、サバ、ツナ
	肉類	チキン、ポーク
乳製品	飲料	牛乳、乳飲料
	加工品	チーズ、バター

① ドリルアップして階層を確認する

解説

操作を開始する

練習フォルダの「18_練習.pbix」をダブルクリックして開き、探索に使用するレポートを確認します。
「商品の分類別の売上」の棒グラフが作成されています。

解説

階層表示を確認する

売上の集計値に対して、複数のディメンションを指示すると、自動で、階層的に表示することができます。

重要用語

ドリルアップ機能とは

詳細に表示された状態から、階層を上げながらグループにまとめあげていく機能です。
この例では、製品の[品目]→[サブ分類]→[分類]の順に3階層でまとめあげます。

解説

ドリルアップ機能を確認する

階層の最も詳細が表示されている状態から、1階層ずつ、階層のレベルを上げながら表示します。徐々に階層表示が解除されます。

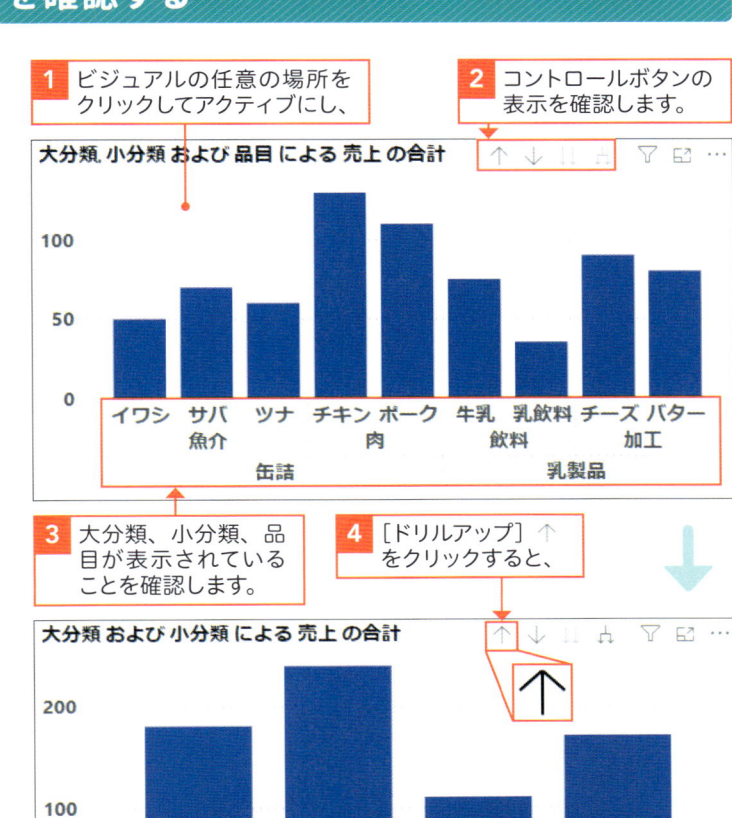

1 ビジュアルの任意の場所をクリックしてアクティブにし、

2 コントロールボタンの表示を確認します。

3 大分類、小分類、品目が表示されていることを確認します。

4 [ドリルアップ] ↑ をクリックすると、

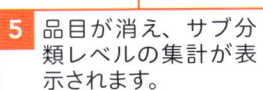

5 品目が消え、サブ分類レベルの集計が表示されます。

6 さらに[ドリルアップ] ↑ をもう一回クリックすると、

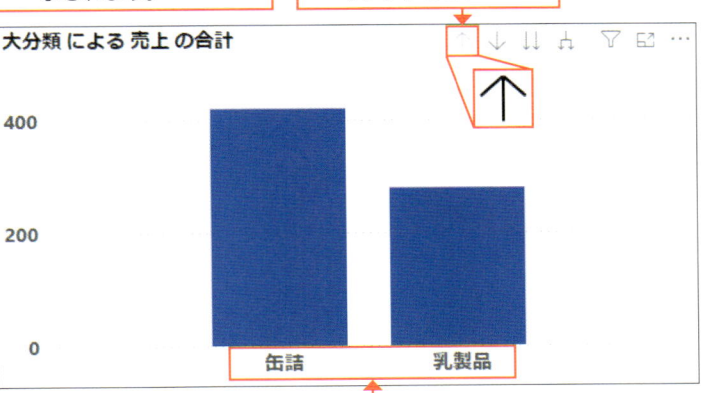

7 小分類が消え、大分類の集計が表示されます。

② 1つ下の階層を展開する

💬 **解説**

階層構造を維持して表示する

最も集約された状態から、1つ下の階層に展開されたビジュアルを、カテゴリ別に表示します。

🔍 **重要用語**

ドリルダウン機能とは

ドリルダウン機能には2種のタイプがあります。1つは、階層構造を維持しながら詳細表示するタイプ（このページで実施）。もう1つは、階層構造を無視して詳細表示するタイプです（次のページで実施）。

💬 **解説**

階層を維持して展開する

階層が複数ある場合は、ドリルダウンボタンを1回クリックするごとに、次の階層に展開されます。常に階層を意識しながら、階層の中での大小比較や順位を分析するときに使用します。

1 大分類だけが表示されていることを確認します。

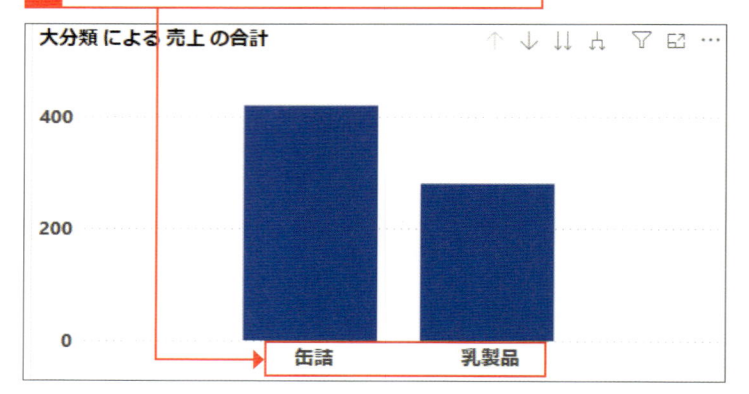

2 凸 をクリックすると、

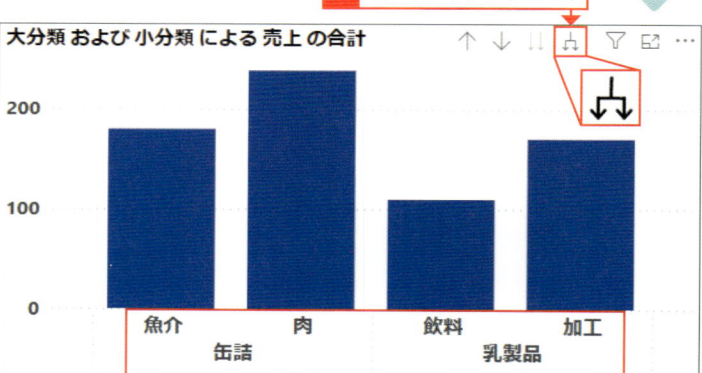

3 大分類と小分類の2階層に展開されます。

4 凸 をもう1回クリックすると、

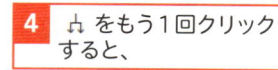
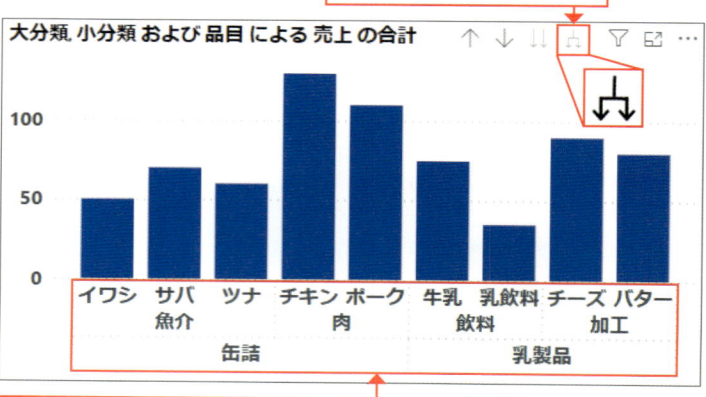

5 大分類と小分類と品目の3階層に展開されます。

③ 1つ下のレベルを表示する

💬 解説

カテゴリを解除して表示する

最も集約された状態から、1つ下のレベルのビジュアルを、カテゴリを解除して表示します。

1 ↑ を2回クリックして、最上位レベルの表示に戻します。

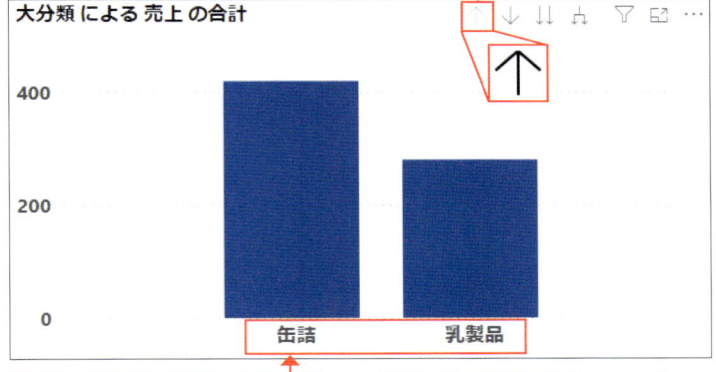

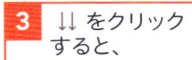

2 大分類だけが表示されていることを確認します。

3 ↓↓ をクリックすると、

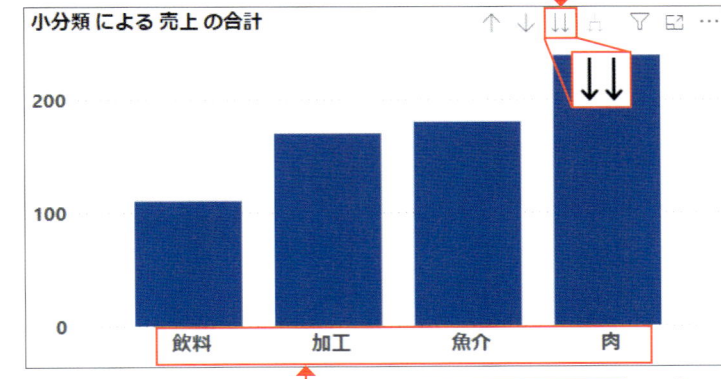

4 小分類の要素だけが並びます。階層表示されません。

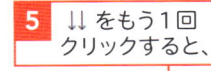

5 ↓↓ をもう1回クリックすると、

💬 解説

階層を無視して展開する

階層が複数ある場合には、ドリルダウンボタンを1回クリックするごとに、次のレベルのメンバーが表示されます。カテゴリは解除され、メンバーは五十音順（英語の場合は、アルファベット順）に並びます。分類を意識せずに、サブ分類の全項目を並べて比較したり、分類やサブ分類を意識せずに、全品目を並べて比較するときに使用します。

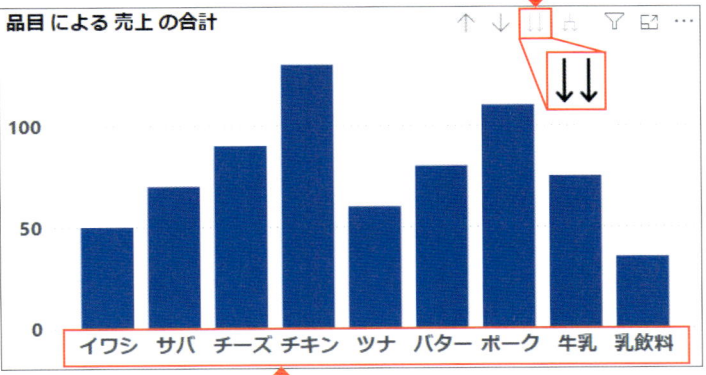

6 品目だけが五十音順に並びます。階層表示されません。

④ ドリルダウンモードを併用する

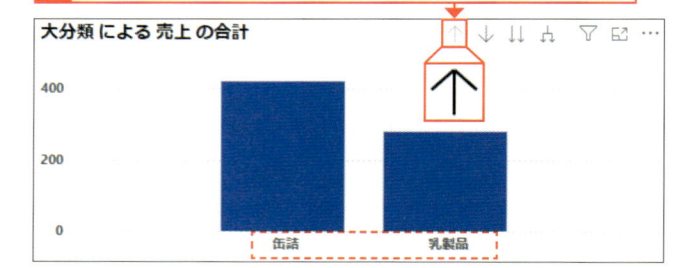

解説

ドリルダウンモードを確認する

特定の項目を選択し、その項目だけを対象に、1つ下のレベルを展開して表示します。

1 ↑ を2回クリックして、最上位レベルの表示に戻します。

2 ドリルダウンモード ⊕ をクリックしてオンにし、

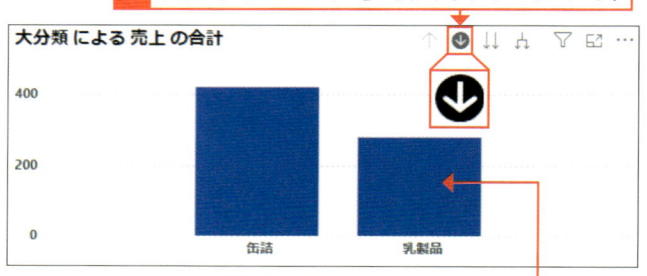

3 [乳製品]の棒の上でクリックすると、

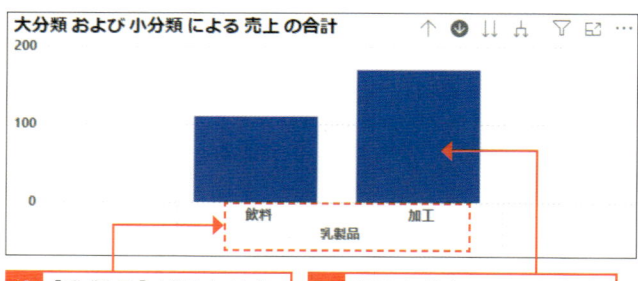

4 [乳製品]だけを対象に、大分類と小分類の2階層に展開されます。

5 ドリルダウンモードをオンのままで、[加工]の棒の上でクリックすると、

重要用語

ドリルダウンモードとは

他の2種のボタンと異なり、現在の状態を、特定の対象に絞るか否かを切り替えるボタンです。ドリルダウンモードをオンにして、特定の棒をクリックすると、その棒の値のみを対象に、下の階層を表示します。

6 [加工]だけを対象に、大分類、小分類、品目の3階層に展開されます。

7 Alt と F4 を同時に押してファイルを閉じます（保存不要）。

✏️ 補足　日付型データのドリルダウン

［ページ］タブの［ペー2］をクリックして開きます。

次の「売上合計（百万円）」のビジュアルでで、過去3年間の売上を分析する場合、次の2通りのケースが考えられます。

ケース1）　最も古い2020年8月から直近の2022年11月まで、年ごと月ごとの売上の推移を分析する。

ケース2）　過去3年間を通して、（年を区別せずに）12か月のうち何月の売上が最も多いかを分析する。

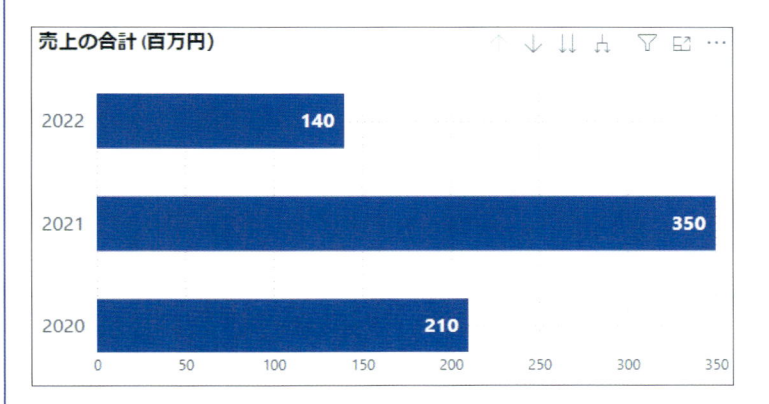

ケース1の場合

ケース1の場合は、年ごと月ごとに、売上のあった月の18本の棒の長さを比較します。「日付型を連続値として扱う分析」と呼ばれます。

この場合は、［ ⤵ ］機能を使用して、ドリルダウンします。

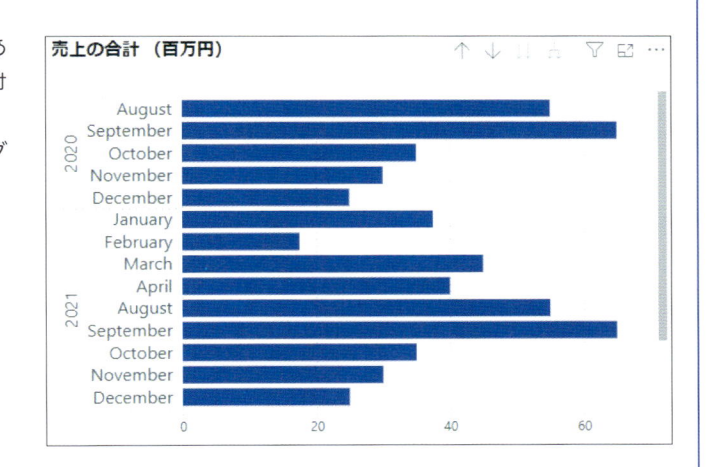

ケース2の場合

ケース2の場合は、年を区別せず、12本（12か月分）の棒の長さを比較します。「日付型を不連続として扱う分析」と呼ばれます。

この場合は、［↓↓］機能を使用してドリルダウンします。

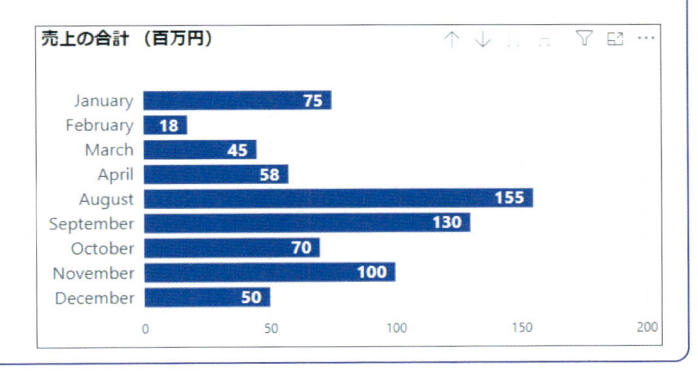

ドリルスルー機能を使って探索しよう

データポイントをテーブル表示、ドリルスルー

練習▶19_練習.pbix　完成▶19_練習_end.pbix

▶ ドリルスルー機能とは

ドリルスルー機能を使うと、ビジュアルの特定の集計値を指定して、その集計のもとになる数値をテーブル形式で表示することができます。この詳細な情報は、必要なときのみ呼び出し、必要な情報だけを表示します。

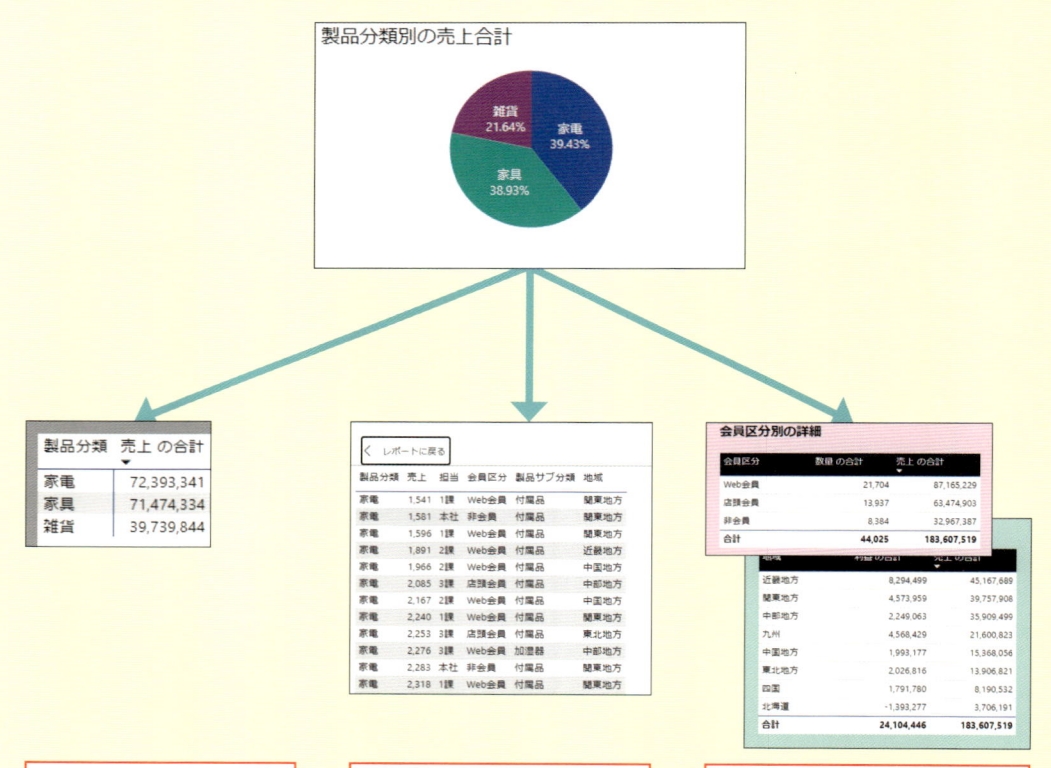

テーブル形式
メインのビジュアル（ここでは円グラフ）で使用している集計値やディメンションを、テーブル形式に自動変換して表示することができます。

テーブルの拡張形式1
メインのビジュアルにない集計値を追加したり、ディメンションを自由に取捨選択して表示することができます。

テーブルの拡張形式2
・拡張形式1で複数のパターンを作成し、メインのビジュアルから選択して表示を切り替えることができます。
・書式設定で外観をカスタマイズすることができます。

① [テーブルとして表示] 機能を使用する

解説

操作を開始する

練習フォルダの「19_練習.pbix」をダブルクリックして開きます。

1 ビジュアルの任意の
場所で右クリックし、

2 [テーブルとして表示] を
クリックすると、

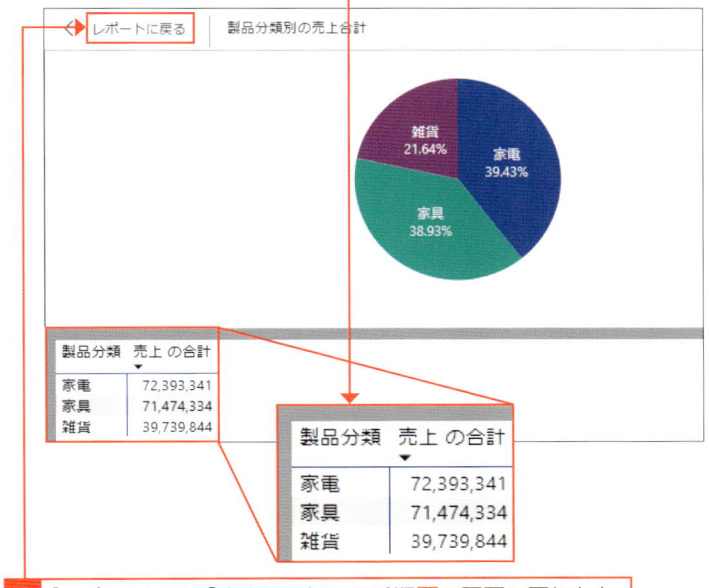

解説

詳細な集計の値をテーブルで確認する

円グラフのビジュアルで、[テーブルとして表示] 機能を使用すると、ビジュアルのタイプをテーブルに変更したものを別途、自動生成します。このテーブルは、あらかじめビルドで定義しておく必要はありません。

3 「製品分類別の売上合計」がテーブル形式で
表示されることを確認します。

製品分類	売上 の合計
家電	72,393,341
家具	71,474,334
雑貨	39,739,844

4 [レポートに戻る]をクリックして、手順**1**の画面に戻ります。

解説

自動生成される表示内容を確認する

製品分類別の売上の合計がテーブル形式で表示されます。

② ［データポイントをテーブルとして表示］機能を使用する

💬 解説

製品分類別の詳細を テーブルで確認する

円グラフで、分類の要素（たとえば［家電］）を選択して、［データポイントをテーブルとして表示］を使用すると、「家電」を対象にした詳細な集計表が作成されます。

🔍 重要用語

データポイントとは

選択中のデータのレコードを指します。

1 ［家電］を右クリックし、

2 ［データポイントをテーブルとして表示］をクリックすると、

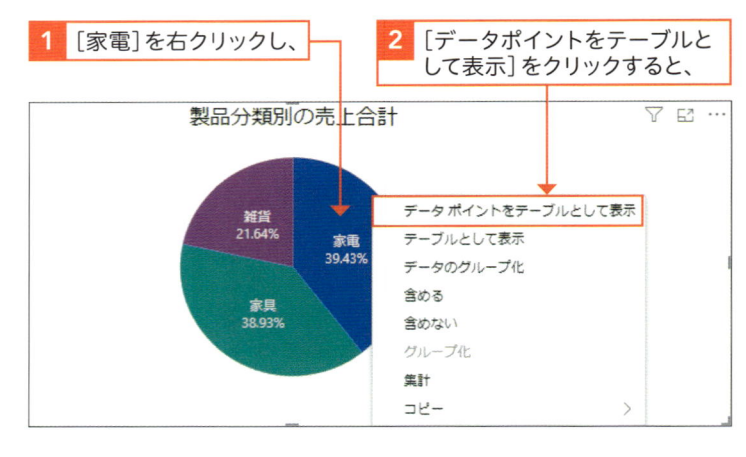

3 「家電」の詳細情報がテーブル形式で 表示されます。

← レポートに戻る					
製品分類	売上	担当	会員区分	製品サブ分類	地域
家電	1,541	1課	Web会員	付属品	関東地方
家電	1,581	本社	非会員	付属品	関東地方
家電	1,596	1課	Web会員	付属品	関東地方
家電	1,891	2課	Web会員	付属品	近畿地方
家電	1,966	2課	Web会員	付属品	中国地方
家電	2,085	3課	店頭会員	付属品	中部地方
家電	2,167	2課	Web会員	付属品	中国地方
家電	2,240	1課	Web会員	付属品	関東地方
家電	2,253	3課	店頭会員	付属品	東北地方

4 ［レポートに戻る］をクリックして、手順**1**の画面に戻ります。

💬 解説

自動生成される表示内容を 確認する

円グラフの集計対象の［売上］と、全てのディメンションが表示されます。このテーブルは、あらかじめビルドで定義しておく必要はありません。

③ ドリルスルーのページを表示する

解説

ドリルスルーページを定義する

ドリルスルー機能を使って、[データポイントをテーブルとして表示]の内容をカスタマイズします。ドリルスルー機能を使用する場合は、あらかじめ、表示したいテーブルを別のページに定義しておく必要があります。ここでは、ページ2にあらかじめ作成されているテーブルを使用します。

1 [ページ]タブで[ページ2 会員区分別]をクリックし、

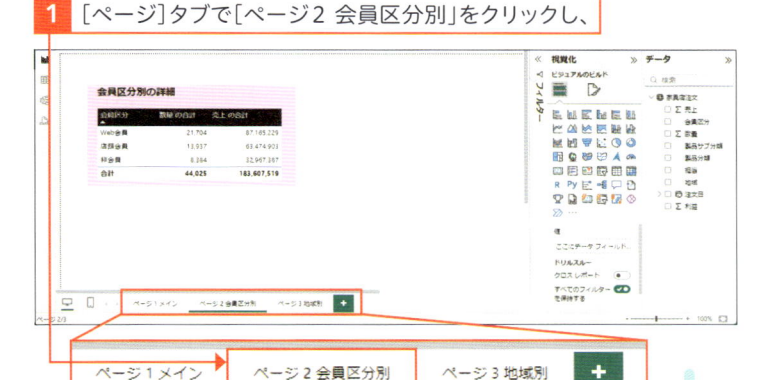

2 [ドリルスルーフィールド]に、[製品分類]をドラッグします。

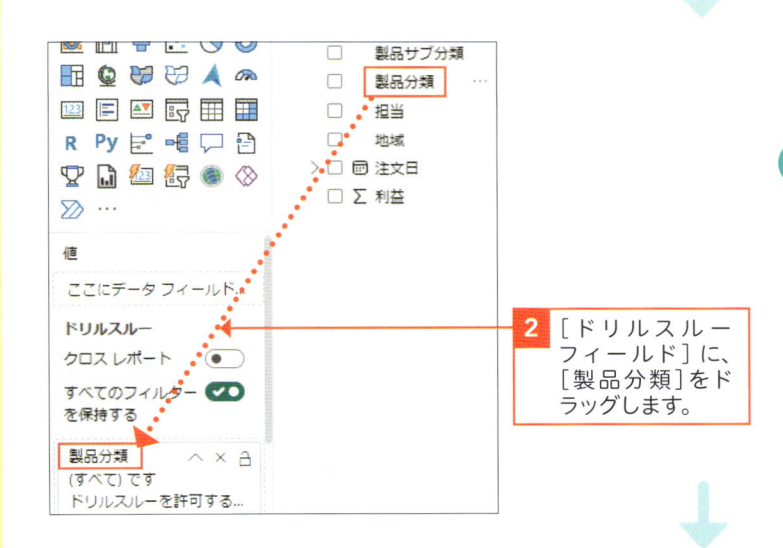

解説

複数ドリルスルーページを定義する

地域別の集計や、会員区分別の集計など、表示したいテーブルを、複数個用意することができます。ここでは、ページ3にあらかじめ作成されているテーブルにドリルスルーの定義を追加します。

3 [ページ]タブで[ページ3 地域別]をクリックし、

4 手順**2**と同じ様に、[ドリルスルーフィールド]に[製品分類]をドラッグします。

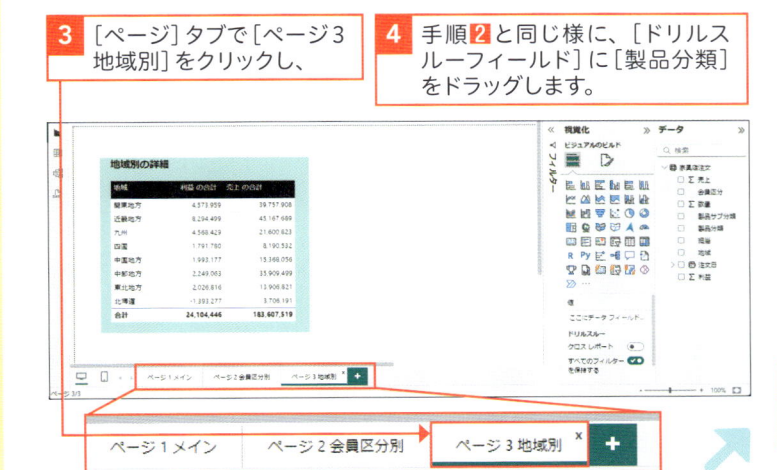

💬 解説

ドリルスルー機能で [会員区分別の詳細] を表示する

円グラフで、製品分類の[家電]を指定し、ドリルスルーを選択すると、[家電]の詳細情報を示すページに切り替えることができます。
ここでは、あらかじめ、ページ2に作成済みの[会員区分別の詳細]テーブルを表示しています。

💬 解説

ドリルスルー機能での 表示内容を確認する

ページ3に切り替わり、ビルドで指定したフィールドが、指定の順番通りに表示されます。あらかじめ、背景色や罫線の加工など、書式設定しておくこともできます。

---

5 「ページ1 メイン」をクリックして開き、

| 🖥 📱 ◀ ▶ | **ページ1メイン** | ページ 2 会員区分別 | ページ 3 地域別 | **+** |

6 「家電」を右クリックして、

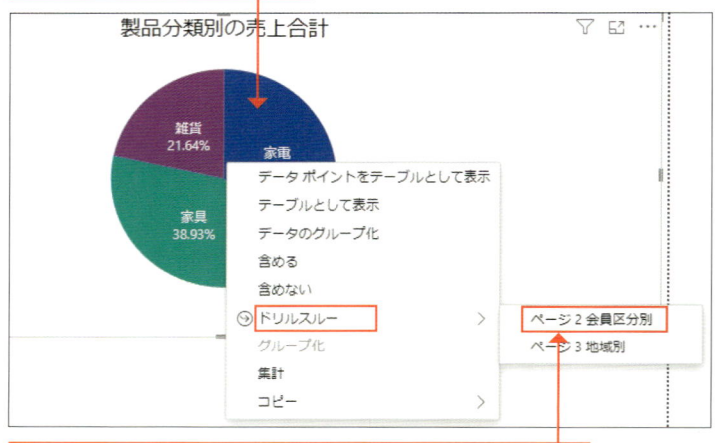

7 ドリルスルーをクリックし、「ページ 2 会員区分別」をクリックします。

8 会員区分別のテーブルが表示され、円グラフにはない「数量」の集計値が表示されていることを確認します。

会員区分別の詳細

会員区分	数量 の合計	売上 の合計 ▼
Web会員	3,514	34,068,343
店頭会員	2,178	25,146,076
非会員	1,336	13,178,922
合計	7,028	72,393,341

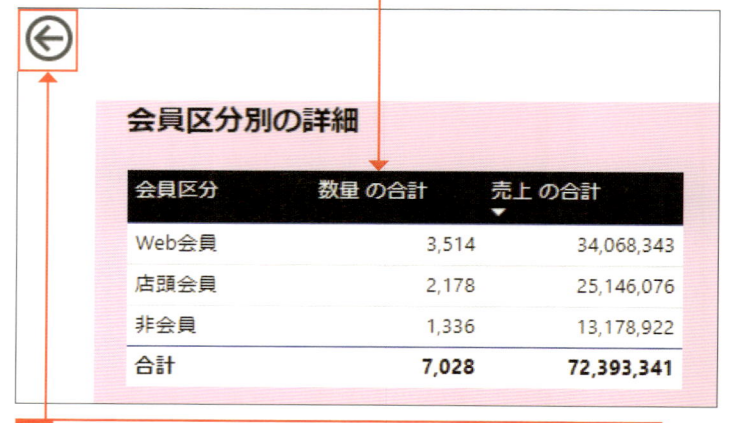

9 Ctrl を押しながら「戻る」をクリックして、円グラフに戻ります。

④ 複数のドリルスルーのページを切り替えて表示する

解説

ドリルスルー機能で [地域別の詳細] を表示する

ドリルスルーを選択したとき、[家電]の詳細情報を示すページを複数用意しておくことができます。
ここでは、あらかじめページ3に作成済みの[地域別の詳細]テーブルを表示しています。

1 「家電」を右クリックして、

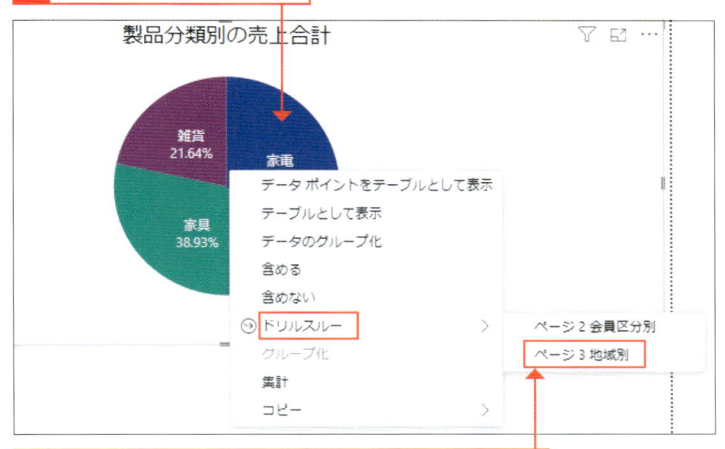

2 ドリルスルーをクリックし、「ページ3 地域別」をクリックします。

3 地域別のテーブルが表示され、円グラフにはない「利益」の集計値が表示されていることを確認します。

地域別の詳細

地域	利益 の合計	売上 の合計
関東地方	1,374,477	15,631,130
近畿地方	2,822,508	17,745,491
九州	1,470,859	8,454,291
四国	637,458	3,613,638
中国地方	587,816	5,265,174
中部地方	754,088	13,672,614
東北地方	953,163	6,650,274
北海道	-453,427	1,360,729
合計	8,146,942	72,393,341

4 Ctrl を押しながら「戻る」をクリックして、円グラフに戻ります。

5 Alt と F4 を同時に押してファイルを閉じます（保存不要）。

20 ヒントやツールヒントを使って探索しよう

既定のヒント、ヒントのカスタマイズ、ツールヒント

練習▶20_練習.pbix 完成▶20_練習_end.pbix

▶ ヒントおよびツールヒント機能とは？

ヒントやツールヒント機能を使うと、探索中に、ビジュアルの特定の集計値を指定して、その場で詳細を追加表示することができます。ビジュアル内に常時表示される情報を少なくしてシンプルを保つのに役立ちます。

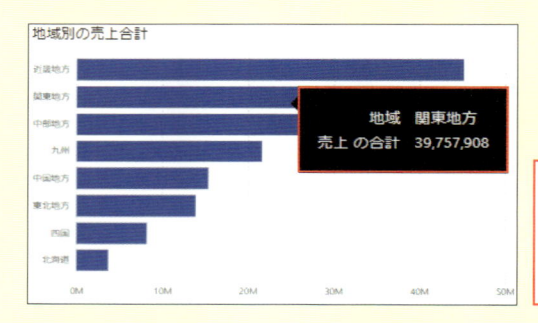

ヒント機能（基本）
棒にマウスポインターを合わせると、棒の上に、棒グラフのビルドで指定したフィールドの詳細な情報が表示されます。
例　地域名、売上の合計

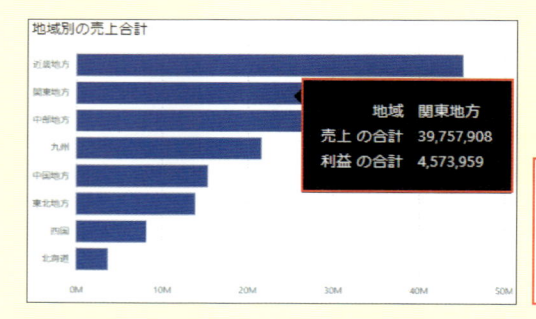

ヒント機能（応用）
棒にマウスポインターを合わせると、棒の上にヒント機能（基本）以外のフィールドの詳細な情報が表示されます。
例　地域名、売上の合計、利益の合計

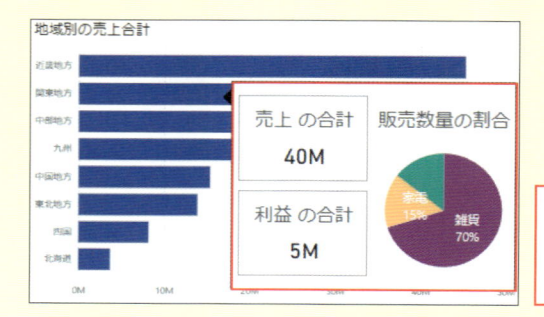

ツールヒント機能
棒にマウスポインターを合わせると、棒の上に、各棒についての詳細が、他の複数タイプのビジュアルで表示されます。

① 基本のヒント機能を確認し、カスタマイズする

💬解説

操作を開始する

練習フォルダの「20_練習.pbix」をダブルクリックして開きます。

🔍重要用語

ヒントとは

探索中にビジュアルの棒や折れ線、散布図の各点にマウスポインターを合わせると表示される情報です。既定では、ビルドで指定したフィールドの値が表示されます。

💬解説

既定のヒントの表示を確認する

棒グラフの各棒にマウスポインターを合わせると、そのデータポイントの集計値やディメンションの情報がポップアップ表示されます。どのような情報が表示されるか、確認します。

💬解説

ヒントをカスタマイズする

既定では、ビルドで指定したフィールどの情報のみがヒントに表示されますが、カスタマイズすると、それ以外のフィールドの情報をヒントに表示することができます。

1 それぞれの棒の上にマウスポインターを近づけると、ヒントが表示されることを確認します。

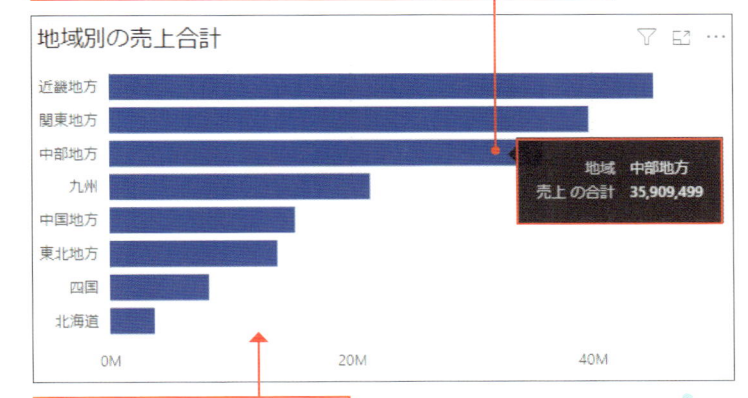

2 棒グラフをアクティブにし、

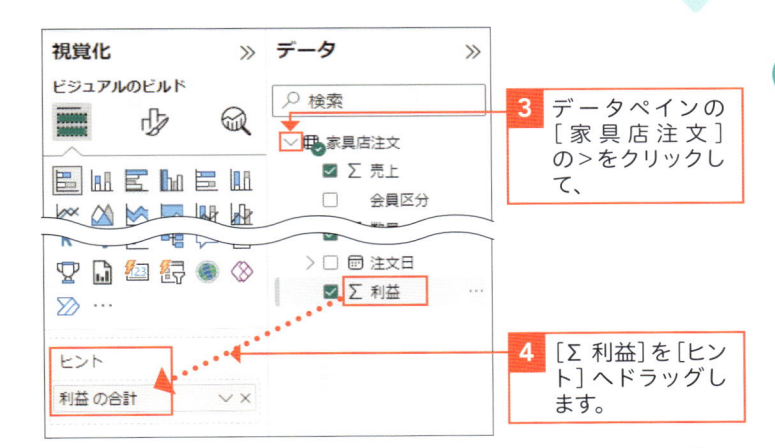

3 データペインの［家具店注文］の＞をクリックして、

4 ［Σ 利益］を［ヒント］へドラッグします。

5 任意の棒の上にマウスポインターを近づけると、

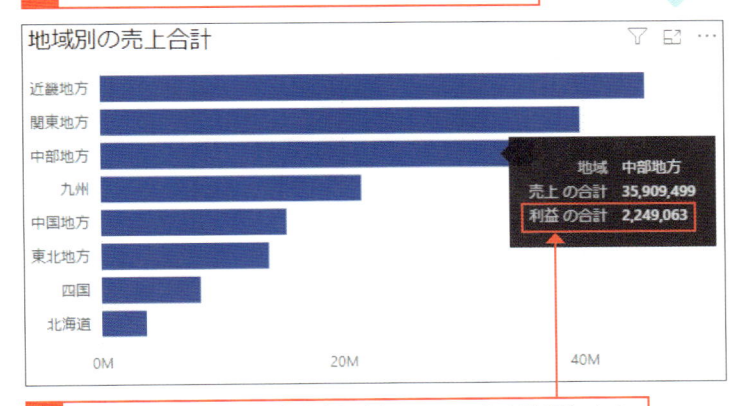

6 ヒントに［利益の合計］が追加されていることを確認します。

② ツールヒントにカードを追加する

🔍 重要用語

ツールヒントとは

ビジュアルにマウスポインターを近づけたとき、ヒントの代わりに、別のビジュアルを表示させる機能です。

1 ［ページ］タブで、［ツールヒント用］をクリックします。

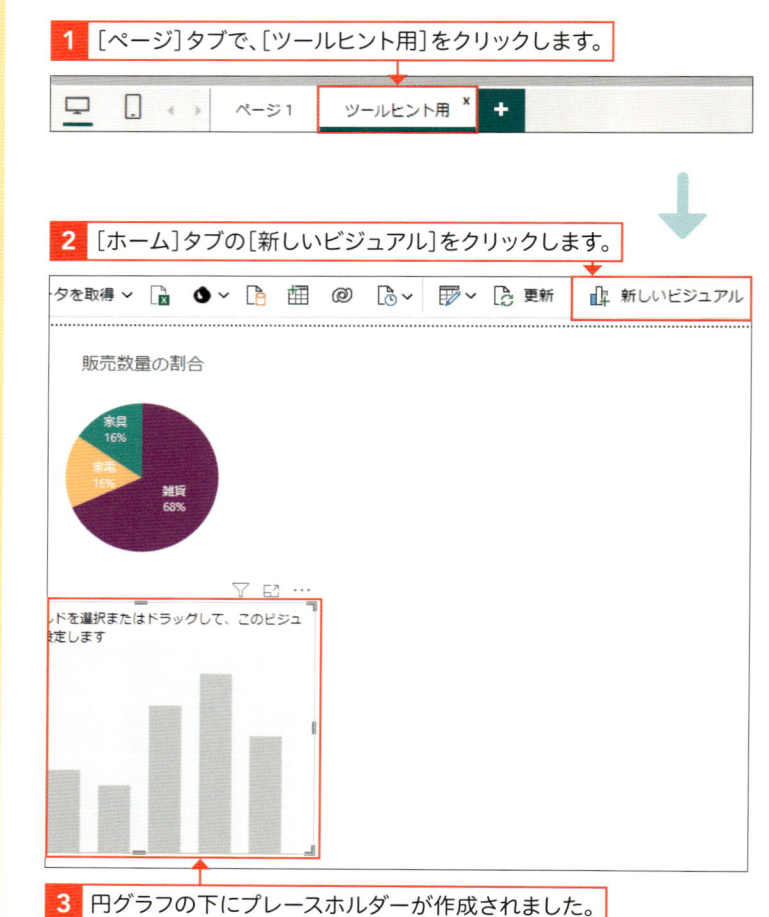

2 ［ホーム］タブの［新しいビジュアル］をクリックします。

3 円グラフの下にプレースホルダーが作成されました。

💬 解説

ツールヒントを準備する

既定で表示されるヒントに、文字や数字の代わりに、別途用意しておいたビジュアルを表示することができます。ここで表示するツールヒント用のビジュアルをあらかじめ作成しておきます。

4 ［カード（新規）］をクリックし、

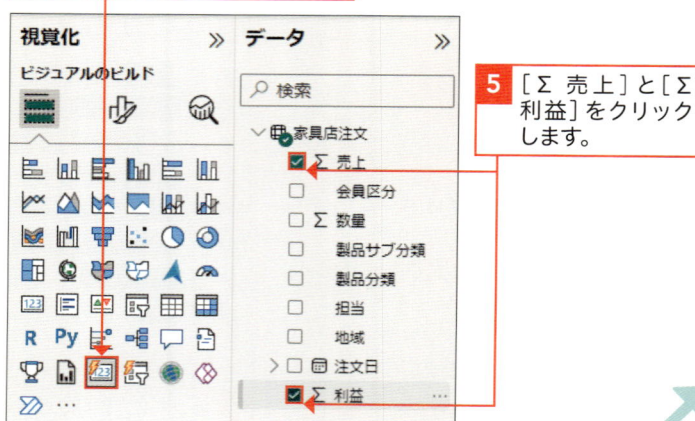

5 ［Σ 売上］と［Σ 利益］をクリックします。

**新しいカードのレイアウトを
定義する**

売上と利益の2つの集計値が1列（単一
列）に並ぶように設定します。

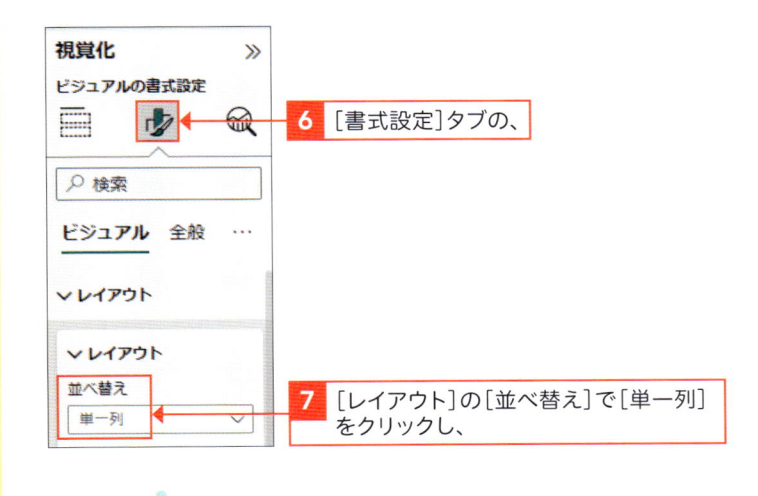

6 ［書式設定］タブの、

7 ［レイアウト］の［並べ替え］で［単一列］
をクリックし、

**新しいカードの
フォントサイズを定義する**

売上と利益の2つの集計値の表示を、フ
ォントサイズ20程度に調整します。

8 ［吹き出しの値］の［値］の［フォント］で
［20］をクリックします。

9 ［カード］の右横のハンドルを左方向にドラッグして、
サイズを4分の1程度に縮めます。

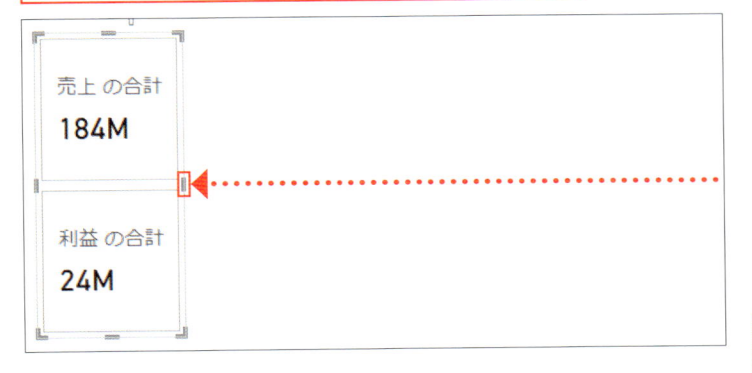

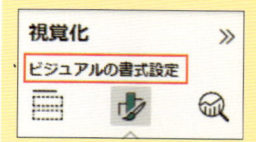

解説

ツールヒント用のページに、カードと円グラフを配置する

ここで作成するツールヒントを、棒グラフから呼び出して表示します。ツールヒントが大きくなりすぎないように、ツールヒント内に円グラフとカードをコンパクトにレイアウトします。

解説

ツールヒント用のページを定義する

ツールヒントは、ページ1のそれぞれの棒グラフにマウスポインターを近づけたときに表示される特殊なページです。
ここで作成したページを、特殊なページとして扱えるように、「ツールヒントとして使用する」をオンにします。
さらに、ここでは、かなり小さいサイズのページを設定し、あらかじめツールヒント用に用意された定義（型）を使用して、ページの書式設定をします。

補足

ページの書式設定を行うときの注意

ここまでのセクションで、ビジュアルの書式設定を行う場合は、ビジュアルをアクティブにして、次のような画面で設定を行ってきました。

ツールヒント用のページの書式設定を行う場合は、「ページの書式設定」の画面で設定を行います。
このとき、ビジュアルを非アクティブにしないと「ページの書式設定」画面が表示されません。
ビジュアルを非アクティブにするには、ページ内のビジュアルがない場所をクリックします。

10 ［カード］を円グラフの左側にドラッグします。

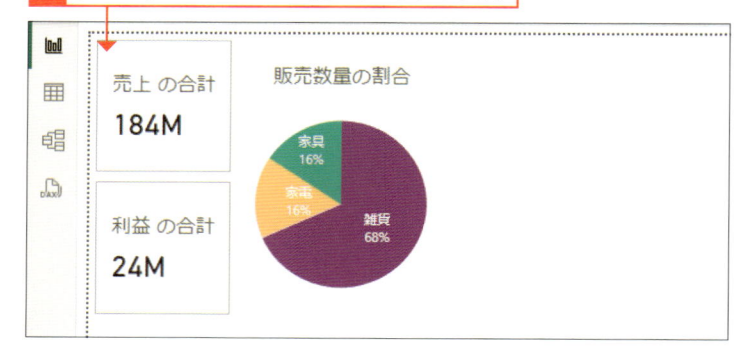

11 キャンバスのビジュアルのない場所をクリックします。

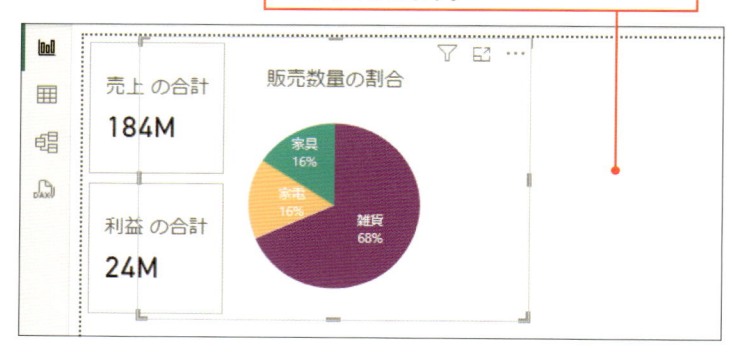

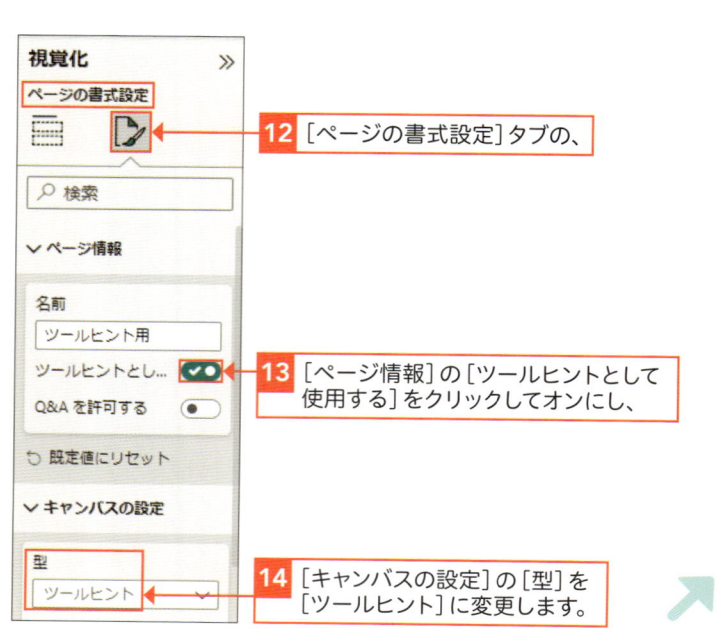

12 ［ページの書式設定］タブの、

13 ［ページ情報］の［ツールヒントとして使用する］をクリックしてオンにし、

14 ［キャンバスの設定］の［型］を［ツールヒント］に変更します。

解説

ツールヒントへ共有される値を設定する

分析中のビジュアルから、ツールヒント用のビジュアルへ共有されるフィールドの値を設定します。ここでは、分析中のビジュアル（横棒グラフ）から、[地域]の値が共有されるように設定します。

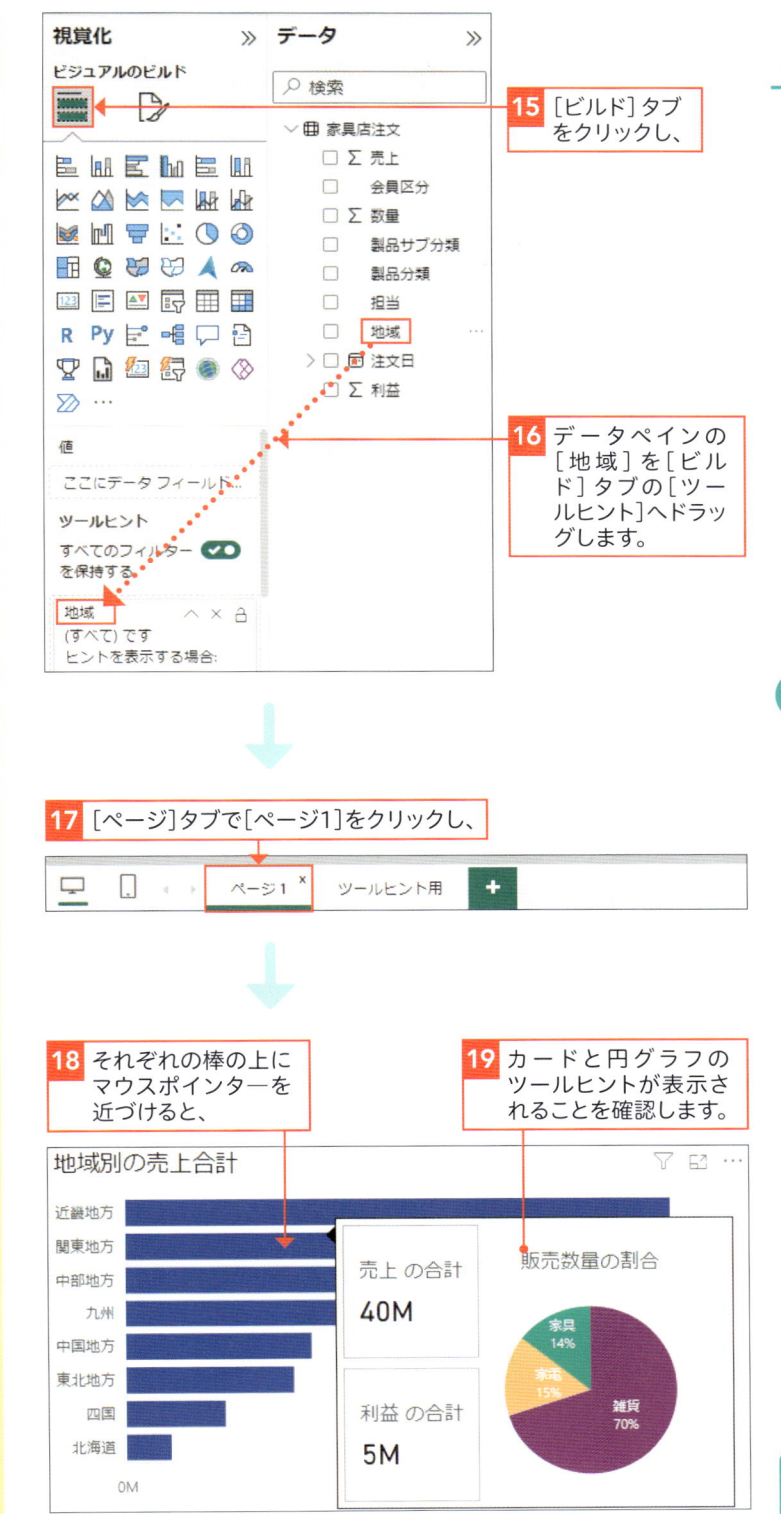

15 [ビルド]タブをクリックし、

16 データペインの[地域]を[ビルド]タブの[ツールヒント]へドラッグします。

17 [ページ]タブで[ページ1]をクリックし、

18 それぞれの棒の上にマウスポインターを近づけると、

19 カードと円グラフのツールヒントが表示されることを確認します。

解説

カスタマイズ後のツールヒントを確認する

ツールヒント作成中（手順 **9** ～ **11**）は、全データの売上、利益、数量の合計が表示されていましたが、棒グラフ上で表示させると、マウスポインターを合わせた地域ごとの集計値に置き換わって表示されます。

20 [Alt]と[F4]を同時に押してファイルを閉じます（保存不要）。

基礎編

Section 21

参照線、傾向線や予測機能を使って探索しよう

目標線、平均線、傾向線、予測機能

練習▶21_練習.pbix　完成▶21_練習_end.pbix

▶ 分析タブ（参照線、傾向線、予測）の機能

作成済みのビジュアルに、平均や目標など比較、参照したい情報を追加すると、分析の判断に役立てることができます。たとえば、売上額が目標達成したか否か、成績が平均点より上か下かなど判断しやすくなります。

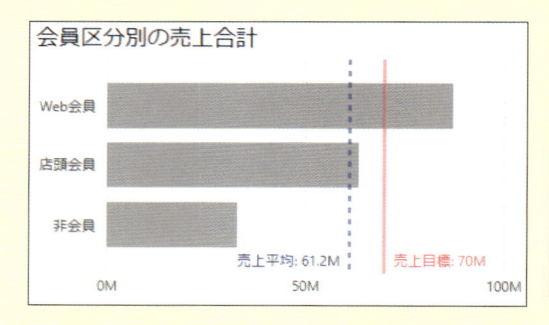

参照線
定数や、自動算出された平均、最小、最大の値を、既存のビジュアルに補助線として追加します。この線を参照しながらデータの比較を進めます。

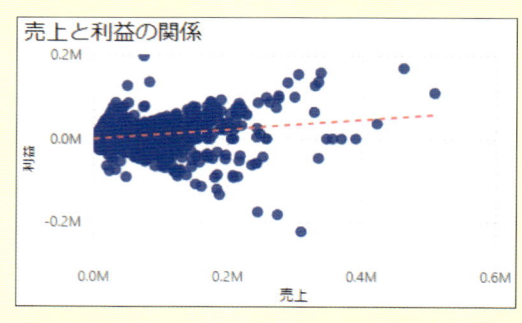

傾向線
散らばっている要素に対して、一定の規則を自動で見つけ、既存のビジュアルに線を追加します。線が右肩上がりか、下がりか、また線の傾きが急か、緩やかかなどで、特徴を把握します。

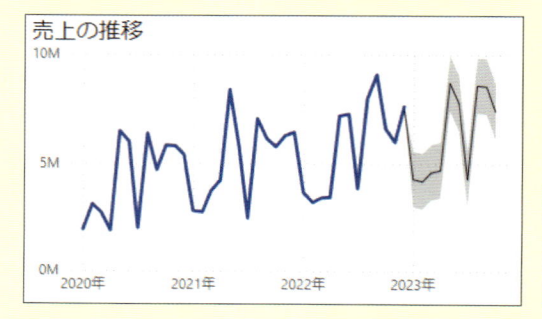

予測機能
既存のデータから導き出された折れ線に基づいて、この傾向が今後も続く場合の、将来のビジュアルを予測します。

① 目標線を使用する

🗨️解説

操作を開始する

練習フォルダの「21_練習.pbix」をダブルクリックして開きます。

1 ビジュアルをクリックしてアクティブにし、

2 「分析」タブをクリックします。

3 [定数線]をクリックします。

🗨️解説

ビジュアルに目標線を追加する

既存のビジュアルに目標値を示す参照線を追加し、それぞれの棒が、目標を超えているか否かを即座に判断できるようにします。操作を開始するには、練習フォルダーの「21_練習.pbix」をダブルクリックして開きます。

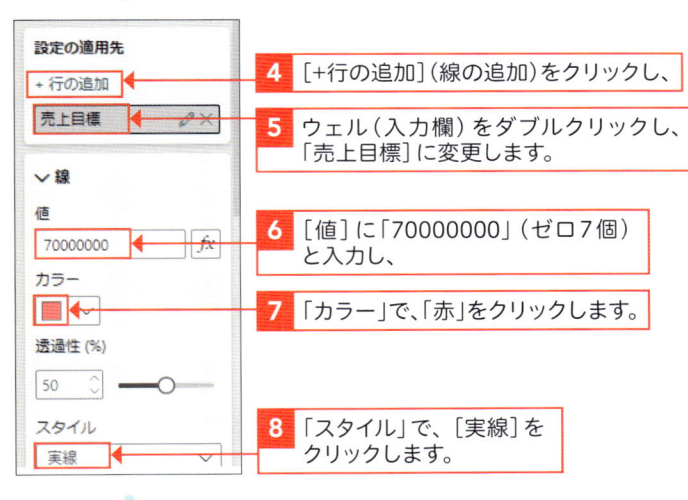

4 [+行の追加]（線の追加）をクリックし、

5 ウェル（入力欄）をダブルクリックし、「売上目標」に変更します。

6 [値] に「70000000」（ゼロ7個）と入力し、

7 「カラー」で、「赤」をクリックします。

8 「スタイル」で、[実線]をクリックします。

🔍重要用語

定数線とは

自分で用意した数値を手入力して描く参照線です。たとえば、部門に割り当てられた売上目標の6千万（60M）を指定して参照線を描きます。

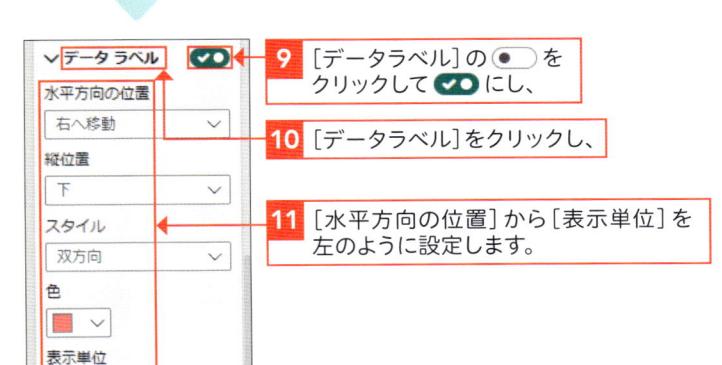

9 [データラベル]の（●）をクリックして（✓●）にし、

10 [データラベル]をクリックし、

11 [水平方向の位置] から [表示単位] を左のように設定します。

② 平均線を使用する

💡 ヒント

複数の定数線を設定する

次の例のように、1つのビジュアルに複数の定数線を描くには、[売上目標]の定数線を追加後、もう一度[＋行の追加]をクリックし、線の名称を「昨年実績」、値を450000000と入力します。

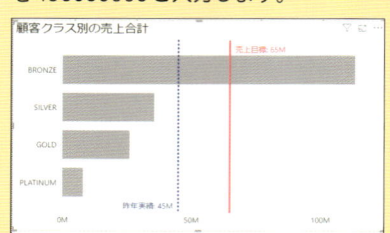

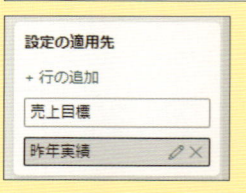

💬 解説

ビジュアルに平均線を追加する

既存のビジュアルに平均を示す参照線を追加し、それぞれの棒が、平均を超えているか否かを即座に判断できるようにします。

🔍 重要用語

平均線とは

自動算出された売上の平均値を指定して描く参照線です。前のページで説明した定数線は、データが変わっても線の位置は変わりませんが、平均線は、データが変わると、算出しなおされ、線の位置が変わります。

前のページの操作から続きます。

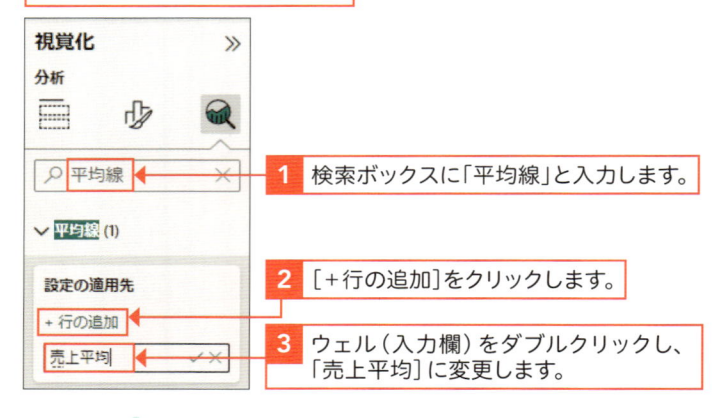

1 検索ボックスに「平均線」と入力します。

2 [＋行の追加]をクリックします。

3 ウェル（入力欄）をダブルクリックし、「売上平均」に変更します。

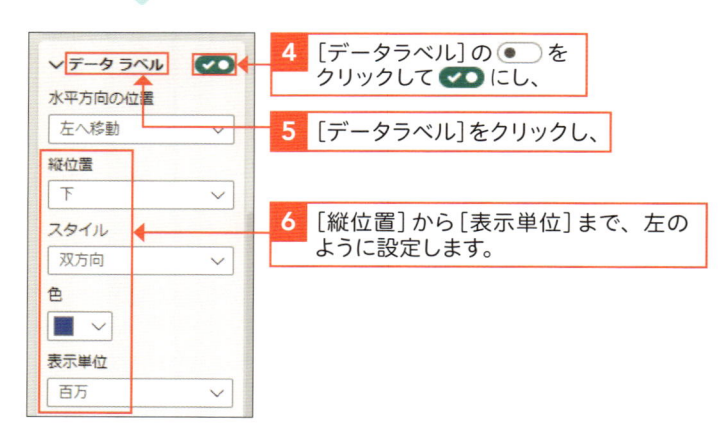

4 [データラベル]の ⬤ をクリックして ✅ にし、

5 [データラベル]をクリックし、

6 [縦位置]から[表示単位]まで、左のように設定します。

7 「定数線」の「売上目標」と「平均線」の「売上平均」が設定されました。

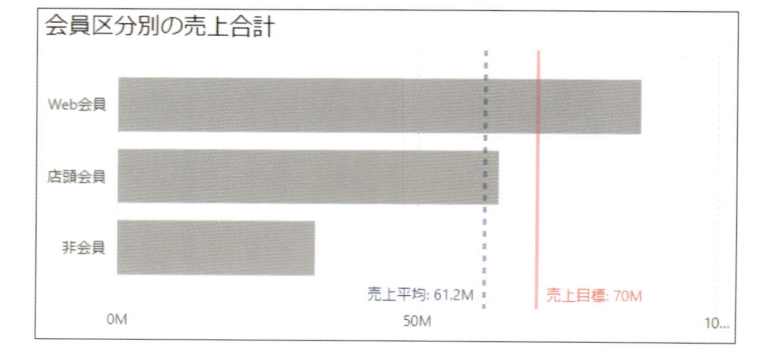

③ 傾向線を使用する

解説

ビジュアルに傾向線を追加する

既存のビジュアルに点在している項目の傾向を示す参照線を追加し、それぞれの点が、傾向に沿っているか否かを即座に判断できるようにします。

操作を開始するには、画面下の［ページ］タブの［ページ2］をクリックして開きます。

重要用語

傾向線とは

折れ線グラフや散布図、集合縦棒グラフ、面グラフなど、時間を扱うデータに対して、系列のマークを結んで描く参照線です。

ヒント

ビジュアルを理解する

傾向線が右肩上がりの場合は、売上が増加すれば利益も増加していることを意味し、右肩下がりなら、売上が増加しても、利益は逆に減少することを示します。前者を正の相関（または＋の相関）、後者を負の相関（または－の相関）と呼びます。

［ページ2］をクリックしプレースホルダーをアクティブにします（側注参照）。

1 ビジュアルをクリックしてアクティブにし、

2 「分析」タブをクリックします。

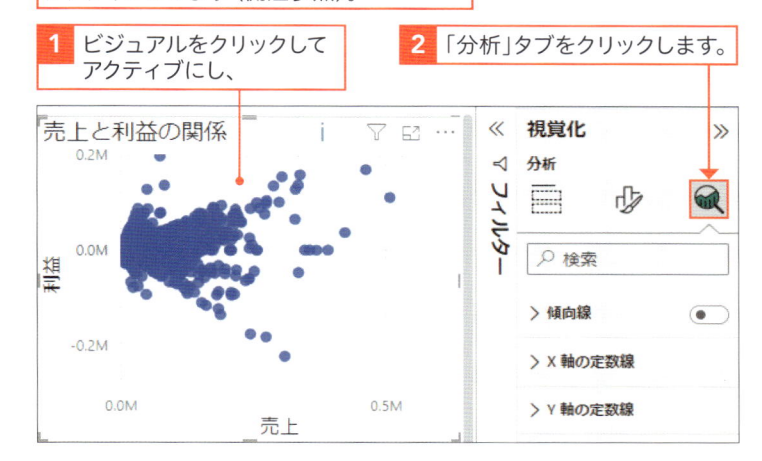

3 ［傾向線］の ⬤ をクリックして ✅ にし、

4 「傾向線」をクリックし、

5 ［色］を［赤］に変更します。

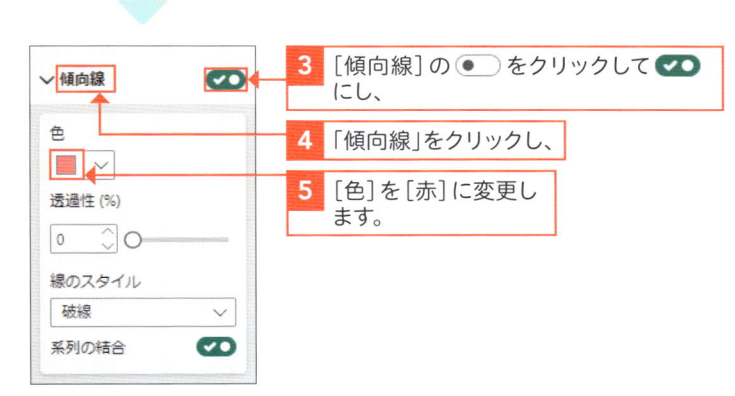

6 ビジュアルに［傾向線］が追加されました。

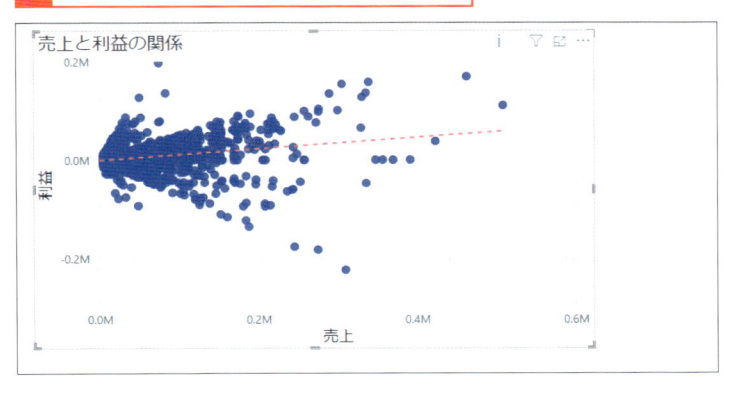

④ 予測機能を使用する

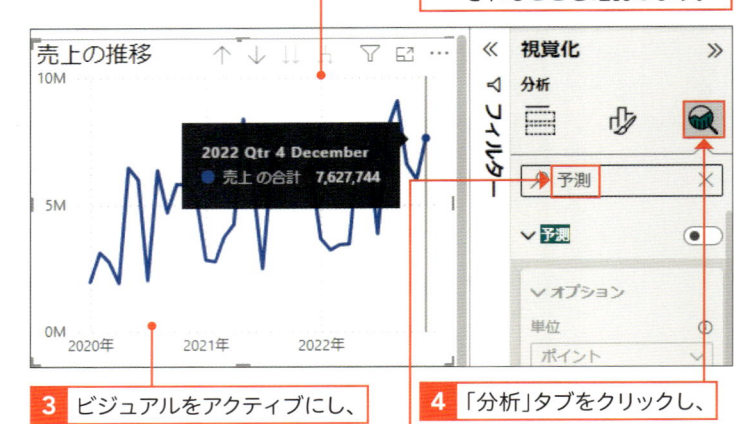

💬 解説

ビジュアルに予測を追加する

既存のビジュアルに対して、予測を算出して折れ線に追加します。今迄の傾向がこの先も続くと仮定して、将来の一定の期間に取り得る値を予測します。
操作を開始するには、画面下の[ページ]タブの[ページ3]をクリックして開きます。

[ページ3]をクリックしプレースホルダーをアクティブにします（側注参照）。

1 折れ線の右端にマウスポインターを合わせ、

2 ツールヒントで、「2022 Qtr4 December」と表示されることを確認します。

3 ビジュアルをアクティブにし、

4 「分析」タブをクリックし、

5 検索ボックスに「予測」と入力します。

💬 解説

予測部分のオプションを設定する

予測の[オプション]で、予測を適用する期間を指定します。ここでは、10か月先まで予測します。

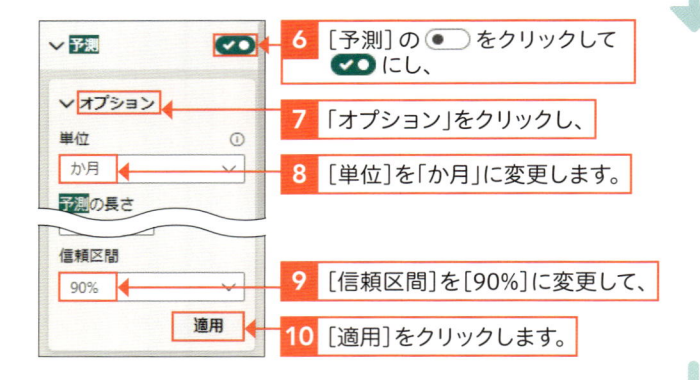

6 [予測]の ◉ をクリックして ✔◉ にし、

7 「オプション」をクリックし、

8 [単位]を「か月」に変更します。

9 [信頼区間]を[90％]に変更して、

10 [適用]をクリックします。

✏️ 補足

予測の精度とは

予測の精度（信頼区間）に幅を持たせることができます。予測の信頼区間を90％，95％，99％など数値で指定します。たとえば、[予測の信頼区間 = 90％]とは、[10回予測すれば1回は外れる]位の精度であることを意味します。

11 ビジュアルに2023年1月以降の[予測]が追加されます。

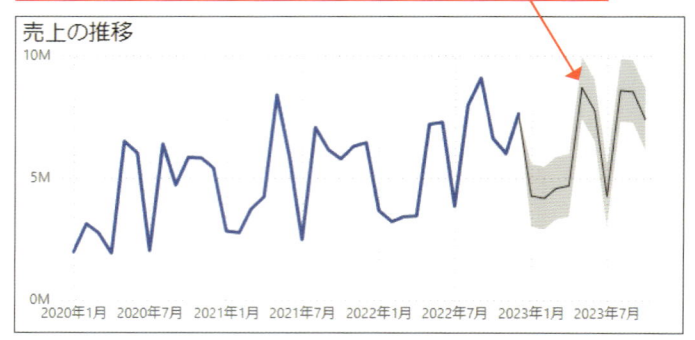

12 Alt と F4 を同時に押してファイルを閉じます（保存不要）。

第 **4** 章

Power BI Desktopによる
データの整備 基礎編

この章で学ぶこと

データを整備しよう

▶ テーブルビューとモデルビューの機能を確認する

この章では、Power BI Desktopを使用して、［データを整備］する方法を説明します。
1章で紹介した「分析作業の全体像」の中で、「視覚化」の前処理に相当します。

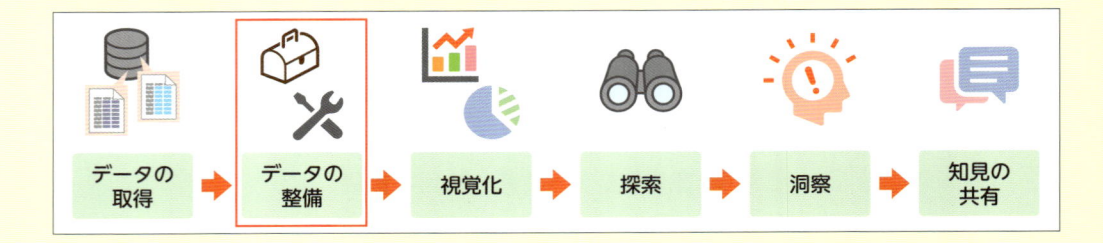

データの取得 → データの整備 → 視覚化 → 探索 → 洞察 → 知見の共有

2、3章では、ビジュアルを作成し、分析情報を探索する方法を学びました。
ビジュアル作成に着手する前に、使用するデータをしっかりと理解する必要があります。

読み込んだ外部データの概要を把握する方法は、セクション22で学習します。

外部データに必要な情報が揃っていない場合、Power BI Desktopで、不足を補う方法が3つ用意されています。

・ 1つ目は、新しい列を作成し、計算式や関数を使って必要なデータをPower BI Desktop内で生成する方法です。これは、セクション23,24で学習します。

・ 2つ目は、別の外部ファイルから新たにデータを取得して、既存（読み込み済み）データに追加する方法です。これは、セクション25,26で学習します。

・ 3つ目は、既存のデータを、Power BI Desktopでの分析に、より適した形に加工する方法です。これは、セクション27で学習します。

Power BI Desktopのテーブルビューとモデルビューの機能を使って、データを深く理解し、整備します。

▶ この章で使用する練習用データを確認する

各セクションで、練習フォルダーや練習ファイル内に準備されている次のデータを使用します。最新のデータを使用したい場合は、気象庁や東京都福祉保健局の以下URLからダウンロードすることができます。

●セクション22,23,24,26で使用するデータ
気象庁の「過去の気象データ」
https://www.data.jma.go.jp/gmd/risk/obsdl/

列名	説明
年月日	観測日
平均気温（℃）	東京の2～4月の日々の平均気温
最高気温（℃）	〃　　　　　最高気温
最低気温（℃）	〃　　　　　最低気温
降水量の合計（mm）	〃　　　　　降水量の合計
天気概況（昼：06時から18時）	日々の天気（晴、曇、雨など）

●セクション25,26で使用するデータ
東京都福祉保健局の「東京都の花粉飛散数データ」
https://www.fukushihoken.metro.tokyo.lg.jp/allergy/pollen/index.html

列名	説明
日付	観測日（2023年2月1日から2023年4月30日）
スギ花粉飛散量（個/cm2）	スギ花粉の日々の飛散量（東京都の12調査地点の合計）
ヒノキ花粉飛散量（個/cm2）	ヒノキ花粉の日々の飛散量（東京都の12調査地点の合計）

●セクション27で使用するデータ
気象庁の「平年値（年・月ごとの値）」と「管区気象台の所在地と電話番号」
https://www.data.jma.go.jp/obd/stats/etrn
https://www.jma.go.jp/jma/kishou/link/link2.html

列名	説明
管区気象台	管区気象台名（全国5か所）
平年値の統計期間	1991～2020年の30年間
月	統計期間の3月のみを抽出
降水量	降水量の合計（mm）
相対湿度	相対湿度の平均（%）
気温平均	1日の平均気温（℃）
気温日最高	1日の最高気温（℃）
気温日最低	1日の最低気温（℃）
住所	管区気象台の所在地
電話番号	管区気象台の代表電話番号

参考）各気象台別データのURL
札幌気象台：https://www.data.jma.go.jp/obd/stats/etrn/view/nml_sfc_ym.php?prec_no=14&block_no=47412
気象台別のURLは、上記の札幌気象台のURLの末尾の数字を、それぞれ次のように置き換えます。
仙台気象台：47590、東京気象台：47662、大阪気象台：47772、福岡気象台：47807

Section

22 テーブルビューの基本機能を理解しよう

テーブル／列ツール、列のオプションメニュー、コンテキストメニュー

練習▶22_練習.pbix　完成▶22_練習_end.pbix

▶ 分析のテーマと、使用する機能を確認する

●分析のテーマ

2023年の2〜4月の気象データを使って、日々の気温の変化を調べます。
気象庁で作成された気象データが、練習ファイルに読み込まれています。分析を始める前に、
この気象データについて、Power BI Desktopのテーブルビューの機能を使って、列の構造
や行データの中身を把握する方法を学習します。

●使用する機能

テーブルビューの［テーブルツール］タブや［列ツール］タブを使って、Power BI　Desktop
に読み込まれたデータのテーブル名や読み込んだ行数、列の構造を確認します。

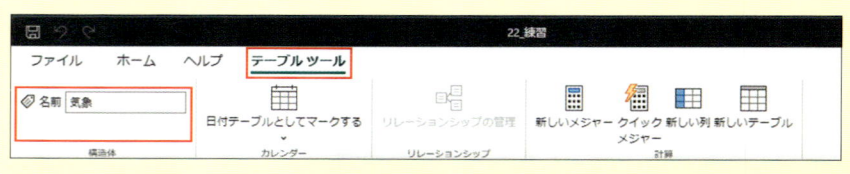

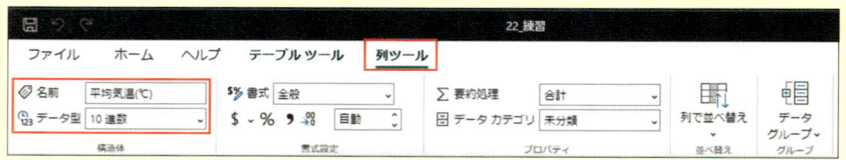

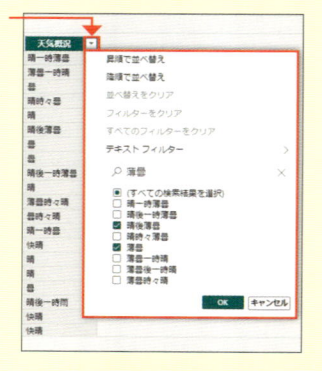

列の［オプション］機能（▼）を使って、読み込んだデータの中身を概観します。行を並べ替えてデータ全体を見渡したり、行をフィルターしてデータの一部に焦点をあてるなど、よりデータについての理解を深めます。

データペインの［その他のオプション］を使って、列の構造をカスタマイズします。
外部データに対して、分析者が馴染みやすい列名に変更したり、不要な列を削除するなど、より分析に適した形に編集します。

① テーブルの基本情報を確認する

💬 解説

操作を開始する

練習フォルダの「22_練習.pbix」をダブルクリックして開き、ナビゲーションペインの[テーブルビュー]をクリックします。

💬 解説

テーブルビューを確認する

テーブルビューで、読み込んだテーブルの名前やデータの行数を確認することができます。
データグリッドには、Excelと同じ形式で、データの中身が行ごとに表示されます。

💬 解説

列のデータ型を確認する

データ型で、読み込んだデータを Power BI Desktop に保存する方法を定義します。
主要なデータ型は「日付」「数値」「テキスト」です。
「日付」型は、「日時の両方を含む型」「年月日のみ含む型」「時刻のみ含む型」の3種類から選択して定義することができます。

テーブルビューをクリックします（側注参照）。

1 データグリッドで、6列のデータが読み込まれていることを確認します。

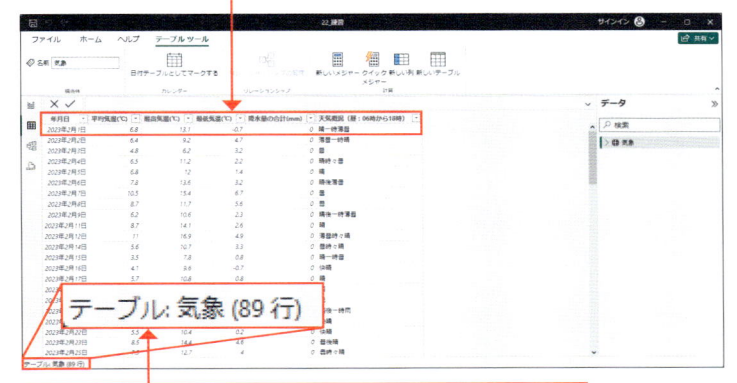

テーブル: 気象 (89 行)

2 ステータスバーで、テーブル名と、読み込み行数が89行であることを確認します。

3 [テーブルツール]タブの[名前]で、テーブル名が[気象]であることを確認します。

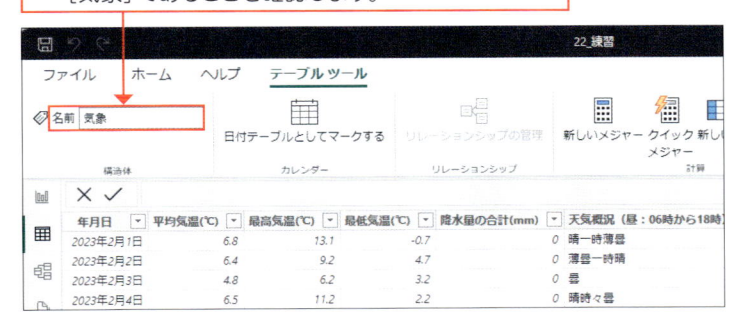

4 データグリッドの[年月日]の列ヘッダーをクリックして、

5 [列ツール]タブの[名前]と[データ型]を確認します。

6 [データ型]は[日付]です。

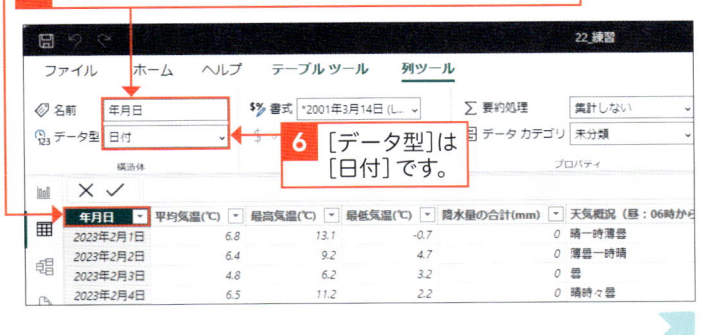

基礎編

解説

数値型の用途と種類を確認する

「数値」型は、「10進数型」「固定小数点数型」「整数型」の3種類から選択して定義することができます。
「10進数型」は整数と小数値を含む数値です。「固定小数点数型」は常に小数部4桁を含み、「整数型」は小数部を含みません。

解説

テキスト型の用途を確認する

「テキスト型」は計算に使用しない文字を定義します。
「日付」「数値」「テキスト」以外に、真か偽の2値で保存する「true または false型」や2進数で保存する「バイナリ型」で定義することができます。

解説

列名を変更する

[列ツール]タブで、列の名前を変更することができます。列名を変更すると、データグリッドの列ヘッダーと、データペインの列名にも反映されます。
一方で、接続先のファイルには影響を及ぼしません。

7 [平均気温(℃)]の列ヘッダーをクリックし、

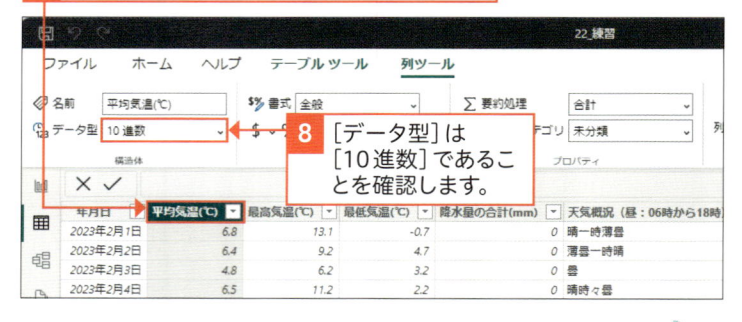

8 [データ型]は[10進数]であることを確認します。

9 [天気概況 (06時～18時)]の列ヘッダーをクリックし、

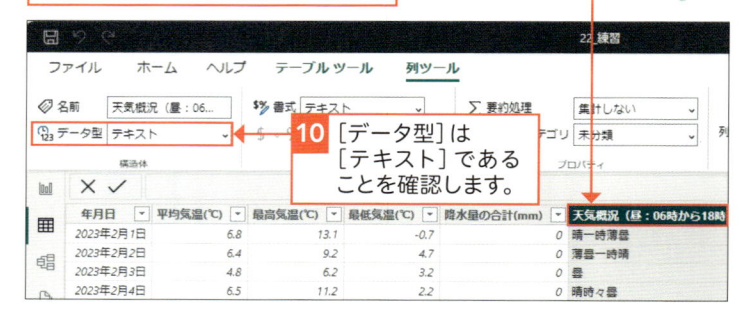

10 [データ型]は[テキスト]であることを確認します。

11 名前を[天気概況]に変更すると、

12 列ヘッダーの列名も変わり、

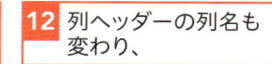
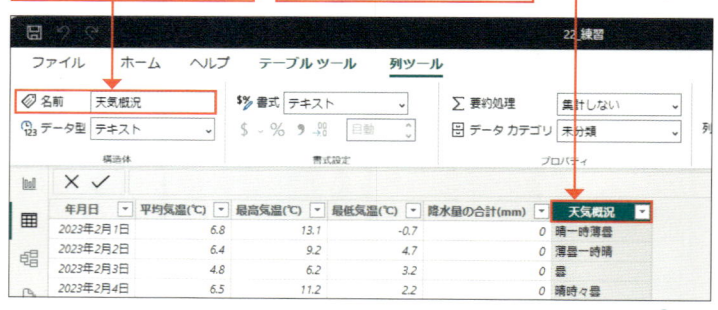

13 データペインの列名も[天気概況]に変わります。

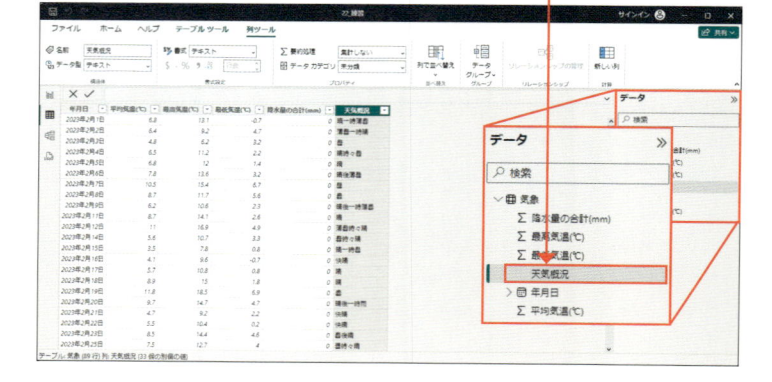

② 列のオプションメニューを使って行を並べ替える

🗨 解説

列の値を並べ替えて表示する

データグリッドで、オプション機能を使うと、値を並べ替えたり、フィルター表示することができます。

並べ替え機能を使うと、データグリッドの表示を、指定した列の値の昇順や降順に並べ替えることができます。

✏ 補足

オプションボタンのアイコン

オプションを適用すると、列ヘッダーの右端のアイコンが、「降順並べ替え」「昇順並べ替え」「フィルター適用」を示すアイコンに変わります。

または、製品のバージョンによって以下の4種に変わります。

🗨 解説

列の並べ替えを解除する

降順や昇順の並べ替えをクリア（解除）すると、元の状態に表示が戻ります。列ヘッダーのアイコンも元の状態に戻ります。

1 ［年月日］の列ヘッダーのここをクリックし、

2 ［降順で並べ替え］をクリックすると、

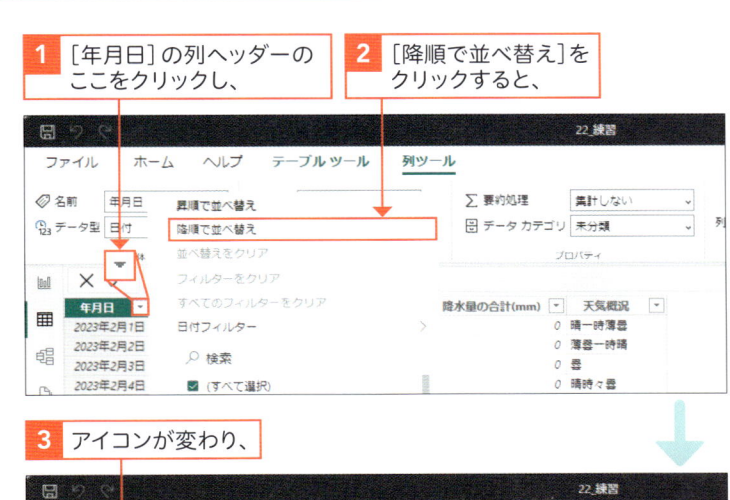

3 アイコンが変わり、

4 日付の降順に並びます。

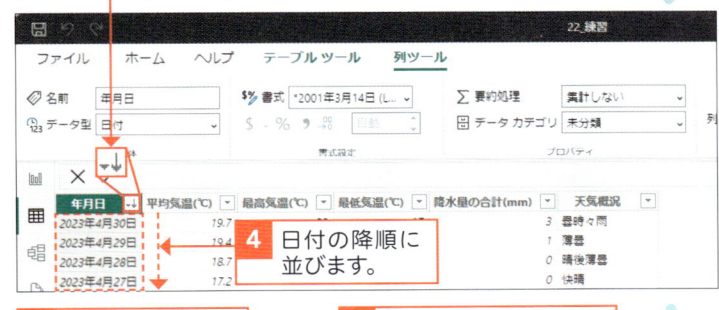

5 もう一度、ここをクリックし、

6 ［並べ替えをクリア］をクリックすると、

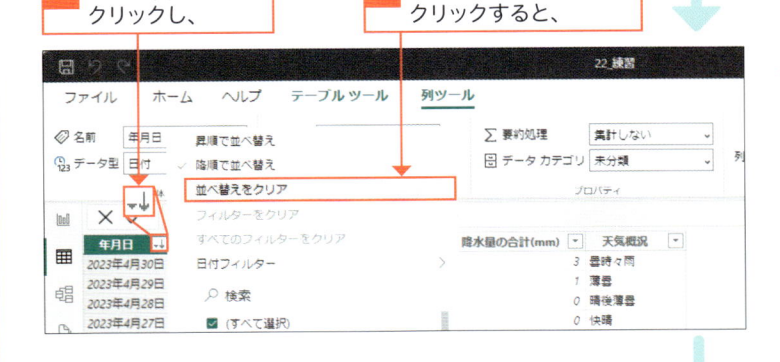

7 既定の［昇順］に戻ります。

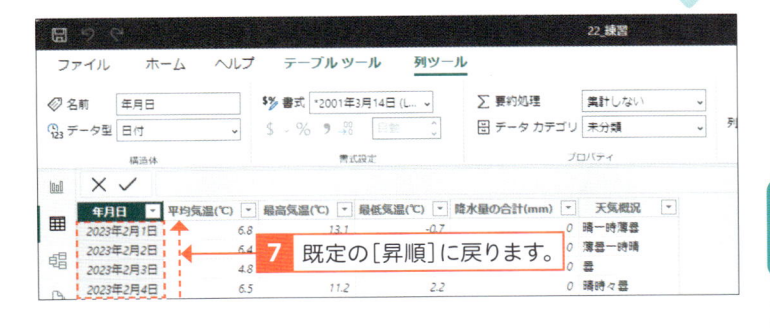

③ 列のオプションメニューを使って行をフィルターする

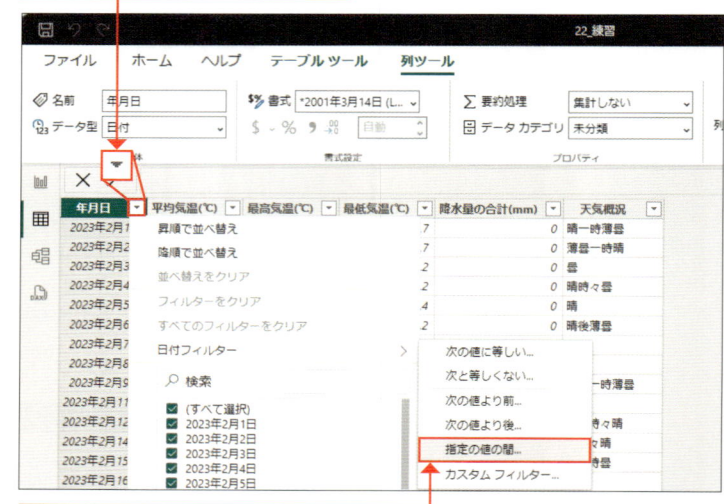

1 もう一度、ここをクリックし、

2 [日付フィルター]の[指定の値の間]を
クリックし、

解説

条件を指定してフィルターを表示する

オプションのフィルター機能を使うと、特定の行のみを表示することができます。

フィルター表示する行は、条件を指定する方法と、候補の中から特定の値を選択する方法があります。

条件は、データ型に応じた詳細画面で指定します。

補足

日付選択カレンダーで指定する

日付型の列のフィルター条件は、[日付選択カレンダー]を使って指定することができます。

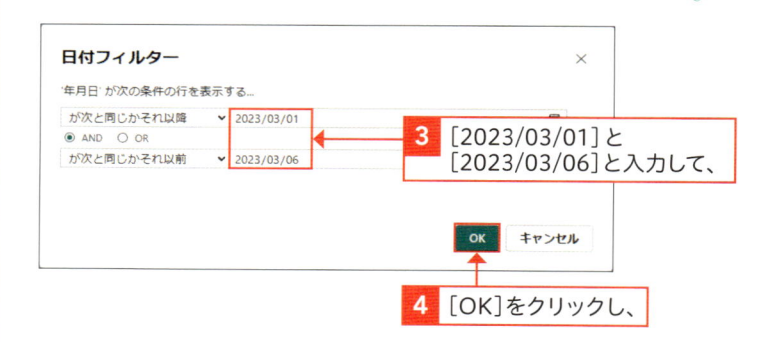

3 [2023/03/01]と
[2023/03/06]と入力して、

4 [OK]をクリックし、

5 3/1～3/6の6行に、表示がフィルターされていることを確認します。

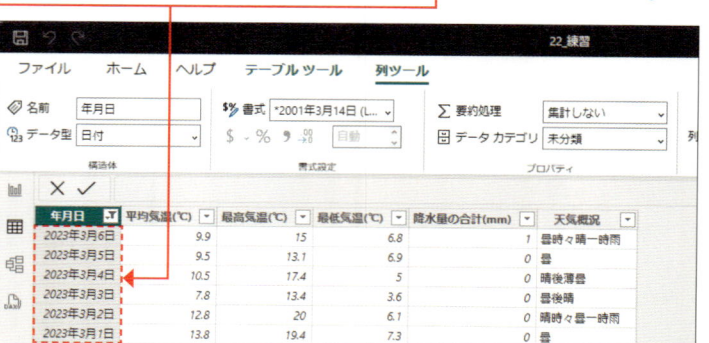

解説

データグリッドでフィルターの結果を確認する

フィルターの結果、データグリッドに条件に合致する行が表示されます。条件に合致しない残りの行は非表示にされています。

解説

列のフィルターを解除する

条件を解除する場合は、オプションの「フィルターをクリア」メニューを選択します。

複数の列で条件を指定している場合、（たとえば、［最低気温］列で「>10℃」、［最高気温］列で「<20℃」のように、それぞれの列で条件設定し、両条件を満たす行を表示している場合）、複数の条件をまとめて解除するには、「すべてのフィルターをクリア」メニューを選択します。

6 もう一度、ここをクリックし、

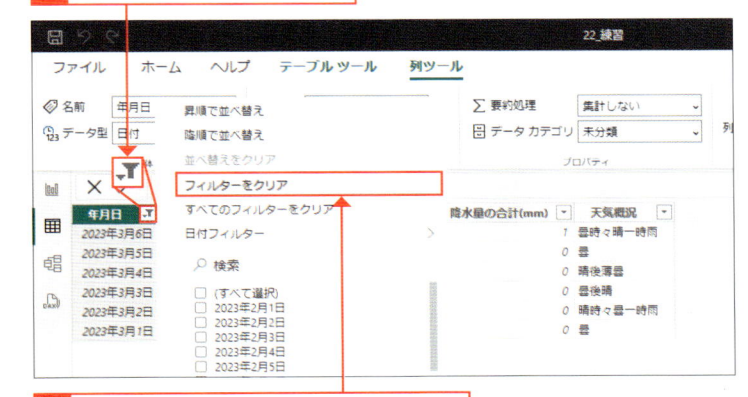

7 ［フィルターをクリア］をクリックします。

8 ［天気概況］のここをクリックすると、

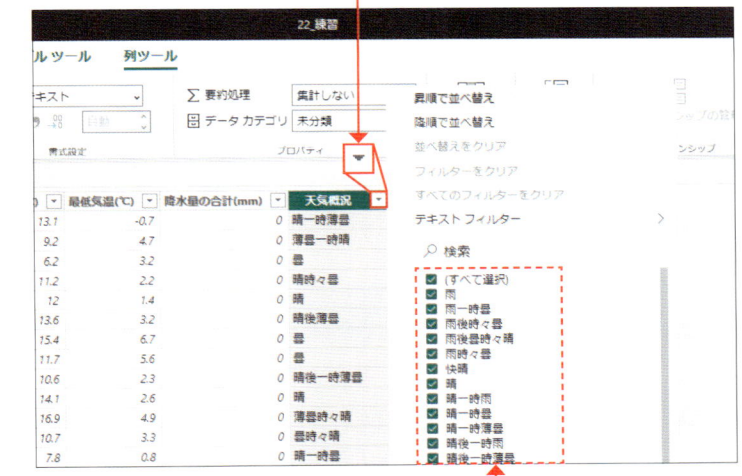

9 ［天気概要］に含まれるメンバーが一覧表示されます。

解説

メンバーの候補から特定の値を選択する

オプションの検索ボックスの下に、選択している列の全てのメンバーが一覧表示されます。

この一覧の中から、フィルター表示したいメンバーを選択します。

さらに、検索ボックスにキーワードを入力して、メンバーの候補を絞り込むこともできます。

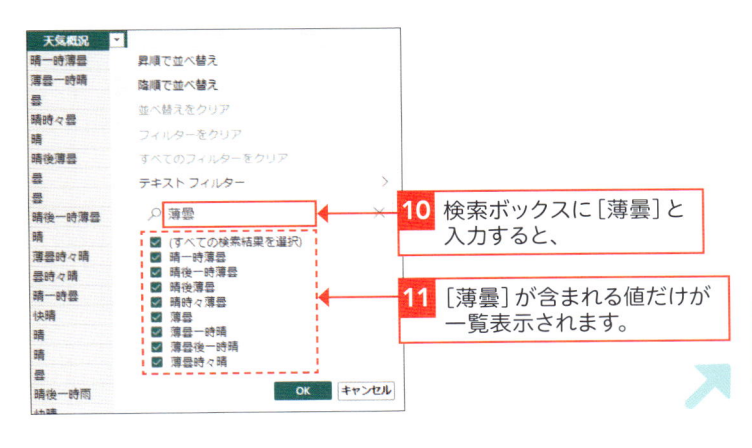

10 検索ボックスに［薄曇］と入力すると、

11 ［薄曇］が含まれる値だけが一覧表示されます。

基礎編

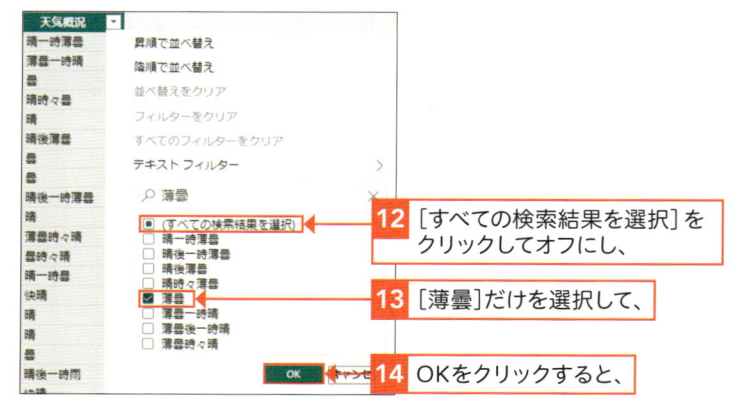

🗨 解説

特定の値を選択して
フィルター表示する

チェックボックスでメンバーを指定して
フィルターを実行すると、データグリッド
にそのメンバーの行のみが表示されま
す。ここでは、「薄曇」にぴったり一致す
る行だけに絞り込まれます。

12 [すべての検索結果を選択] を
クリックしてオフにし、

13 [薄曇]だけを選択して、

14 OKをクリックすると、

15 3件に絞り込まれます。

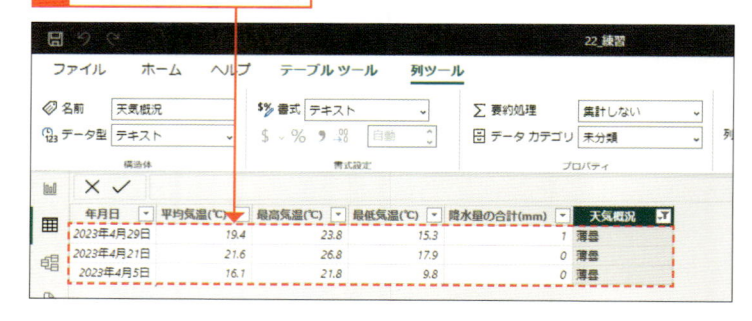

---

④ データペインのオプションメニューを使って列を削除する

🗨 解説

データペインのメニューで
列を削除する

データペインの列を右クリックすると、
その列に対して行えるその他のオプショ
ンが表示されます。[モデルから削除]を
使用して、[降水量の合計 (mm)]列を削
除します。

1 データペインの[Σ 降水量の合
計 (mm)]で右クリックすると、

2 [その他のオプション] の
メニューが表示されます。

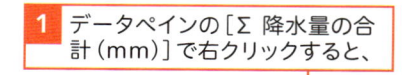

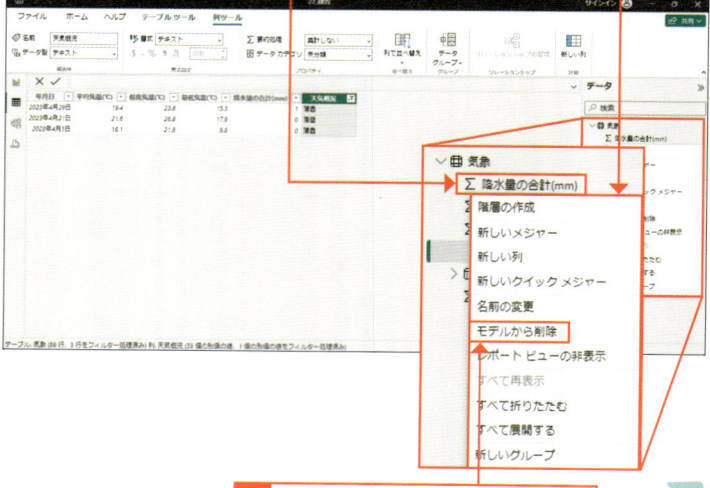

3 [モデルから削除]をクリックし、

補足

列の削除によるレポートビューへの影響

列を削除すると、モデルから列が削除され、データグリッドとデータペインから該当の列がなくなります。

削除された列は、レポートビューでビジュアルの作成に使用することもできません。

この操作は、Power BI Desktop内のみ影響し、接続先のファイルには影響を及ぼしません。

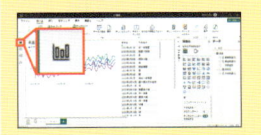

解説

レポートビューでデータ整備の結果を確認する

ナビゲーションペインの［レポートビュー］をクリックします。

［テーブルビュー］で絞り込み操作によりデータを非表示にしましたが、レポートビューには影響しません。

一方で、オプションメニューの「モデルから削除」操作は、モデルから該当の列が削除されるので、レポートビューも影響を受け、ビューの作成に使用できなくなります。

4 ［列の削除］ポップアップ画面で［はい］をクリックすると、

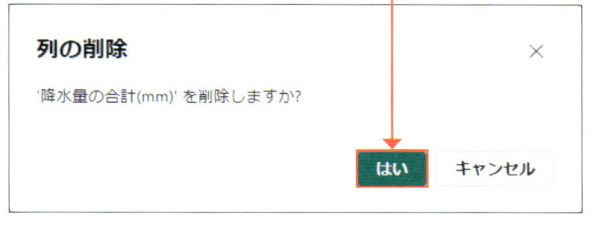

5 ［Σ 降水量の合計（mm）］列が削除されました。

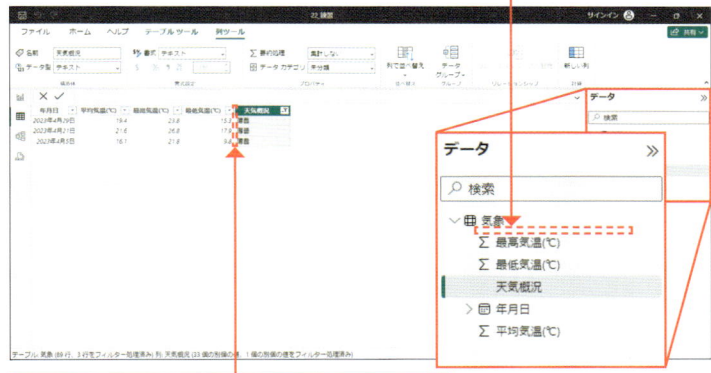

6 データグリッドからも、［降水量の合計（mm）］列が削除されています。

7 レポートビューをクリックして開きます。

レポートビューでは、「薄曇」以外の日のデータも表示されています。

データペインから［Σ 降水量の合計（mm）］列が削除されていることを確認します。

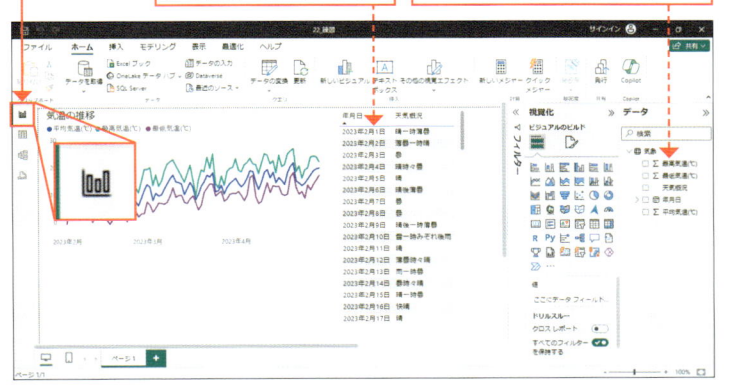

8 Alt と F4 を同時に押してファイルを閉じます（保存不要）。

Section

23
計算機能を使って
新しい列を作成しよう

数式（四則演算やDAX）

📁 練習▶23_練習.pbix　完成▶23_練習_end.pbix

▶ 分析のテーマと、使用する機能を確認する

●分析のテーマ

　1日の寒暖差が10℃を超えると体調を壊しやすく、春先は特に注意が必要です。2〜4月の日々の気温の差（日較差）を調べ、差が10℃を超える日を特定します。ところが、練習ファイルの気象データには、分析に必要な［日較差］のデータがありません。

　このセクションでは、クエリのテーブルに新しい列を追加し、計算機能を使って必要なデータを生成する方法を学習します。

●使用する機能

テーブルビューの［テーブルツール］タブの［新しい列］機能を使って、読み込まれたデータに不足するデータを生成します。

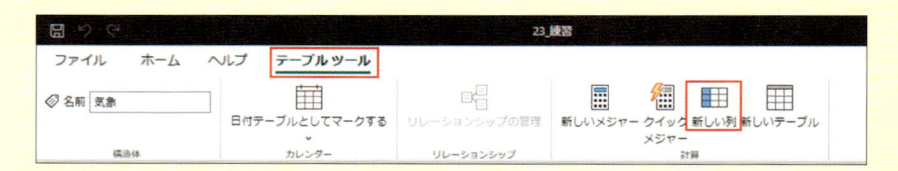

気象データに、新しい列［日較差］を追加します。その列に、毎日の［最高気温（℃）］と［最低気温（℃）］の差を計算して格納します。Power BIの計算機能を使って、数式バーに、次のように四則演算の「引き算」を定義します。

> 作成する式：［日較差］＝［最高気温（℃）］-［最低気温（℃）］

データペイン
上のアイコン

気象データに、新しい列［要注意日］を追加します。［日較差］が10℃を超えている日を要注意日と特定するため、「［日較差］>10　なら、［要注意日］列に x を格納し、そうでない場合は何もしない。」と定義します。Power BIの関数を使って、数式バーに、次のように論理演算の「IF()」を記述します。

> 作成する式：　IF（［日較差］>10，"x"　）

データペイン
上のアイコン

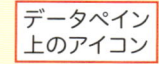

文法：IF（判断条件,条件成立時の処理,条件不成立時の処理）
※条件不成立時の処理は省略可

① 四則演算を含む新しい列を作成する

操作を開始する

練習フォルダの「23_練習.pbix」をダブルクリックして開き、ナビゲーションペインの[テーブルビュー]をクリックします。

気温の差を計算する

日々の最高気温(℃)と最低気温(℃)の差を計算します。
気象データに「日較差」という名の新しい列を追加し、計算結果を格納します。

計算式を指定する

数式バーに計算式を指定します。
[=(等号)]の右側に、四則演算の[-(マイナス)]を使って、次の式を作成します。
=[最高気温(℃)]-[最低気温(℃)]

式の中で列名を指定する

式の中で使用する列名は、[]で指定します。[を入力すると、ここで使用できる列名の一覧が自動表示されます。この候補の中からクリックして選択します。
数式バーの使用中は、タイプミスを防ぐために手入力を止め、なるべく自動表示される候補の中から選択するようにしましょう。

テーブルビューをクリックします(側注参照)。

1 [テーブルツール]タブの[新しい列]をクリックすると、

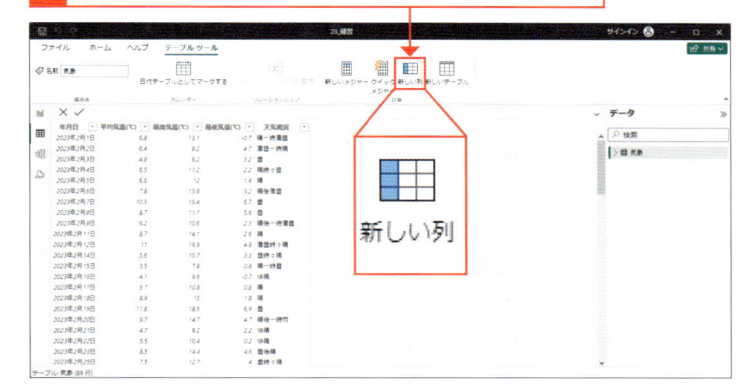

2 数式バーに[列 =]と表示されます。

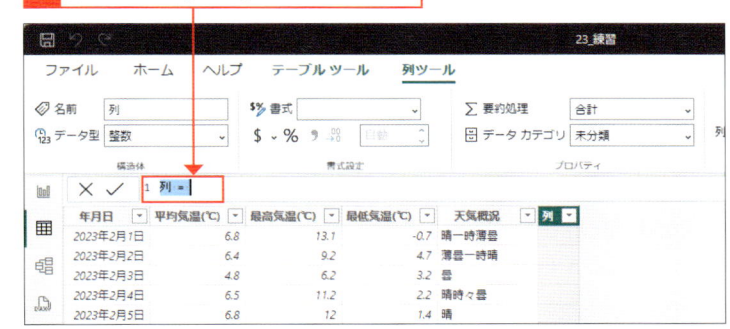

3 キーボードが[半角]入力に指定されていることを確認します。

4 =の右に[を入力し、

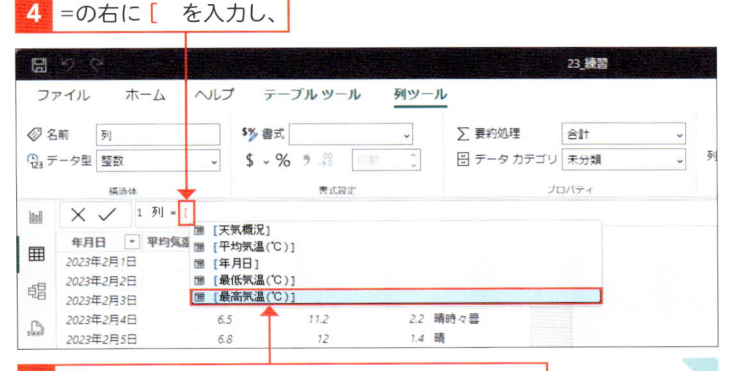

5 候補の中から、[最高気温(℃)]をクリックします。

🗨解説

計算式の入力を終える

式が完成したら、数式バーの左端の ✓ をクリックし、入力内容を確定します。入力をキャンセルする場合は、✕ をクリックします。

✓ をクリックすると、データグリッドに新しい列が作成され、データペインでも確認することができます。

🗨解説

新しい列に名前を付ける

[列ツール] タブの [名前] で、新しい列に [日較差] と名付けます。
数式バーの左辺で、直接、新しい列名を指定することも可能です。

🗨解説

[新しい列] による処理の特徴

計算結果は、それぞれの行の [日較差] 列に保存されます。行ごとに計算が行われ、行ごとに結果が格納されます。

---

6 続いて、-(マイナスの記号)と [を入力し、

7 候補の中から [最低気温 (℃)] をクリックして選択します。

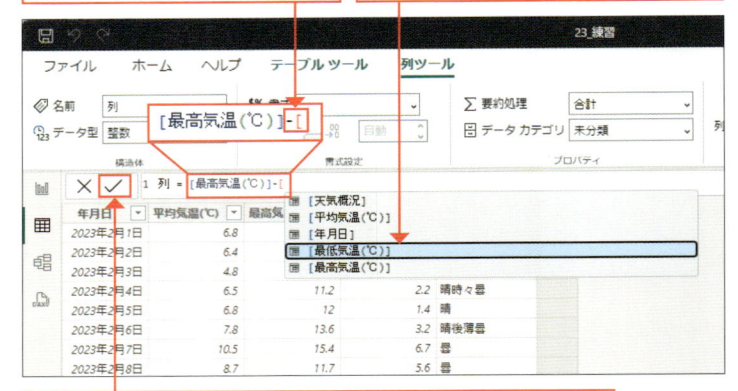

8 最後に をクリックして、数式バーの入力を終えます。

9 [名前] を [日較差] に変更します。

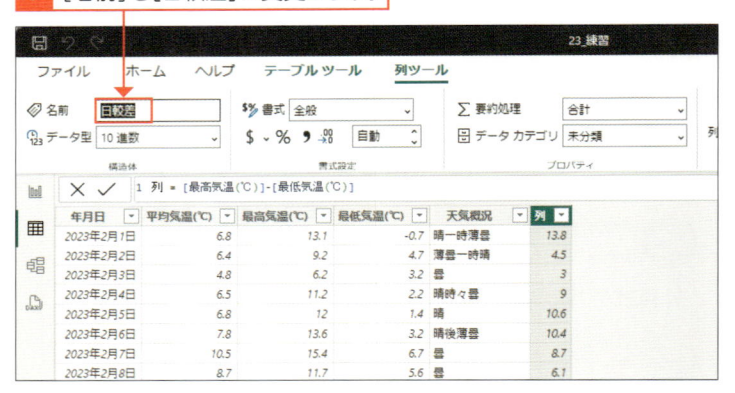

10 データグリッドに [日較差] 列が追加され、

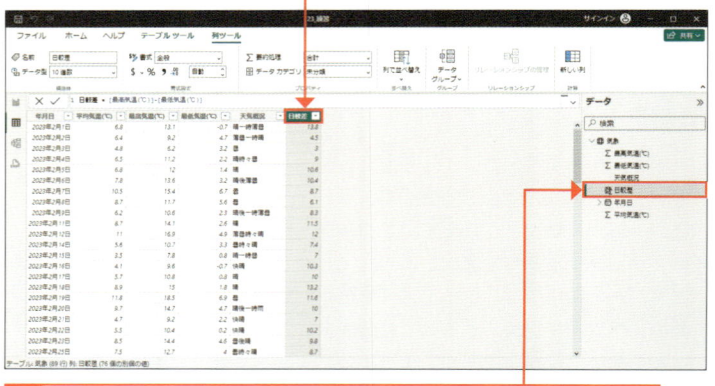

11 データペインに、[日較差] が表示されていることを確認します。

② 論理演算を含む新しい列を作成する

💬 解説

要注意日を特定する

日々の日較差の値が10℃を超えるか否かを判定します。
気温データに「要注意日」という名の新しい列を追加し、判定結果を格納します。

💬 解説

計算式を指定する

数式バーに計算式を指定します。
[=（等号）]の右側に、論理演算の[IF()]を使って、次の式を作成します。

=IF([日較差]>10,"×")

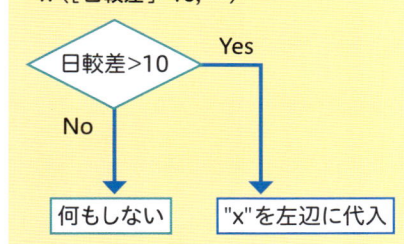

数式バーに記述する演算子、関数、定数をまとめて、DAX (Data Analysis Expressions) と呼びます。

✏️ 補足

式の中で文字や記号を入力する

式の中に「×」のような文字を指定する場合は、文字を" 記号で囲みます。
数式バーでは、演算に使う () や'、"、スペースなどの記号は全て半角で入力します。記号は半角と全角が見分けにくいので、キーボードは、常に半角モードに保っておきましょう。

1 テーブルビューで[列ツール]タブの[新しい列]をクリックすると、

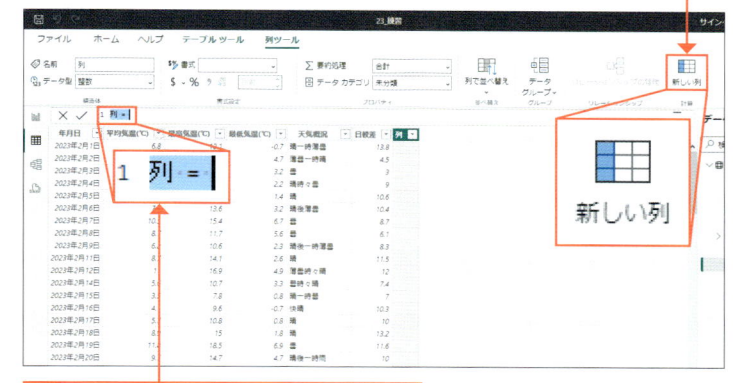

2 数式バーに[列 =]と表示されます。

3 [=]の右に if と入力し、

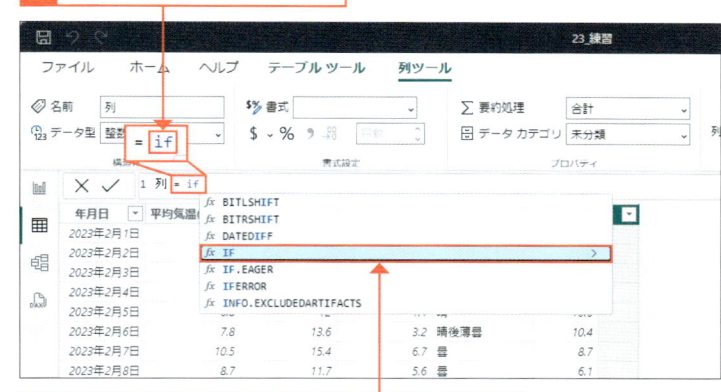

4 候補の中から、[IF]をクリックして選択します。

5 続いて、[を入力し、

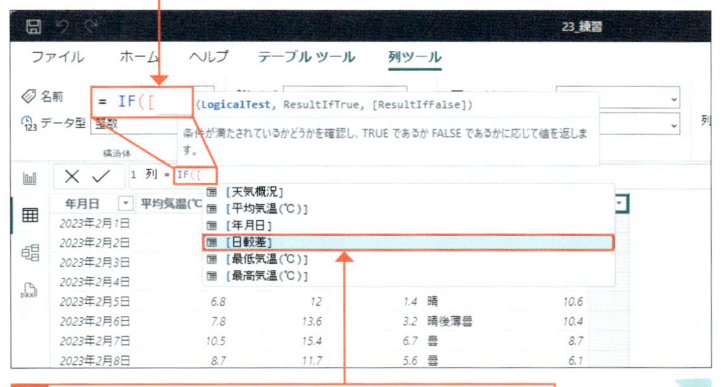

6 候補の中から、[日較差]をクリックして選択します。

解説

計算式の入力を終える

式が完成したら、数式バーの左端の ✓ をクリックし、入力内容を確定します。入力をキャンセルする場合は、✗ をクリックします。

✓ をクリックすると、データグリッドに新しい列が作成され、データペインでも確認することができます。

解説

新しい列に名前を付ける

[列ツール] タブの [名前] で、新しい列に名前を付けます。ここでは、気温差10℃超を示す [要注意日] と名付けます。数式バーの左辺に、直接、新しい列名を指定することも可能です。

解説

[新しい列] による処理の特徴

判定結果は、それぞれの行の [要注意日] 列に保存されます。行ごとに判定が行われ、行ごとに結果が格納されます。

7 次に、 >10 と、、を入力します。

8 続けて、 "x" を入力し、

9 最後に、) を入力します。

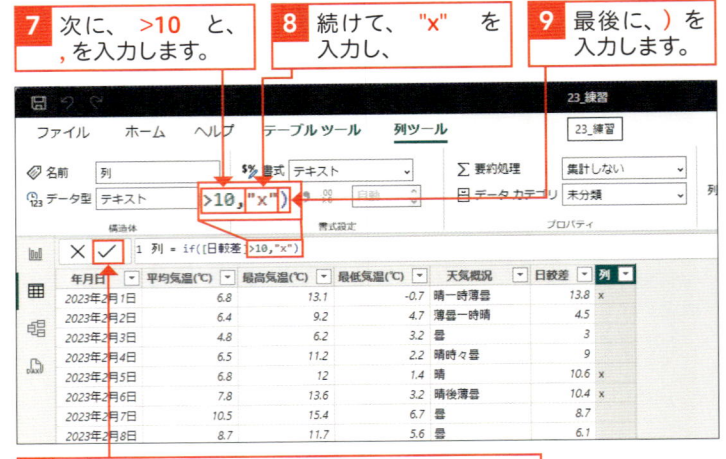

10 ✓ をクリックして、数式バーの入力を終えます。

11 [名前]を[要注意日]に変更すると、

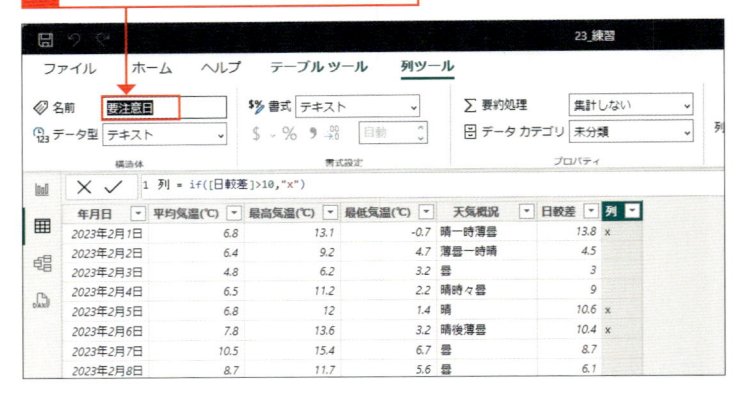

12 データグリッドに[要注意日]列が追加されます。

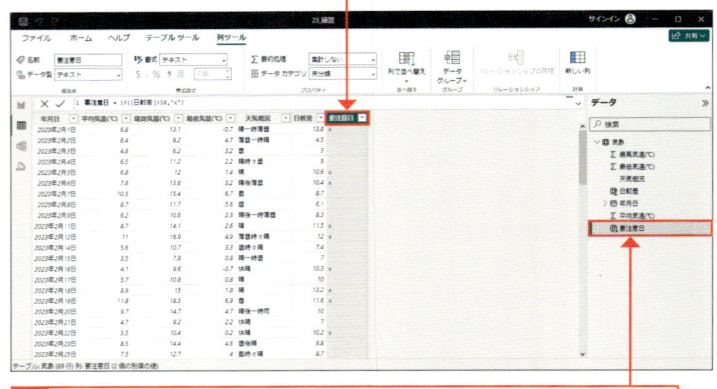

13 データペインに[要注意日]が表示されていることを確認します。

③ 作成した列を使ってビジュアルを作成する

解説

レポートビューに
データ整備の結果を反映する

ナビゲーションペインの[レポートビュー]をクリックし、

折れ線グラフの任意の場所をクリックします。

解説

平均気温と日較差の傾向を
分析する

[気温の推移]のグラフに[日較差]を追加して分析します。
2月は平均気温と日較差は概ね連動していますが、
4月になると、平均気温の高い日の前後はむしろ日較差が小さく、温かい日は気温差は小さい様子が伺えます。

解説

月ごとの[要注意日の日数]を
集計する

テーブルに[要注意日の日数]を追加して分析します。
3月と4月は、月の半数が要注意日です。日較差が10℃を超えると体調を壊しやすいとのこと、春先は油断禁物だとわかります。

レポートビューをクリックして開きます。

折れ線グラフをアクティブにします（側注参照）。

1 [日較差]をクリックしてチェックをオンにします。

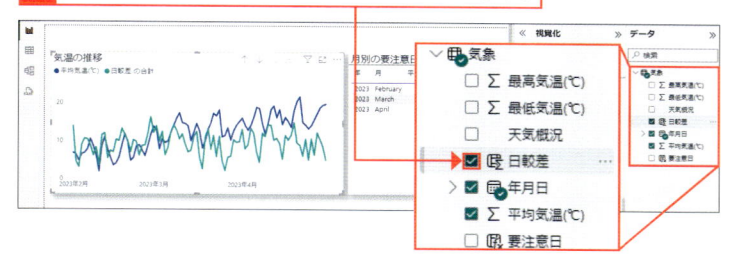

2 テーブルの任意の場所をクリックしてアクティブにし、

3 [要注意日]をクリックしてチェックをオンにします。

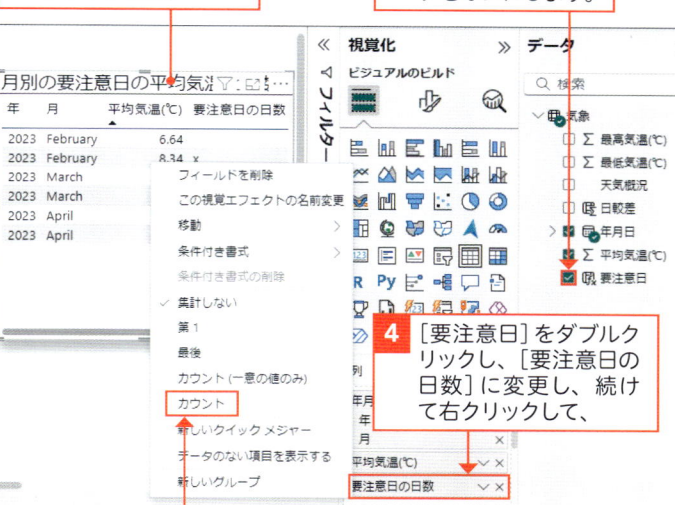

4 [要注意日]をダブルクリックし、[要注意日の日数]に変更し、続けて右クリックして、

5 [カウント]をクリックします。

6 折れ線グラフに[日較差]が、テーブルに[要注意日の日数]が追加されました。

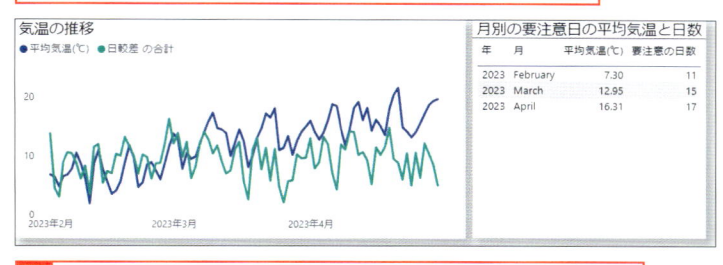

7 Alt と F4 を同時に押してファイルを閉じます（保存不要）。

メジャーを使って
必要なデータを生成しよう

メジャー、クイックメジャー

練習▶24_練習.pbix　完成▶24_練習_end.pbix

▶ 分析のテーマと、使用する機能を確認する

●分析のテーマ

気象について、次の2つのテーマの分析を予定しています。

1つ目は、月ごとの最高気温と最低気温を求め、その［温度差］を調べる。

2つ目は、2月1日以降、日々の最高気温の累積値を計算します。その値から2023年の東京の桜の開花予想日（民間の気象事業者によると、累積値が600℃に達する日）を調べます。

練習ファイルの気象データには、月ごとの［温度差］や［最高気温の累積値］がありません。

このセクションでは、モデルの中に新しいメジャーを追加し、計算機能を使って必要なデータを生成する方法を学習します。

●使用する機能

テーブルビューの［テーブルツール］タブの［新しいメジャー］や［クイックメジャー］機能を使って、読み込まれたデータに不足するデータを集約して生成します。

1つ目のテーマ：月ごとの最高気温は、MAX()関数、最低気温はMIN()関数を使って集計します。

MAX()やMIN()を使って、各月の最高と最低気温の差を求めモデル内部に保持します。

内部に保持された値をレポートで使用するために、モデルに新しいメジャー［温度差］を追加し求めた値を格納します。

数式バーに、次のように四則演算の「引き算」の式を記述します。

データペイン
上のアイコン

作成する式：［温度差］=MAX(［最高気温(℃)]) - MIN(［最低気温(℃)])

2つ目のテーマ：日々の最高気温の累積値を、TotalYTD()関数を使って求め、計算結果をモデル内部に保持します。内部に保持された値を、レポートで使用するために、モデルに新しいメジャー［最高気温の累積値］を追加し、求めた累積値を格納します。

データペイン
上のアイコン

① 新しいメジャーを作成する

💬 解説

操作を開始する

練習フォルダの「24_練習.pbix」をダブルクリックして開き、ナビゲーションペインの[テーブルビュー]をクリックします。

💬 解説

気象データ内の最高・最低の気温差を調べる

気象データ89件中の、最高気温（℃）と最低気温（℃）をそれぞれ調べ、その差を計算します。

新しいメジャーを作成し、計算結果を格納します。メジャーとは、これらの計算結果を保存する領域で、テーブルの行データとは別の独立した領域です。

💬 解説

集計関数を使用する

集計関数のMAX()やMIN()を使うと、指定した列のデータの中の最大値や最小値を調べることができます。

MAX()関数の()内に、列名[最高気温（℃）]を入れ、MAX([最高気温（℃）])と記述すると、[最高気温（℃）]列のデータの中で最も高い温度を求めることができます。同様に、MIN([最低気温（℃）])は、[最低気温（℃）]列のデータの中で最も低い温度を求めることができます。

テーブルビューをクリックします（側注参照）。

1 ［テーブルツール］タブの［新しいメジャー］をクリックすると、

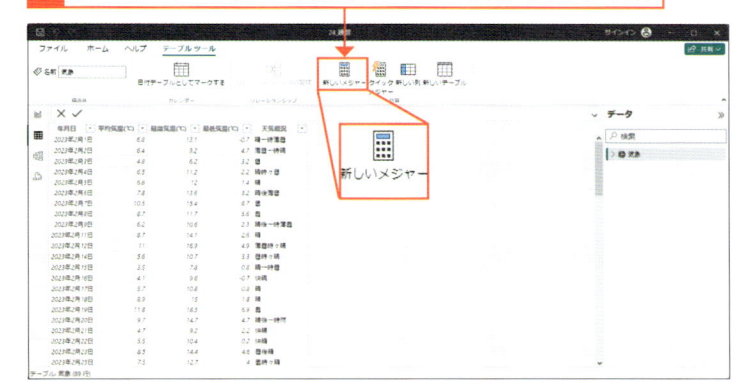

2 数式バーに［メジャー ＝］と表示されます。

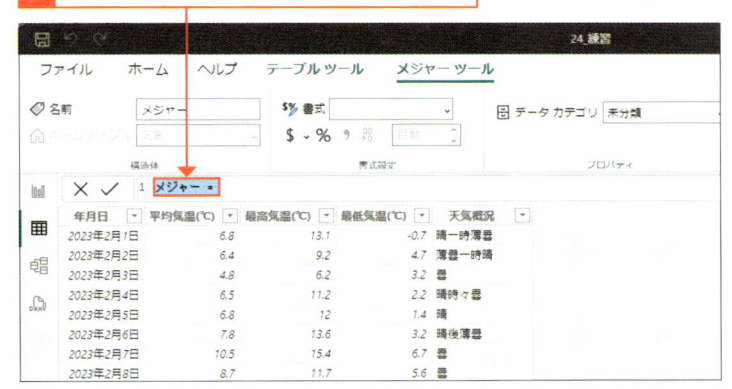

3 ＝の右に、**max** と入力し、

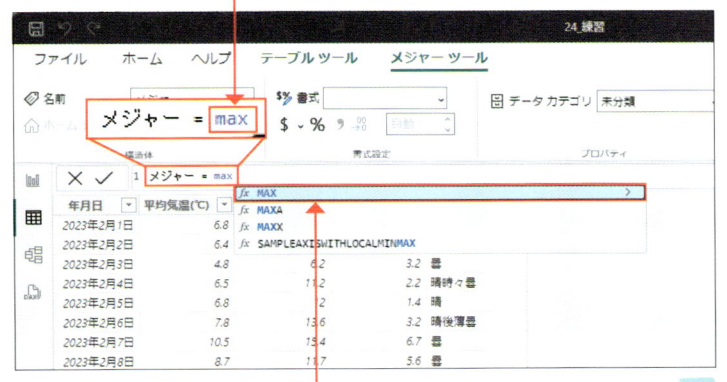

4 候補の中から、[MAX]をクリックします。

基礎編

解説

計算式を指定する

数式バーに計算式を指定します。
[=（等号）]の右側に、集計関数の
MAX()、MIN() と、四則演算の[-（マイナス）]を使って、次の式を作成します。
=MAX([最高気温（℃）])-MIN([最低気温（℃）])

解説

メジャーの式の中で列名を指定する

式の中で使用する列名は、[]で指定します。[を入力すると、ここで使用できる列名の一覧が自動表示されます。その候補の中からクリックして選択します。

補足

「新しい列」と「新しいメジャー」の処理の違い

「新しい列」では、テーブルに対して、1行ずつ読み込みながら計算が行われ、その計算結果は、都度、各行に格納されます。
一方、「新しいメジャー」では、テーブルの全データが読み込まれたあとで、複数の行を跨いでまとめて計算することができ、その計算結果は、テーブルとは別の、独立した場所に格納されます。

5 続いて、[を入力して、

6 候補の中から、[最高気温（℃）]をクリックします。

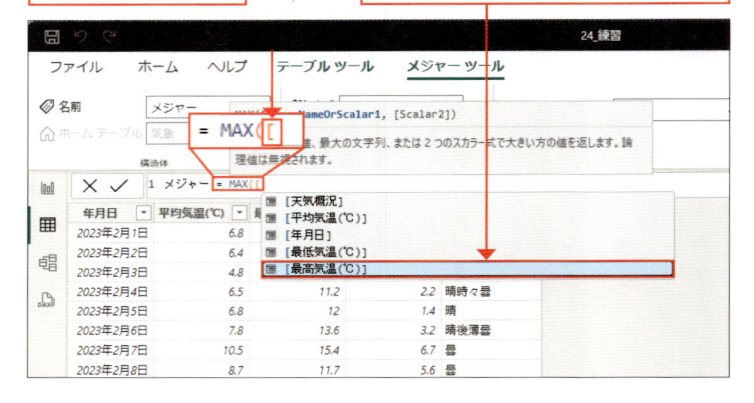

7 末尾に、)と、-（マイナスの記号）を入力します。

8 次に、min と入力して、

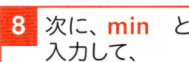

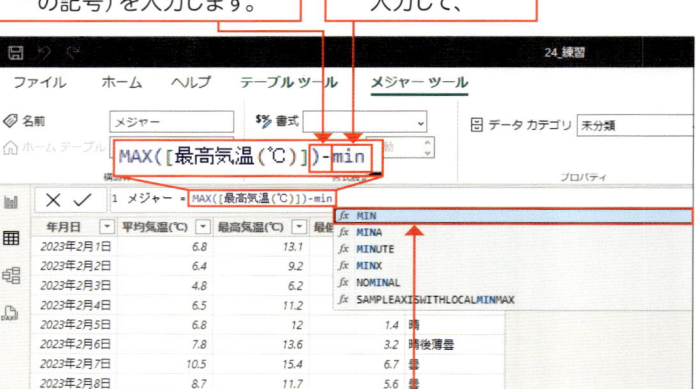

9 候補の中から、[MIN]をクリックします。

10 続いて、[を入力して、

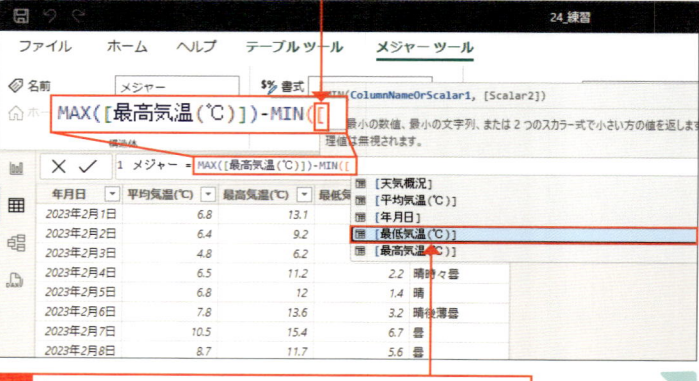

11 候補の中から、[最低気温（℃）]をクリックします。

基礎編

解説

計算式の入力を終える

式が完成したら、数式バーの左端の ✓ をクリックし、入力内容を確定します。入力をキャンセルする場合は、✕ をクリックします。

✓ をクリックすると、データペインで新しいメジャーフィールドを確認することができますが、データグリッドにはありません。

補足

データペインのメジャー

データペイン上の[Σ]のつくフィールドには、複数の行を集計した結果が格納されています。これらは、Power BI Desktopが暗黙のうちに自動作成したメジャーフィールドです。

12 最後に、）を入力し、

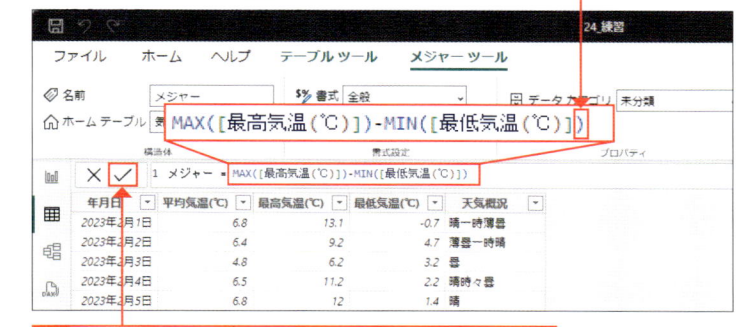

13 ✓ をクリックして、数式バーの入力を終えます。

14 [名前]を[温度差]に変更します。

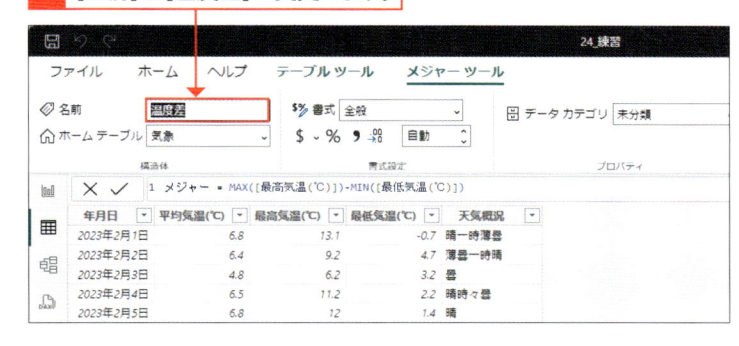

② 作成したメジャーを使ってビジュアルを作成する

解説

レポートビューにデータ整備の結果を反映する

ナビゲーションペインの[レポートビュー]をクリックし、

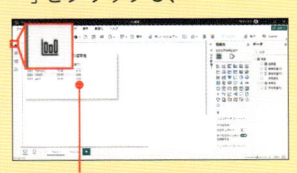

テーブルの任意の場所をクリックしてアクティブにします。

解説

月別の最高・最低気温とその温度差を調べる

新しいメジャーフィールドをテーブルの右端に追加します。

レポートビューをクリックして開き、テーブルをアクティブにします（側注参照）。

1 [温度差]をクリックしてオンにします。

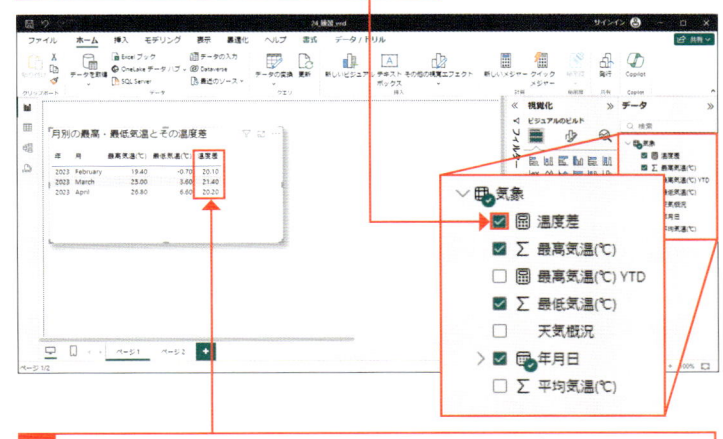

2 月別の最高、最低気温を示すテーブルに、温度差が追加されました。

3月の温度差（21.40℃）が最も大きいことがわかります。

③ クイックメジャーで累計を計算する

🗨 解説

気象データの日々の最高気温の累計を求める

気象データ89件の、日々の最高気温（℃）の累計を計算します。
クイックメジャー機能を使って新しいメジャーを作成し、累計の結果を格納します。

1 テーブルビューをクリックして開き、

2 ［テーブルツール］タブの［クイックメジャー］をクリックすると、

3 クイックメジャーペインが表示されます。

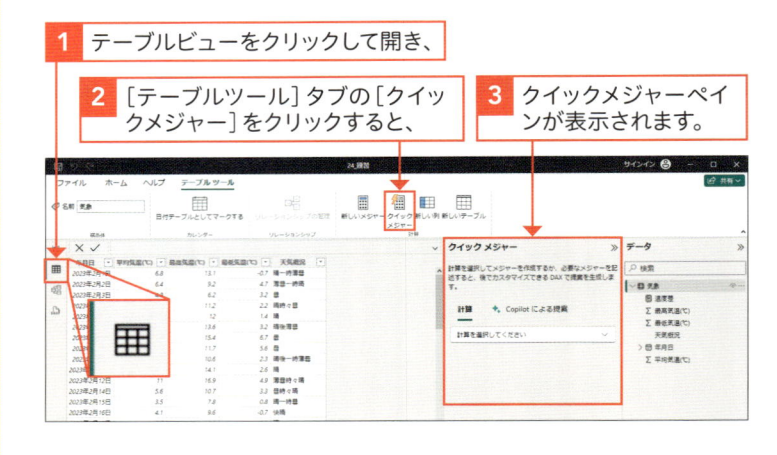

✏ 補足

クイックメジャー機能とは

数式バーに計算式を自分で書く代りに、クイックメジャーペインの入力項目を埋めると、「新しいメジャー」と同様の計算式（DAXと呼ぶ）が自動生成されます。
年度累計、前年比の変化や移動平均など、複数の行に渡る、より複雑な処理を行うことができます。

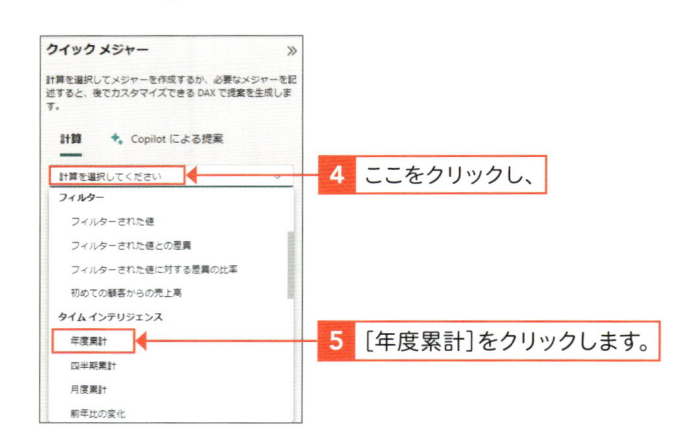

4 ここをクリックし、

5 ［年度累計］をクリックします。

✏ 補足

DAXとは

Data Analysis Expressionsの頭文字をとったもので、関数、演算子などをひとまとめにし、より複雑な処理を定義することができます。
Power BI だけではなく、Excelなど Microsoft製品で広く用いられています。

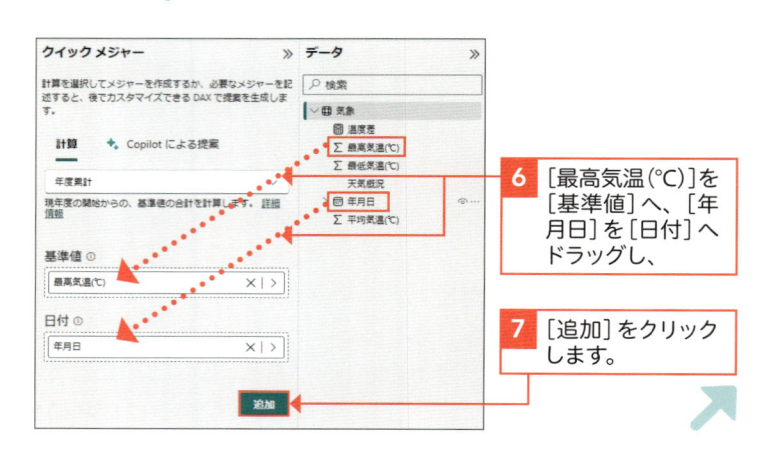

6 ［最高気温（℃）］を［基準値］へ、［年月日］を［日付］へドラッグし、

7 ［追加］をクリックします。

補足

自動生成式の確認と修正

数式バーで、自動作成された計算式（DAX）が確認できます。この計算式は、必要に応じて、カスタマイズ（手入力で修正）することもできます。

8 データペインに［最高気温（℃）YTD］が追加されます。

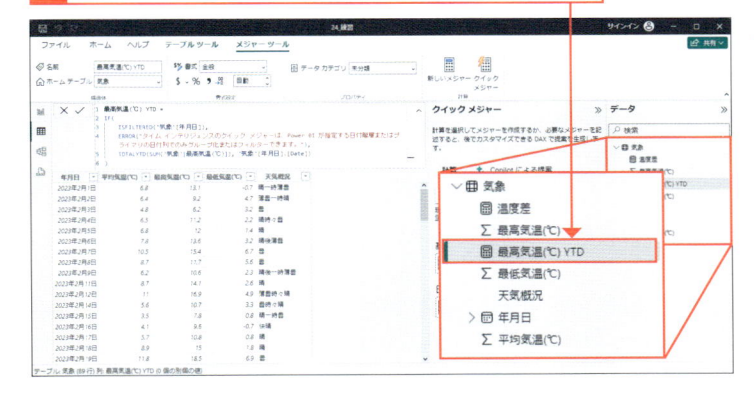

④ クイックメジャーを使ってビジュアルを作成する

解説

レポートビューで
データ整備の結果を反映する

ナビゲーションペインの［レポートビュー］をクリックして開き、「ページ」タブの「ページ2」をクリックして、

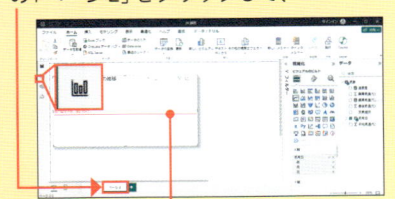

折れ線グラフの任意の場所をクリックしてアクティブにします。

レポートビューをクリックして開き、［ページ2］の折れ線グラフをアクティブにします（側注参照）。

1 ［最高気温（℃）YTD］をクリックしてオンにします。

2 ［最高気温の累計］を示す折れ線グラフが作成されました。

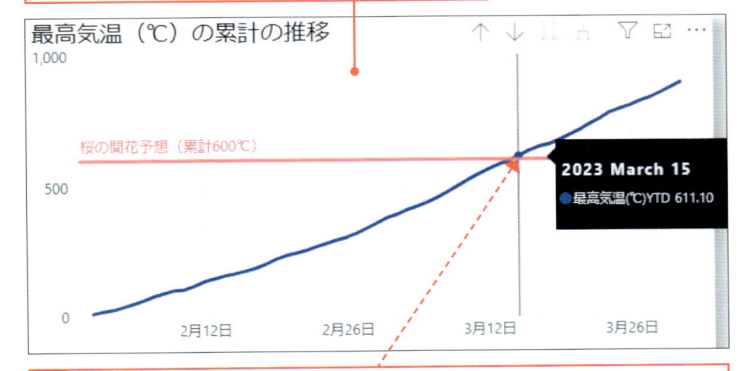

補足

YTDとは

Year To Date の頭文字をとったもので、当年度の初めから、現在までの期間という意味です。
ここでは、このメジャーフィールドに、日ごとの［最高気温（℃）］の累計（複数の行に渡って集計された値）が格納されています。

3 折れ線と定数線の交点にマウスポインターを合わせると、累計が600℃を超えるのは、3月15日あたりであることがわかります。

4 ［Alt］と［F4］を同時に押してファイルを閉じます（保存不要）。

Section 25 新しいテーブルに 外部データを取り込もう

各種タイプの外部データの取得、UNION関数

📁 練習▶25_練習.pbix／花粉2月.xlsx／花粉3月.csv／花粉4月.pdf　　完成▶25_練習_end.pbix

▶ 分析のテーマと、使用する機能を確認する

●分析のテーマ

2～4月の、東京のスギやヒノキの花粉飛散量を調べたいと考えています。東京都福祉保健局で作成されたデータが、練習フォルダーに月ごとに3種類のファイルで用意されています。このセクションでは、分析に必要なデータを外部ファイルから読み込み（インポートと呼ぶ）、複数のデータを1つのクエリにまとめる方法を学習します。

●使用する機能

テーブルビューの［ホーム］タブの［データを取得］機能を使って、外部ファイル（Excel、csv、PDF）に接続し、クエリ内にデータをインポートします。

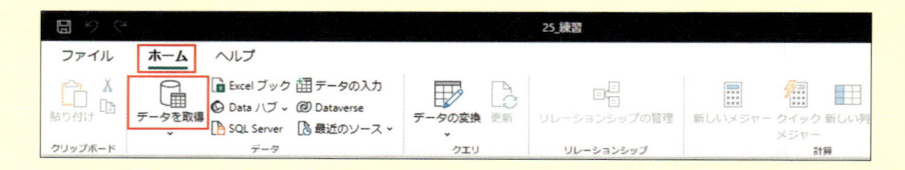

［テーブルツール］タブの［新しいテーブル］機能を使って、新しいテーブル［東京の花粉飛散量］を追加し、UNION()関数を使って、同じ列構造の複数のデータを1つにまとめます。

作成する式：UNION（'花粉2月', '花粉3月', '花粉4月'）

文法：UNION（ テーブル1, テーブル2, テーブル3, ・・・・）

データペイン
上のアイコン

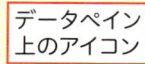

① Excelファイルに接続してデータをインポートする

🗨解説

操作を開始する

練習フォルダの「25_練習.pbix」をダブルクリックして開き、ナビゲーションペインの[テーブルビュー]をクリックします。

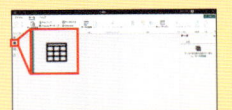

🗨解説

Excelファイルを開く

練習フォルダーに用意されている花粉2月.xlsxに接続して、中のデータを読み込みます。

✏補足

Excelファイルへの接続メニュー

PowerBI Desktopの起動直後に表示される[レポートにデータを追加する]画面から、直接、[Excelからデータをインポートする]メニューを呼び出すこともできます。

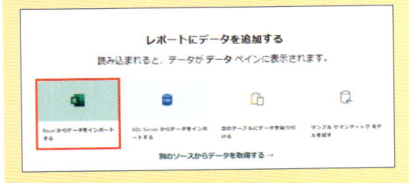

🗨解説

Excelファイル内のシートを確認する

左のサイドバーで、Excelのブック（ファイル）名と、中に含まれるシートの一覧を確認することができます。

テーブルビューをクリックします（側注参照）。

1 [ホーム]タブの[データを取得]をクリックし、

2 [Excelブック]をダブルクリックします。

3 練習フォルダーのChapter04の[花粉2月.xlsx]をダブルクリックすると、

4 [ナビゲーター]画面が開きます。

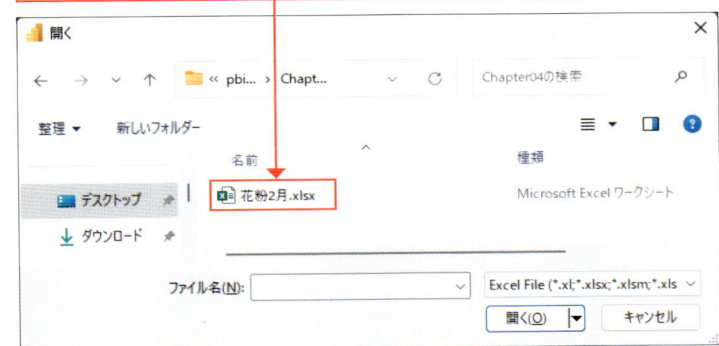

5 [花粉2月]をダブルクリックしてオンにし、

6 Excelファイルの中身を確認して、

7 [読み込み]をクリックします。

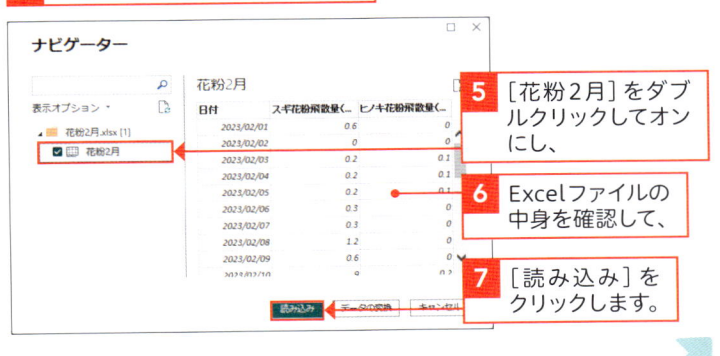

解説

シートの中身を確認する

ナビゲータ画面で、シート名を指定すると、データの中身を確認することができます。

[花粉2月]のシートは、[日付][スギ花粉飛散量][ヒノキ花粉飛散量]の3列から構成されています。

8 データペインに [花粉2月] のテーブルが表示されることを確認します。

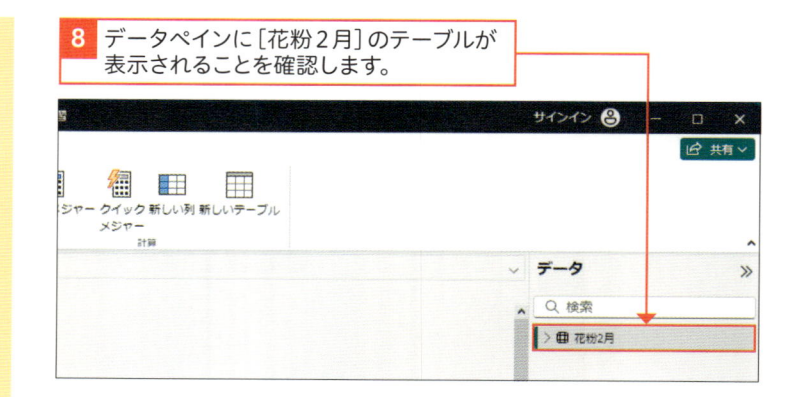

② CSVファイルに接続してデータをインポートする

解説

CSVファイルを開く

[データを取得]機能を使うと、多くの種類のファイルから接続先を指定することができます。ここでは[テキスト/CSV]を選択します。

1 [ホーム]タブの、[データを取得]をクリックし、

2 [テキスト/CSV]をダブルクリックして、

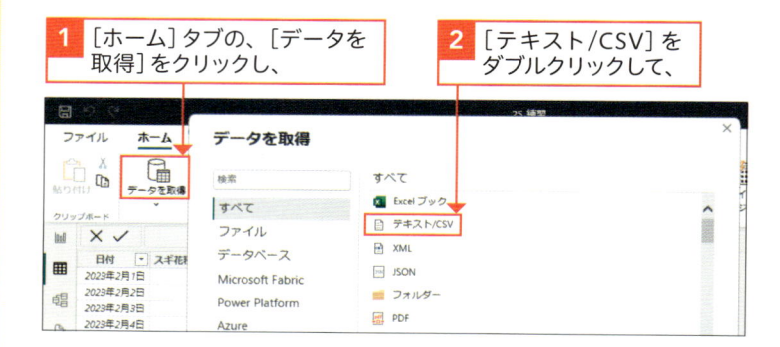

3 練習フォルダーのChapter04の[花粉3月.csv]をダブルクリックすると、

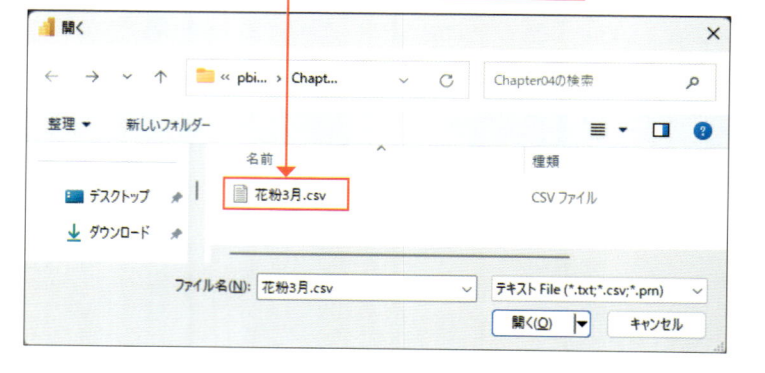

解説

読み込み時のオプションを確認する

ファイルに接続した直後に、ファイル内のデータの一部をプレビューすることができます。列構造や、データの文字コード、各列のデータ型は自動検出されます。既定では最初の200行を参照してデータ型の自動検出を試みますが、データ全体を指定したり、データ型を検出させないオプションを指定することもできます。

解説

区切り記号の指定

CSV以外のテキストファイルに接続することもできます。次の例は、各列の間の文字がタブ記号で各列が区切られたデータ（上）と、それを読み込んだときのPower BI Desktopのプレビュー画面（下）です。

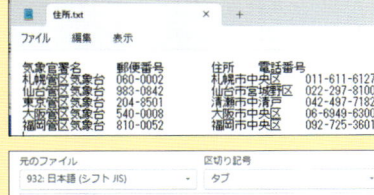

4 [花粉3月.csv]のプレビュー画面が開きます。

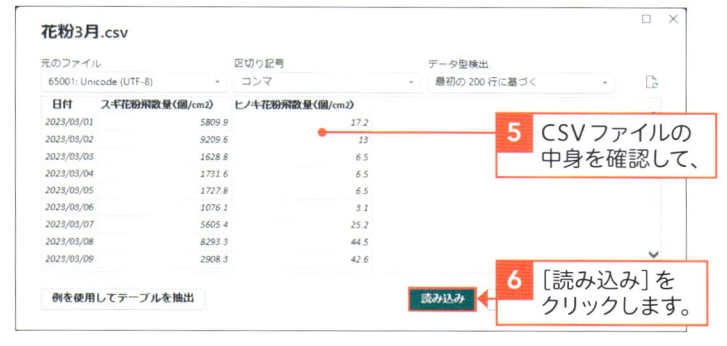

5 CSVファイルの中身を確認して、

6 [読み込み]をクリックします。

7 データペインに[花粉3月]のテーブルが表示されることを確認します。

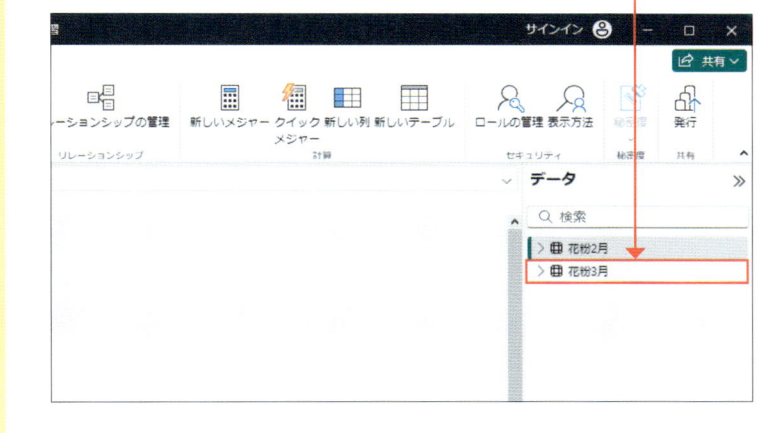

---

③ PDFファイルに接続してデータをインポートする

解説

PDFファイルを開く

[データを取得]機能を使って、[PDF]のデータを取得します。

東京の花粉飛散量（2023年4月）		
日付	スギ花粉飛散量（個/cm2）	ヒノキ花粉飛散量（個/cm2）
2023/4/1	115.2	870.3
2023/4/2	109.2	464.4

1 [ホーム]タブの、[データを取得]をクリックし、

2 [PDF]をダブルクリックして、

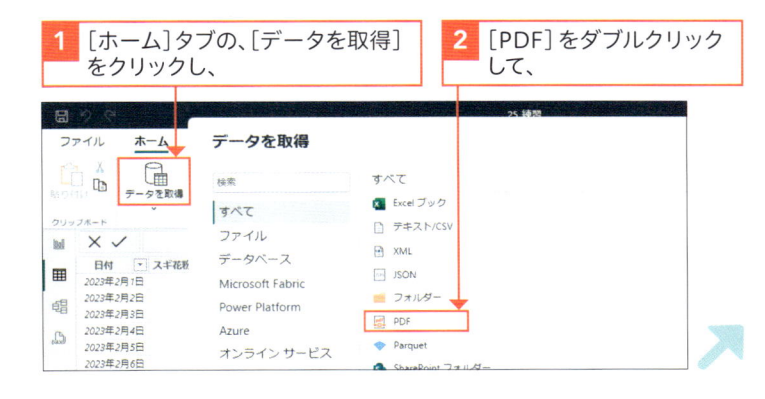

PDFとは

Portable Document Formatの略で、Adobe Inc.が開発した電子文書のファイル形式です。紙に印刷したのと同じレイアウトで、ソフトウェア、ハードウェア、OSに依存することなく文書を表示することができます。Acrobat ReaderをインストールするとPC、Mac、ブラウザでPDFの文書を扱うことができます。

解説

PDFデータをプレビューする

ナビゲータ画面で、PDFに含まれるデータをプレビューすることができます。既定では、タイトルやサブタイトル、フッターなどを取り除き、ヘッダーとデータの行のみを対象にプレビュー表示します。

表示オプションを確認する

表示オプションで、[Page001]を選択すると、タイトルやサブタイトル、フッターなどの行も削除せずに、すべての行をプレビューに表示します。

解説

テーブル名を変更する

PDFデータの読み込み時に付けられた、Table001(Page 1)という仮の名前を、[花粉4月]に変更します。

---

3 Chapter04の練習フォルダーの[花粉4月.pdf]をダブルクリックすると、

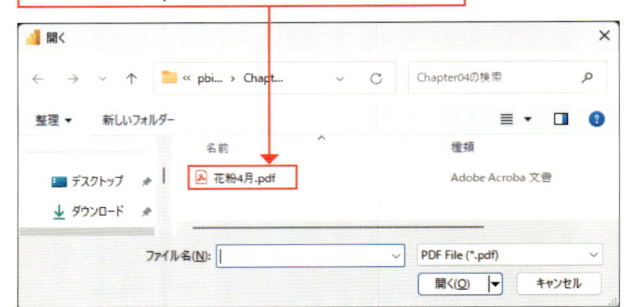

4 ナビゲータ画面が開きます。

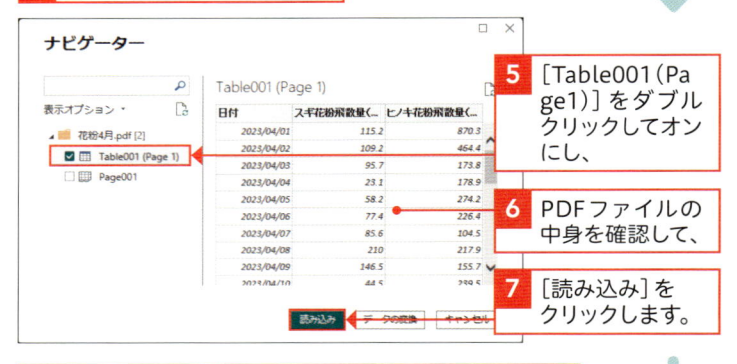

5 [Table001(Page1)]をダブルクリックしてオンにし、

6 PDFファイルの中身を確認して、

7 [読み込み]をクリックします。

8 データペインに[Table001(Page1)]のテーブルが表示されることを確認します。

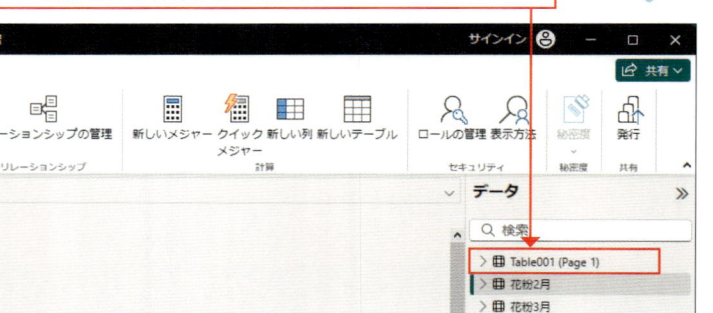

9 テーブルペインで[Table001(Page 1)]をダブルクリックし、テーブル名を[花粉4月]に変更します。

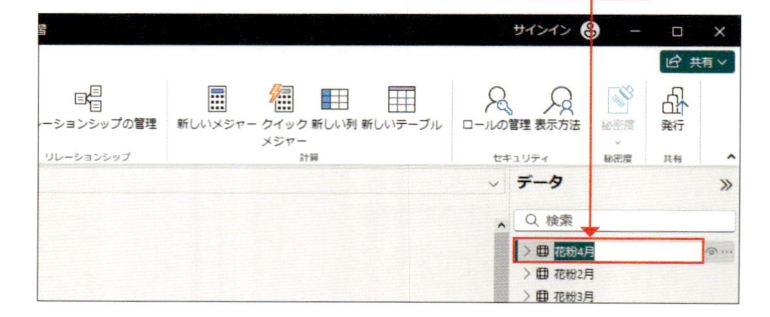

④ 複数データを組み合わせて新しいテーブルを作成する

💬 解説

3種類のデータを1つにまとめる

新しいテーブルを作成する機能を使って、3テーブルを1つにまとめます。
UNION()関数を使用すると、同じ列構造の複数のテーブルを、1つにまとめることができます。
文法：UNION(表1,[表2],…)

💬 解説

UNION()関数の規則

UNION()の計算式を記述する場合、まとめるテーブルは、
同じ列数でなければなりません。それぞれのテーブルの列の位置に基づき、ユニオンされます。
データ型が異なる場合は、強制型変換の規則に基づいて自動調整されます。

💬 解説

UNION()の計算式を記述する

テーブル名の前後に'（シングルクォーテーション）を付けて指定します。
数式バーで、'と入力すると、使用できるテーブル名の候補が自動表示されます。
候補の中からテーブル名を選択し 、（コンマ）で区切りながら複数テーブルを列挙します。
UNION関数の末尾に、）を入力します。

---

1 ［テーブルツール］タブの、［新しいテーブル］をクリックします。

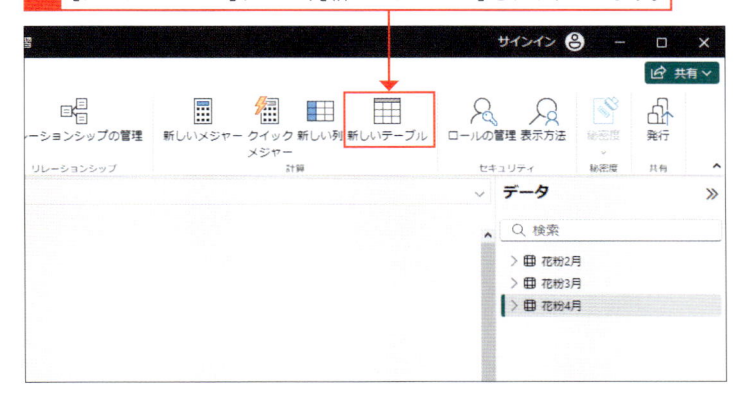

2 数式バーの［テーブル =］の右横に、 **union('** と入力し、

3 候補の［'花粉2月'］をクリックします。

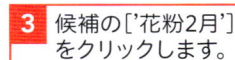

4 続けて **,'** （コンマとシングルクォーテーション）を入力し、

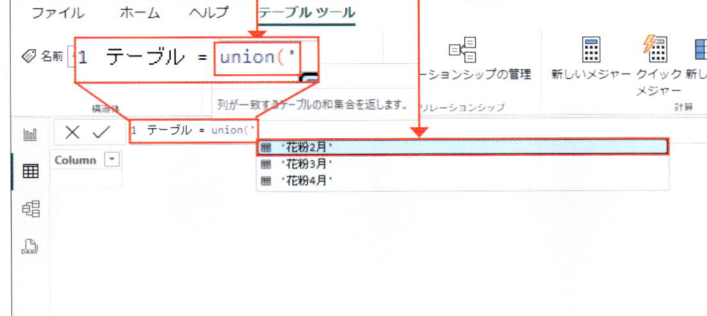

5 候補の［'花粉3月'］をクリックします。

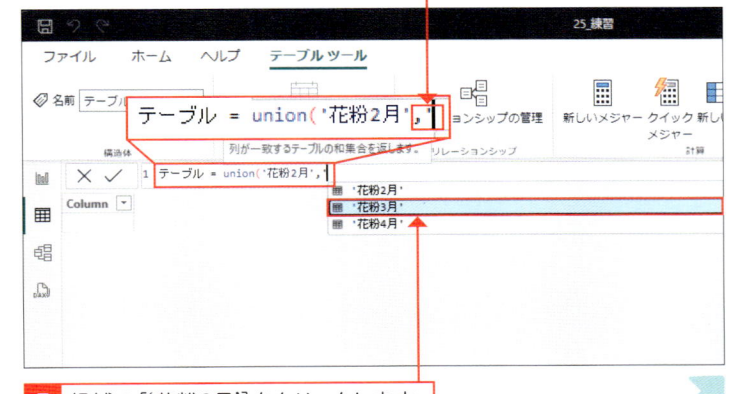

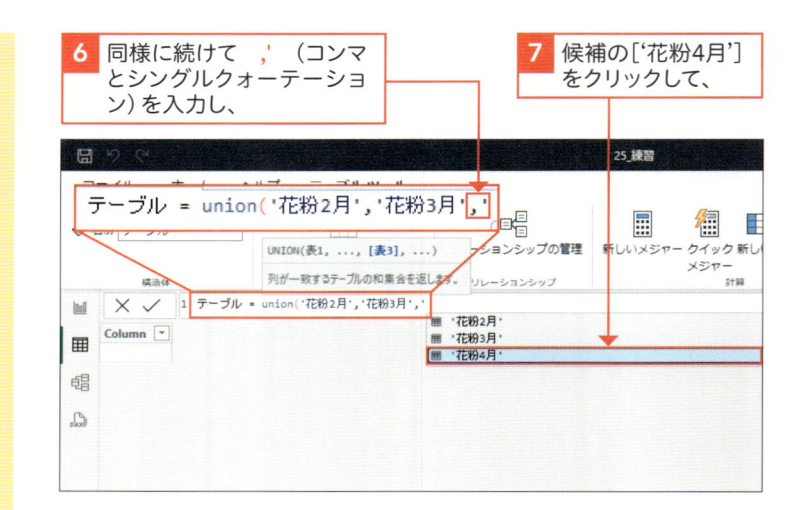

6 同様に続けて `,'`（コンマとシングルクォーテーション）を入力し、

7 候補の［'花粉4月'］をクリックして、

テーブル = union('花粉2月','花粉3月','

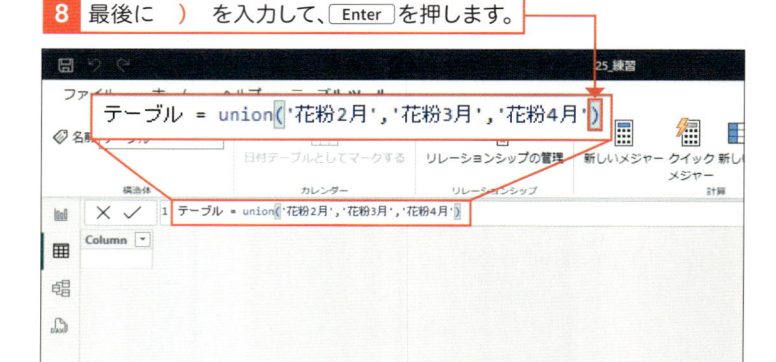

8 最後に `)` を入力して、[Enter]を押します。

テーブル = union('花粉2月','花粉3月','花粉4月')

 **解説**

テーブル名を変更する

数式バーの左辺の［テーブル =］ は、新しいテーブルの仮の名前です。
ここで、テーブル名を［東京の花粉飛散量］に変更します。

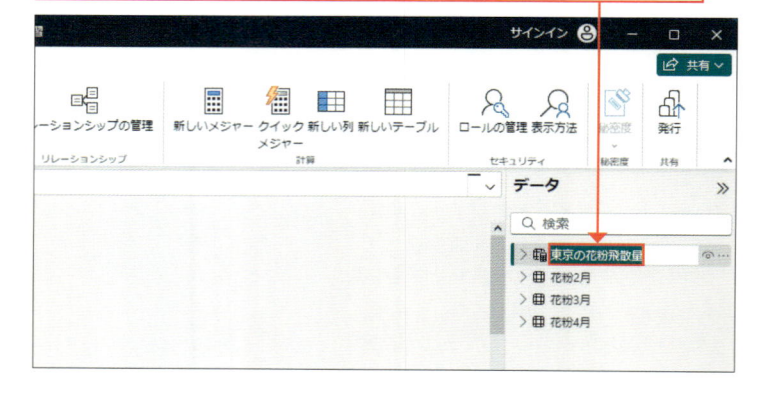

9 データペインで［テーブル］をダブルクリックし、テーブル名を［東京の花粉飛散量］に変更します。

⑤ 組み合わせたデータでビジュアルを作成する

💬 **解説**

操作を開始する

操作を開始するには、ナビゲーションペインの[レポートビュー]をクリックします。

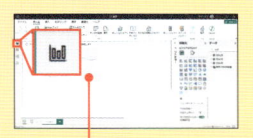

プレースホルダ―の任意の場所をクリックしてアクティブにします。

💬 **解説**

3か月分のデータでビジュアルを作成する

UNION() 関数を使って、2023年の2月、3月、4月の3テーブルを1つのテーブルにまとめました。3か月分のスギ、ヒノキ花粉の飛散量の推移を折れ線グラフに表します。

💬 **解説**

花粉の飛散の推移を分析する

スギとヒノキの花粉の飛散はタイムラグがあり、スギ花粉の飛散が収束した2月下旬頃、ヒノキ花粉が飛散し始めている様子がわかります。
どちらの花粉の飛散も、ピークが2回あることがわかります。
飛散量については、スギ花粉がヒノキ花粉より圧倒的に多いことがわかります。

レポートビューをクリックして開き、プレースホルダーをクリックしてアクティブにします（側注参照）。

1 [東京の花粉飛散量]の[>]をクリックします。

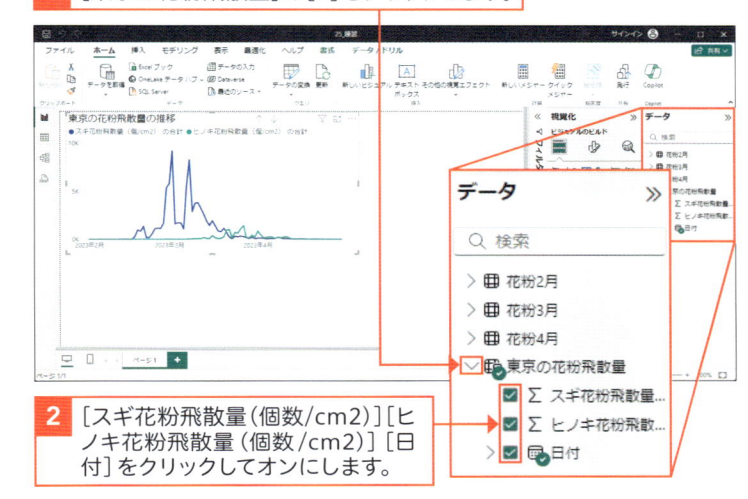

2 [スギ花粉飛散量（個数/cm2）][ヒノキ花粉飛散量（個数/cm2）][日付]をクリックしてオンにします。

3 2月、3月、4月の組み合わされたデータでビジュアルが作成されました。

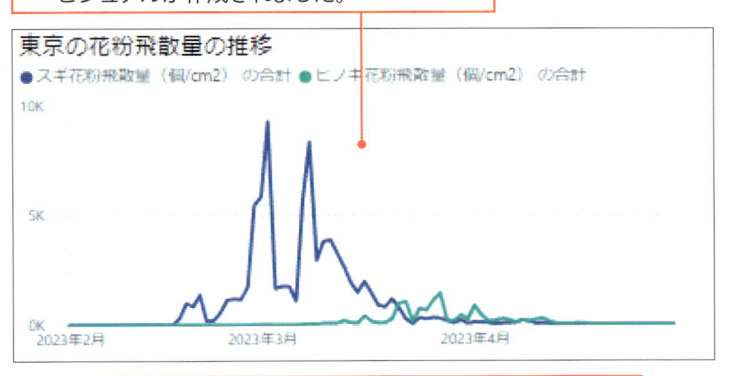

4 [Alt]と[F4]を同時に押してファイルを閉じます（保存不要）。

4

Power BI Desktop によるデータの整備

Section 26 リレーションシップを作成しよう

モデルビューのリレーションシップ

練習 ▶ 26_練習.pbix　　完成 ▶ 26_練習_end.pbix

▶ 分析のテーマと、使用する機能を確認する

●分析のテーマ

2〜4月の平均気温と花粉飛散量の関係を調べます。

●使用する機能

分析のために、右のようなテーブルがあると良いのですが、平均気温とスギ花粉は、別々のテーブル（［気象］と［東京の花粉飛散量］（以下［花粉テーブル］と略す）にあります。分析の前に、別々のテーブルを1つにまとめる必要があります。ところが、両者は列構造が異なるためUNION()関数は使えません。

分析に使用したいテーブル		
日付	平均気温	スギ花粉
3/1	15℃	10個
3/2	17℃	15個
3/3	18℃	12個
…		

このセクションでは、Power BI Desktopのモデルビューの［リレーションシップの管理］機能を使って、モデルの中にリレーションシップを作成し、両テーブルを1つのテーブルのように扱えるようにします。

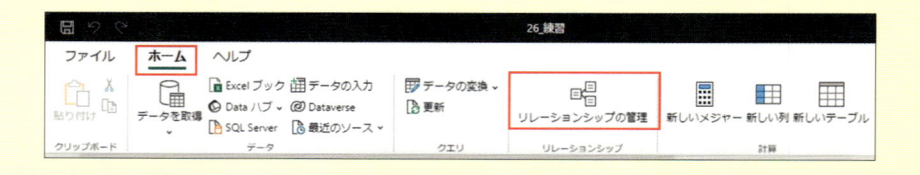

今回の分析テーマについて、日々の平均気温とスギ花粉のデータを、2つのテーブルから集める方法は、次のように考えます。

1. 気象テーブルから、3/2の平均気温15℃を取得
2. 花粉テーブルからも、3/2のスギ15個を取得
3. 両者を、1つのテーブルへまとめる。

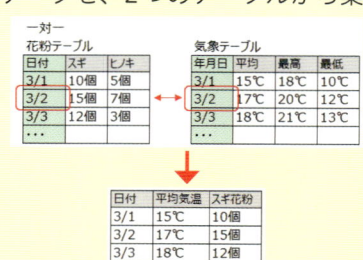

このとき、両者の関連付けは、両テーブルに共通する値を橋渡しにして行うので、この値が含まれる列の指定を行います。今回の例では、［気象］テーブルの［年月日］列と、［花粉］テーブルの［日付］列を［関連する列］に指定します。

① 異なる列構造のテーブルを確認する

💬 解説

操作を開始する

練習フォルダの「26_練習.pbix」をダブルクリックして開きます。

💬 解説

分析対象のグラフの要素を確認する

[最高気温と平均気温の推移]は、2023年2〜4月の平均気温と最高気温を分析していて、[気象]テーブルを使用しています。

💬 解説

組み合わせるグラフの要素を確認する

セクション25で作成した[東京の花粉飛散量の推移]では、2023年2〜4月のスギ花粉の飛散量とヒノキ花粉飛散量を分析していて、[東京の花粉飛散量]テーブルを使用しています。

💡 ヒント

複数のグラフの組み合わせ時の注意点

ここでは、2023年2〜4月の平均気温とスギ花粉の飛散量の関係を折れ線グラフに示して分析します。
ビルドのプロパティでX軸、Y軸を正しく定義しても、右の折れ線グラフのようにスギ花粉飛散量は各日の値を折れ線上に正しく表示することができません。
1つのビジュアルの中に、[気温]テーブルと[東京の花粉飛散量]テーブルから、それぞれの列を使用するには、事前に2つのテーブルの間に[リレーションシップ]を定義しておく必要があります。

1 [最高気温と平均気温の推移]の折れ線グラフの任意の場所をクリックしてアクティブにし、

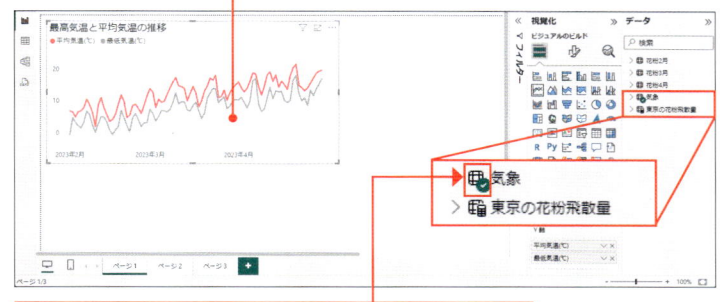

2 [気象]だけが選択されていることを確認します。

3 [ページ 2]タブをクリックして、

4 折れ線グラフの任意の場所をクリックしてアクティブにし、

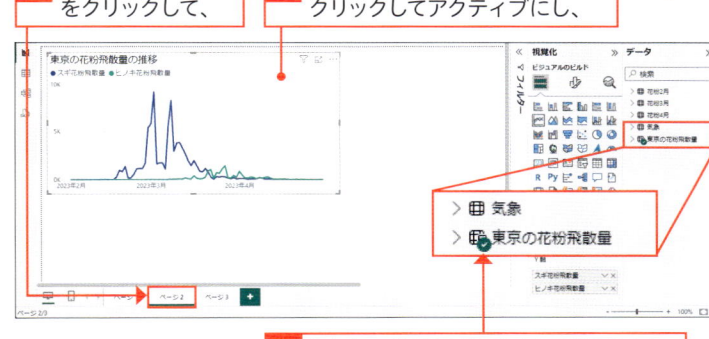

5 [東京の花粉飛散量]だけが選択されていることを確認します。

6 [ページ 3]タブをクリックして、

7 折れ線グラフの任意の場所をクリックしてアクティブにし、

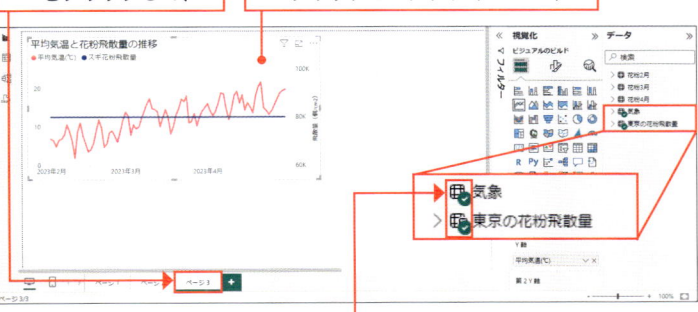

8 両方、選択されていることを確認します。

9 赤の平均気温は正しく表示されていますが、青のスギ花粉飛散量の表示は正しくありません（正しくは[ページ2]の青と折れ線と同じになるはず）。

基礎編

② モデルビューでリレーションシップを作成する

💬 解説

モデルビューでテーブルを確認する

モデルビューで、2つのテーブルの間の[リレーションシップ]を定義します。
モデルビューのキャンバスには、練習_27.pwbxファイル内で使用できるテーブルが表示されます。
キャンバスで、それぞれのテーブルに含まれる列を確認することができます。

1 [モデルビュー]をクリックします。

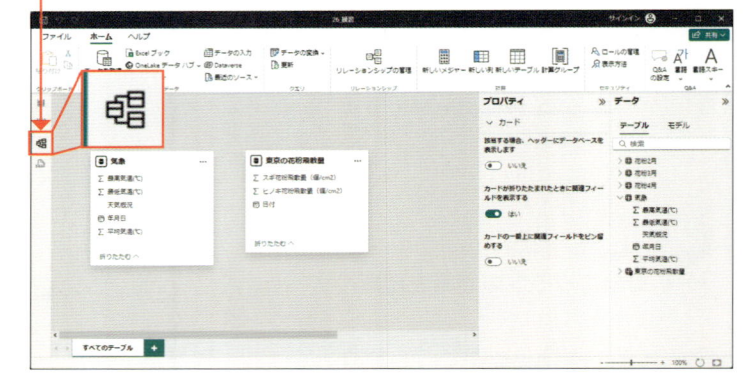

💬 解説

共有する列を特定する

今回の事例では、[気象]テーブルと[東京の花粉飛散量]テーブルに、それぞれ2023年2〜4月のデータを含む日付型の列が含まれますが、
1つの折れ線グラフのX軸に、日付型の列が1つあれば良いので、[気象]テーブルの[年月日]列で代表させます。

2 モデル内に2つのテーブルが表示されていることを確認し、

3 [リレーションシップの管理]をクリックします。

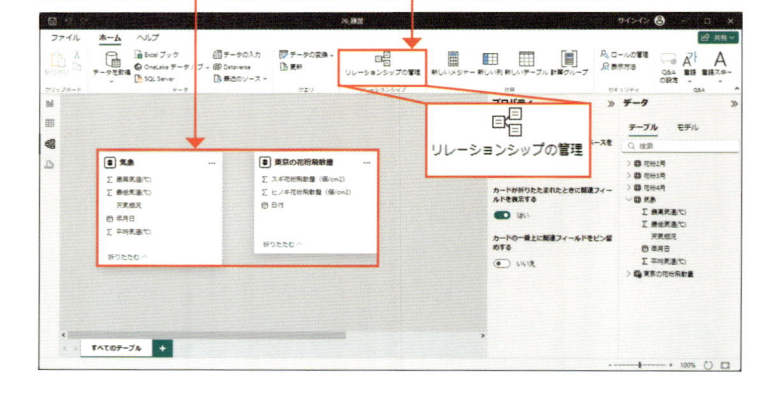

🔍 重要用語

リレーションシップとは

[東京の花粉飛散量]テーブルの[日付]列から、代表の[気象]テーブルの[年月日]列に、一致するデータを探しにいく仕組みをリレーションシップといいます。

4 [+ 新しいリレーションシップ]をクリックすると、

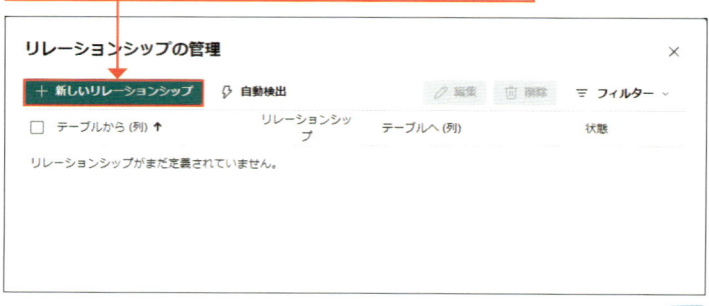

💬 **解説**

リレーションシップを定義する

リレーションシップの設定画面で、対象のテーブル名と、それらテーブル間で共有するデータの列名を指定します。
参照元のテーブル（設定画面の上段で指定）から、参照先のテーブル（下段で指定）へ参照を行い、一致するデータを探します。

💬 **解説**

参照元のテーブル名と列名の指定

参照元のテーブル名は［東京の花粉飛散量］、共有するデータの列名は［日付］です。

💬 **解説**

参照先のテーブル名と列名の指定

参照先のテーブル名は［気温］、共有するデータの列名は［年月日］です。

5 ［リレーションシップの作成］画面が開きます。

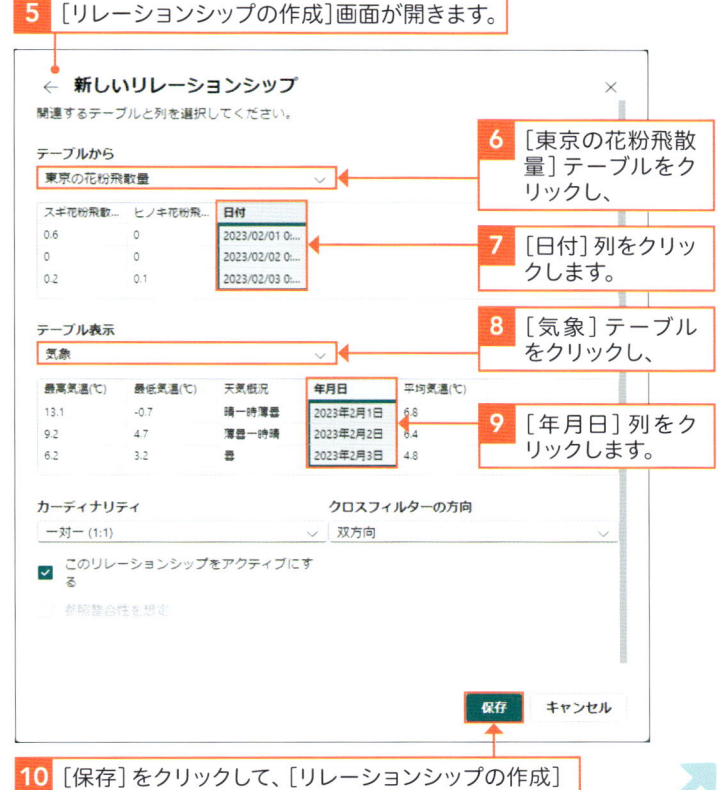

6 ［東京の花粉飛散量］テーブルをクリックし、

7 ［日付］列をクリックします。

8 ［気象］テーブルをクリックし、

9 ［年月日］列をクリックします。

10 ［保存］をクリックして、［リレーションシップの作成］画面を閉じます。

✏️ **補足** カーディナリティとは

カーディナリティとは、リレーションシップにおいて多重度のことです。片方のテーブルの1件に対して、もう一方のテーブルのレコードが複数件あるか否かを示します。今回の事例のような［一対一］以外に、［多対一］や［多対多］があります。たとえば、［関連する列］に［日付］を指定した場合、

一対一の例

同じ日（たとえば3/2）のデータは、花粉テーブルも気象テーブルも1件です。

一対一 花粉テーブル				気象テーブル			
日付	スギ	ヒノキ		年月日	平均	最高	最低
3/1	10個	5個		3/1	15℃	18℃	10℃
3/2	15個	7個		3/2	17℃	20℃	13℃
3/3	12個	3個		3/3	18℃	21℃	13℃
…				…			

多対一の例

同じ日（たとえば3/2）のデータは、花粉テーブルの2件（大手町と奥多摩）に対して、気象テーブルは1件のみで、多対一です。

多対一 花粉テーブル				気象テーブル			
日付	スギ	ヒノキ	場所	年月日	平均	最高	最低
3/1	10個	5個	大手町	3/1	15℃	18℃	10℃
3/1	80個	50個	奥多摩	3/2	17℃	20℃	13℃
3/2	15個	7個	大手町	3/3	18℃	21℃	13℃
3/2	95個	70個	奥多摩	…			
3/3	12個	3個	大手町				
3/3	60個	30個	奥多摩				
…							

多対多の例

多対多の例　同じ日（たとえば3/2）のデータは、花粉テーブルの2件（大手町と奥多摩）に対して、気象テーブルは3件（8,14,20時）あり、多対多の関係です。

多対多 花粉テーブル				気象テーブル				
日付	スギ	ヒノキ	場所	年月日	時刻	平均	最高	最低
3/1	10個	5個	大手町	3/1	8時	15℃	18℃	10℃
3/1	80個	50個	奥多摩	3/1	14時	15℃	18℃	10℃
3/2	15個	7個	大手町	3/1	20時	15℃	18℃	10℃
3/2	95個	70個	奥多摩	3/2	8時	17℃	20℃	12℃
3/3	12個	3個	大手町	3/2	14時	17℃	20℃	12℃
3/3	60個	30個	奥多摩	3/2	20時	17℃	20℃	12℃
…				3/3	8時	18℃	21℃	13℃
				3/3	14時	18℃	21℃	13℃
				3/3	20時	18℃	21℃	13℃
				…				

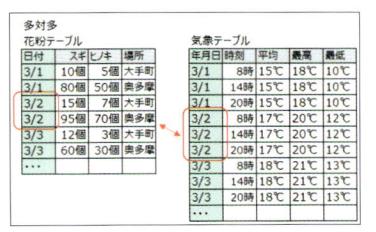

［関連する列］を指定すると、PowerBI Desktopが、データ内を参照して判断し、自動設定します。

基礎編

解説

モデルビューでリレーションシップを確認する

[東京の平均気温]テーブルと[気象]テーブルの間に、一対一、双方向のリレーションシップが作成されました。共有する列は、[年月日]と[日付]です。

11 [リレーションシップの管理]画面で、

12 左側の[東京の花粉飛散量]テーブルから、

13 右側の[気象]テーブルへ、リレーションシップの定義を確認します。

14 [x]をクリックして、画面を閉じます。

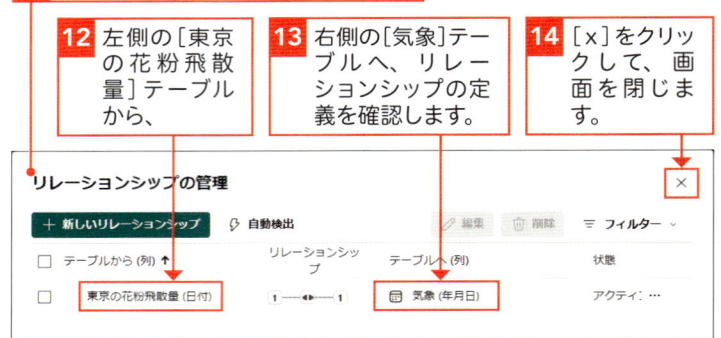

15 テーブルの間の線をクリックして、

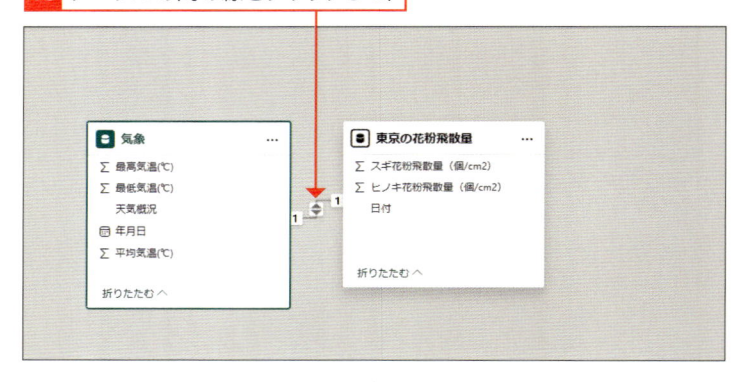

16 プロパティペインでリレーションの詳細を確認します。

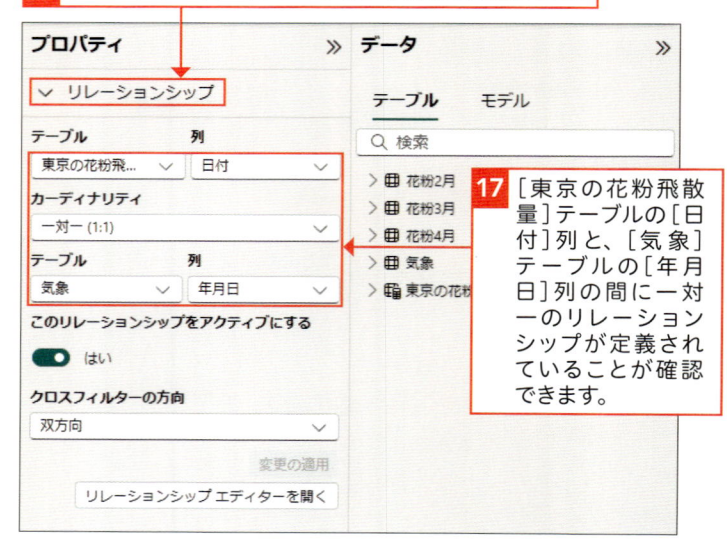

17 [東京の花粉飛散量]テーブルの[日付]列と、[気象]テーブルの[年月日]列の間に一対一のリレーションシップが定義されていることが確認できます。

補足

プロパティでリレーションの詳細を確認する

キャンバスの線上をクリックすると、プロパティペインで、対象のテーブル名や共有する列名、カーディナリティ(177ページの脚注の補足参照)などリレーションの詳細が確認できます。

④ 関連づけたデータでビジュアルを作成する

💬 解説

レポートビューに
データ整備の結果を反映する

ナビゲーションペインの［レポートビュー］をクリックし、［ページ3］をクリックします。

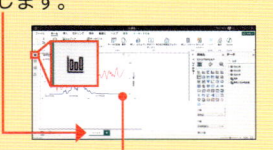

折れ線グラフの任意の場所をクリックしてアクティブにします。

レポートビューをクリックして開き、［ページ3］の
折れ線グラフをクリックしてアクティブにします（側注参照）。

1 ［気象］と［東京の花粉飛散量］の［>］をそれぞれクリックします。

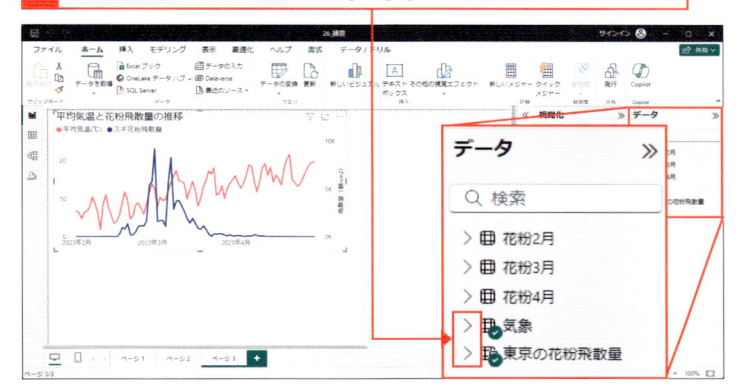

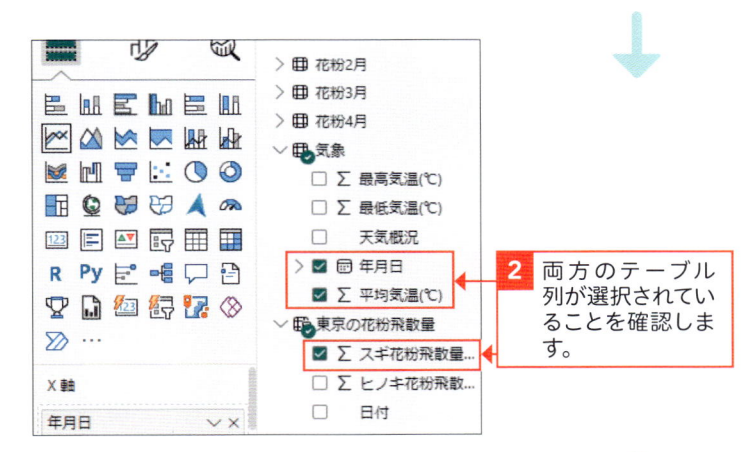

2 両方のテーブル列が選択されていることを確認します。

💬 解説

平均気温とスギ花粉飛散量の
関係を分析する

2023年2～4月の平均気温とスギ花粉の飛散量の関係を折れ線グラフで確認しておきましょう。
［気象］テーブルの［平均気温（℃）］も、［東京の花粉飛散量］テーブルの［スギ花粉飛散量］も、グラフ上に、各日（X軸の［年月日］）に基づいて正しく数値を反映しています。

---

3 青のスギ花粉の飛散量の折れ線も正しく表示されていることを確認します。

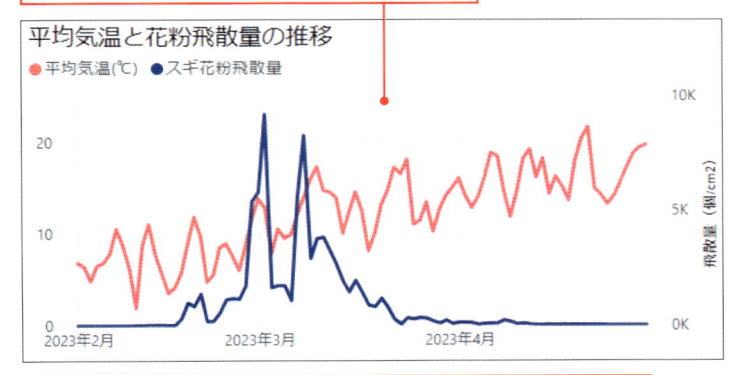

4 Alt と F4 を同時に押してファイルを閉じます（保存不要）。

高度なグループ化や並べ替え機能を使おう

列ツールのデータグループ機能、列で並べ替え機能

練習▶27_練習.pbix　完成▶27_練習_end.pbix

▶ 分析のテーマと、使用する機能を確認する

●分析のテーマ

外部データをカスタマイズして、より分析に適した形に変更する事例を2つ考えます。
1つ目は、気象データの天気概況について、天気の種類別に合計日数の割合を調べます。
天気の種類が細分化されすぎて比較しにくいため、より大雑把な分類に変えます。

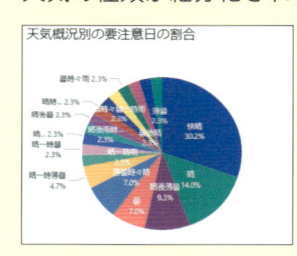
Before

要素が細分化されすぎて、大小比較が困難

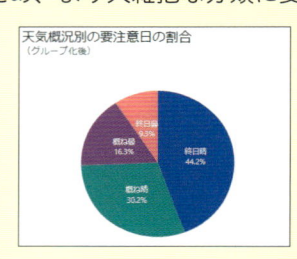
After

5分類に変更し、要素間の大小比較を容易にする

もう1つは、全国五か所にある管区気象台の統計データの棒グラフで、気象台名を常に北から南（北海道から福岡）の順に表示されるようにします。

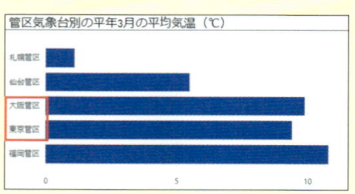
Before

既定では、棒のラベルの五十音順に並ぶ

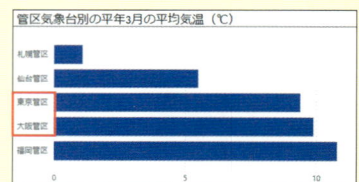
After

棒のラベルの地名を、常に、北から南へ表示する

●使用する機能

テーブルビューの［列ツール］タブの［データグループ］機能を使って、既存のデータに対して、列の値を独自にグループ化した新しい列を作成します。
［列で並べ替え］機能を使って、集計対象のディメンションと異なる列で並べ替えるための定義を作成します。

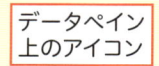
データペイン上のアイコン

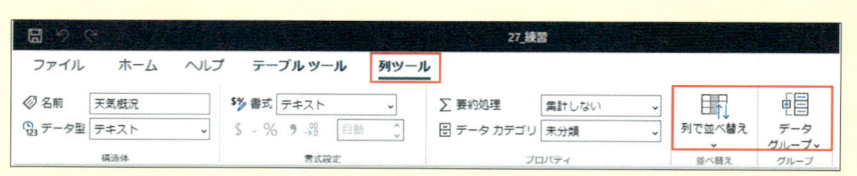

① 文字列の値で新しいグループを作成する

💬解説

操作を開始する

練習フォルダの「27_練習.pbix」をダブルクリックして開き、ナビゲーションペインの[テーブルビュー]をクリックします。

テーブルビューをクリックします（側注参照）。

1 [天気概況]の列ヘッダーをクリックし、

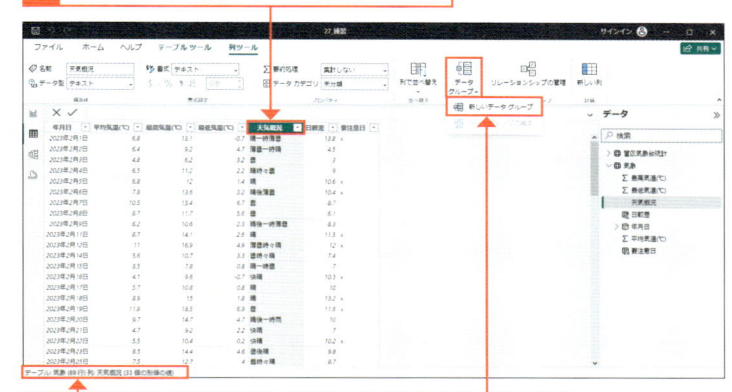

💬解説

既存のデータを確認する

[気象]テーブルの[天気概況]に、現在、晴、曇など33種類の要素（メンバー）が含まれ、細分化されすぎています。

2 ステータスバーで、33個の値があることを確認します。

3 [データグループ]の[新しいデータグループ]をクリックします。

💬解説

新しい列を作成して、メンバーをグループ化する

[天気概況（晴・曇・雨）]という名の新しい列を作成し、そこに、メンバーをグループ化して「終日晴」「概ね晴」、「終日曇」「概ね曇」、「その他」の5種類に再編成します。

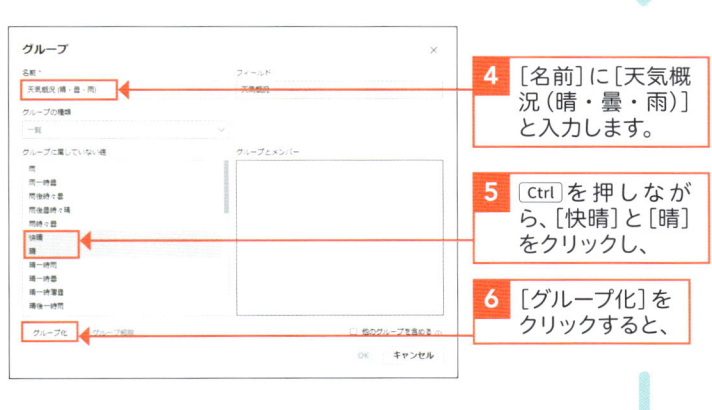

4 [名前]に[天気概況（晴・曇・雨）]と入力します。

5 Ctrl を押しながら、[快晴]と[晴]をクリックし、

6 [グループ化]をクリックすると、

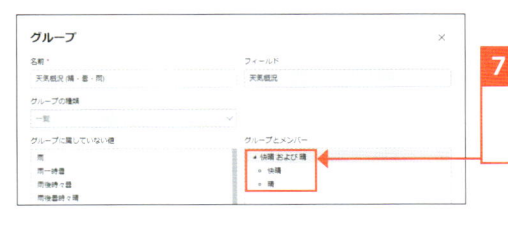

7 [快晴]と[晴]が[グループとメンバー]に移動します。

💬解説

「終日晴」グループを作る

晴れの日について、まず、「晴」と「快晴」をグループ化して、「終日晴」と名付けます。

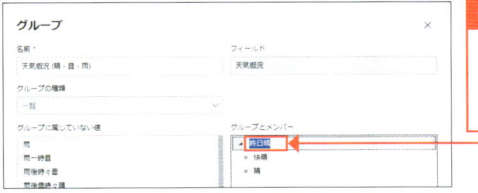

8 [快晴および晴]をダブルクリックして、グループ名を[終日晴]に変更します。

「概ね晴」グループを作る

次に、残りの晴れの日の11メンバーをグループ化して「概ね晴」と名付けます。

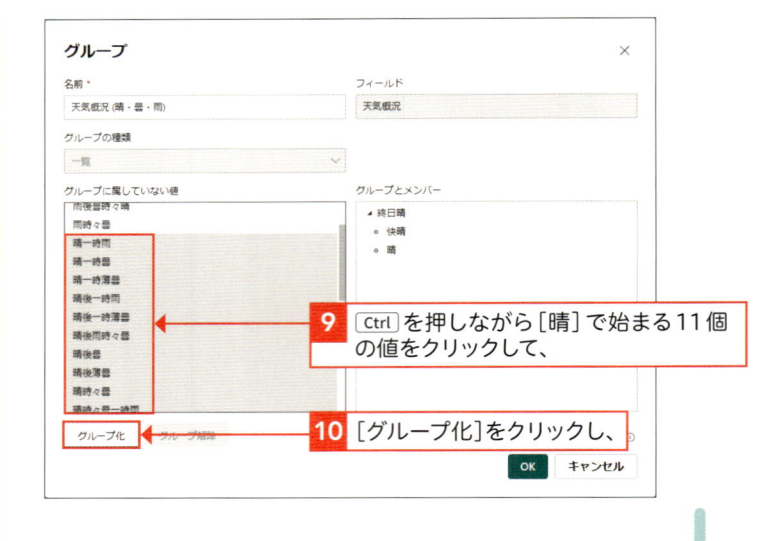

9 Ctrl を押しながら[晴]で始まる11個の値をクリックして、

10 [グループ化]をクリックし、

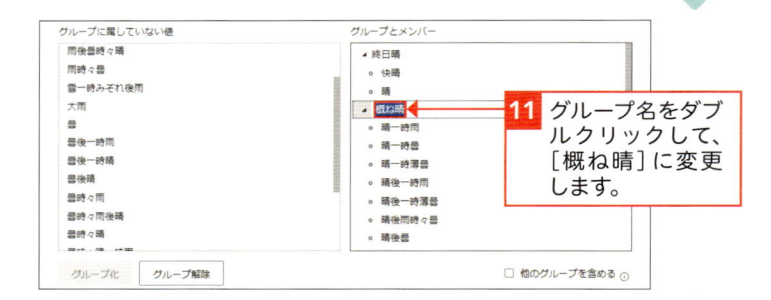

11 グループ名をダブルクリックして、[概ね晴]に変更します。

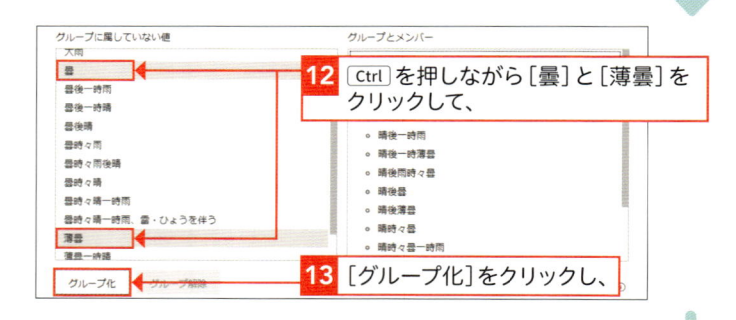

12 Ctrl を押しながら[曇]と[薄曇]をクリックして、

13 [グループ化]をクリックし、

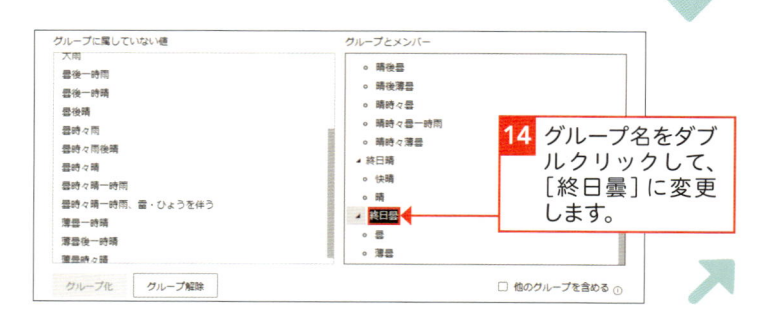

14 グループ名をダブルクリックして、[終日曇]に変更します。

 解説

「終日曇」グループを作る

曇りの日について、まず、「曇」と「薄曇」をグループ化して「終日曇」と名付けます。

「概ね曇」グループを作る

次に、残りの曇りの日の11メンバーをグループ化して「概ね曇」と名付けます。

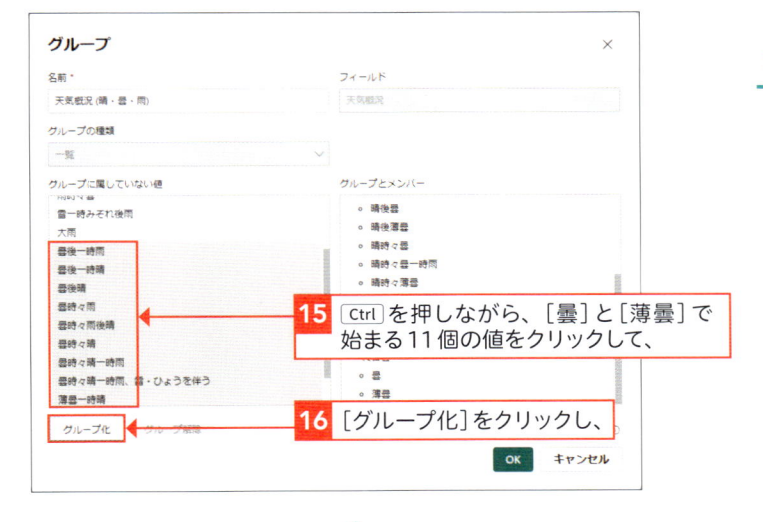

15 [Ctrl] を押しながら、［曇］と［薄曇］で始まる11個の値をクリックして、

16 ［グループ化］をクリックし、

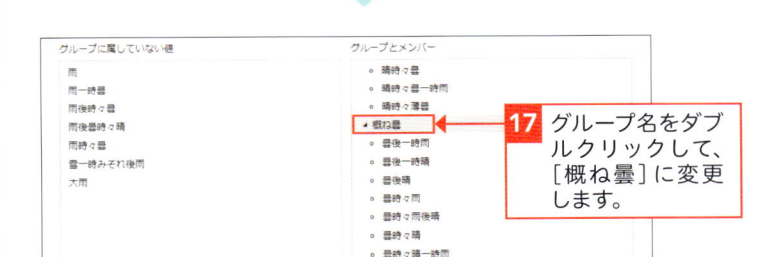

17 グループ名をダブルクリックして、［概ね曇］に変更します。

天気用語「時々、一時、のち」の取り扱い

天気予報で、「時々晴」は断続的に晴れ、その合計時間が予報期間の50%未満、「一時晴」は、一定の間、連続して晴れ、その時間は予報期間の25%未満と定められているそうです。この事例では、これらをまとめて「概ね晴」と名付けます。「後晴」も「概ね晴」にグループ化します。「曇」に関しても同様の考え方でグループ化します。

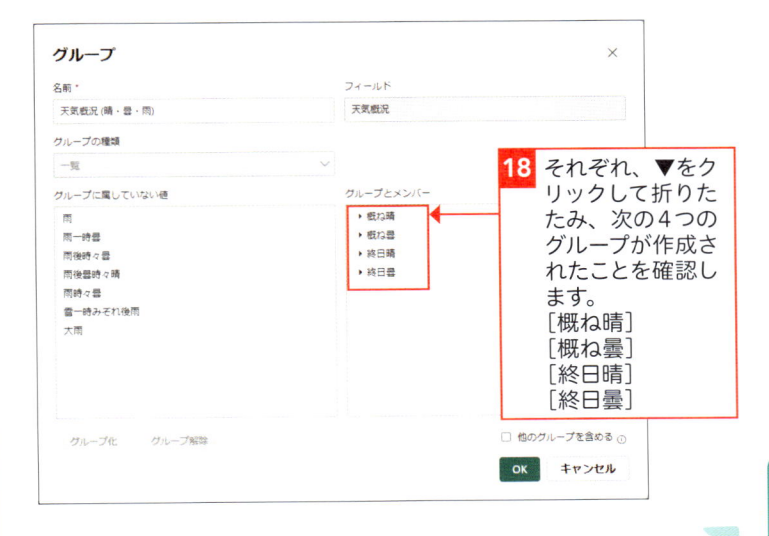

18 それぞれ、▼をクリックして折りたたみ、次の4つのグループが作成されたことを確認します。
［概ね晴］
［概ね曇］
［終日晴］
［終日曇］

補足

残るメンバーを1つのグループ にまとめる

残るメンバーをまとめて1グループとし、「その他」と名付けることができます。

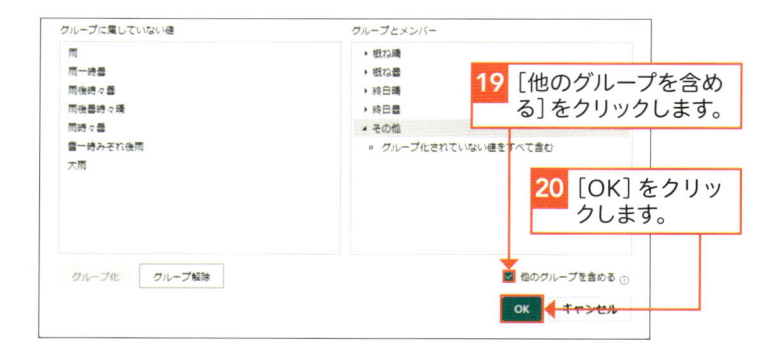

19 [他のグループを含める]をクリックします。

20 [OK]をクリックします。

21 [気象]テーブルに新しいフィールド[天気概況（晴・曇・雨）]が作成されました。

22 データペインでも[天気概況（晴・曇・雨）]フィールドを確認できます。

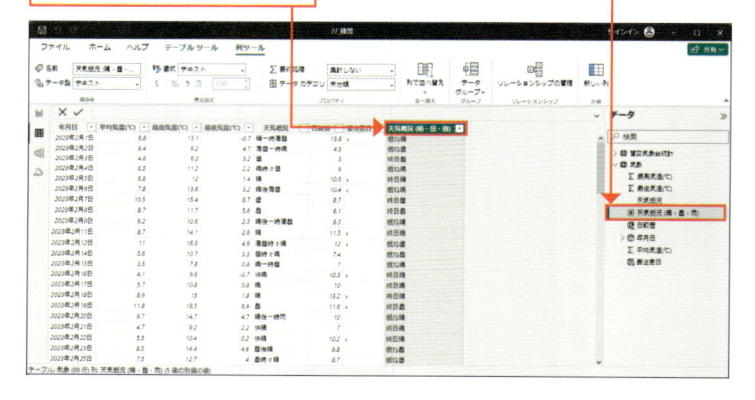

解説

グループ化後の凡例で分析する

円グラフの凡例の要素を減らすと、各要素の特徴が把握しやすくなりました。

雨や雪など「その他」の日に、要注意日はありません。「終日晴」で天気が安定している日に、要注意日が特に多いことがわかります。

一方、「終日曇」の日には、要注意日がかなり少ないこともわかります。

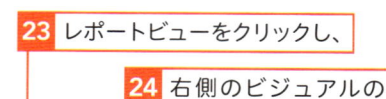

23 レポートビューをクリックし、

24 右側のビジュアルの任意の場所をクリックしてアクティブにし、

25 [天気概況（晴・曇・雨）]をクリックしてオンにします。

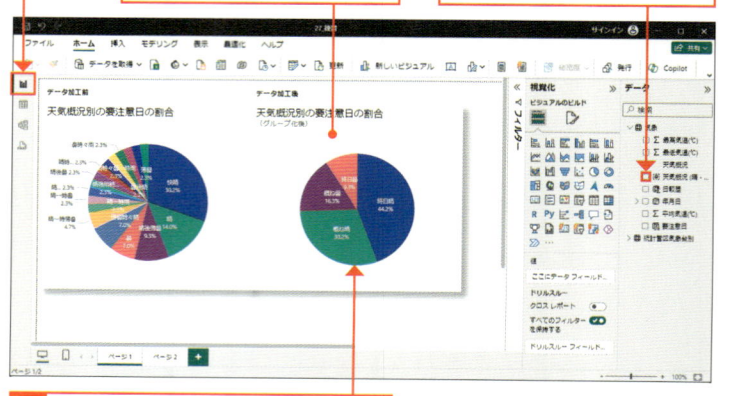

26 円グラフがシンプルになりました。

② 別の列の値で並べ替える

解説

操作を開始する

操作を開始するには、画面下の[ページ]タブの[ページ2]をクリックして開きます。

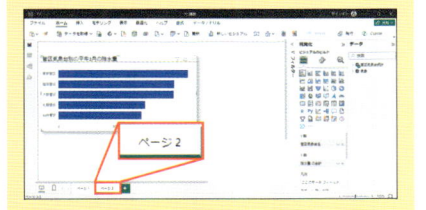

解説

既定の並べ替えを確認する

右の事例は、管区気象台別の平均気温を示す棒グラフです。

既定で、集計対象の列（平均気温）の値の降順で表示されます。オプションで、昇順に変更できます。

または、ディメンション（今回の事例では、管区気象台名）のアルファベット順や五十音順の降順、昇順に、指定を変更することもできます。

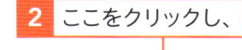

[ページ2]をクリックして開きます。

1 降水量の多い順に並んでいることを確認します。

2 ここをクリックし、

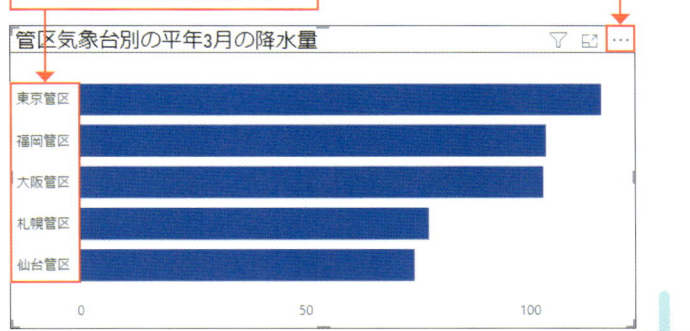

3 [軸の並べ替え]をクリックし、

4 既定では、[降水量の合計]の[降順]にチェックがついていることを確認します。

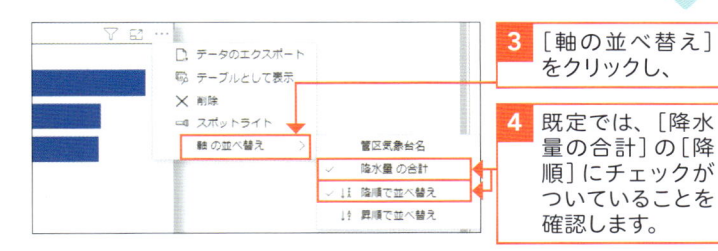

5 [軸の並べ替え]で[管区気象台]をクリックします。

6 もう一度、[軸の並べ替え]をクリックし、[昇順で並べ替え]をクリックします。

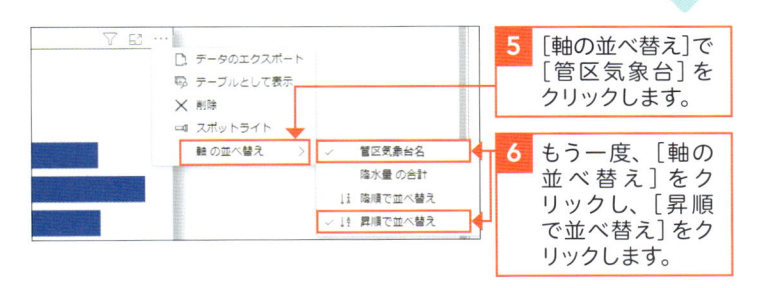

7 管区気象台名のの五十音順（音読み）に並べ替えられました。

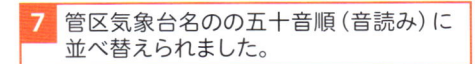
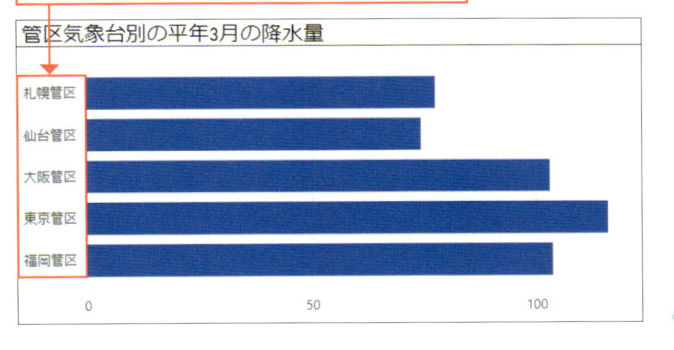

実務のニーズに合わせて並べ替える

既定以外の方法で並べ替えるには、並べ替えの基準にする列を準備します。この事例では、電話番号を使います（電話番号は、北海道「011」～九州「092」のように、北から南へ番号が採番されています）。

この列と、並べ替え対象の［管区気象台］列と関連付けます。

並び順の指示専用の新しい列で並べ替える

この事例では、「北から南へ」を指示するために「電話番号」列を基準しました。電話番号の昇順＝「北から南へ」を指定することになります。基準の列がない場合は、並べ替え指示専用の新しい列を作成し、その列に並び順（1，2，3・・・）をあらかじめ登録しておく方法もあります。

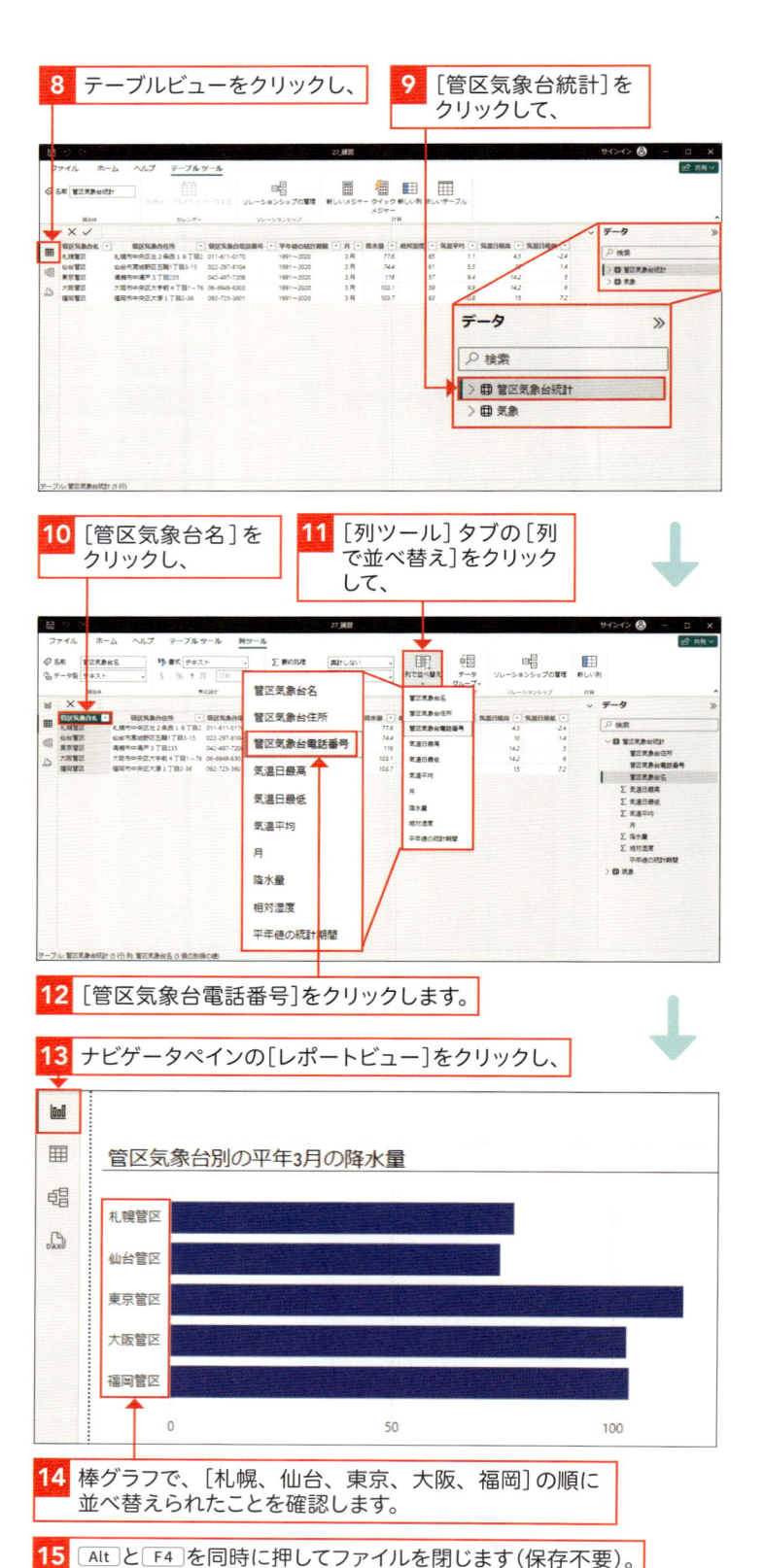

8 テーブルビューをクリックし、

9 ［管区気象台統計］をクリックして、

10 ［管区気象台名］をクリックし、

11 ［列ツール］タブの［列で並べ替え］をクリックして、

12 ［管区気象台電話番号］をクリックします。

13 ナビゲータペインの［レポートビュー］をクリックし、

管区気象台別の平年3月の降水量

14 棒グラフで、［札幌、仙台、東京、大阪、福岡］の順に並べ替えられたことを確認します。

15 ［Alt］と［F4］を同時に押してファイルを閉じます（保存不要）。

第 5 章

Power Queryエディターによるデータの整備 基礎編

Power Query エディターを使ってデータを整備しよう

▶ Power Query エディターの概要を確認する

この章では、**Power Query エディター**を使用して、データを整備する方法を説明します。1章で紹介した「分析作業の全体像」の中で、「データの整備」は「視覚化」の前処理に相当します。Power Query エディターを使用すると、4章で紹介した [データビュー] や [モデルビュー] を使用する方法より、**さらに高度な処理**を行うことができます。

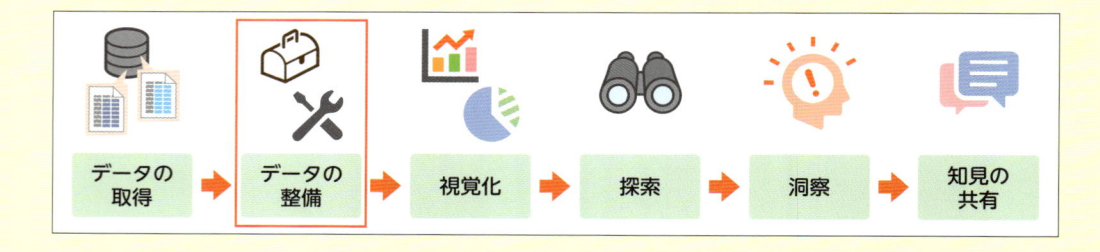

2章や3章では、家具店の注文データを使ってデータの視覚化や探索の方法を説明しました。このデータには過去3年間の取引データが8,320件格納されています。ビジュアルを作成する前に、もとのデータについても熟知する必要がありますが、**数千件を超えるデータとなると、Power BI Desktop のデータグリッドで直接調べるのは大変**です。Power Query エディターには、大量のデータの特徴を調べる分布機能も充実しています。

「Power BI Desktopの
テーブルビュー」の画面

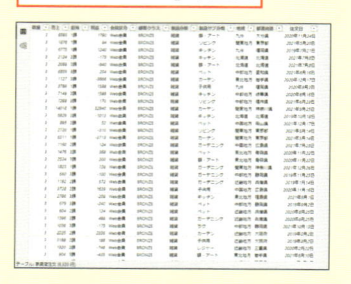

「Power Query エディター」の画面

扱いやすいように加工

▶ この章で扱うテーマと練習用データを確認する

練習フォルダーにある［練習_XX.pbix］を使用します。XXには、セクション番号が入ります。それぞれのセクションの冒頭で指示されたpbixファイルをクリックして開いてください。

このpbixファイルには、セクション28では、1章で使用したMicrosoft社提供のサンプル［financials.xlsx］を使用し、セクション29〜30では、国税庁のサイトからダウンロードしたデータを使用します。画面中央の上部に［最新の情報に更新］ボタンが表示されたら、クリックしてください。

| 酒税の関税関係等状況表 | https://www.nta.go.jp/taxes/sake/tokei/kanen.htm |
| 酒類販売（消費）数量の推移 | https://www.nta.go.jp/taxes/sake/shiori-gaikyo/shiori/2023/excel/0033.xls |

別途、**和暦を西暦に変換するテーブル**も使用します。

それぞれの表の構造は、それぞれのセクションで、Power Query エディターのデータグリッドで確認しましょう。

これらのデータを使って、次の3つのテーマについて Power BI で分析します。

テーマ1	酒類輸出金額の令和4年と3年の品目の内訳を調べる。
テーマ2	酒類輸出金額について、過去10年の年ごとの内訳の変化を調べる。
テーマ3	酒類の国内販売数量の長期傾向を調べる。

●Power Query エディターと、Power BI Desktop との使い分け

Power BIのデータビューやモデルビューと、Power Query エディターは、どちらも分析で使用するデータを詳しく調べたり、分析で扱いやすいように加工するのに用います。よく似た機能が含まれていますが、**Power Query エディターは、より高度な加工が必要なときに用いる**と、使い分けるとよいでしょう。必要なときだけ起動して使用します。

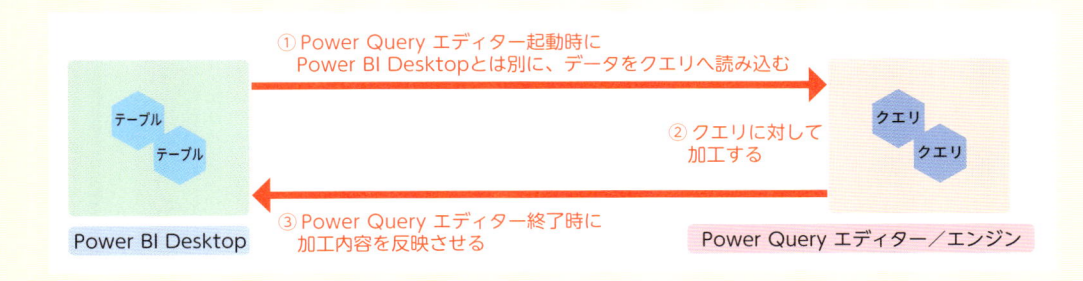

 **補足** **ETL処理に欠かせないPower Query エディター**

Power Query エディターは、マイクロソフトのExcelやSQL Serverなどのデータベース製品でも使用されます。いずれも、1章で紹介したデータの抽出、変換、読み込み（ETL処理）を行います。それぞれ、呼び出し元の製品によって異なる画面と機能の組み合わせ（エンジン）が使われます。

5

Power Query エディターによるデータの整備

基礎編

Section 28 Power Query エディターの基本操作を確認しよう

Power Query エディターの起動、終了、画面構成など

📁 練習▶28_練習.pbix　完成▶28_練習_end.pbix

▶ 分析のテーマと、使用する機能を確認する

●分析のテーマ

ビジュアルの作成にとりかかる前に、使用するデータを熟知することが欠かせません。ところが、本書の1章で使用しているサンプルデータ (financials.xlsx) は700件、また2章や3章で使用している家具店のデータは8000件以上あり、中身を詳細に知ることは困難です。実務では、より大量のデータを扱ったり、ネットで取得した初見のデータを扱うことも少なくありません。

Power Query エディターには、データを俯瞰して、概要を把握するための機能が用意されています。また、データに入力ミスやデータ型の相違など、分析に不都合がある場合に、事前にまとめて修正する機能も充実しています。これらは、Power BI Desktop より高度な機能で、両者を組み合わせて使用することにより、データ分析の幅が広がります。

このセクションでは、Power Query エディターの起動と終了方法、データの概要を調べるプレビュー機能、列を加工する機能など、基本操作を学びます。

●使用する機能

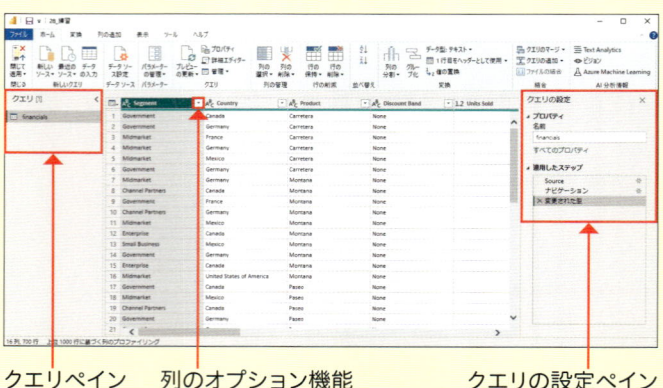

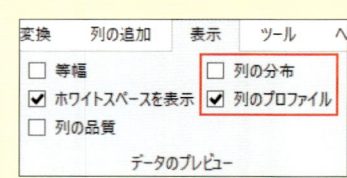

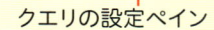

クエリペイン　　　列のオプション機能　　　クエリの設定ペイン

① Power Query エディターにデータを読み込む

解説

Power Query エディターを起動する

Power BI Desktopの[データの変換]機能を使って Power Query エディターを起動します。[データ変換]機能の呼び出し方法は2つあります。1つは、Power BI Desktopの[データ取得]のナビゲーター画面から。もう1つは、[ホーム]タブから。ここでは、ナビゲーター画面から起動します。

1 [サンプルデータの使用]をクリックします。

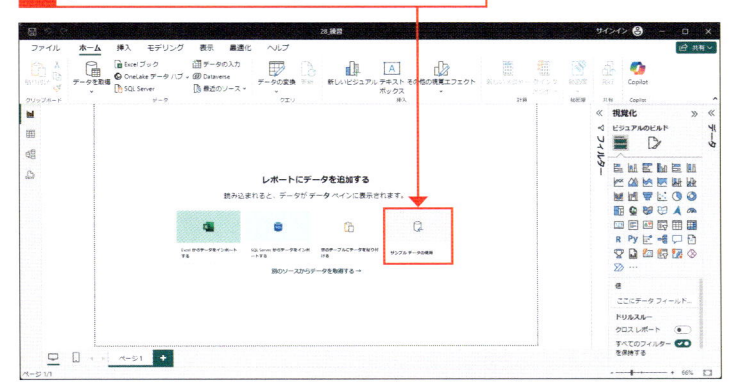

解説

Microsoft社作成のサンプルデータを使用する

レポートビューの最初の画面で、Microsoft社が提供するサンプルデータを取得します。[サンプルデータを使用]をクリックすると、ナビゲーター画面にサンプルの[financial.xlsx]がプレビューされます。

2 [サンプルデータの読み込み]をクリックします。

解説

Excelファイルを、Power Query エディターへ取り込む

ナビゲーター画面で、Excelブックの中のシートを選択し、中身を確認した後、[データ変換]機能を使ってPower Query エディターへデータを引き渡します。

3 [ナビゲーター]画面で、[financials]をダブルクリックし、

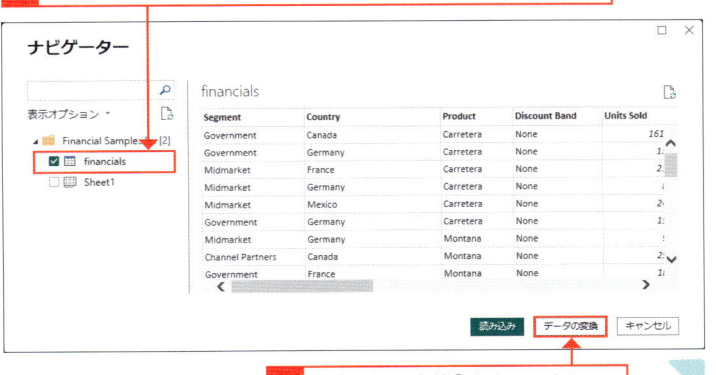

4 [データの変換]をクリックして、

💬 解説

**使用するデータの概要を
確認する**

クエリペインでデータ名を、ステータス
バーで読み込まれた行数と列数を確認し
ます。[クエリ]とは、読み込まれたデー
タの総称です。

---

5 Power Query エディターが起動します。

6 クエリペインで[financials]が
選択されていることを確認し、

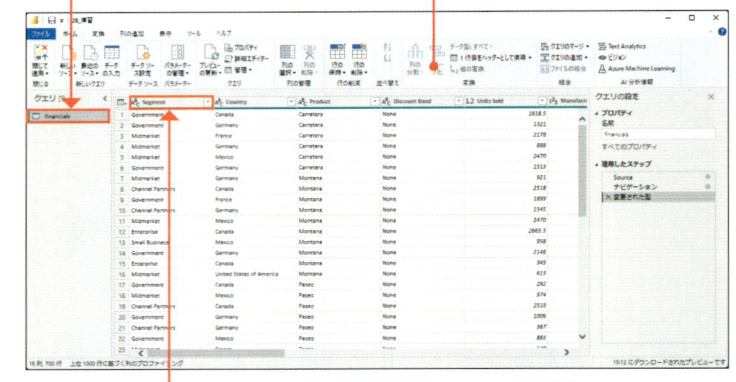

7 [Segment]の列ヘッダーを
クリックし、

8 → を何回か
押しながら、

9 [Year]まで、16列の列名を確認します。

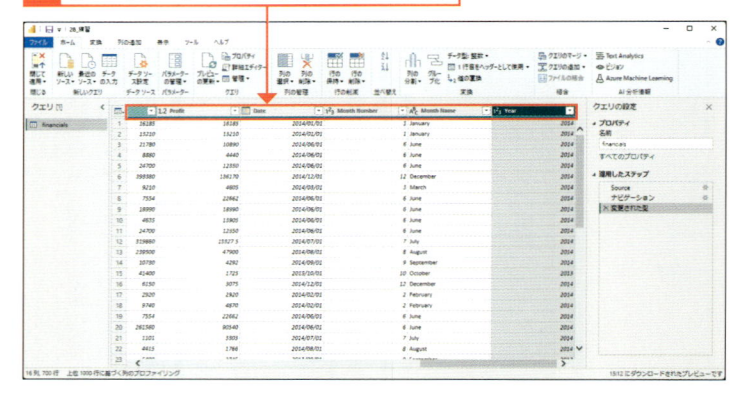

💬 解説

列ヘッダーを確認する

データグリッド画面の列ヘッダーで、各
列の列名とデータ型を確認します。デー
タ型は、Power Query エディターが含
まれる値を判定して自動認識します。

10 Home (または Fn と ← を
同時に)押して、

11 先頭の列に戻ります。

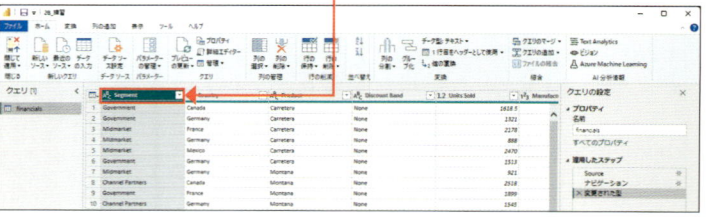

② [適用したステップ] を確認する

💬 **解説**

適用したステップを確認する

[適用したステップ] には、Power Query エディター内で行われた変更操作が記録されます。
ここでは、データグリッド上での操作が、適用ステップに操作履歴として追加されることを確認します。

1 [適用したステップ] に3ステップ表示されていることを確認します。

2 [Product]の列ヘッダーを右をクリックし、

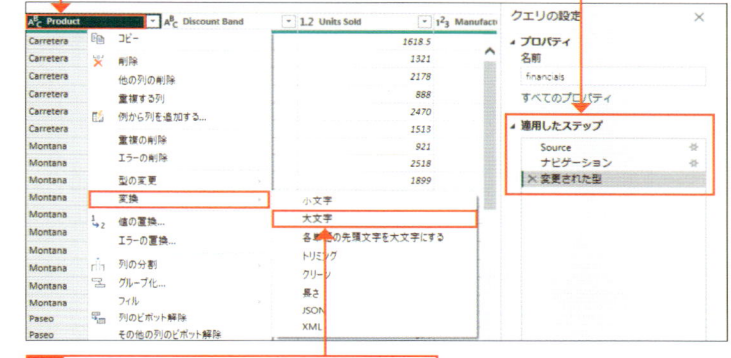

3 [変換]の[大文字]をクリックすると、

4 [Product]列の値が全て大文字に変換されます。

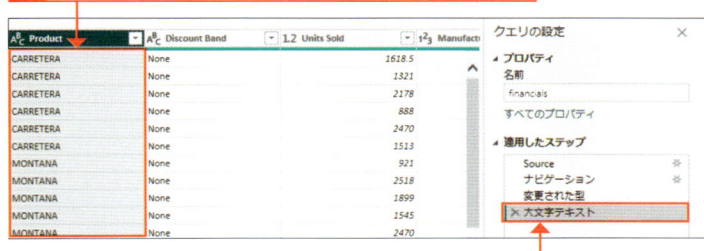

5 [適用したステップ] に大文字テキスト（大文字への変換操作）の記録がステップに追加されます。

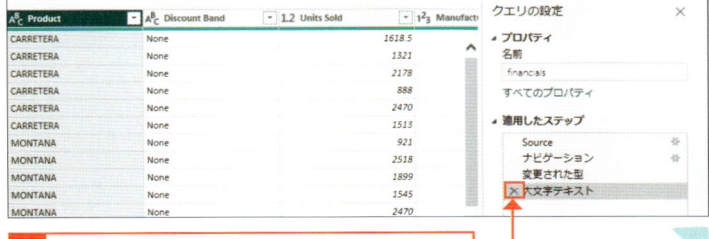

6 [大文字テキスト]の[x]をクリックすると、

基礎編

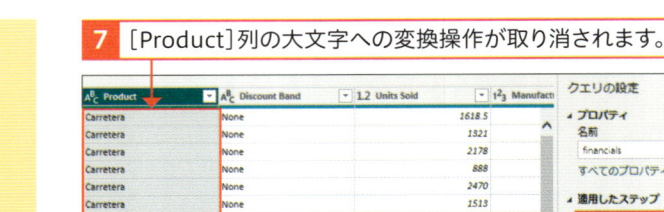

7 [Product]列の大文字への変換操作が取り消されます。

8 [適用したステップ]の[大文字テキスト]の履歴もなくなります。

✏️ 補足 起動時に自動的に適用したステップを確認する

次の例では、起動直後に自動的に行われた3つの操作（Source、ナビゲーション、変更された型）が表示されています。

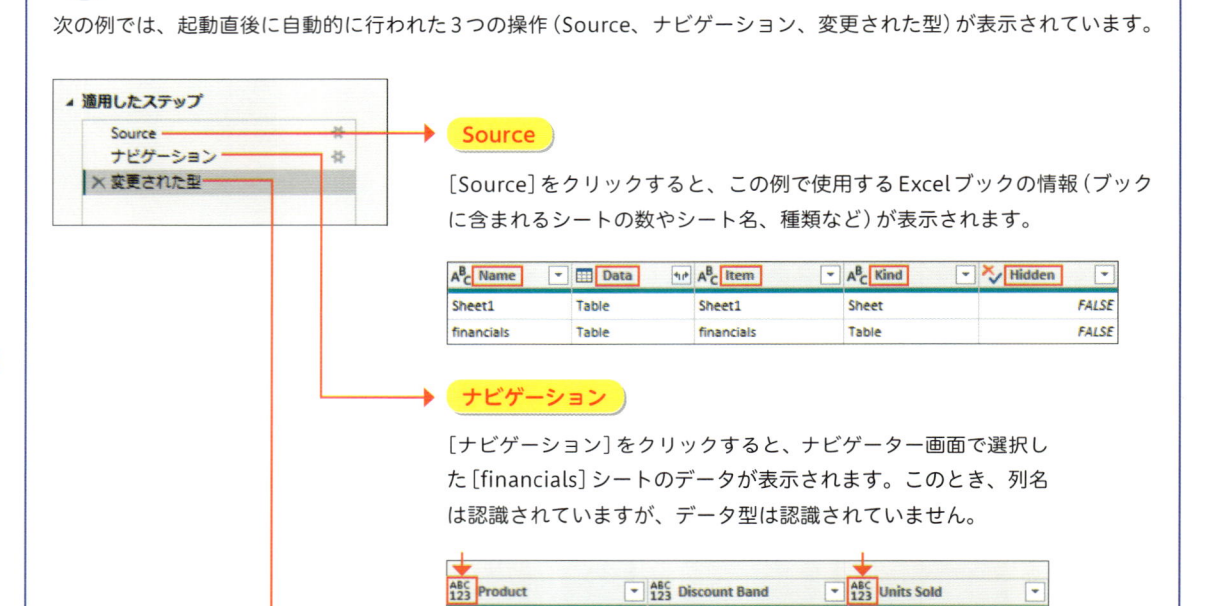

Source

[Source]をクリックすると、この例で使用するExcelブックの情報（ブックに含まれるシートの数やシート名、種類など）が表示されます。

Name	Data	Item	Kind	Hidden
Sheet1	Table	Sheet1	Sheet	FALSE
financials	Table	financials	Table	FALSE

ナビゲーション

[ナビゲーション]をクリックすると、ナビゲーター画面で選択した[financials]シートのデータが表示されます。このとき、列名は認識されていますが、データ型は認識されていません。

Product	Discount Band	Units Sold
Carretera	None	1618.5
Carretera	None	1321
Carretera	None	2178

変更された型

[変更された型]をクリックすると、データ型が自動認識されます。

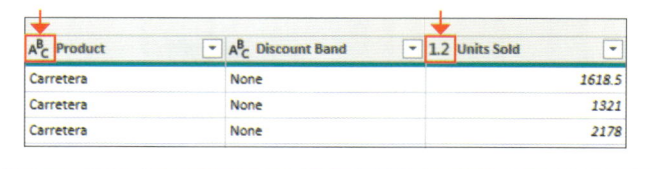

Product	Discount Band	Units Sold
Carretera	None	1618.5
Carretera	None	1321
Carretera	None	2178

③ 各列のデータの分布を調べる

🔍 重要用語

度数分布とは

列に含まれる値を、いくつかのグループに分け、そのグループごとの値の個数を調べます。

このグループを階級またはビンと呼び、階級ごとの件数を度数といいます。

度数分布とは、階級ごとの度数を表や棒グラフに表して、分布（データの散らばり具合）を調べる方法で、

おおまかな傾向を把握することができます。度数分布を示す棒グラフをヒストグラムといいます。

💬 解説

テキスト型の列の
プロファイルを確認する

各列の値の分布や、特徴（プロファイル）を調べます。分布はヒストグラムで、プロファイルは統計値で確認します。

右の例で、テキスト型のSegment（市場の分類）列の全件数と、構成要素（Government, Midmarket, Channel Partner, Enterprise, Small Businessの4種類の値）、各々の内訳の数を調べます。

エラーやかけ離れた値がある場合は、列統計の［エラー］［最小］［最大］で検出します。

💬 解説

数値型の列のプロファイルを
確認する

数値型の列について、詳細な統計値を調べます。右の例ではUnits Sold（販売個数）の最小、最大、平均、標準偏差が表示され、データの理解に役立ちます。

1 ［表示］タブの［列の分布］をクリックしてオンにすると、

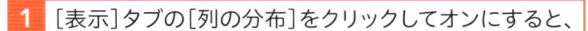

2 値の分布を示す縦棒グラフが表示されます。

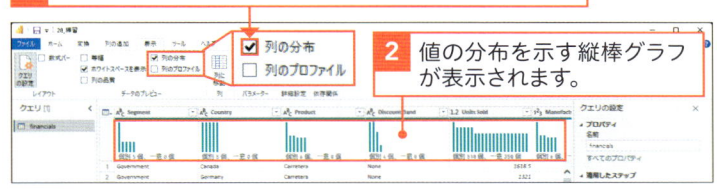

3 ［列の分布］をクリックしてオフに、［列のプロファイル］をクリックしてオンにし、

4 ［Product］の列ヘッダーをクリックすると、

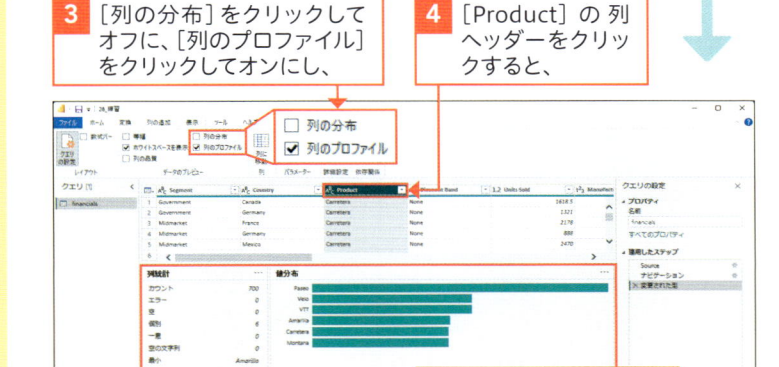

5 列の統計と値分布が表示されます。

6 ［Units Sold］の列ヘッダーをクリックすると、

7 列の統計と値分布が表示されます。

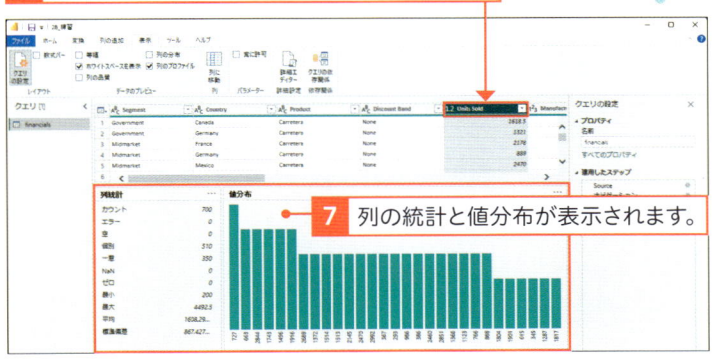

8 ［列のプロファイル］をクリックしてオフにします。

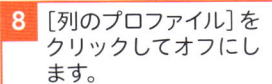

9 ここをクリックして、リボンを非表示にします。

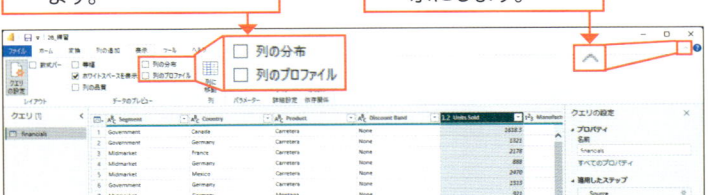

③ 並べ替えとフィルター機能を確認する

5

Power Query エディターによるデータの整備

解説

**列ヘッダーのオプションを
使用する**

列のヘッダーオプションを使用して、行
を並べ替えたり、使用する行を絞り込み
ます。
規則に従った並べ替えや、意図に沿った
絞り込みを行うと、データの特徴を掴み
やすくなります。

解説

行を並べ替える

並べ替え機能を使用して、列の値の昇順
や降順にデータを並べ替えます。
[並べ替えをクリア]を使うと、並べ替え
の指定を解除し、読み込み直後の並び順
に戻すことができます。

解説

行を絞り込む

フィルター機能を使用して、関心の高い
行に絞り込みます。
フィルターの指定は、[絞り込みの条件を
指定する][検索ボックスにキーワードを
指定する][一覧の値をチェックする]の
3つの方法があります。
[フィルターのクリア]を使うと、フィル
ターの指定を無効にすることができま
す。

1 [Units Sold]のここをクリックし、

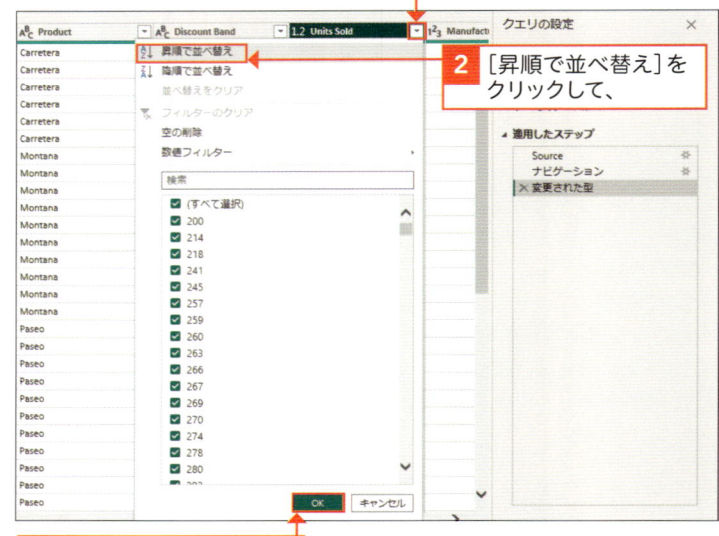

2 [昇順で並べ替え]を
クリックして、

3 [OK]をクリックします。

4 [Units Sold]の値の昇順に並べ替えられました。

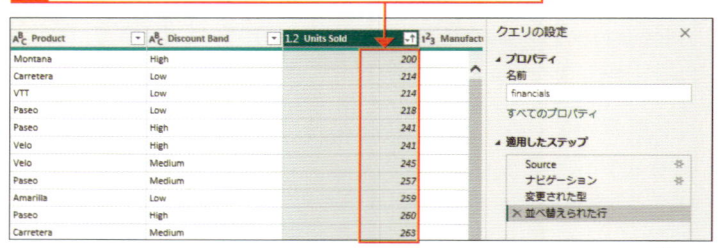

5 [Units Sold]のここをクリックし、

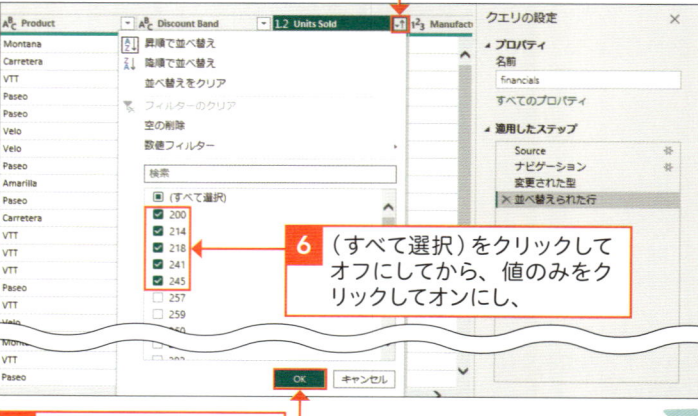

6 （すべて選択）をクリックして
オフにしてから、値のみをク
リックしてオンにし、

7 [OK]をクリックします。

解説

[Unit Sold] にフィルターを
指定する

サンプルデータで、200番台のUnits Soldを選択し、条件に合致した7行にフィルターします。
Power BI Desktopのデータビューのフィルター機能とは異なり、Power Query エディターのフィルター機能は、表示の行数だけではなく、格納の行数も絞り込みます。

8 7行（5種類の値）にフィルターされました。

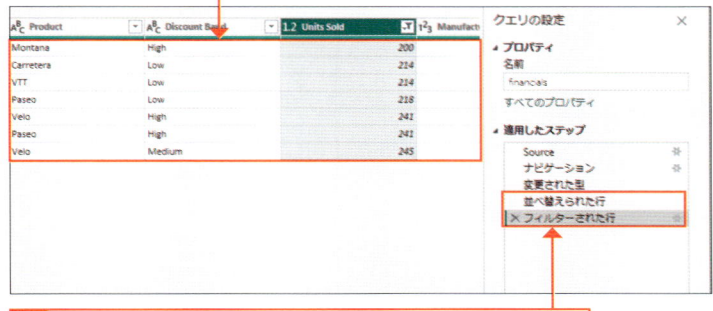

9 ［適用したステップ］に並べ替えとフィルター操作が追加されていることを確認します。

④ Power BI Desktop に変更を適用する

解説

Power BI Desktop に変更を
適用する

Power BI Desktopのデータに、並べ替えやフィルターなどの変更を適用し、Power Query エディターを閉じます。

1 ［x］をクリックして、Power Query エディタを閉じます。

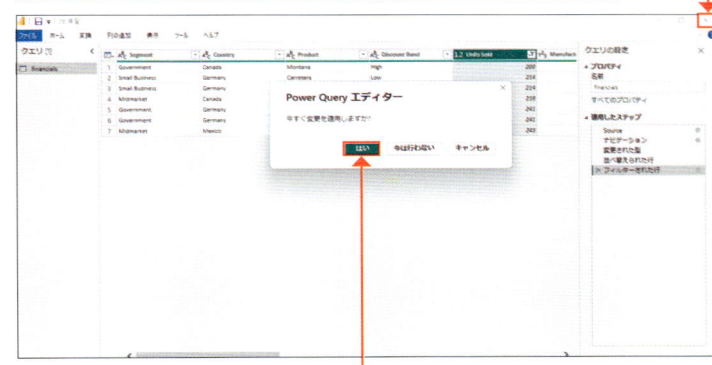

2 「今すぐ変更を適用しますか？」画面で、［はい］をクリックします。

3 Power BI Desktop画面に戻り、テーブルビューをクリックします。

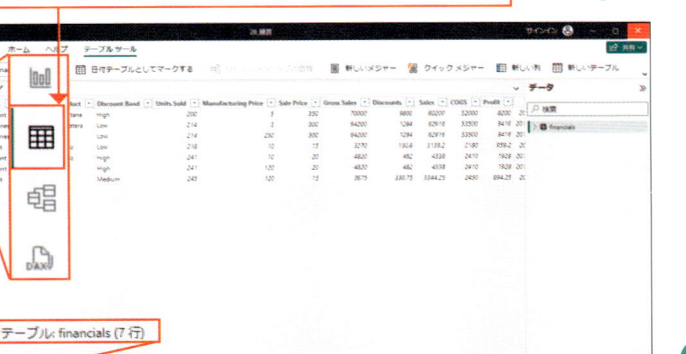

テーブル: financials (7 行)

4 7行であることを確認します。

5 Alt と F4 を同時に押してファイルを閉じます（保存不要）。

Section 29 行や列を整備する 高度な機能を使ってみよう

列の削除、行の削除、1行目をヘッダーとして使用

練習▶29_練習.pbix／酒類の輸出.xlsx　完成▶29_練習_end.pbix

▶ 分析のテーマと、使用する機能を確認する

国税庁の酒類輸出統計の令和4年のデータを使用して、品目名別の輸出金額の割合を調べます。

●分析のテーマ

国税庁の統計サイトからダウンロードしたExcelデータは、印刷用に加工されています。1行目にレポートのタイトル、2～4行目には見出しや空白のセル、最終行に合計が含まれています。また多数の列が含まれていますが、ここでは下記赤枠の統計品目番号と品目名（1列目と2列目）、金額（11列目）の3列のみ使用し、それ以外は使用しません。

統計品目番号	品名	数量(L)	対前年同月 増減率(%)	対前月 増減率(%)	金額(千円)	対前年同月 増減率(%)	対前月 増減率(%)	数量(L)	対前年同期 増減率(%)	金額(千円)	対前年同期 増減率(%)
2203.00-000	ビ ー ル	7,336,569	+25.0	+21.2	1,112,491	+45.2	+21.8	76,847,995	+32.3	10,745,478	+46.0
2204.10-000	スパークリングワイン	1,062	▲70.7	+145.8	2,490	▲63.0	+79.1	18,877	▲30.6	34,749	+37.0
2204.21-000	その他のぶどう酒及びぶどう搾汁でアルコール添加により発酵をとめたもの（2L以下の容器入りにしたもの）	22,340	+22.2	+146.9	58,167	▲12.3	+36.2	209,744	▲34.7	594,351	▲0.4
2204.22-000	その他のぶどう酒及びぶどう搾汁でアルコール添加により発酵をとめたもの（2L超10L以下の容器入りにしたもの）	0	-	-	0	-	-	0	-	0	-
2204.29-000	その他のぶどう酒及びぶどう搾汁でアルコール添加により発酵をとめたもの（10L超の容器入りにしたもの）	18,342	-	-	6,336	-	-	37,129	+8,338.4	18,133	+6,874.2
2204.30-000	その他のぶどう搾汁	27	-	-	540	-	-	829	▲85.6	3,051	▲67.3
2208.	式蒸留検				1,164			1,927,1		582,6	
2208.90-900	酒及び単式蒸留検酎	110,025		+8.0	96,903		+2.7	2,080,438		1,589,199	
2208.90-900	その他のアルコール飲料	367,381	▲0.6	▲11.2	572,875	+86.2	+416.4	4,008,440	+13.3	1,776,545	+18.0
	合 計	15,795,550	+4.7	+13.8	11,341,201	+8.0	+3.7	182,351,817	+19.4	139,223,847	+21.4

このデータをPower BI Desktopで読み込むと、先頭行に列見出しがないため、列名が認識されません。また2～4行目には複数セルや複数行にまたがる複雑なセルも含まれていて、集計には向きません。これらの不都合を整え、Power BI Desktopで適切に扱えるように、Power Queryエディターで加工します。

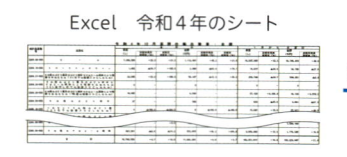Excel　令和4年のシート　整形操作　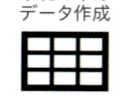令和4年のデータ作成　ビジュアル作成　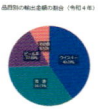品目別の輸出金額の割合（令和4年）

Power Queryエディターで
・3列（金額、品目名、品目番号）のデータに整える。
・不要な行を削除する

① Power Query エディターにデータを読み込む

💬 解説

読み込まれているデータを確認する

練習フォルダーのChapter05の「_Section29以降を始める前に実行.bat」ファイルをダブルクリックし、次に、「29_練習.pbix」をダブルクリックして開き、ナビゲーションペインの[テーブルビュー]をクリックします。

ステータスバーで、読み込んだデータのテーブル名と行数を確認します。

・テーブル：令和4年
・23行

このセクションでは、統計品目番号、品目名、金額（先頭2列と11列目）の3列だけの使用を予定しています。

💬 解説

Power Query エディターを起動する

Power BI Desktopの[データの変換]機能を使ってPower Query エディターを起動します。ここでは、Power BI Desktopの[ホーム]タブの[データの変換]メニューで起動します。

💬 解説

使用するデータの概要を確認する

Power Query エディターで、データの基本情報（クエリ名や行数、列数）を確認し、データグリッド全体にも目を通します。

現在、次のような不都合が確認できます。

・列名が正しく認識されていない。
・分析に不要な列が含まれている。
・1～3行目に不要なデータが含まれている。
・最終行の「合計」は、分析に使用しない。

これらの不都合を、分析に適する形に整備します。

「**_Section29以降を始める前に実行.bat**」をダブルクリックし、次に、「**29_練習.pbix**」をクリックして開きます（側注参照）。

1 テーブルビューをクリックして、

2 データペインで、[令和4年]が読み込まれていることを確認します。

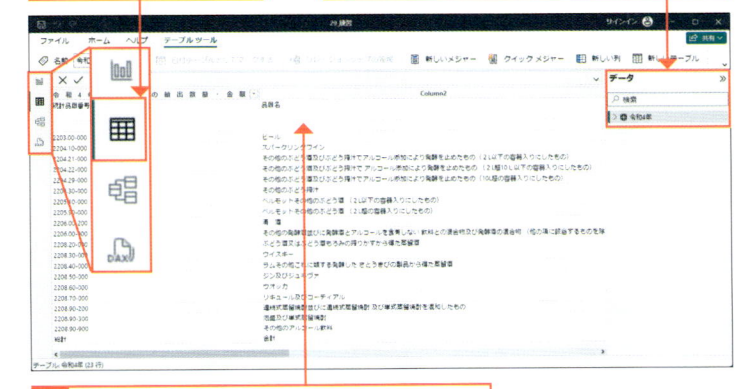

3 データグリッドで、空白行など、分析に適さないデータがあることを確認します。

4 [ホーム]タブの[データの変換]をクリックして、

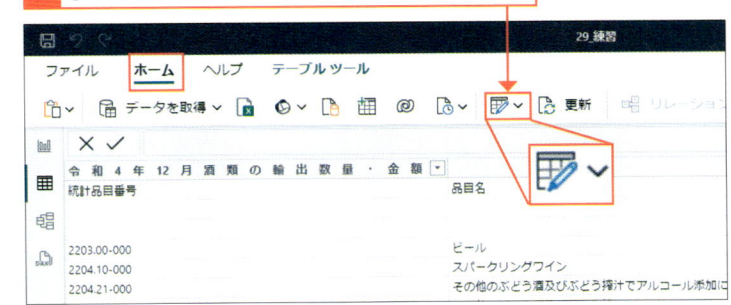

5 Power Query エディターを起動します。

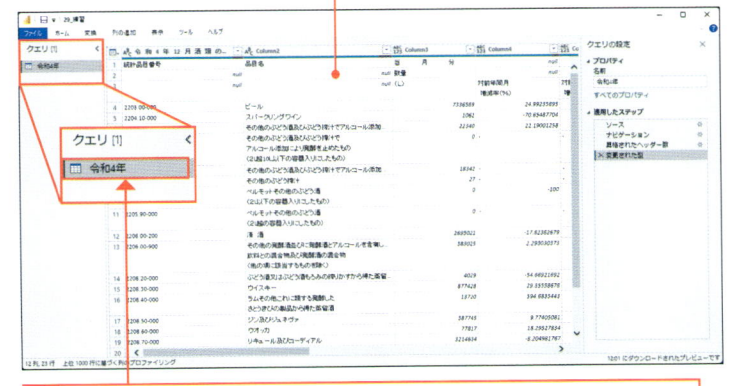

6 クエリペインで[令和4年]が読み込まれていることを確認します。

基礎編

② 不要な列を削除する

 **解説**

分析に使用する列を選択する

読み込んだデータの不要な列を削除し、分析に必要な「統計品目番号」「品目名」「金額」の3列（先頭2列と11列目）を残します。

補足

テーブルのコンテキストメニューを使用する

クエリ全体に対する操作は、[クエリのコンテキスト]メニュー（手順**1**のアイコンをクリックすると表示されるメニュー）に表示されます。各列に対する操作は、各列の列ヘッダーの[列のオプション]メニューに表示されます。

補足

列の削除

Power BI Desktopと同じように、列のコンテキストメニューで列を削除することもできます。列のコンテキストメニューは、列ヘッダーを右クリックすると表示されます。
複数の列をまとめて削除する場合は、[Ctrl]を押しながら対象の列をクリックして選択した後で、列ヘッダーで右クリックします。選択した列を削除する場合は[削除]を、選択以外の列を削除する場合は[他の列の削除]をクリックします。

1 ここをクリックし、 **2** [列の選択]をクリックします。

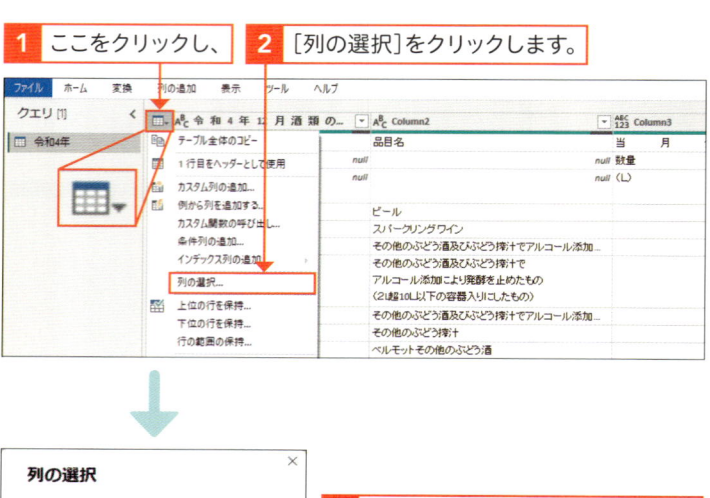

3 [（すべての列の選択）]をクリックして、チェックを解除し、

4 先頭2列をクリックしてチェックをオンにし、

5 [Column11]をクリックしてチェックをオンにします。

6 [OK]をクリックします。

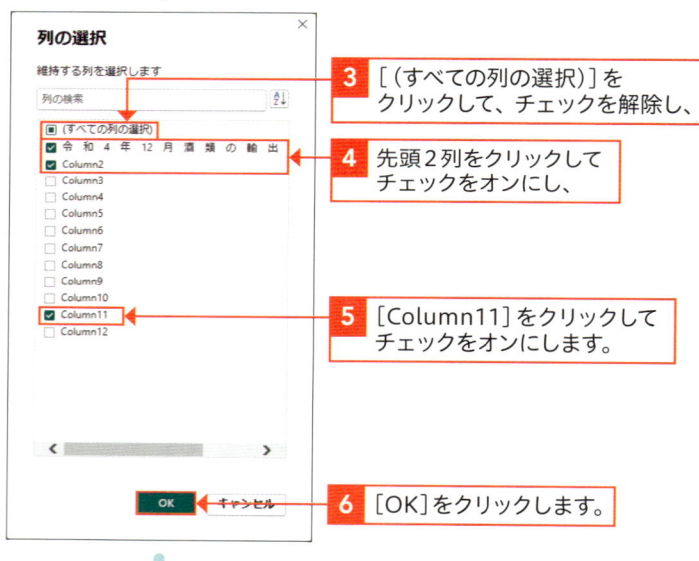

7 不要な列が削除され、3列が残りました。

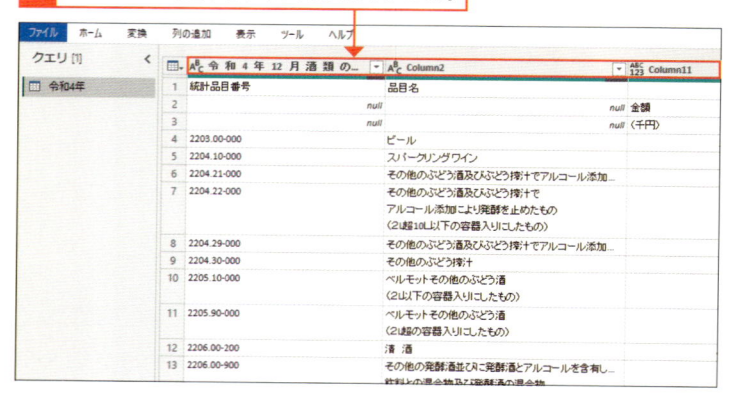

③ 列名を整える

解説

**1行目をヘッダーとして
使用する**

練習ファイルのデータは、列名が正しく
認識されていません。

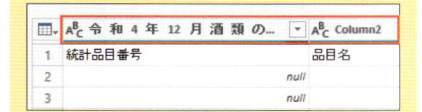

1行目を見ると、これらの値を列名とし
て使用することができそうです。
ここでは、テーブルのコンテキストメニ
ューを使って、1行目のデータを列名と
して使用できるようにします。

解説

手入力で列名を変更する

列名が自動で認識や変更されない場合
は、手入力で変更します。

補足

手入力で列名を変更する

列ヘッダーを右クリックして、列のコン
テキストメニューの[名前の変更]で変更
することもできます。

1 ここをクリックし、　**2** [1行目をヘッダーとして使用]を
クリックします。

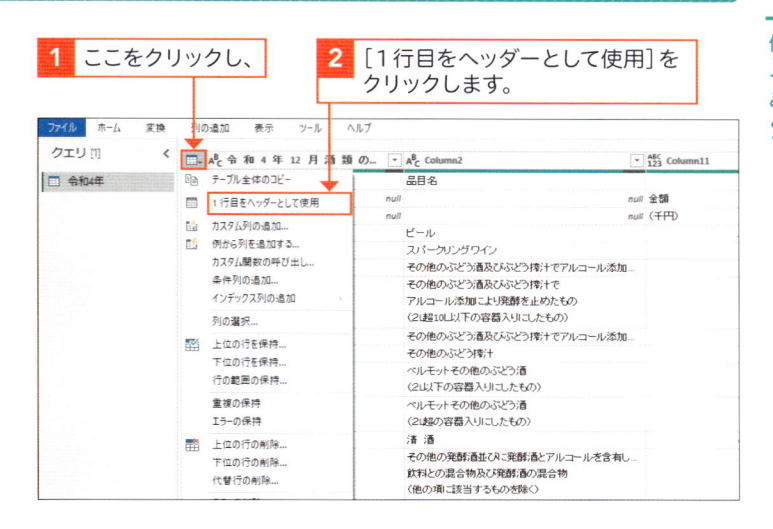

3 先頭2列の列名が正しく
表示されました。　**4** 3列目の列ヘッダーを
ダブルクリックし、

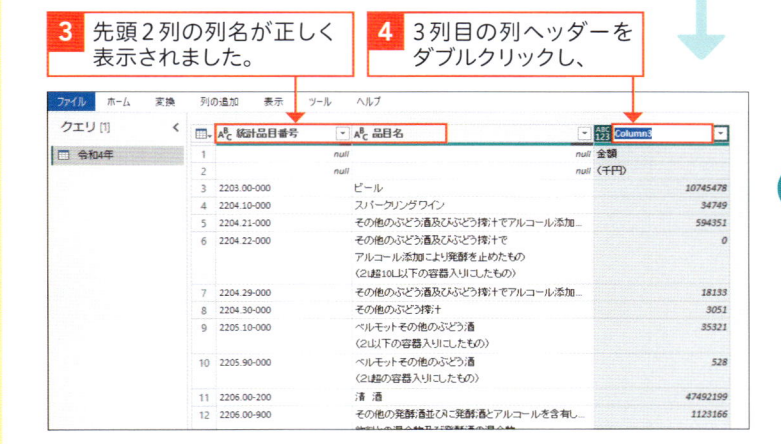

5 [金額(千円)]に変更します。

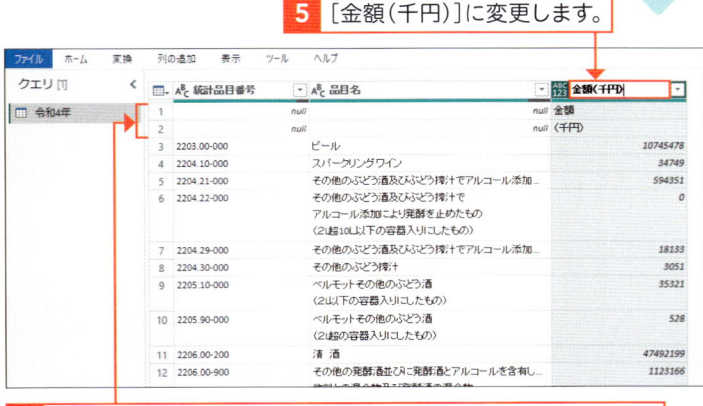

6 先頭2行に、データ以外の値が含まれていることを確認します。

基礎編

④ 行を整備する

🗨️ 解説

不要な行を削除する

練習ファイルに含まれている Excel 表には、レポートを印刷するために作成されたもので、レポートタイトルの直下に空白行や見出しが含まれています。

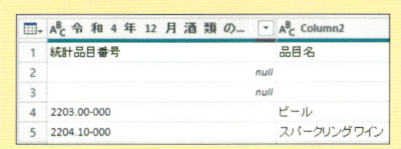

また、最下行には、合計済の値が含まれています。

23	総計	合計	139223847

分析で使用するデータから、それらを取り除く必要があります。
ここでは、「上位の行の削除」「下位の行の削除」機能を使い、削除する行数を指定して、分析に不要な行を削除します。

1 ここをクリックし、　　**2** [上位の行の削除]をクリックし、

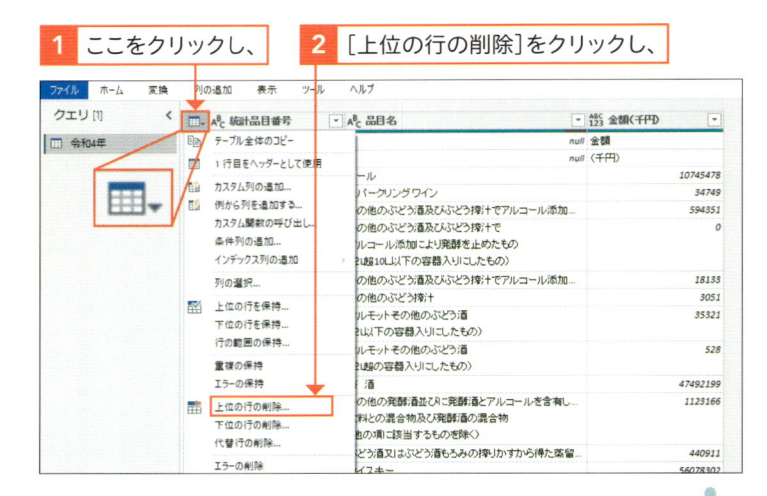

3 行数に[2]を入力して、　　**4** [OK]をクリックします。

5 ここをクリックし、　　**6** [下位の行の削除]をクリックし、

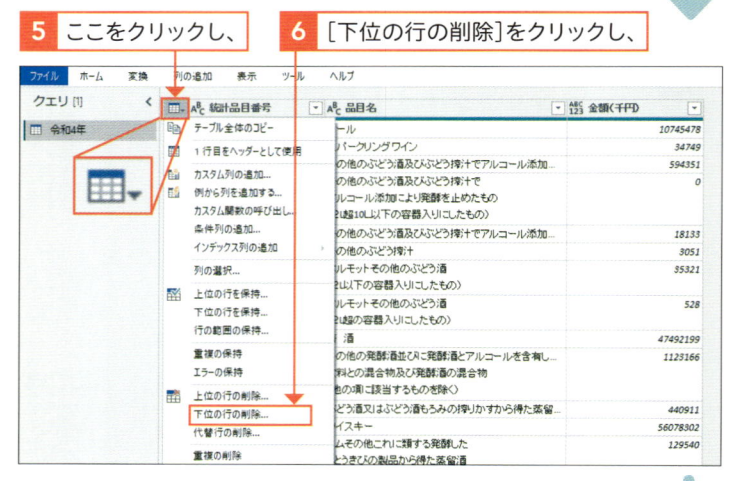

7 行数に[1]を入力して、　　**8** [OK]をクリックします。

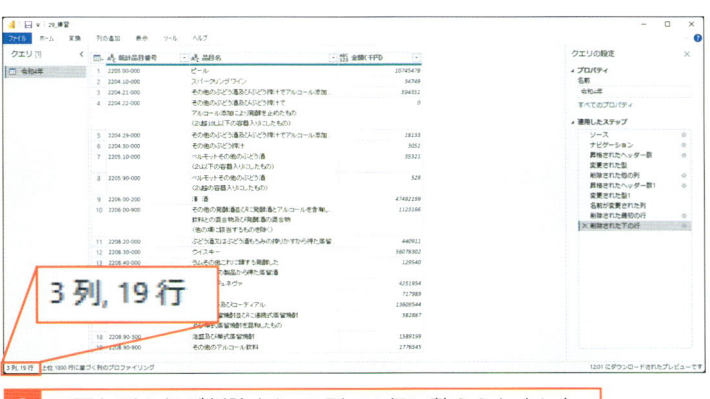

9 不要な列や行が削除され、3列、19行に整えられました。

❺ Power BI Desktopに変更を適用する

💬 **解説**

**Power BI Desktopに
変更を適用する**

Power BI Desktopのデータに、行や列
への変更を適用し、Power Query エデ
ィターを閉じます。

1 [x]をクリックして、Power Query エディターを閉じます。

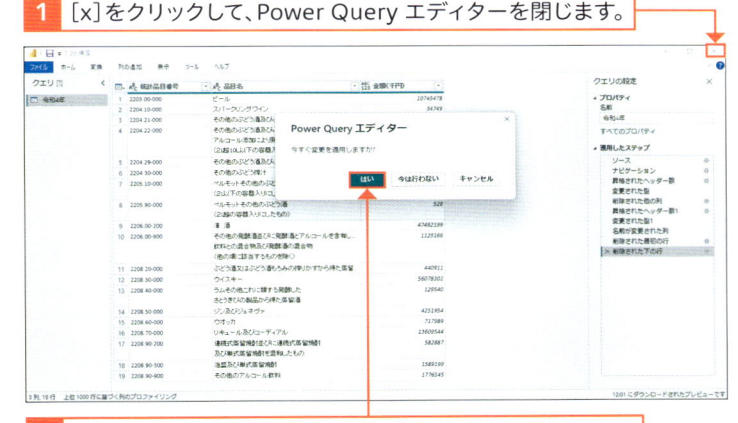

2 [今すぐ変更を適用しますか?]で[はい]をクリックします。

3 Power BI Desktopの
の画面に戻ります。

4 データグリッドで、3列
に整えられていること
を確認します。

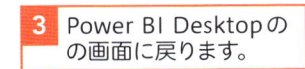

💬 **解説**

**Power BI Desktopで
変更されたデータを確認する**

3列19行のデータが読み込まれているこ
とと、列ヘッダーで、分析に必要な3列
(「金額(千円)」「統計品目番号」「品目名」)
に整備されていることを確認します。

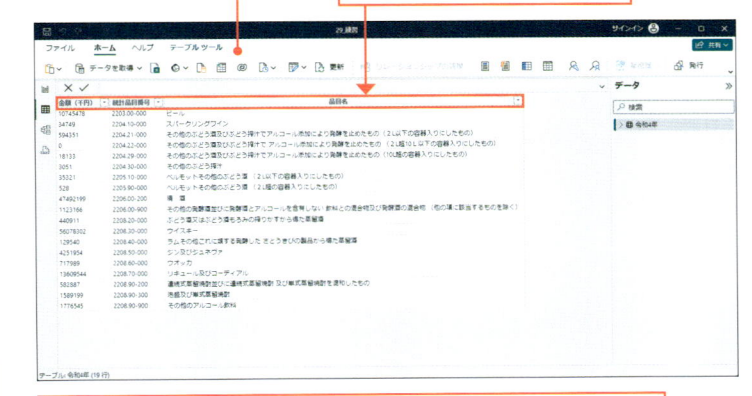

5 Alt と F4 を同時に押してファイルを閉じます(保存不要)。

Section 30 複数クエリへの繰り返し操作を効率化しよう

適用したステップ、詳細エディター

練習▶30_練習.pbix ／酒類の輸出.xlsx　完成▶30_練習_end.pbix

▶ 分析のテーマと、使用する機能を確認する

国税庁の酒類輸出統計の令和4年と令和3年のデータを使用して、品目名別の輸出金額の割合を並べて比較します。

●分析のテーマ

セクション29で、令和4年のデータの列や行に対して、Power BI Desktopで扱いやすい形式に整えました。令和3年のデータに対しても、同様の操作を繰り返す必要があります。このセクションでは、同じマウス操作を繰り返すのではなく、一連の操作手順（ステップ）を専用の指示書にまとめておき、他のデータに対してもそれらの手順を自動で適用します。

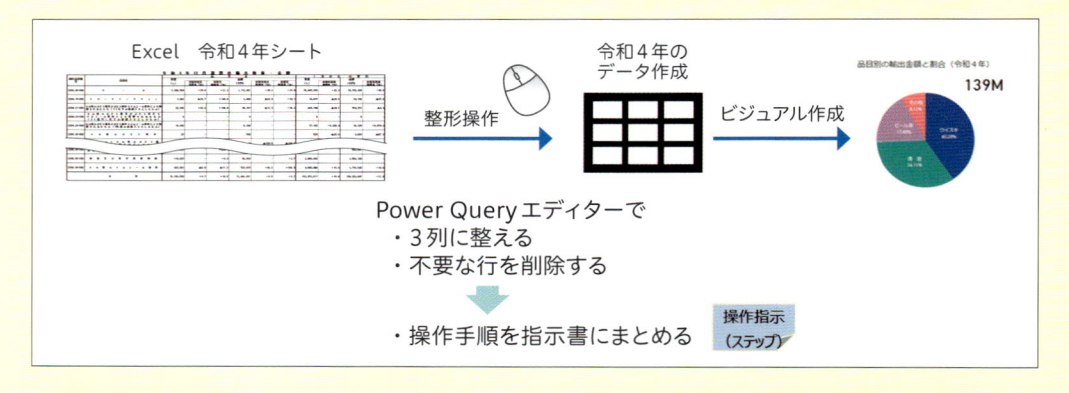

Power Query エディターで行った操作は、「適用したステップ」に自動で履歴が記録されます。その詳細は、「詳細エディター」で確認したり、編集（コピーや貼り付け）が可能です。この詳細エディターの内容が上記の指示書にあたります。

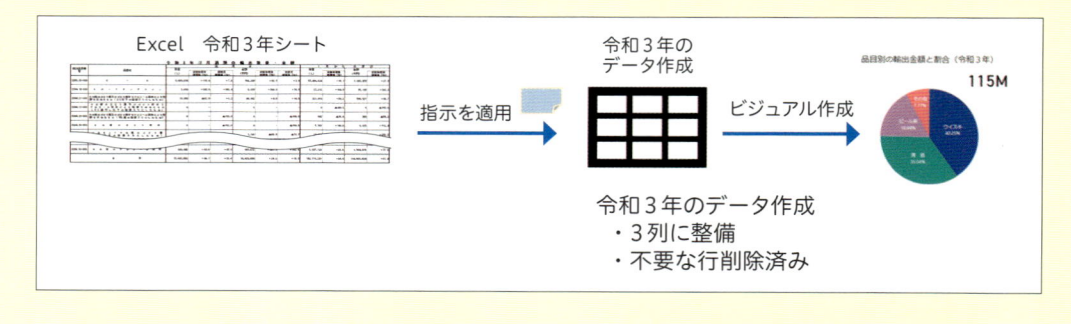

① Power Query エディターにデータを読み込む

解説

操作を開始する

練習フォルダーのChapter05の「30_練習.pbix」をダブルクリックして開き、ナビゲーションペインの[テーブルビュー]をクリックします。
ステータスバーで、読み込んだデータのテーブル名と行数を確認します。

- テーブル：令和4年
- 行数：19行

解説

Power Query エディターを起動する

Power BI Desktopの[データの変換]機能を使って Power Query エディターを起動します。

解説

使用するデータの概要を確認する

Power Query エディターで、データの基本情報（クエリ名や行数、列数）を確認し、データグリッド全体にも目を通します。
令和4年のデータは、3列19行（ステータスバーで確認できます）で、余分な行や列は含まれていないことが確認できます。
このあと、令和3年のデータを読み込み、令和4年と同じように、Power Query エディターで整備します。

練習フォルダーの「30_練習.pbix」を開きます（側注参照）。

1 テーブルビューをクリックして、

2 データペインで、[令和4年]が読み込まれていることを確認します。

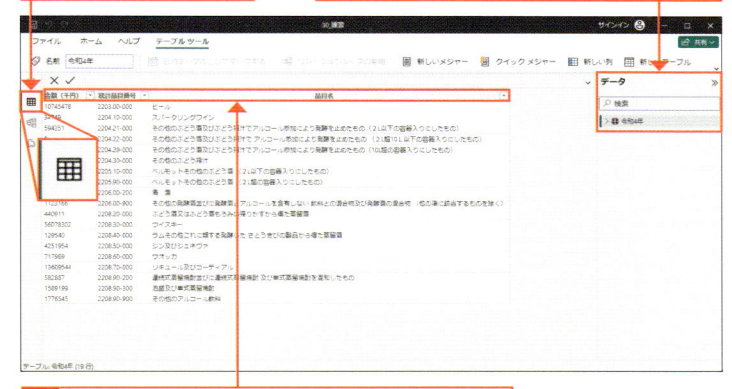

3 データグリッドで、3列あることを確認します。

4 [ホーム]タブの[データの変換]をクリックして、

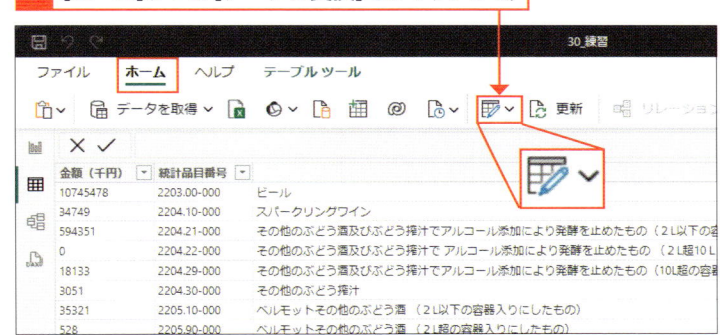

5 Power Query エディターを起動します。

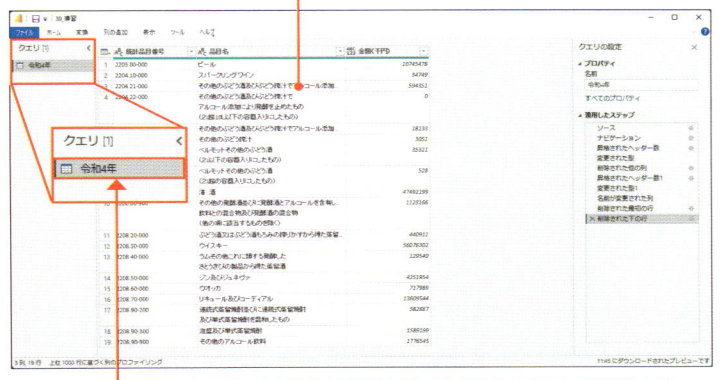

6 クエリペインで[令和4年]が選択されていることを確認します。

② 新しい列を追加し、値を挿入する

新しい列に各行の年を追加する

新しい列を追加し、列名を [和暦の年] と
します。各行が何年のデータなのかを識
別できるようにします。
現在の19件のデータはすべて令和4年の
データなので、全行に "令和4" を代入し
ます。式の中で、代入する文字列は " " で
囲んで記述します。

カスタム列の追加機能

接続先のデータにない列を追加し、そこ
に任意の値を代入することができます。
新たに追加された列を [カスタム列] とい
います。
Power Query エディターでは、個別の
データを手入力することはできません。
メニューに用意された機能を使って、特
定の列全体に値を一括代入したり、規則
に従って値を自動置換します。

適用したステップで作業履歴を
確認する

Power Query エディターのコマンドを
使って行った操作は、実行の順に [適用
したステップ] に自動的に記録されます。
各行の末尾のギアアイコンをクリックす
ると、操作時に使用したパネルを再び開
いて、確認したり、修正することができ
ます。
操作を取り消す場合は、該当の行をクリ
ックし、行頭の x をクリックします。

1 ここをクリックし、

2 [カスタム列の追加]を
クリックします。

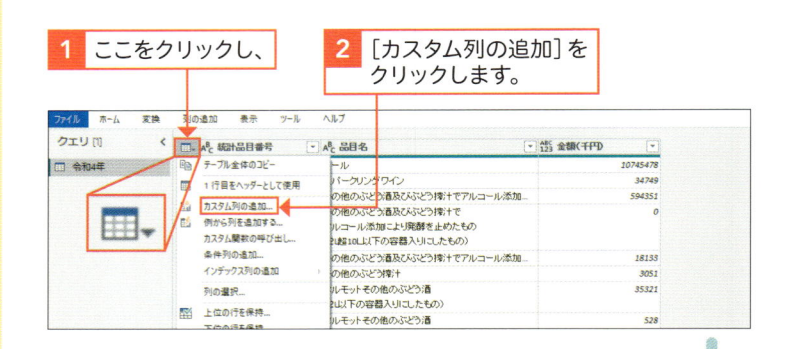

3 新しい列名に [和暦
の年]と入力し、

4 カスタム列の式の [=] の後ろに
"令和4" と入力して、
(" " と4は半角、令和は全角)

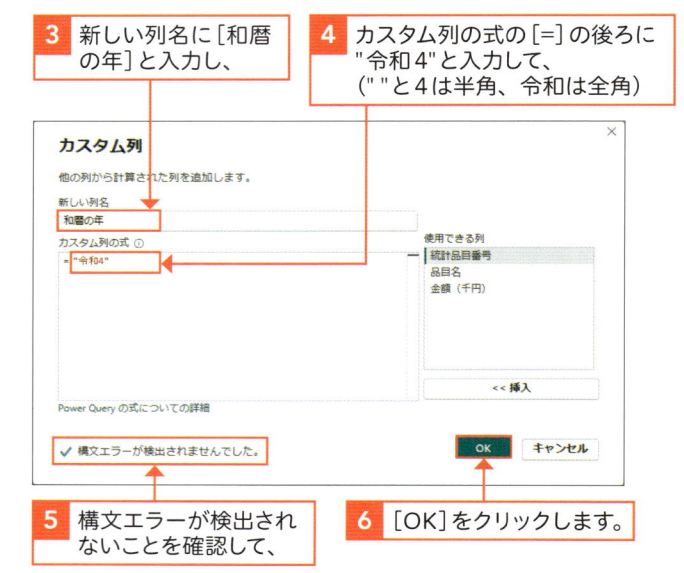

5 構文エラーが検出され
ないことを確認して、

6 [OK]をクリックします。

7 新しく [和暦の年]の
列が追加され、

8 全ての行に [令和4]の
値が挿入されました。

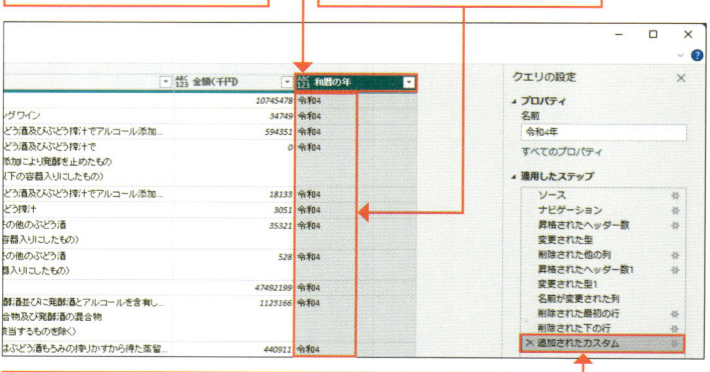

9 [適用したステップ] に、[追加されたカスタム] が追加されてい
ることを確認します。

③ Power Query エディターに追加のデータを取得する

解説

令和3年のデータを追加する

セクション29で使用した「酒類の輸出.xlsx」ブックには、令和4年のシートの他に、令和3年のシートも含まれています。ここでは、令和3年のデータをPower Query エディターに追加します。

1 クエリペインの空白の部分を右クリックし、

2 ［新しいクエリ］の［Excelブック］をクリックします。

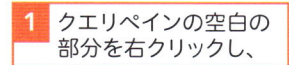
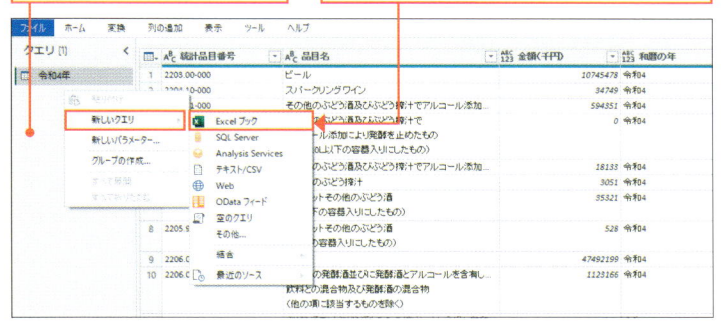

3 練習フォルダーのChapter05の［酒類の輸出.xlsx］をダブルクリックし、

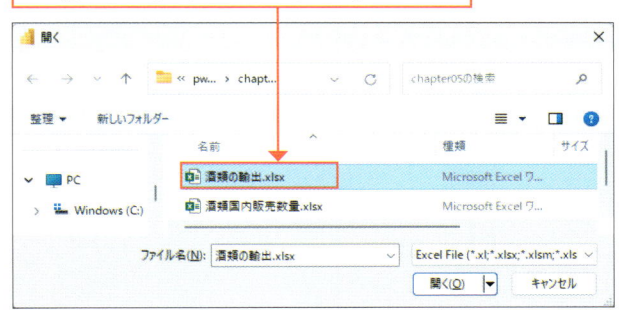

4 ナビゲーター画面で［令和3年］のチェックをクリックしてオンにし、

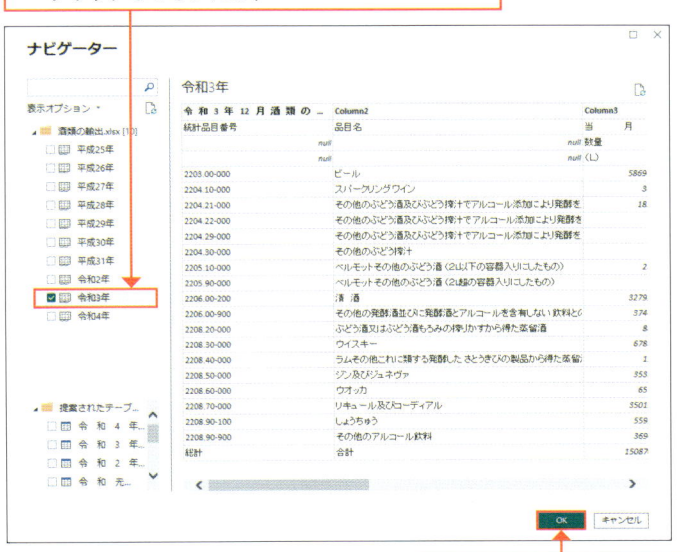

5 ［OK］をクリックします。

補足

国税庁のデータ

国税庁のサイトに公開されているデータは、各月のシートごとに1Excelブックが作成されています。本書では、複数のシートを1つのExcelブック［酒類の輸出.xlsx］にまとめています。

④ 操作履歴（ステップ）をコピーする

🗨 解説

新たに取得したデータを確認する

Excelブックから取得直後は令和4年のデータには12列含まれていましたが、セクション29で、分析に必要な3列のみを残し、他にも列ヘッダーなども整備しました。今、取得した令和3年のデータにも12列含まれていて、この後、同じ要領で不要な列を削除したり、列ヘッダーを整える必要があります。また、新しいカスタム列 [西暦の年] を追加し、各行に"令和3"年の値を挿入します。

1 [令和3年] を右クリックし、　　**2** [詳細エディター] をクリックします。

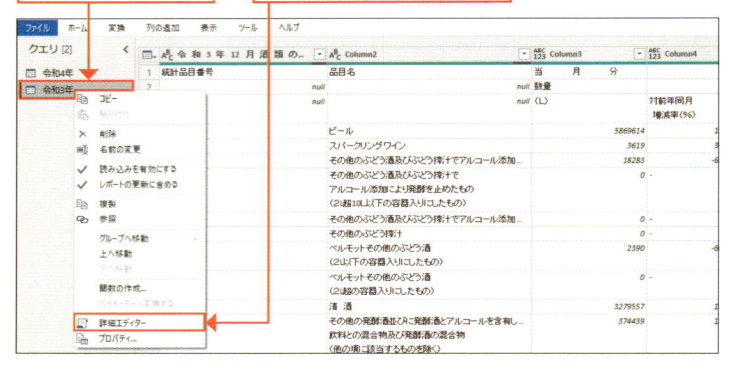

🗨 解説

操作の履歴を活用する

[適用したステップ] には、現段階でPower Query エディターで適用された操作が記録されています。
これらの操作は、[詳細エディター] 画面の操作履歴で、より詳細に確認することができます。

3 詳細エディターの行番号2〜5が、　**4** [適用したステップ] に結び付いていることを確認し、　**5** [x] をクリックします。

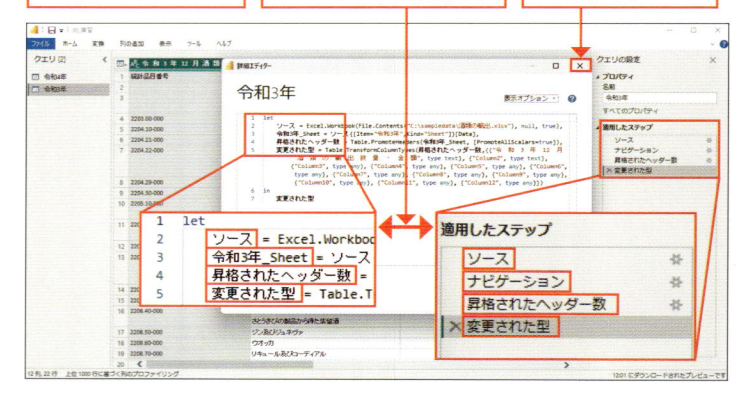
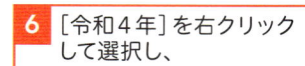

✏ 補足

行番号を [詳細エディター] に表示する

[詳細エディター] の画面で、行番号が表示されていない場合は、画面の右端の表示オプションで、[行番号の表示] を選択します。

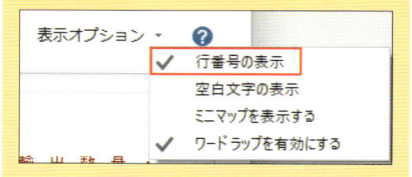

6 [令和4年] を右クリックして選択し、　**7** [詳細エディター] をクリックします。

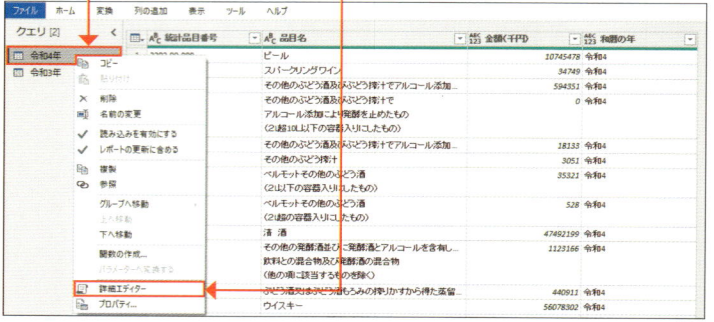

💬 解説

**クエリ間で操作履歴を
コピーする**

［令和4年］のクエリに［適用したステップ］と同じ操作を、［令和3年］のクエリにも行います。

このとき、［令和4年］の［詳細エディター］の操作履歴を、［令和3年］の［詳細エディター］にコピーすると、［令和3年］のクエリに対しても、同じ操作が適用されます。

8 令和4年の［詳細エディター］画面で、

9 全てを選択し、

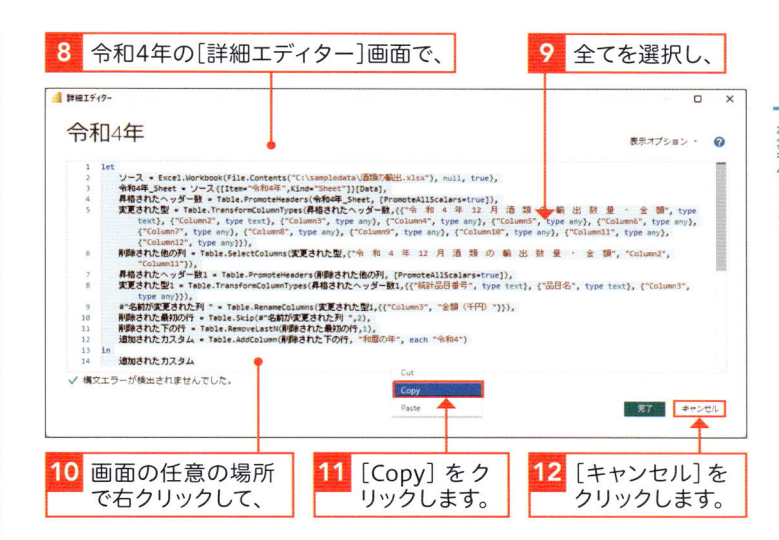

10 画面の任意の場所で右クリックして、

11 ［Copy］をクリックします。

12 ［キャンセル］をクリックします。

⑤ 操作履歴（ステップ）を異なるクエリに貼り付ける

💬 解説

**操作履歴の詳細の一部を
令和3年用にカスタマイズする**

ここでは、［詳細エディター］の操作履歴を、まずは、まるごとコピーし、令和3年用に一部修正します。コピーされた操作履歴（操作のステップ）が、令和3年のクエリに、順番に自動実行されます。

1 ［クエリ］ペインで［令和3年］を右クリックして、

2 ［詳細エディター］をクリックします。

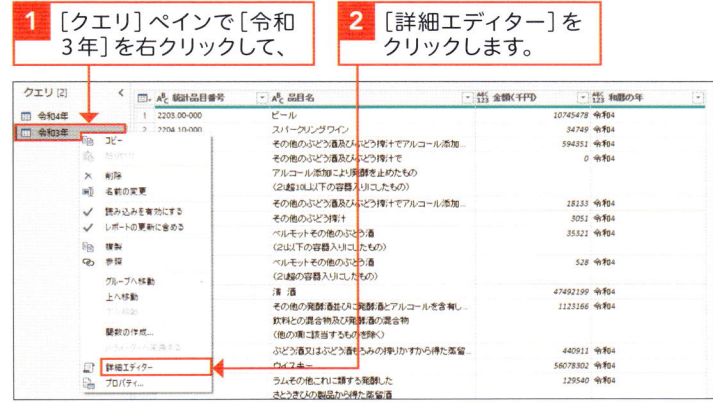

3 令和3年の［詳細エディター］画面で、

4 全ての行を選択し、

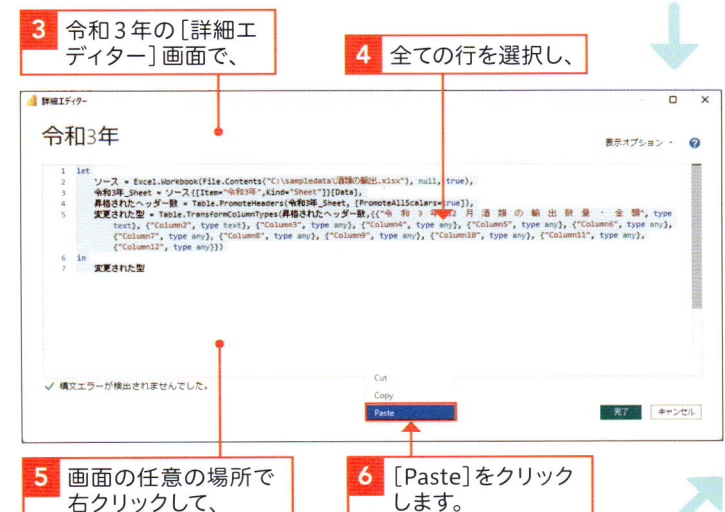

5 画面の任意の場所で右クリックして、

6 ［Paste］をクリックします。

💬 解説

**履歴を令和３年用に
カスタマイズする**

詳細エディターの次の［令和４］の記述
を、すべて［令和３］に修正します。
3行目に2か所、4、5、6、12行目に各
1か所、計6か所あります。

✏️ 補足

構文エラーのチェック機能

Power Query エディターが入力内容の
構文チェックをしてくれます。
カンマの欠落や、半角記号の代りに全角
記号の使用など、エラーが検出されると、
赤の波線でエラーの場所を示し、
枠外に「！　'='が必要です。」と、エラー
を修正するためのヒントを示してくれま
す。

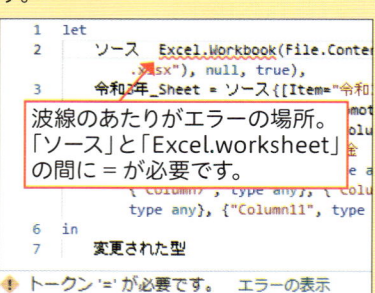

波線のあたりがエラーの場所。
「ソース」と「Excel.worksheet」
の間に = が必要です。

修正が完了したら、［✔ 構文エラーが検
出されませんでした］と表示されている
ことを確認しましょう。
構文エラー以外のエラーは、詳細エディ
ターを閉じた後に表示されます。
黄色のワーニングの指示に目を通してエ
ラーの場所を特定し、再び詳細エディタ
ーを開いて修正します。

---

7 令和4年の内容にまるごと置き換わります。

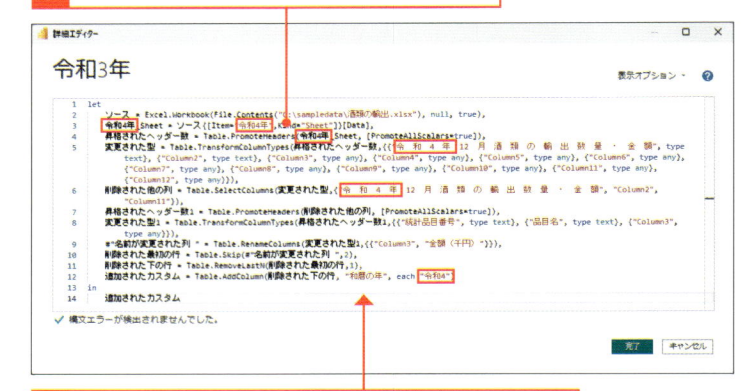

8 「令和4」を「令和3」に変更します（6か所あります）。

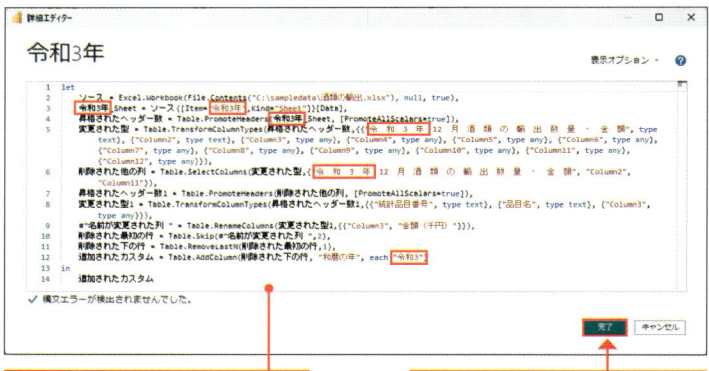

9 計6か所が、「令和3」の
内容になりました。

10 ［完了］をクリックします。

11 令和3年のクエリの適用したステップに、

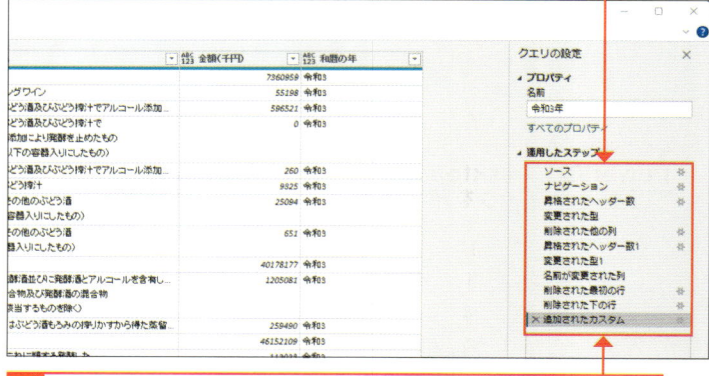

12 ［削除された他の列］から［追加されたカスタム］まで含まれる
ことを確認します。

⑥ Power BI Desktopに変更を適用する

💬 **解説**

Power BI Desktopに変更を適用する

Power BI Desktopのデータに、全ての変更を適用し、Power Query エディターを閉じます。

1 [x]をクリックして、Power Query エディターを閉じます。

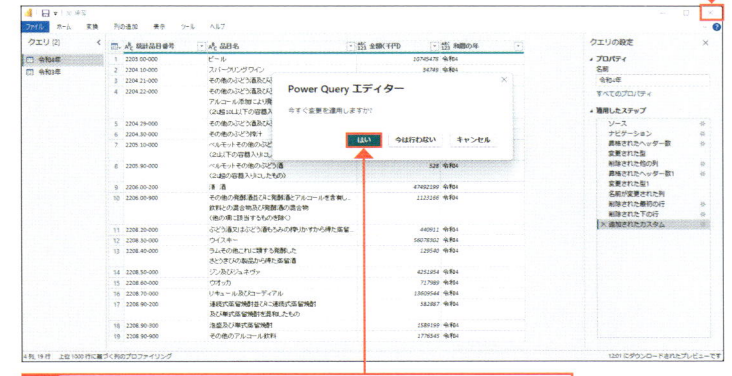

2 「今すぐ更新しますか？」で[はい]をクリックします。

3 Power BI Desktopの画面に戻ります。

4 データペインで、[令和3年]をクリックし、

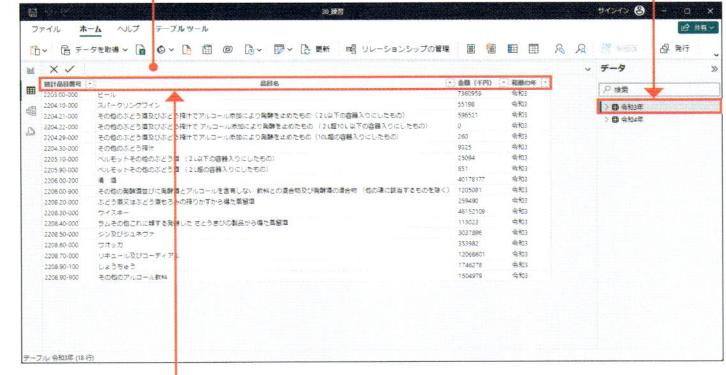

5 データグリッドで、4列に整えられていることを確認します。

6 [Alt]と[F4]を同時に押してファイルを閉じます（保存不要）。

💬 **解説**

Power BI Desktopで変更されたデータを確認する

データペインで、令和3年をクリックし、ステータスバーで、3列18行に変更されていることを確認します。
列ヘッダーで、分析に適した列「金額（千円）」「統計品目番号」「品目名」が整備されていることを確認します。

31
クエリの追加機能で
表構造を変更しよう

クエリの追加機能

 練習▶31_練習.pbix／酒類の輸出.xlsx　完成▶31_練習_end.pbix

▶ 分析のテーマと、使用する機能を確認する

国税庁の酒類輸出統計の平成26年から令和4年まで各データを使用して、過去10年分の金額を合算して、品目名別の輸出金額の合計や割合を調べます。

●分析のテーマ

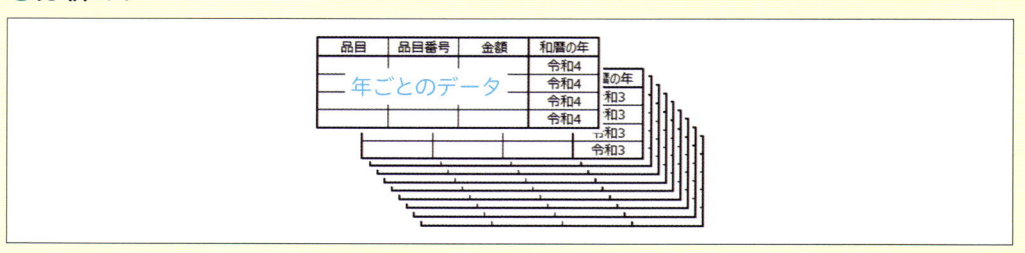

各年のデータは、別々のExcelシートに分かれているため、10年分の金額を合算するには、データを1つにまとめる必要があります。
セクション25で学んだUNION()関数を使って、データを追加することができますが、このセクションでは、より高度なオプションを持つPower Query エディターの追加機能を使います。

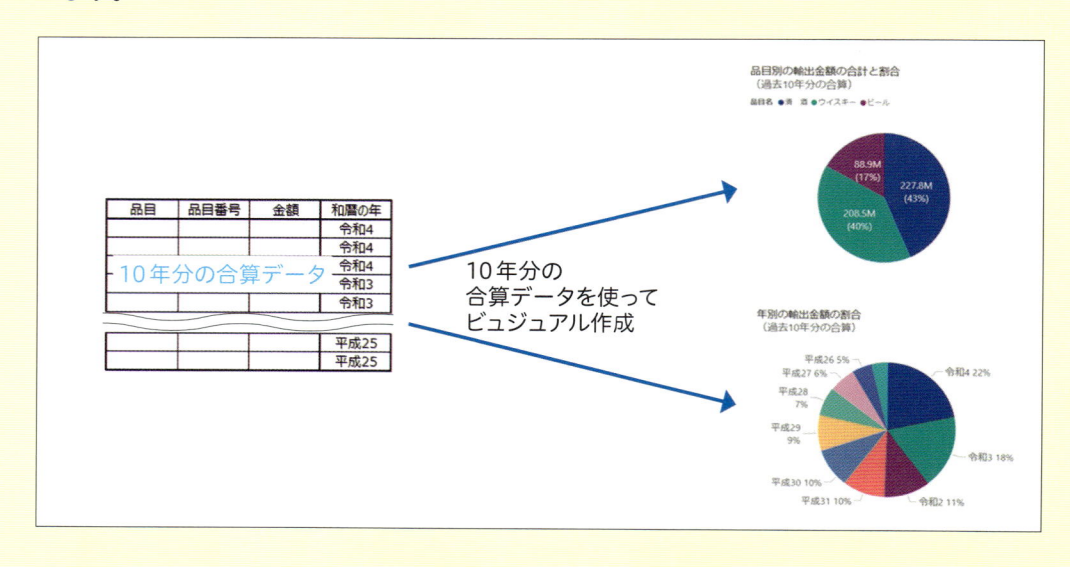

① Power Query エディターにデータを読み込む

解説

操作を開始する

練習フォルダーの「31_練習.pbix」をダブルクリックして開き、ナビゲーションペインの[テーブルビュー]をクリックします。
データペインに「平成25年」から「令和4年」までの10個のテーブルがあることを確認します。

解説

Power Query エディターを起動する

Power BI Desktopの[データの変換]機能を使ってPower Query エディターを起動します。ここでは、Power BI Desktopの[ホーム]タブの[データの変換]メニューで起動します。

解説

使用するデータの概要を確認する

Power Query エディターで、データの基本情報（クエリ名や行数、列数）を確認し、データグリッド全体にも目を通します。
クエリペインで「平成25年」や「令和4年」をクリックして、それぞれのデータグリッドで4列あることや、適用ステップに令和4年と同じ、加工の履歴があることを確認します（この練習ファイルの10個のクエリには、セクション30の方法で、同じ加工が実施されています）。

練習フォルダーの「31_練習.pbix」をクリックして開きます（側注参照）。

1 テーブルビューをクリックして、

2 データペインで、10個の中から任意のテーブルをクリックします。

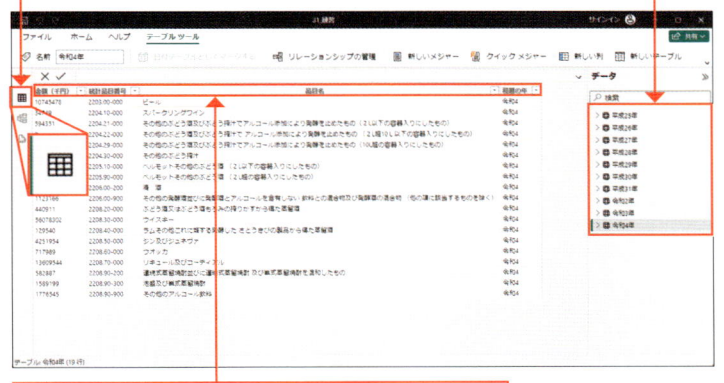

3 データグリッドで、4列あることを確認します。

4 [ホーム]タブの[データの変換]をクリックして、

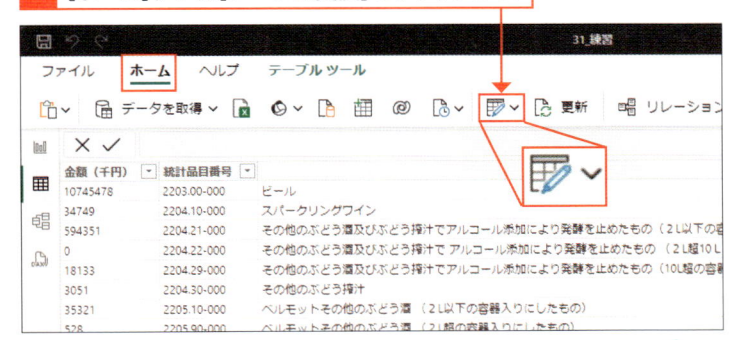

5 Power Query エディターを起動します。

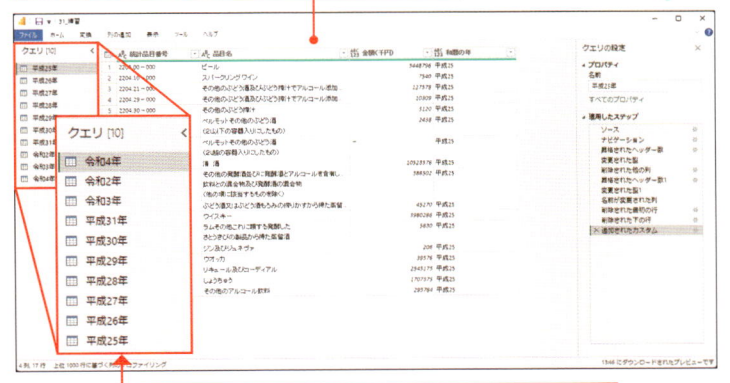

6 クエリペインで10個のクエリが読み込まれていることを確認します。

② データを追加して新しいクエリを作成する

 **解説**

複数のクエリを1つに まとめる

新しいテーブルを［酒類の輸出（10年分）］を作成し、10テーブルに分かれているデータを、1つに統合します。現在、10テーブルには、各年の17〜18種類の品目の輸出金額が格納されています。新しいテーブルは、これらが1つにまとまり、約180行になることを想定しています。

補足

クエリの追加の2種類の オプション

クエリをまとめる方法は2つあります。1つは複数のクエリをまとめて新しいクエリを作成する方法、もう1つは、既存の1つのクエリに、他のクエリを逐次、追加していく方法です。
今回の事例では、前者の方法で1つにまとめます。

ヒント

複数選択の方法と、 選択を解除す方法

左側のパネルからテーブルを選択する際、Ctrl を押しながらマウスで対象のテーブルを1つ1つクリックします。テーブルが隣接している場合は、Shift を押しながら、一番上のテーブルと一番下のテーブルをクリックすると、その間に表示されているテーブルをまとめて選択することができます。
選択後、中央の［追加］で右側に移動させます。
右側に移動済のテーブルを元に戻す場合は、パネルの下の［x］（やり直し）をクリックして解除します。

---

1 ［クエリペイン］の空白の部分を右クリックし、

2 ［新しいクエリ］をクリックし、

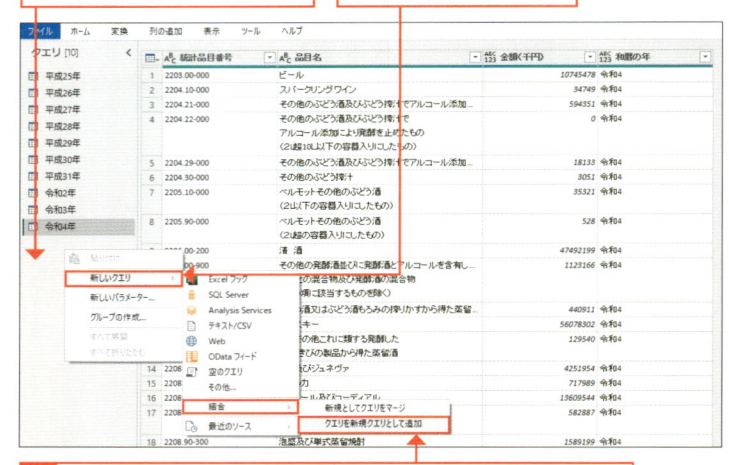

3 ［結合］の［クエリを新規クエリとして追加］をクリックして、

4 ［追加］のダイアログボックスで、

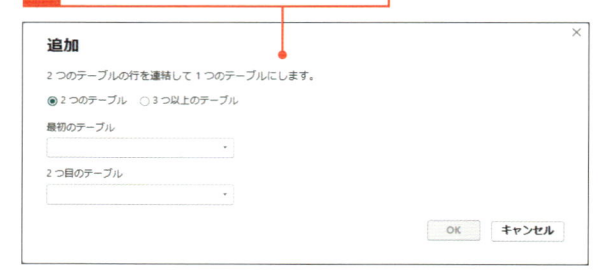

5 ［3つ以上のテーブル］をクリックし、

6 ［利用可能なテーブル］で Ctrl を押しながら10個全てを選択し、

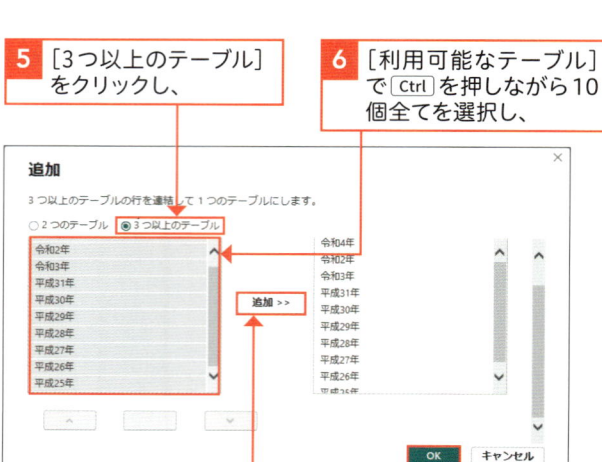

7 ［追加］をクリックし、

8 ［OK］をクリックします。

解説

新しく作成されたクエリに名前を付ける

結合後、新しく作成されたクエリが、クエリペインに表示されます。
クエリに［酒類の輸出（10年分）］と名前を付けて、Power BI Desktopでレポート作成に使用できるようにします。

9 ［クエリ］ペインに、［追加1］という名前のクエリが作成されました。

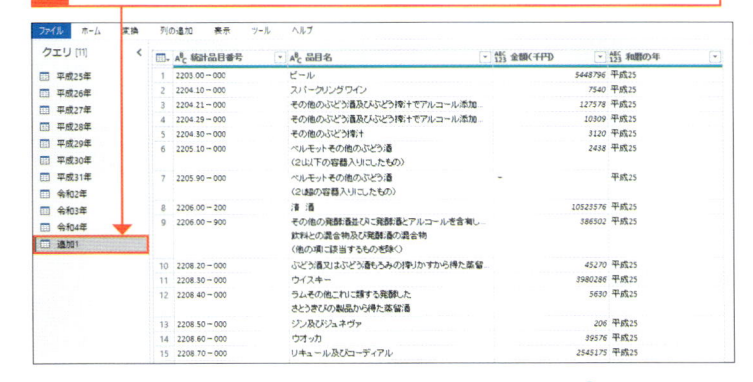

10 ［追加1］をダブルクリックし、

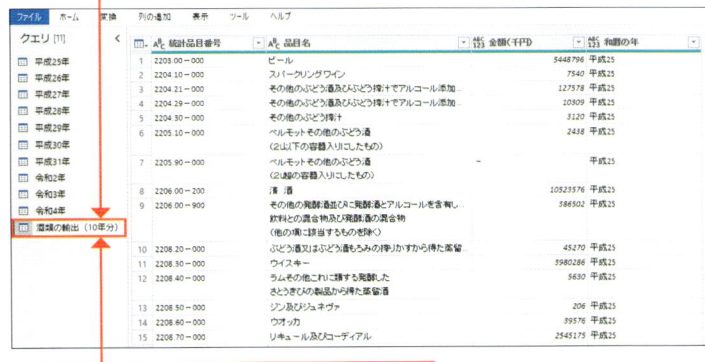

11 ［酒類の輸出（10年分）］と入力します。

ヒント　Power BI DesktopのUNION()関数との違い

セクション26で学んだUNION()と、Power Query エディターの［結合］の［追加］機能はよく似ています。UNION()では、同じ列数、列構造のテーブル同士のみ統一可能ですが、Power Query エディターの機能は、より柔軟です。次のどのケースでもエラーは発生しません。
Power BI Desktopの新しいテーブル機能のUNION()では、列数が異なる場合は、エラーが発生し、列の順番が異なる場合は、エラーは発生しませんが、中身を無視して行が追加されます。

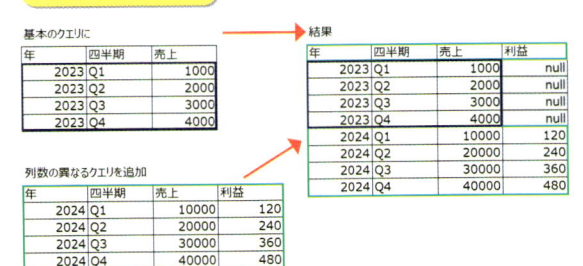

③ 文字型の列を加工する

💬 **解説**

不一致のデータを特定する

複数のクエリをまとめると、中の値に不統一がみられることがあります。たとえば、クエリAとクエリBにスペースが含まれる場合、片方は全角、もう一方は半角が使用されているケースなどです。

今回の事例で、本来、半角の"-"に統一されているはずが、令和2年のデータの中に全角の"ー"（マイナス）記号が混在していることがわかりました。

✏️ **補足**

不一致のデータの探し方

列ヘッダーのオプションを使って、値の一覧を表示し、不一致のデータを探し出します。

該当の列に含まれる値の種類が集約され一覧表示されるので、全件のデータをくまなく見るより不備を発見しやすく、また、短時間で確認できます。

1 ［統計品目番号］の▼をクリックし、

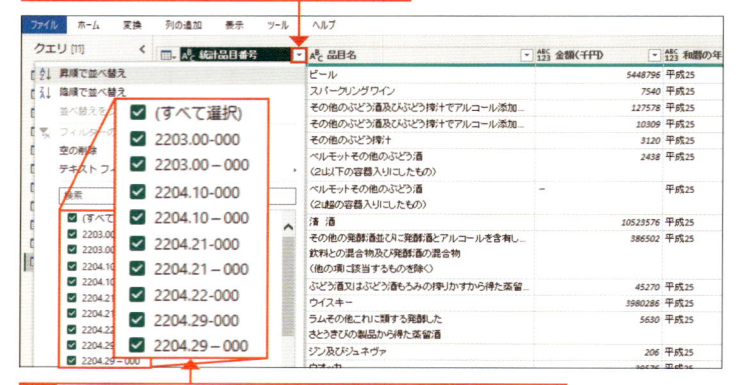

2 列内に［ー］と［-］が混在していることを確認します。

3 ［統計品目番号］の列ヘッダーを右クリックし、

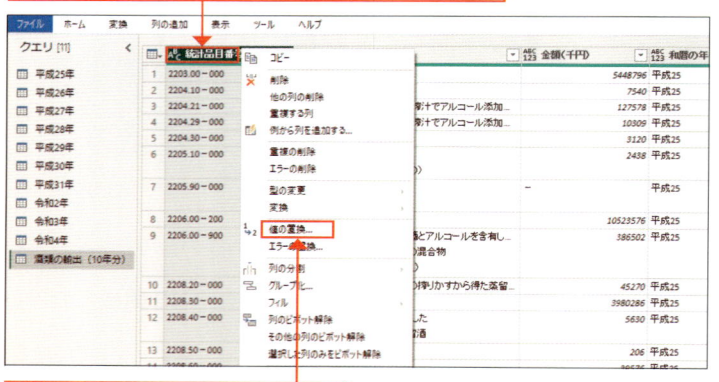

4 ［値の置換］をクリックします。

5 ［検索する値］に［ー］（全角のマイナス）を入力し、

6 ［置換後］に［-］（半角）に入力して、

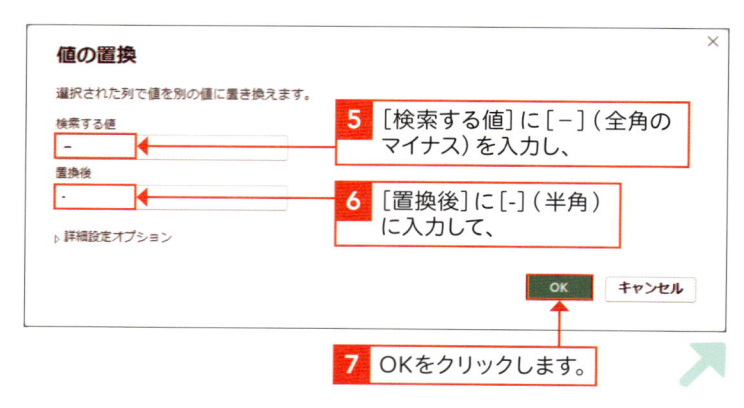

7 OKをクリックします。

8 列ヘッダーの▼をクリックして、

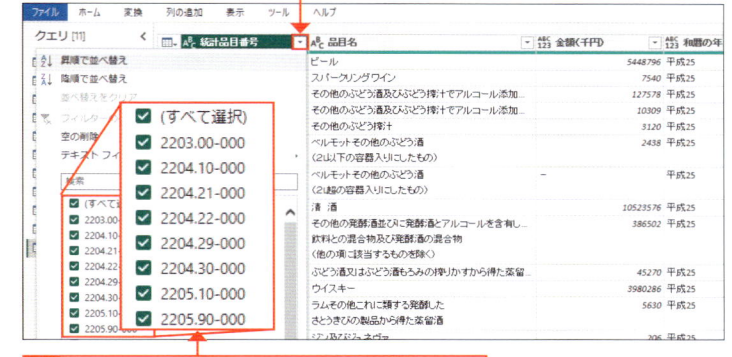

9 [-]（半角）に統一されたことを確認します。

**補足**

テキスト型の列でよく発生する調整

わずかな入力ミスにより、列内の値が統一されない（「値にユレが発生する」と呼ぶ）ことがよくあります。

④ 数値型の列を加工する

解説

データ型を明示的に指定する

データ型が自動認識されていない列に、明示的に型を指定します。データ型は列ヘッダーの左端に表示されます。自動認識済みの場合、文字型はABC、数値型は123と表示され、自動認識されない場合は、ABC123と表示されます。

解説

数値型を明示的に指定する

データ型が自動認識されていない［金額（千円）］列に、明示的に数値型を指定します。

補足

エラーの原因を調べて対処する

データ型を変更するとエラーが発生することがあります。列の中に、指定のデータ型に変換できない値が含まれるためです。どの値がエラー発生の原因になっているのか見つけ出し、個別に対処して、エラーを解決する必要があります。

1 ［金額（千円）］のデータ型が認識されていないことを確認します。

2 データ型をクリックし、 **3** ［整数］をクリックします。

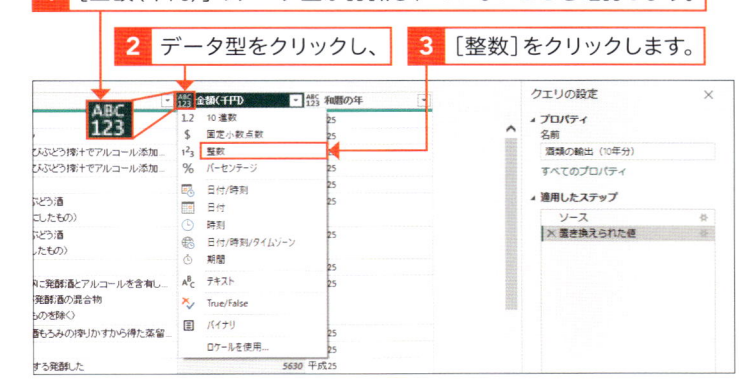

4 データ型は整数に変更されましたが、

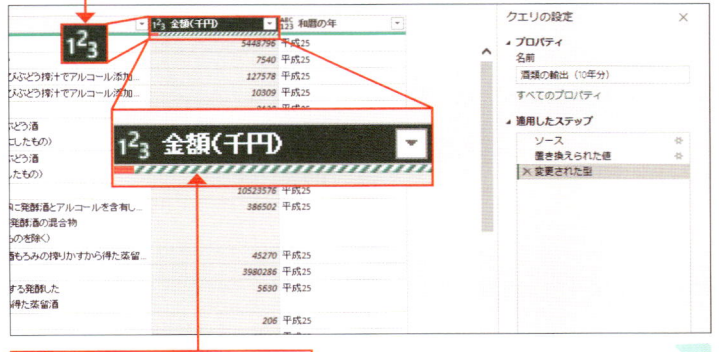

5 エラーが発生しています。

補足

数値型の列でよく発生する エラー

数値型の列でデータ型の変更で発生する、最も一般的なエラーは、スペースや記号（文字型の値）が混在するケースです。たとえば、[売上]の列に対して、ある取引の売上額が不明の場合、スペースや"ー"が入力されていることがよくあります。

スペースや"ー"、"N/A"は、テキスト型の値であり、数値型の値ではないのでエラーが発生します。

6 斜線の上を右クリックし、[エラーの置換]をクリックします。

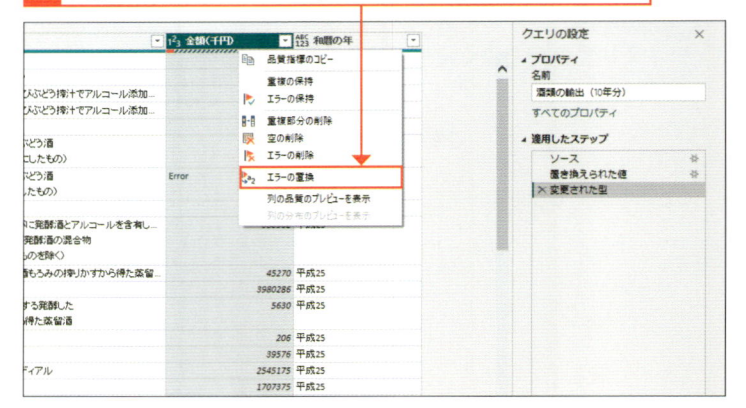

7 [エラーと置換する値]に[0]と入力し、

8 [OK]をクリックします。

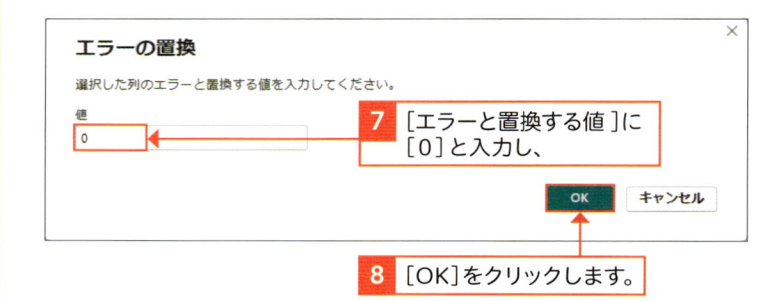

解説

列の値を強制的に 指定の値に置き換える

この事例では、エラー発生の原因となっている"ー"（全角のマイナス、文字型の値）を、強制的に0に置き換えます。

置き換え後は、列の値すべてが数値となり、データ型を、正しく数値型に変更することができます。

9 エラーがなくなりました。

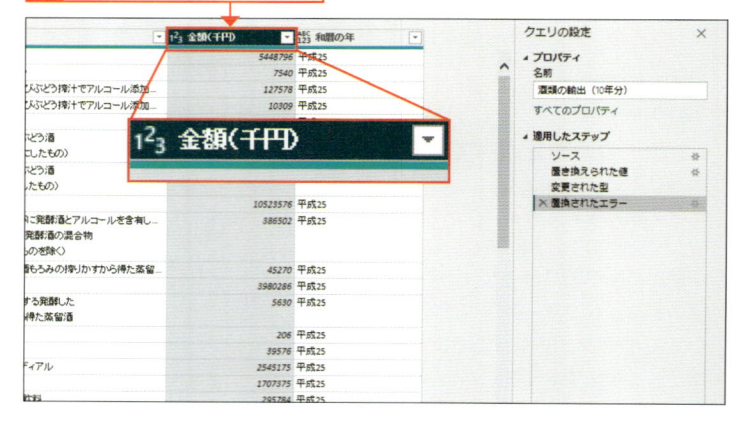

⑤ Power BI Desktopに変更を適用する

**解説**

Power BI Desktopに変更を適用する

Power BI Desktopのデータに、行や列への変更を適用し、Power Query エディターを閉じます。

1 ［酒類の輸出（10年分）］に10年分のデータが177行含まれていることを確認します。

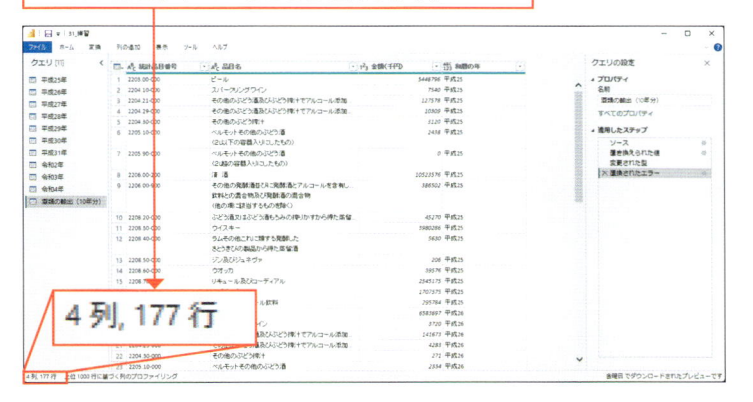

4列, 177行

2 ［x］をクリックして、Power Query エディターを閉じます。

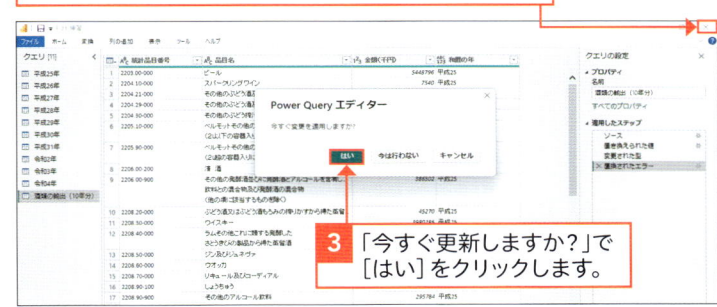

3 「今すぐ更新しますか？」で［はい］をクリックします。

4 Power BI Desktopの画面に戻ります。

5 ［酒類の輸出（10年分）］をクリックし、

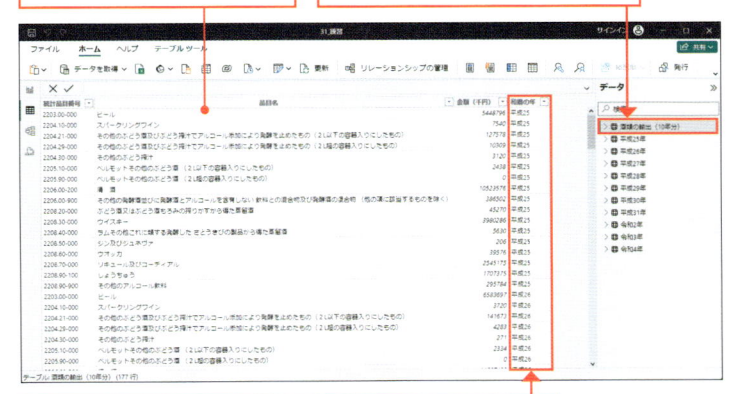

6 データグリッドで、［和暦の年］に10年分の値があることを確認します。

7 Alt と F4 を同時に押してファイルを閉じます（保存不要）。

**解説**

Power BI Desktopで変更されたデータを確認する

10年分、176行のデータが格納されていることを確認します。

Section 32 クエリのマージ機能で表構造を変更しよう

クエリのマージ機能

練習▶32_練習.pbix／和暦西暦変換.xlsx　完成▶32_練習_end.pbix

▶ 分析のテーマと、使用する機能を確認する

国税庁のデータを使って、平成25年から令和4年の10年間の酒類の輸出額の推移を示す棒グラフを作成します。

●分析のテーマ

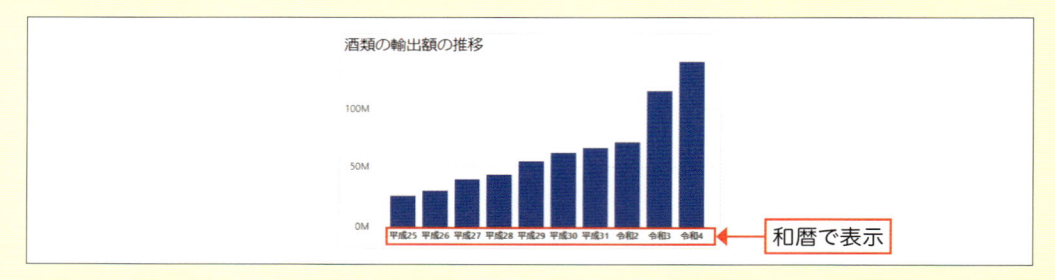

[酒類の輸出金額] のデータには、和暦の年の値が含まれています。
ここでは、棒グラフの横軸を西暦で示したいので、外部のデータから西暦の年の値を追加することが必要です。複数のデータの値を組み合わせて使用するために、Power Query エディターの［マージ］機能を使用します。

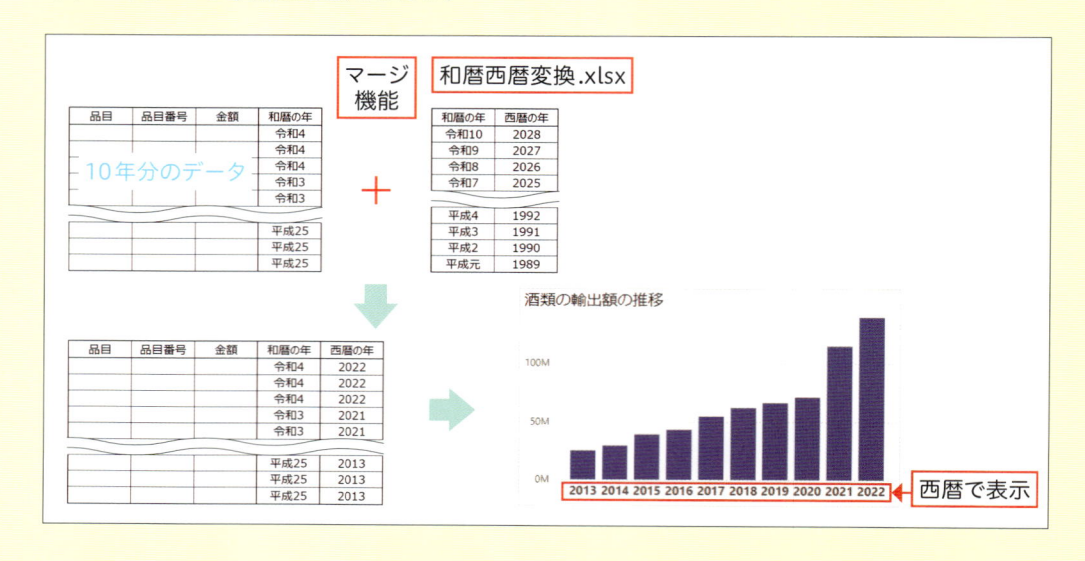

① Power Query エディターにデータを読み込む

💬 解説

操作を開始する

練習フォルダーの「32_練習.pbix」をダブルクリックして開き、ナビゲーションペインの[テーブルビュー]をクリックします。

データーペインに[酒類の輸出(10年分)]と、各年ごとのデータがあることを確認します。

このセクションでは、外部から別のデータを]読み取り、[酒類の輸出(10年分)]と組み合わせて利用できるようにします。

💬 解説

Power Query エディターを起動する

Power BI Desktopの[データの変換]機能を使って Power Query エディターを起動します。ここでは、Power BI Desktopの[ホーム]タブの[データの変換]メニューを使い、Power BI Desktopのデータを、Power Query エディター用に変換し、引き渡します。

💬 解説

使用するデータの概要を確認する

Power Query エディターで、[酒類の輸出(10年分)]に[和暦の年]列が含まれていることを確認します。

この後、和暦を西暦に変換するために、別のExcelファイルを追加します。

練習フォルダーの「32_練習.pbix」をクリックして開きます(側注参照)。

1 テーブルビューをクリックして、

2 データペインで、[酒類の輸出(10年分)]をクリックします。

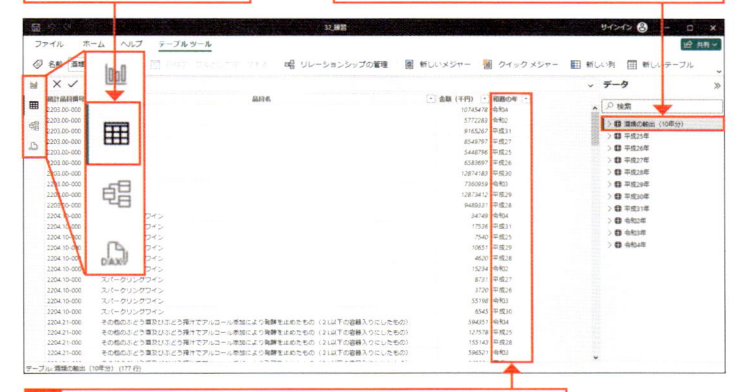

3 データグリッドで、[和暦の年]に10年分の値があることを確認します。

4 [ホーム]タブの[データの変換]をクリックして、

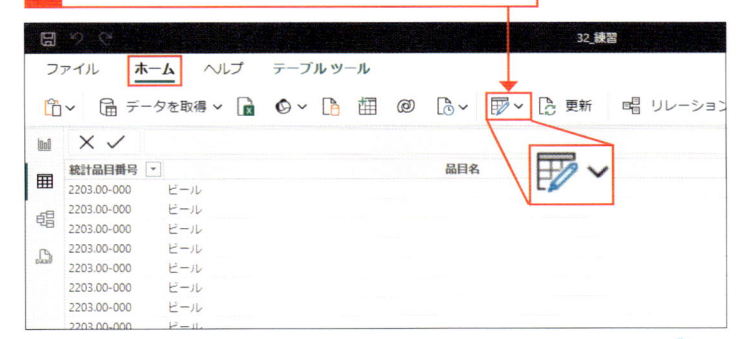

5 Power Query エディターを起動します。

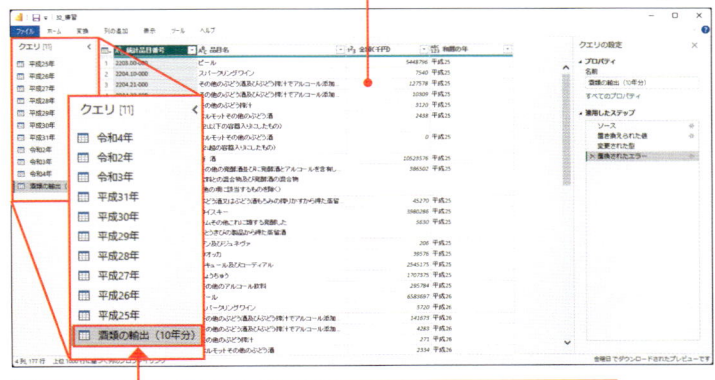

6 クエリペインで[酒類の輸出(10年分)]をクリックします。

② 組み合わせるデータを読み込む

💬 解説

新しい列［西暦］を追加する

［酒類の輸出（10年分）］には、［和暦の年］列があります。ここでは、新しく［西暦の年］列を1列追加して、各行の和暦の年から西暦の年へ自動変換する仕組みを作ります。

1 クエリペインの空白の部分を右クリックし、

2 ［新しいクエリ］の［テキスト/CSV］をクリックします。

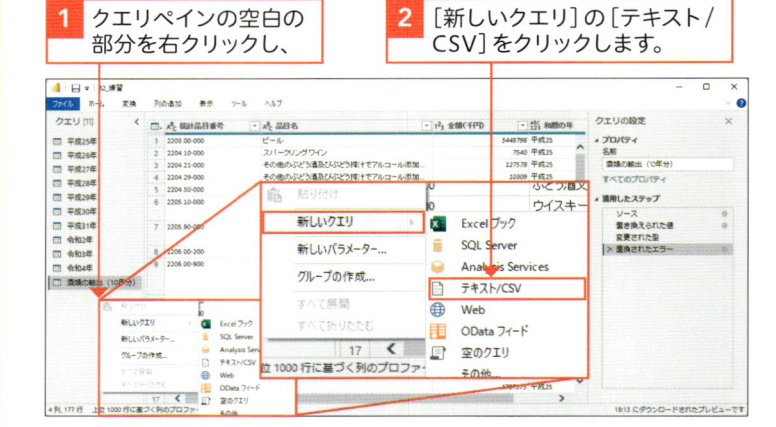

3 練習フォルダーのChapter05の［和暦西暦変換.csv］をダブルクリックします。

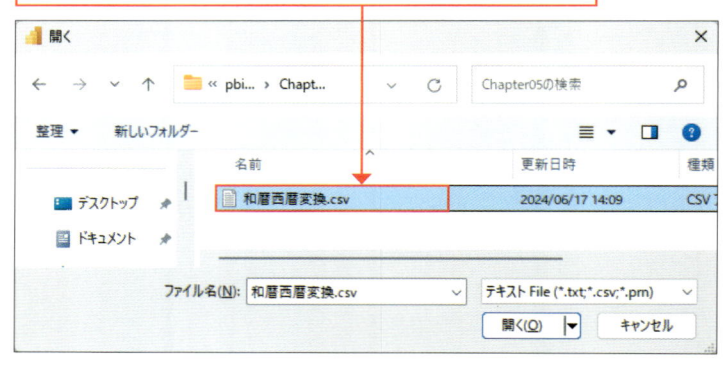

💬 解説

外部ファイルの列を取得して追加する

練習フォルダーの和暦西暦変換.xlsxに接続し、Power Query エディターに読み込んで利用します。

このデータは2列（和暦の年と西暦）で構成され、平成元年から令和10年まで格納されています。接続後は、クエリペインに［和暦西暦変換］クエリが表示されます。

4 ［和暦］と［西暦］の2列があることを確認して、

5 ［OK］をクリックします。

解説

和暦西暦変換データを確認する

2列、41行のデータが読み込まれていることを確認します。
2列は、[和暦]の元号、[西暦]の4桁の数が格納されています。41行は、1989～2028年（平成元年から令和10年に該当）です。

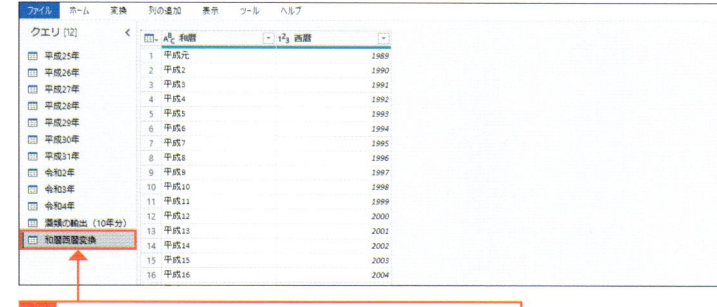

6 クエリに[和暦西暦変換]が読み込まれました。

③ 2つのクエリをマージ（併合）する

解説

マージ機能を利用する

不足する列のデータを補う場合は、[マージ]機能を使います。
[マージ]機能は、複数のクエリをマージして、新たに1つのクエリを作成する方法と、一方のクエリをベースにして、もう1つのクエリを追加する方法の2通りあります。ここでは、既存のテーブルをベースに、後から[和暦西暦変換]テーブルを追加する方法（後者の方法）でマージします。

1 [酒類輸出（10年分）]をクリックし、

2 ここをクリックして、

3 [クエリのマージ]をクリックします。

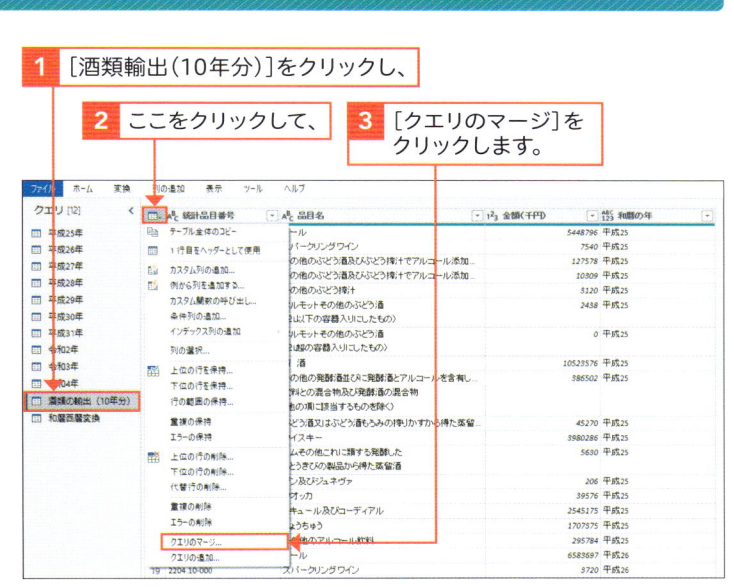

4 [マージ]のダイアログボックスが表示されます。

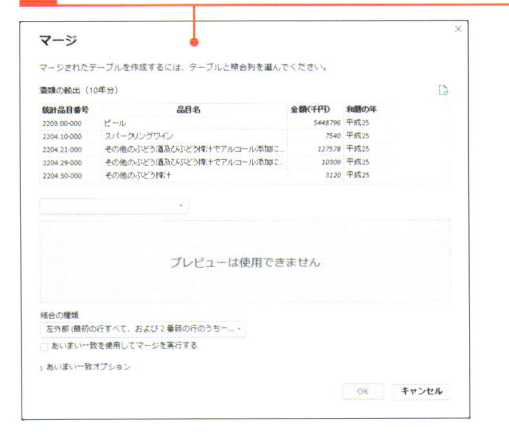

基礎編

解説

マージに使うテーブルと照合列を指定する

マージのは、テーブル名と列名を指定します。[酒類の輸出（10年分）]にない西暦の年を、[和暦西暦変換]から探す際に、検索のキーワードに和暦の年を指定します。たとえば、キーワードに「令和4年」を指定すると、[和暦西暦変換]の[和暦の年]列の中から[令和4年]データを探し、見つかれば、同じ行の[西暦の年]列の値を返してくれます。このキーワードを含む列を[照合列]と呼びます。

マージでは、対象のテーブル名と、それぞれの照合列を指定します。

5 ▼をクリックして、[和暦西暦変換]テーブルを選択します。

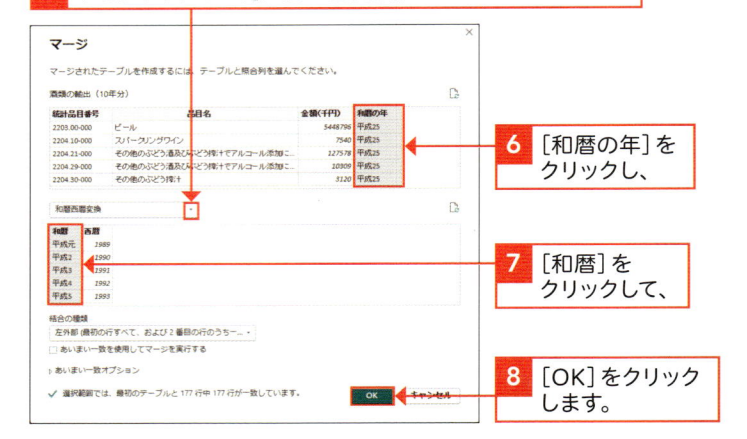

6 [和暦の年]をクリックし、

7 [和暦]をクリックして、

8 [OK]をクリックします。

解説

マージで追加されたデータを確認する

マージ後、既存の[酒類の輸出（10年分）]のデータに、[和暦西暦変換]のテーブルが追加され、グリッド上には、既存の列名の横に、追加されたテーブル名が表示されます。

9 [和暦西暦変換]テーブルがマージされました。

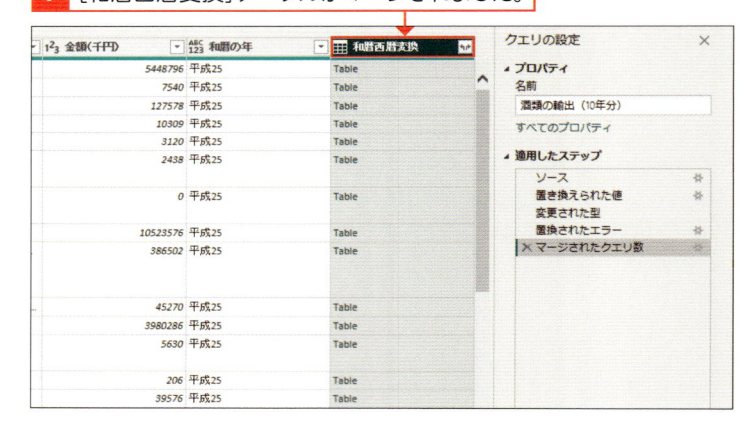

④ マージされたテーブルから列を選択する

解説

マージされた列から必要な列を選択する

マージで追加されたテーブルの中から、ここでの分析に必要な列[西暦]のみを抽出します。[和暦]は既存のテーブルの中にあるので追加の必要はありません。

1 [和暦西暦変換]の[展開]をクリックし、

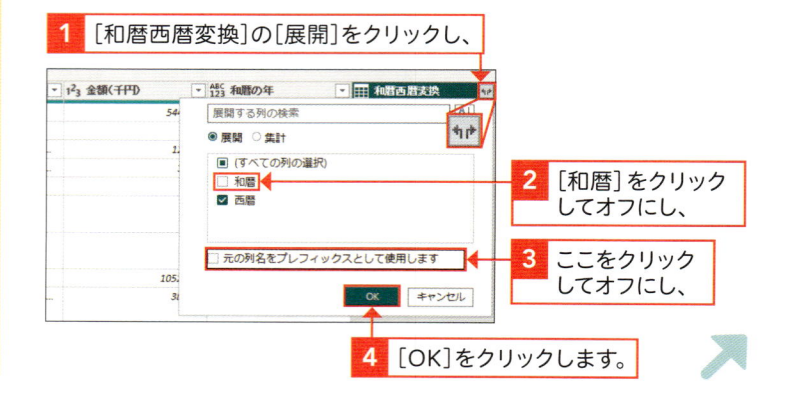

2 [和暦]をクリックしてオフにし、

3 ここをクリックしてオフにし、

4 [OK]をクリックします。

5 ［西暦］のデータ型をクリックして、

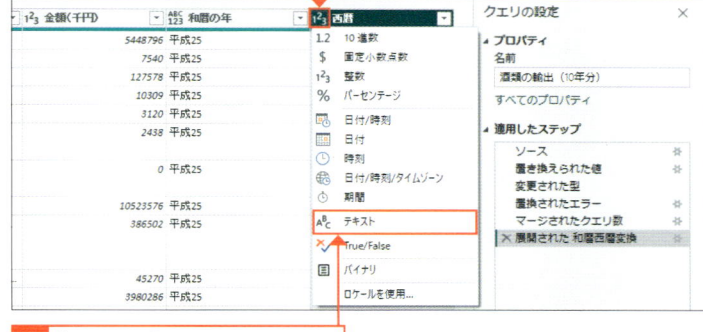

6 ［テキスト］をクリックします。

⑤ Power BI Desktopに変更を適用する

解説

Power BI Desktopに変更を適用する

Power BI Desktopのデータに、行や列への変更を適用し、Power Query エディターを閉じます。

1 ［x］をクリックして、Power Query エディターを閉じます。

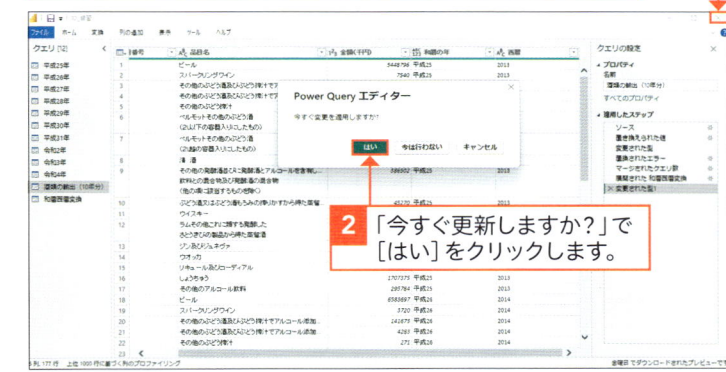

2 「今すぐ更新しますか？」で［はい］をクリックします。

3 Power BI Desktopの画面に戻ります。

4 ［酒類の輸出（10年分）］をクリックし、

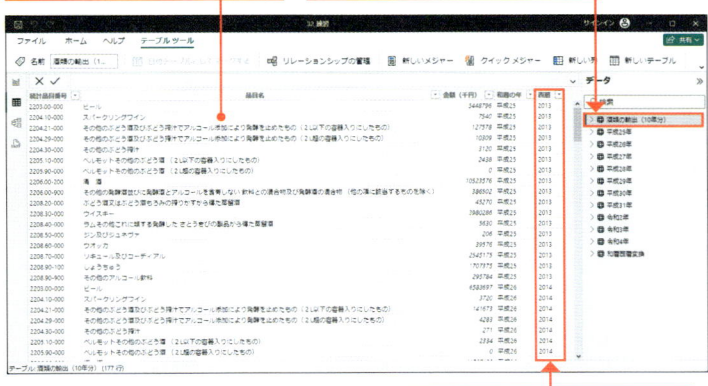

解説

Power BI　Desktopで変更されたデータを確認する

10年分、176行のデータが格納されていることを確認します。

5 データグリッドで、［西暦］に10年分の値があることを確認します。

6 ［Alt］と［F4］を同時に押してファイルを閉じます（保存不要）。

Section 33 ピボット機能で表構造を変更しよう

列のピボット解除機能

練習▶33_練習.pbix ／ 酒類国内販売数量.xlsx　　完成▶33_練習_end.pbix

▶ 分析のテーマと、使用する機能を確認する

国税庁の酒類輸出統計のデータを使用して、「ビール類の販売数量の推移」を示すグラフを作成します。

●分析のテーマ

品名別に販売数量を分析するとき、使用するデータは次の2通りが考えられます。集計対象の数値に注目すると、左右共に9個ですが、左は、［ビール］［リキュール］［発泡酒］の3つの別々の列に、3列×3個=9個が格納されています。右は、［販売量］の1つの列に9つの数値がまとめて格納されています。

左の形式を「ピボットされたデータ」といい、右の形式を「ピボット解除されたデータ」といいます（ピボットとは、1つの列にまとめられた集計値をバラバラに展開（転回）する機能で、ピボット解除とは、複数列に展開されているデータを1つの列にまとめる機能です）。

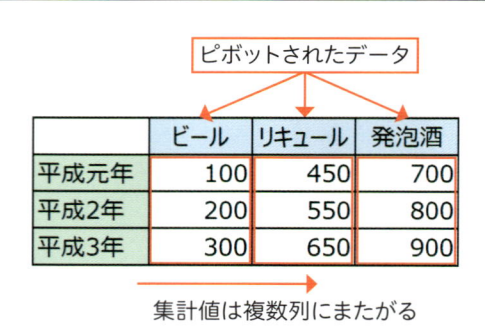

集計値は複数列にまたがる

Power BI Desktopで、どちらの形式も使用できますが、一般にBIでは、右の「ピボット解除されたデータ」を扱うことが一般的です。ここでは、左の「ピボットされたデータ」を読み取った場合、それを［ピボット解除されたデータ］に変換する方法を学びます。

① Power Query エディターにデータを読み込む

💬 **解説**

操作を開始する

練習フォルダーの「33_練習.pbix」をダブルクリックして開きます（最初は、データは読み込まれていません）。

そこに、[国内販売数量]Excelファイルを読み込みます。

国税庁の酒類販売統計データで、酒類の品名別に、過去33年分の国内販売数量が格納されています。

💬 **解説**

読み込まれているデータを確認する

ナビゲーター画面で、Excelファイルの中を概観すると、1列目には（縦方向）、平成元年から令和4年まで、33年分のデータが区分されています。

2列目以降（横方向）、清酒から発泡酒まで、酒類の品名が10種類、展開されています。

シートの中央部の数値は、33年分×10種類＝330個の販売数量データが格納されていることが確認できます。

💬 **解説**

Power Query エディターを起動する

Power BI Desktopの[データの変換]機能を使って Power Query エディターを起動します。ここでは、Power BI Desktopの[ホーム]タブの[データの変換]メニューを使い、Power BI Desktopのデータを、Power Query エディター用に変換し、引き渡します。

1 [Excelからデータをインポート]をクリックします。

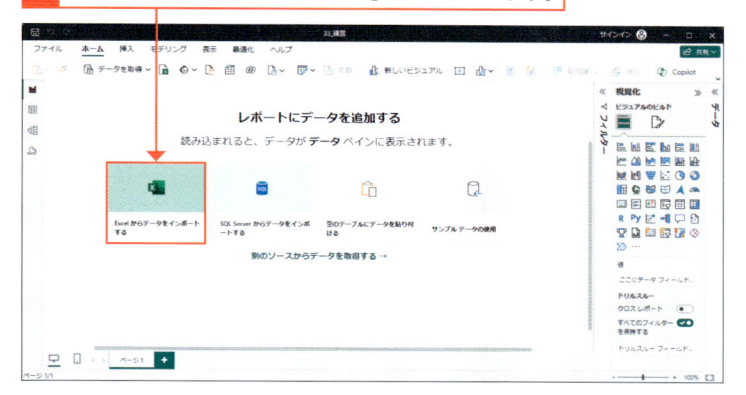

2 練習フォルダーのChapter05の[酒類国内販売数量.xlsx]をダブルクリックし、

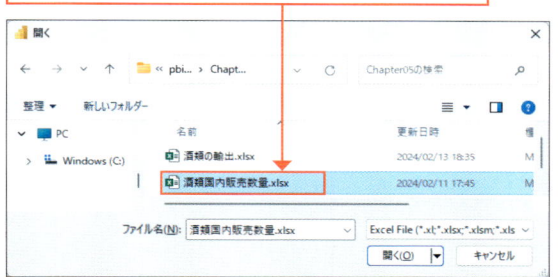

3 [ナビゲーター]画面で、[国内販売数量]をダブルクリックし、

4 [データの変換]をクリックします。

② 行や列を整備する

💬 解説

使用するデータの概要を確認する

Power Query エディターで、データの基本情報（クエリ名や行数、列数）を確認し、前のページのナビゲーター画面で概観した内容を再確認します。

1列目には、平成元年から令和4年まで、33年分（33行）で区分されています。

また、販売数量のデータは、2列目から11列目までの10種類の品名（10列）に格納されています。

33行 × 10列 = 330個のデータが集計の対象です。

ステータスバーに表示される「11列、25行」は、集計に使われないものも含まれています。

💬 解説

列名を識別する

練習ファイルの Excel データは、Power Query エディター上で、列名が正しく認識されていません。

セクション29の手順を参考にして、列名が適切に表示されるように整備します。

💬 解説

不要な行を削除する

練習ファイルの Excel データには、空白の行（null）が含まれています。

セクション29の手順を参考にして、この行は集計に使用しないので、削除します。

---

1 Power Query エディターにデータが読み込まれました。

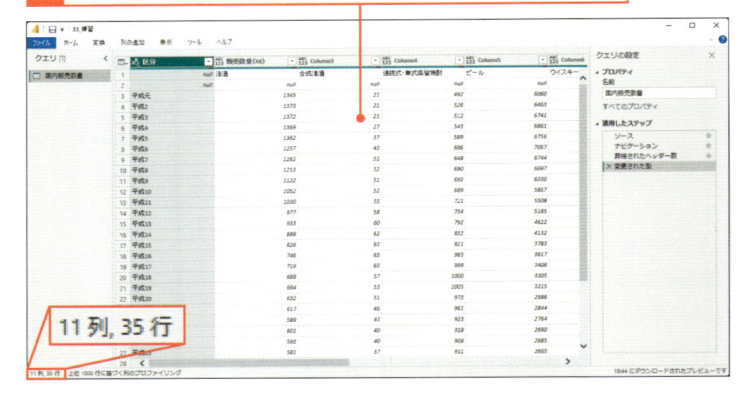

2 ここをクリックし、

3 ［1行目をヘッダーとして使用］をクリックします。

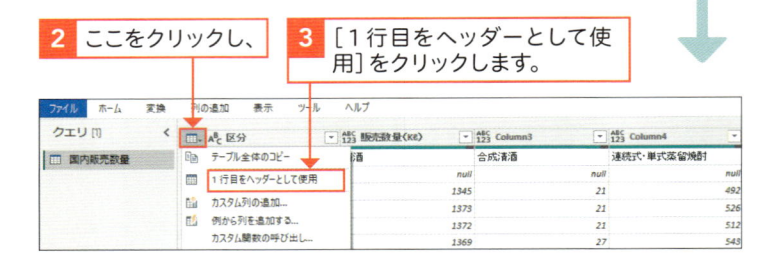

4 2列目以降の列ヘッダーが整いました。

5 ［Column1］をダブルクリックして、［和暦の年］に変更します。

6 データの1行目は全て、null（＝空）であることを確認します。

7 ［和暦の年］の列ヘッダーの▼をクリックし、

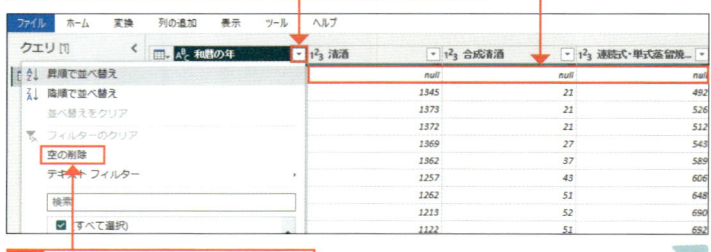

8 ［空の削除］を選択します。

❸ ピボット機能を使って列構造を変更する

💬 解説

複数列に分かれる集計値を1列にまとめる

現在、集計値が格納されている列は、2列目の[清酒]から11列目の[発泡酒]まで、10列分です。この10列に分かれている集計値を1列にまとめ、列名を[販売数量]とします。

続いて、現在、10列×33行＝330個の集計値を、クエリの構造を変更して、1列×330行にします。

🔍 重要用語

ピボットとピボット解除とは

ピボットとは、クエリの列の構造を、より多数の列に展開すること、ピボット解除とは、逆に多数の列から少ない列にまとめあげることです。

ピボットやピボット解除を行うとき、集計対象のデータの数（列数×行数）は変わりません。

この練習の事例は、[清酒]から[発泡酒]まで10列に分かれた集計値を、[販売数量]という1つの列にまとめたいので、[ピボット解除]機能を使います。

✏️ 補足

その他の列のピボットを解除する

ここで使用する[その他の列のピボット解除]機能の「その他の列」とは、[和暦の年]列以外の列（[清酒]から[発泡酒]までの10列）です。この10列のピボット解除して、1列にまとめます。

ピボットが解除されると、新たに2列が自動生成されます。内1列には、集計対象の値、もう1列には、ピボット解除前の各列の属性（ここでは、清酒や発泡酒などの品名）が格納されています。

1 列ヘッダーを右クリックし、

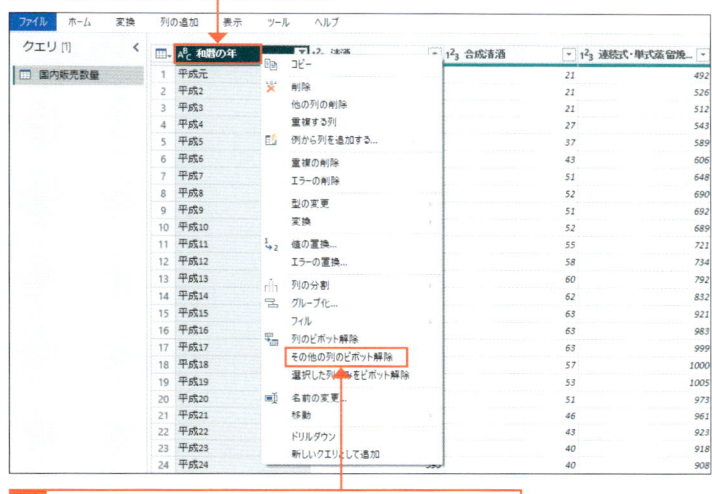

2 [その他の列のピボット解除]をクリックします。

3 [和暦の年]以外の列が、[属性]と[値]の2列に変換されました。

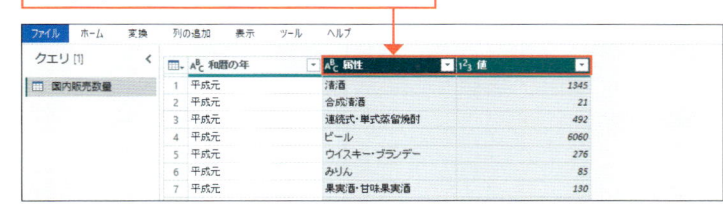

4 [属性]をダブルクリックし、　**5** [品名]に変更します。

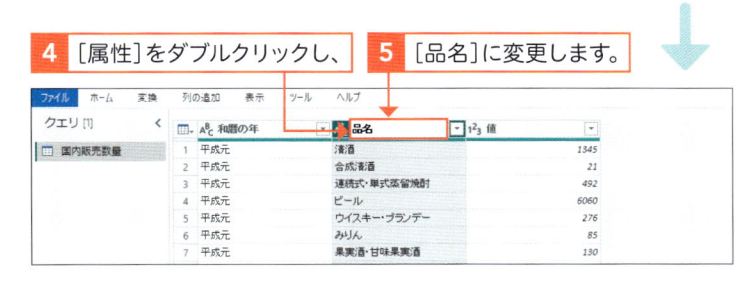

6 [値]をダブルクリックし、　**7** [販売数量（千Kℓ）]に変更します。

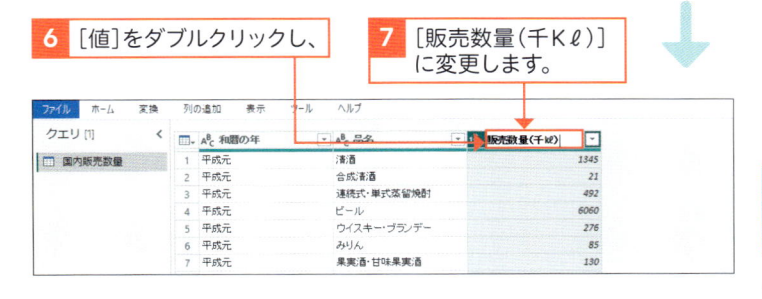

④ Power BI Desktopに変更を適用する

💬 **解説**

Power BI Desktopに変更を適用する

Power Query エディターで行った行や列への変更を、Power BI Desktop データに適用し、Power Query エディターを終了します。

1 3列330行に変換されました。

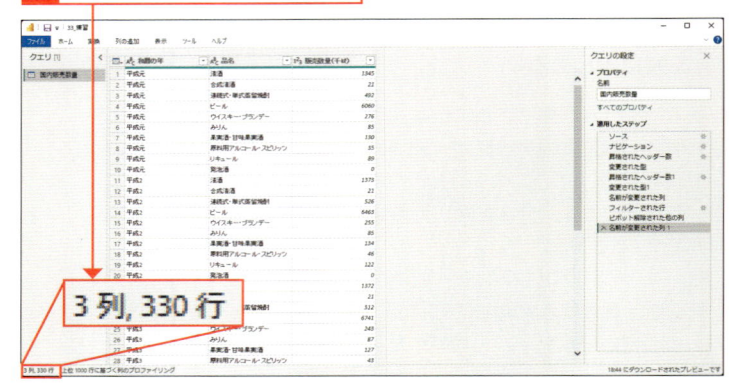

2 [x]をクリックして、Power Query エディターを閉じます。

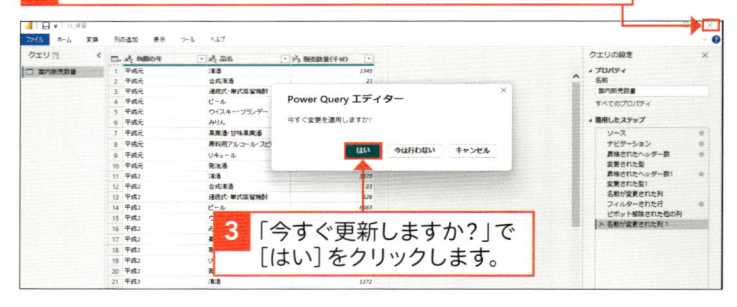

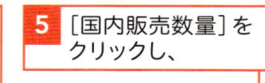

3 「今すぐ更新しますか?」で[はい]をクリックします。

4 Power BI Desktop画面に戻り、テーブルビューをクリックします。

5 [国内販売数量]をクリックし、

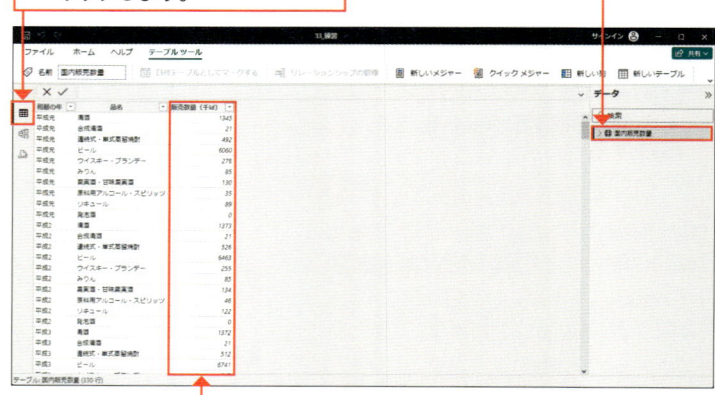

💬 **解説**

Power BI Desktopで変更の反映を確認する

Power BI Desktopのデータグリッドで、データの構造が、3列330行に変更されていることを確認します。
集計対象の数値は、当初、清酒から発泡酒まで、酒類の品名が10種類の列に展開されていましたが、ピボットの解除後、[販売数量]が1列にまとめられていることを確認します。

6 データグリッドで、[販売数量(千kℓ)]が1列にまとめられていることを確認します。

7 Alt と F4 を同時に押してファイルを閉じます(保存不要)。

第 6 章

Power BI サービスによる共有 基礎編

Power BI サービスを
使ってみよう

▶ Power BI サービスの個人利用機能を確認する

Power BI サービスを利用して、Power BI Desktop（第6章では、Desktopと略記することがあります）で作成したレポートを他のユーザーと共有します。Power BI サービスのサイトに、レポートやデータをアップロードして、組織の他ユーザーと協働し、知見を共有します。下記の分析作業のフェーズで「知見の共有」にあたります。

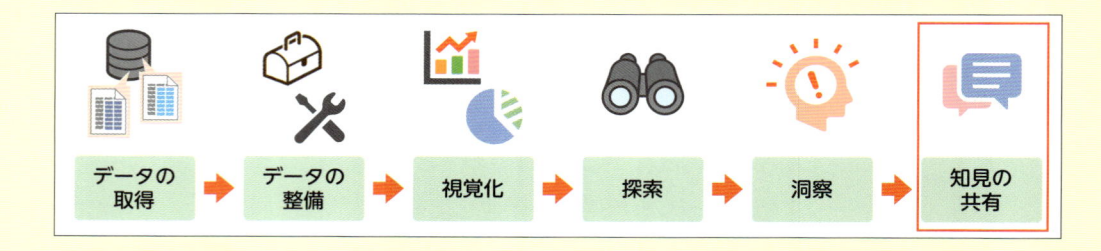

Power BI サービスは有償のサービスですが、期間限定で無償で試用することができます。試用のために、Microsoftにアカウントの作成します。Power BI サービス製品を含むMicrosoft 365のサイト、または、Microsoft Fabricのサイトにアクセスしてアカウントの登録を行います。

Microsoft 365 とは、Microsoft Office アプリの他、クラウド サービスやセキュリティを1つにまとめたソリューションのサブスクリプションサービスです。セクション34では、Power BI サービスの試用版が含まれる Office 365 E5を使って、試用のアカウントを作成します。

セクション35～38では、上記のアカウントでサインインし、Power BI サービスの個人利用機能（無償利用の範囲）を確認します。

注意
既に Power BI サービスを使うことができるMicrosoftのアカウントをお持ちの方は、新規にアカウントを登録する必要はありません。セクション35へ進んでください。

▶ Power BI サービスの画面構成

Power BI サービスへサインインすると、次のようなPower BI サービスのホームページが
表示されます。

ナビゲーションペイン

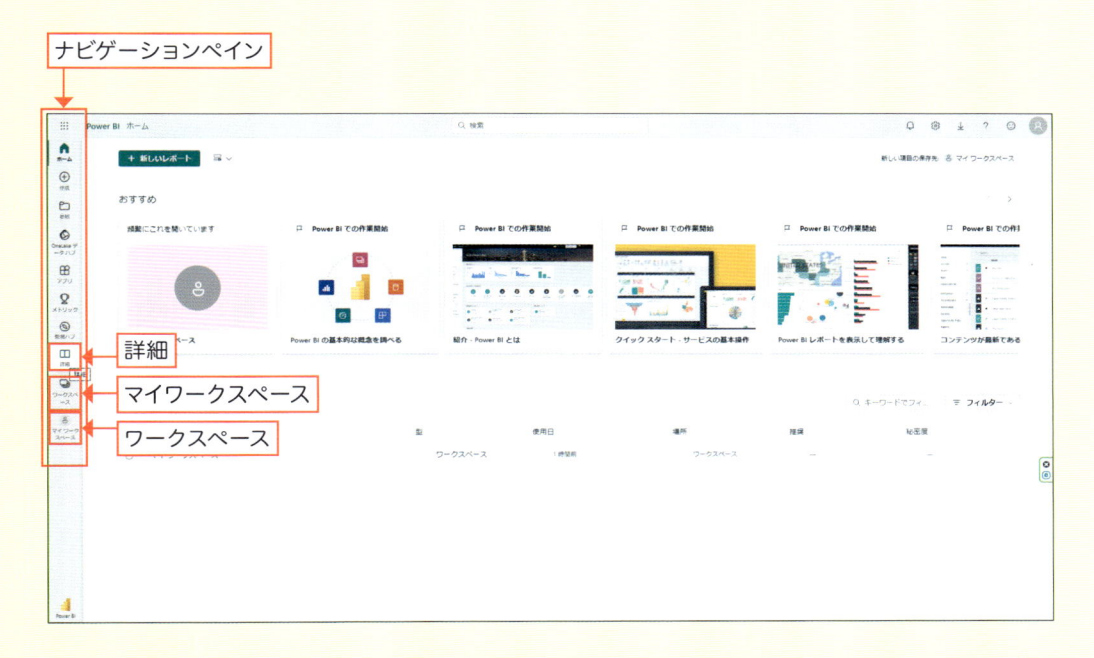

ナビゲーションペインの機能	説明
詳細	Microsoft社が提供するサンプルレポートを利用することができます。
ワークスペース	組織のメンバーとレポートやダッシュボードを共有するスペースです（有償版のみ使用可能）。
マイワークスペース	試用版で使える個人用の作業領域です。Desktopからレポートを発行すると、このマイワークスペースに保管されます。

試用版では、[ワークスペース]を使用することができないので、Power BI サービス上で、
組織の他のユーザーとの協働を体験することはできません。が、ここでは、試用版で、次の
機能を確認しましょう。

・Power BI Desktop上で、個人で作成したレポートを、Power BI サービス上へ発行し、
　クラウドの環境（Power BI サービス）で、他のPCやMobileから自分の作成したレポー
　トにアクセスできる。
・複数のレポートを再編してダッシュボードを作成し、利用できる。

34

Microsoft 365を使って アカウントを登録しよう

Microsoft 365, Office 365 E5

▶ サイトへアクセスする

Power BIサービスへサインするため、Microsoft 365のサイトで、Microsoftアカウントを作成します。 アカウント登録で使用するメールアドレスは、職場または学校のメール アドレスを使用する必要があります。
Microsoft 365 の Web サイトを開きます。

https://www.microsoft.com/ja-jp/microsoft-365/enterprise/office365-plans-and-pricing

注意
Microsoft 社の画面は変更されることがあり、上の画面と異なる場合があります。

① プランを選択する

💬 解説

Office 365 E5プランを確認する

Microsoft 365のエンタープライズプランの中で、Power BI サービスが含まれる［Office 365 E5］プランの試用版を選択します。

このプランは、1か月の無料試用期間中は料金は請求されません。無料試用中のキャンセルはいつでもできます。

サインアップするには試用版使用の場合もクレジットカードの登録が必要です。

💬 解説

登録用のメールアドレスを確認する

使用を予定しているメールアドレスを入力すると、システム側で登録済みか否かを調べてくれます。未登録であれば、アカウントを新規作成します。

⚠️ 注意

サインアップに使用できるアドレス

職場や学校のアドレスを使用してください。フリーメール（outlook.com、hotmail.com、gmail.comなど）や、通信プロバイダーが提供するメール アドレスを使用することはできません。

---

1 Office365のWebサイトの最初の画面で、下へスクロールします。

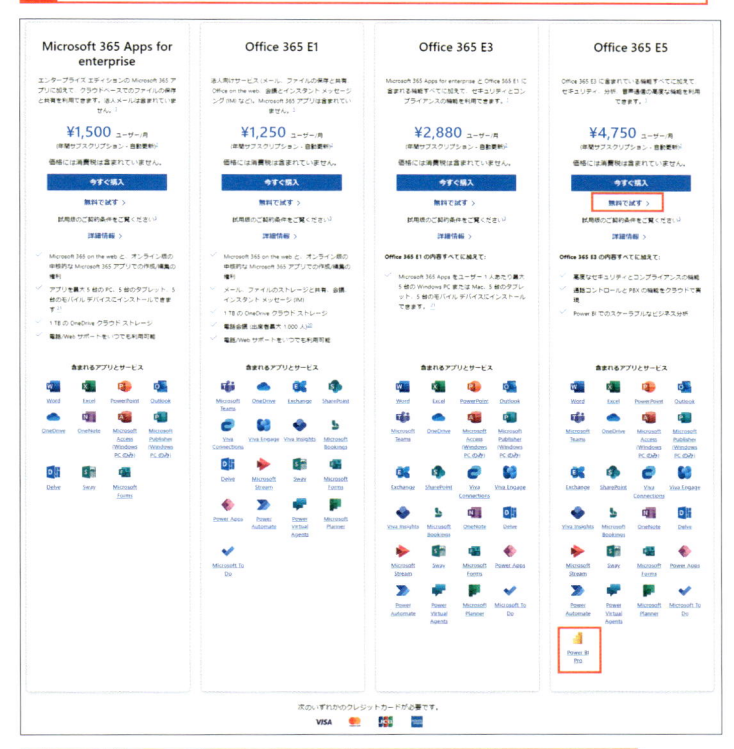

2 Office365のE5プランで、［無料で試す］をクリックします。

3 ［始めましょう］画面で職場や学校のメールアドレスを入力し、［次へ］をクリックします。

② アカウントを作成する

💬 **解説**

セットアップを開始する

新規作成が必要と判断されると、アカウントのセットアップが開始します。
最初に、利用者の基本情報（[姓]、[名]、[勤務先の電話番号]、[会社名]、[会社の規模]、[国]）を登録し、注意点（プライバシーに関する声明）を確認します。

💬 **解説**

ロボットでないことを示す

一連の申し込みの作業が、ロボットによるものではないことを示します。認証方式と送信先の電話番号を指定して、確認コードを送信します。
右の例では、自分の携帯電話にショートメッセージを送信するSMS認証を指定しています。電話番号は、先頭の0とーを除いて入力します（例 090-1234-5678なら9012345678）。

1 ［アカウントをセットアップ］をクリックします。

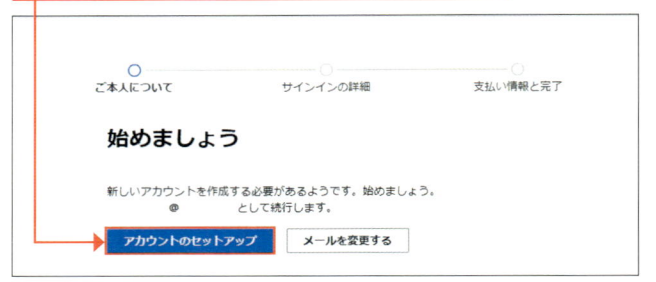

2 ［アンケートのお願い］画面で、姓、名など必要事項を入力して［次へ］をクリックします。

3 確認コードの送信先の携帯電話番号を入力し、

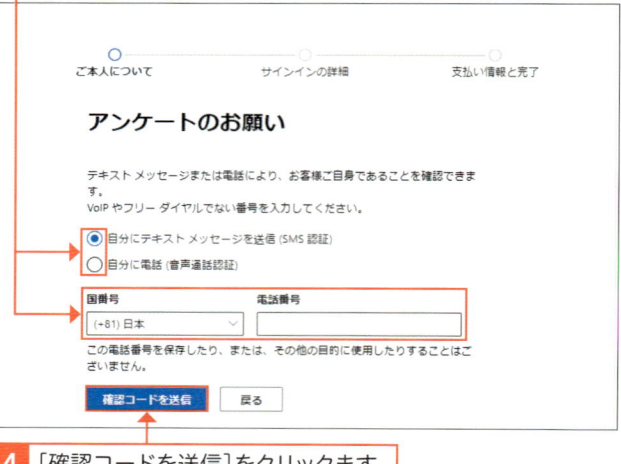

4 ［確認コードを送信］をクリックます。

コードをSMSで受け取る

宛先に指定した携帯電話に、［製品のコード］が届きます。コードを控えます。

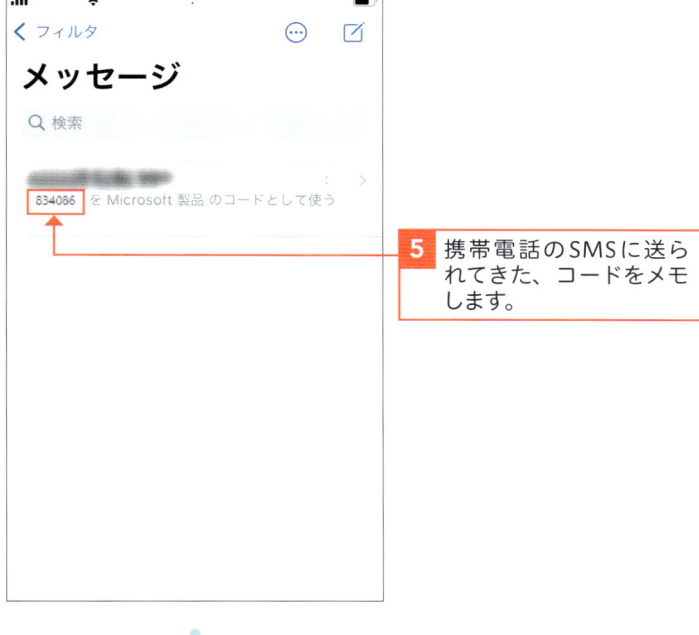

5 携帯電話のSMSに送られてきた、コードをメモします。

6 手順**5**で控えた確認コードを入力し、［確認］をクリックします。

認証コードを入力する

再び［アンケートのお願い］画面に戻り、手順**5**のコードを、［認証コード］の入力欄に入力します。右の例では、834086です。

携帯電話でコードが取得できない場合は、［アンケートのお願い］画面で、［もう一度お試しください］をクリックして再送を要求できます。また、宛先の電話番号を変更することができます。

基礎編

③ サインインの詳細を指定する

💬 **解説**

サインインする方法を指定する

Power BI サービスのサインイン時に使うユーザー名、パスワードを登録します。ここで使用するユーザー名と、@ の後ろのドメイン名は、後で変更することも可能です。

💬 **解説**

契約内容の詳細を確認する

[数量と支払い] 画面で、Office 365 E5試用版の契約内容（製品名、価格、数量）を確認します。

💬 **解説**

支払い方法を追加する

最初の月は無料ですが、その後、有料の年間サブスクリプションに自動更新します。
支払いに使用するクレジットカード情報を登録します。
クレジットカード情報の登録は、自らの判断と責任で行って下さい。

1 ユーザー名、パスワード等を入力し、[次へ]をクリックします。

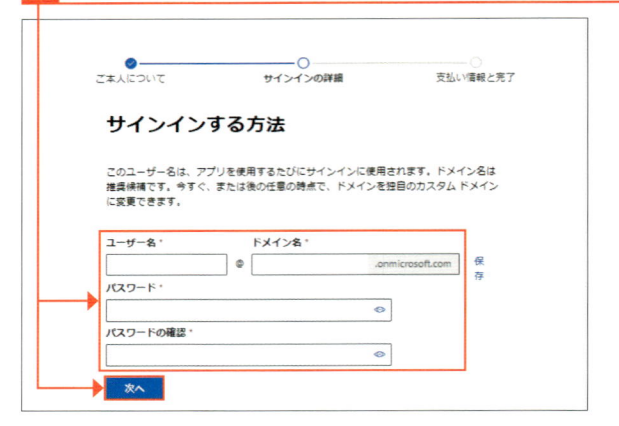

2 契約内容（製品名、価格、数量、プランの詳細）を確認し、[お支払い方法の追加]をクリックします。

3 クレジットカード情報を入力し、[保存]をクリックします。

④ 無料版開始の手続きを完了させる

💬 解説

入力内容を再確認する

契約内容と支払いの方法と画面下部の注意事項を確認します。
また、サブスクリプション（試用版）を解約する際にアクセスする、Microsoft 365管理センターのURLを手元に保存しておきます。解約は、自らの責任で行ってください。

1 ［レビューと確認］画面で入力内容を再確認し、［無料版を開始］をクリックします。

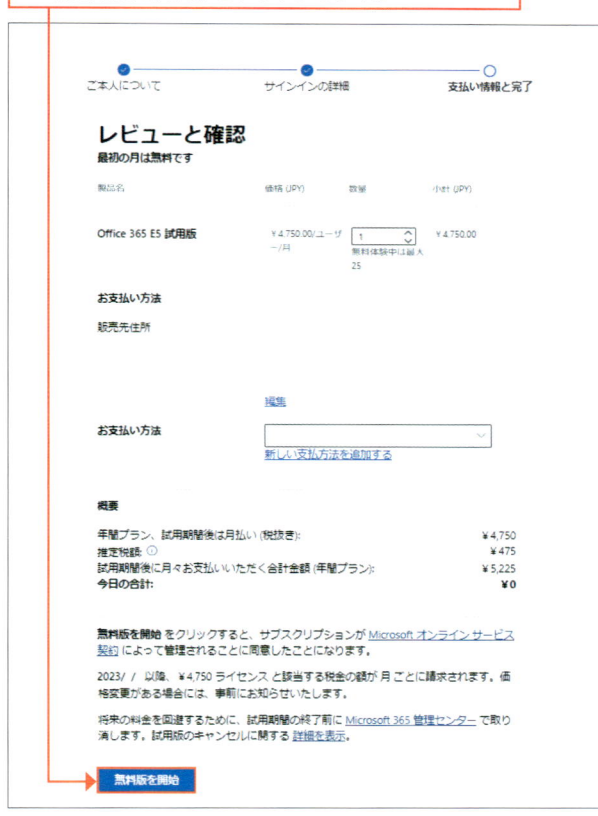

2 契約内容を保存し、試用版を解約する際の管理画面のURLを控えておきます。

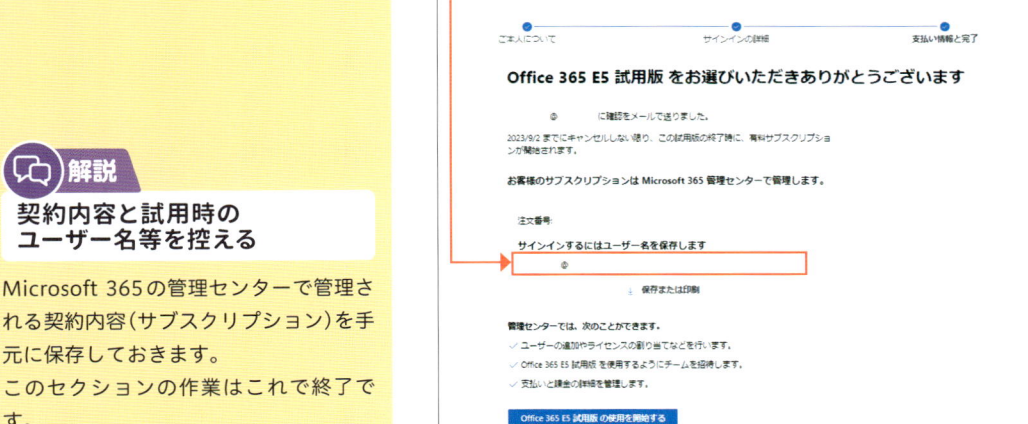

💬 解説

契約内容と試用時の ユーザー名等を控える

Microsoft 365 の管理センターで管理される契約内容（サブスクリプション）を手元に保存しておきます。
このセクションの作業はこれで終了です。

Section 35

Power BI サービスで
サンプルレポートを利用しよう

サンプルレポート、マイワークスペース

▶ Power BI サービスのサイトの概要

Power BI サービスへサインインすると、Power BI サービスのホームページが表示されます。左端のナビゲーションペインのアイコンをクリックして、利用を開始します。
ここでは、試用版で操作することができる個人ユーザー向けの操作を確認してみましょう。
ブラウザで、PowerBI サービスのサインイン画面（powerbi.microsoft.com/ja-jp）を開き、
［アカウントをお持ちですか? サインイン］をクリックします。

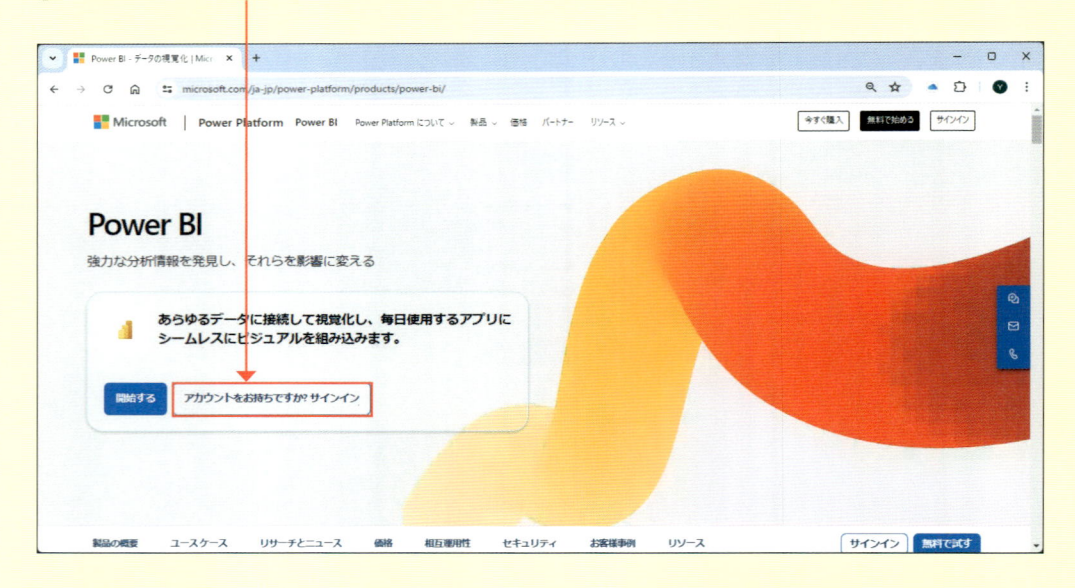

注意
Microsoft 社の画面は変更されることがあり、上の画面と異なる場合があります。
サインイン中に、ご所属の組織のセキュリティ設定により、身元を証明を求められることがあります。
組織の規定に従って下さい。

💬解説

Power BI サービスを使用する

Web ブラウザーで、Power BI サービスを利用します。サインインの後、Power BI の作業環境で操作を開始しましょう。ここでは、
hanako@gijutsu.co.jp
という架空のアカウントを例に使って示します。

1 サインインに使う電子メールのアドレスを入力します。

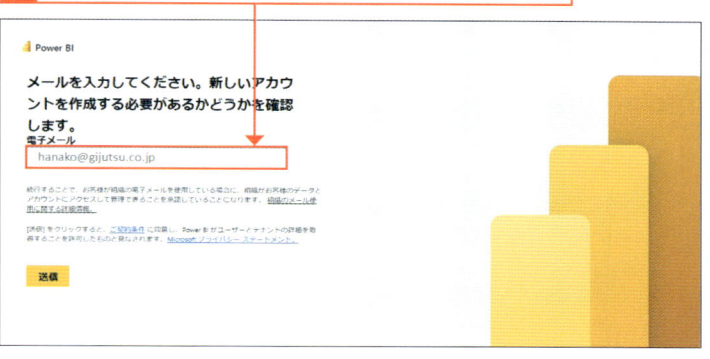

2 サインインする方法を選択します（各自のご使用状況によっては、画面の表示が異なること、または表示されないこともあります）。

3 パスワードを入力します。

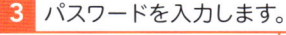

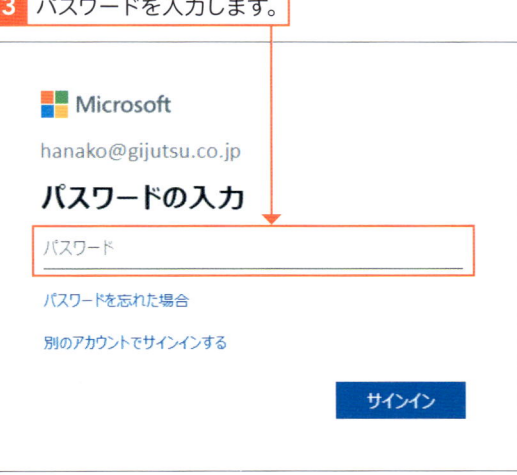

💬解説

アカウント登録の有無を確認する

最初に、既に Power BI サービスの利用登録が完了しているか否かを確認します。完了していれば、自動的にパスワード入力画面に推移します。

 補足

サインインの状態を維持する

サインイン完了後、次の画面でサインインの状態を維持しておくと、今後、[要求の承認]操作を省略することができます。

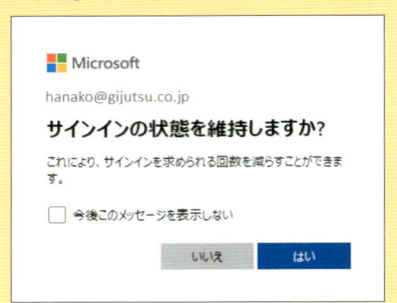

4 ブラウザ上に、Power BI サービスのホームページが開かれたことを確認します。

5 詳細をクリックします。

② サンプルレポートを利用する

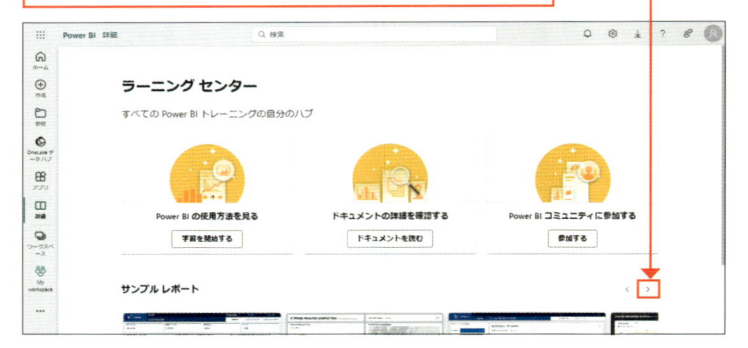

解説

ラーニングセンターで
サンプルを見つける

ラーニングセンターにあるサンプルレポートを Power BI サービス上で開きます。
このサンプルレポートで、人事部門の採用や離職に関する分析が行えます。

1 [ラーニングセンター]の[サンプルレポート]の右端の[>]を1～2回クリックして、

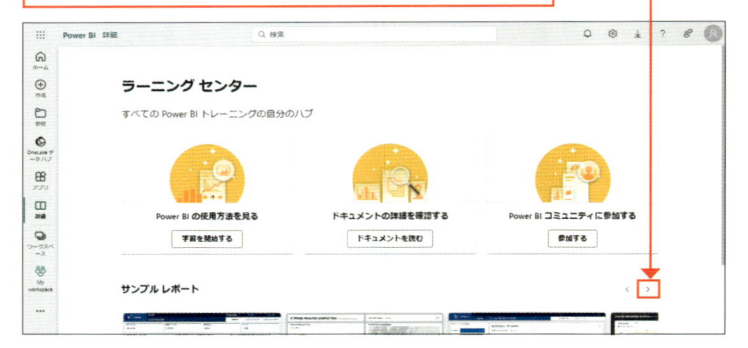

2 [従業員の雇用と履歴]レポートを見つけて、クリックします。

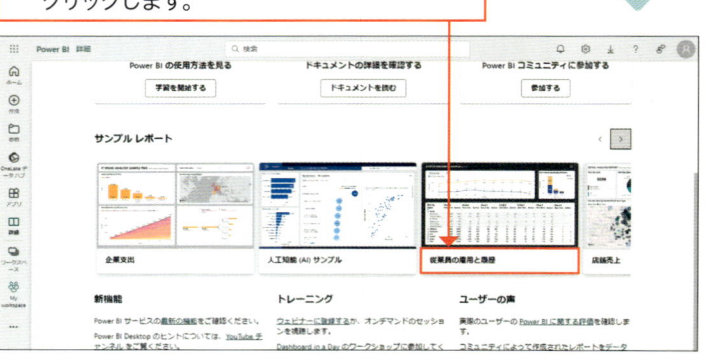

解説

レポートの複数ページを参照する

このサンプルレポートには、[従業員の雇用と履歴] サンプルレポートが複数のページに展開されています。
1ページ目は、[新規採用者] について、3種類のビジュアルが含まれています。

解説

サンプルレポートの [在職者と退職者] を確認する

2ページ目は、[在職者と退職者] について、の3種類のビジュアルが含まれています。

解説

サンプルレポートの [ミスマッチな採用] を確認する

3ページ目は、[ミスマッチな採用] について、4種類のビジュアルが含まれています。

3 [従業員の雇用と履歴] レポートが表示されます。
1ページ目の [New Hires（新規採用）] をクリックすると、

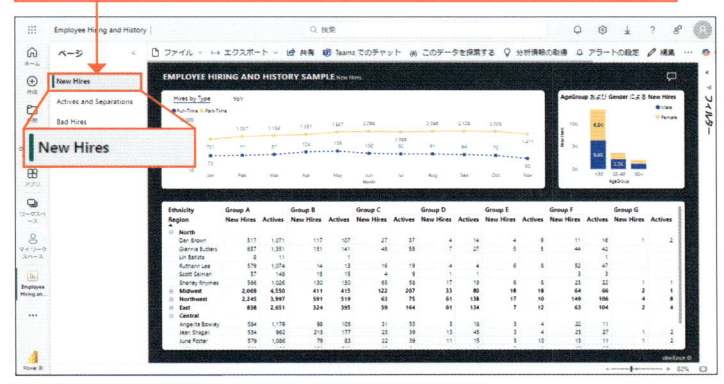

4 月別、年齢層別、地域別の新規採用数を分析することができます。

5 2ページの [Actives and Separations（在職者と退職者）] をクリックすると、

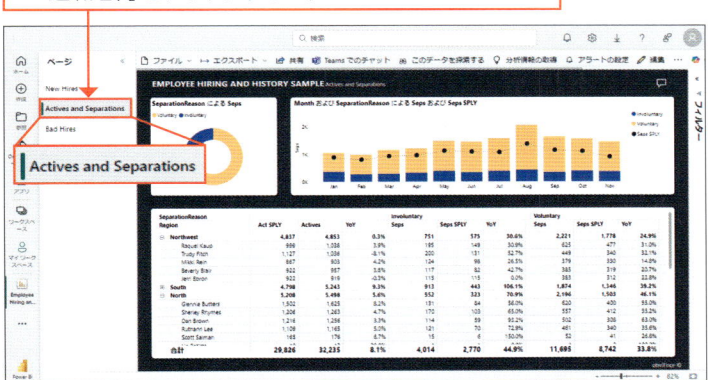

6 退職理由の内訳、月別、地域別の在職者数と退職者数の詳細を分析することができます。

7 3ページの [Bad Hires（ミスマッチの採用）] をクリックすると、

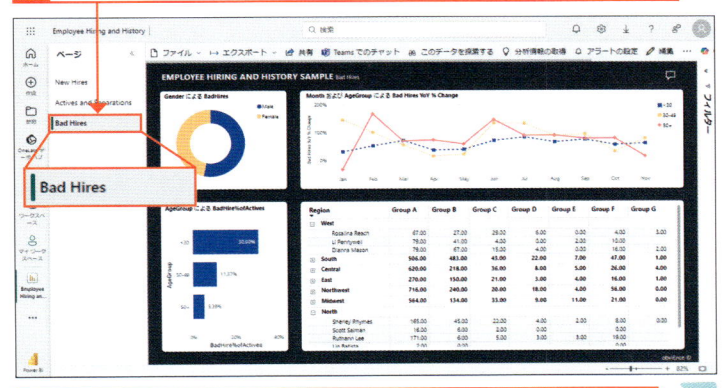

8 ミスマッチの採用についての詳細を分析することができます。

💬 解説

ツールヒントの機能を確認する

サンプルレポートの4ページ目には、ツールヒントが作成されています。2ページ目でビジュアルを右クリックしたときにツールヒントとして表示されます（セクション13参照）。

この機能は、Desktop同様、Power BIサービス上でも利用することができます。

💬 解説

クロス機能（強調表示）を確認する

サンプルレポートの2ページ目で、クロス機能（強調表示）を確認します（セクション16参照）。
この機能もDesktop同様、Power BIサービス上でも利用することができます。

9 再度［Actives and Separations（在職者と退職者）］をクリックします。

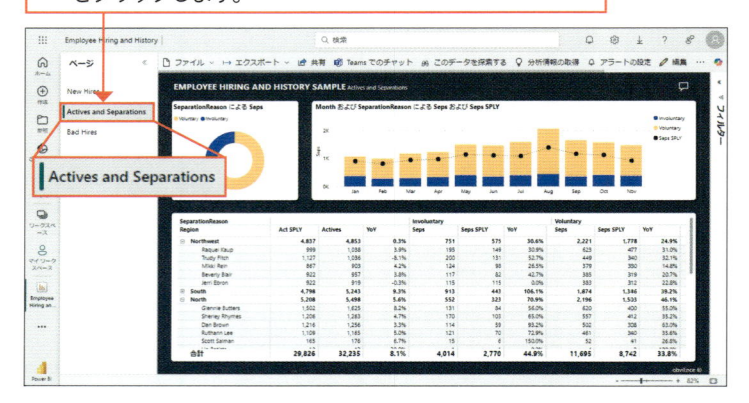

10 折れ線グラフの［Sep（9月）］のマークにカーソルを合わせると、ツールヒントが表示されます。

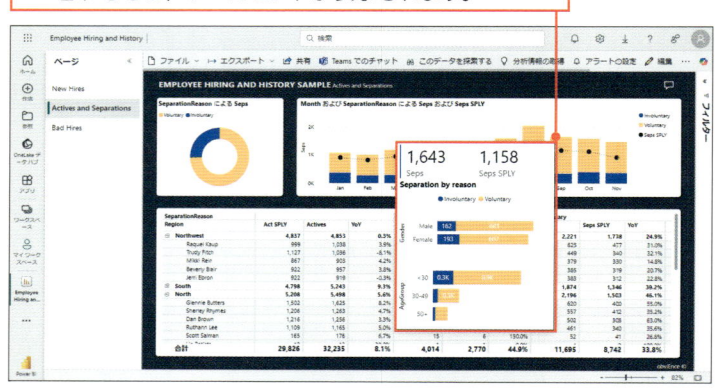

11 円グラフの［Involuntary（自主的ではない離職）］の青い部分をクリックすると、

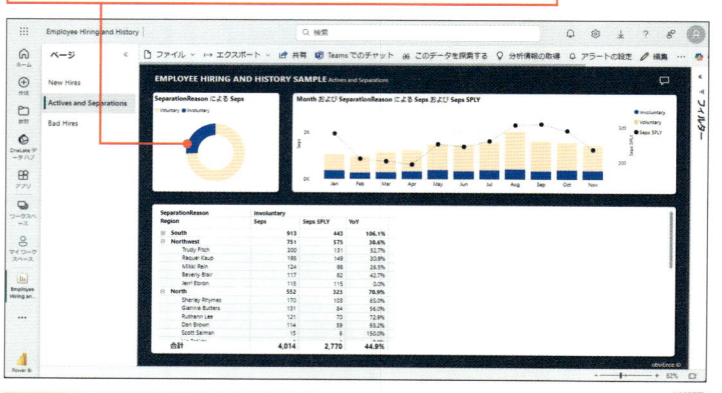

12 棒グラフやマトリクスの要素が強調表示されます。

サンプルレポートを編集する

Power BI サービス上で、レポートを編集することができます。
Desktopのレポートビューと同様、視覚化ペインやデータペインを使って、ビルドや書式設定の操作を行うことができます。

マイワークスペースとは

Power BI サービスにおいて、ユーザーごとに用意されているプライベートなスペースです。各ユーザーが用意したレポートやデータを、組織の他のメンバーと共有する前に、[マイワークスペース]で準備を整えます。

マイワークスペースを確認する

ラーニングセンターで[サンプルレポート]を選択すると、[レポート]と、そこで使用されている[データ]が[マイワークスペース]にコピーされます。マイワークスペースの中で自由に編集することができます。

13 [New Hires]ページをクリックし、[編集]をクリックします。

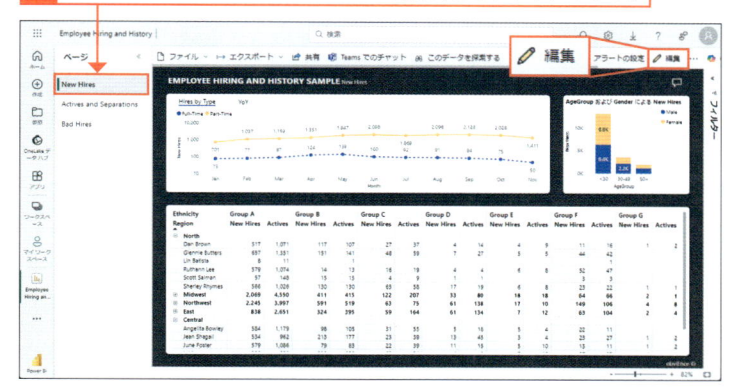

14 フィルターペイン、視覚化ペイン、データペインが表示され、Power BI Desktopと同じように編集ができるようになります。

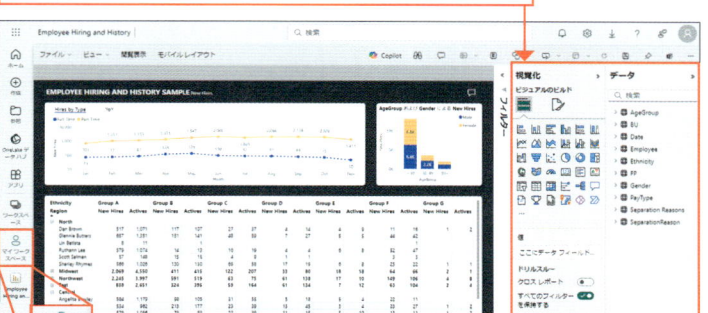

15 マイワークスペースをクリックします。

16 Power BI サービスの[マイワークスペース]に、[Employee Hiring and History]のレポートとモデルが、コピーされていることを確認します。

17 [x]をクリックしてブラウザを閉じます。

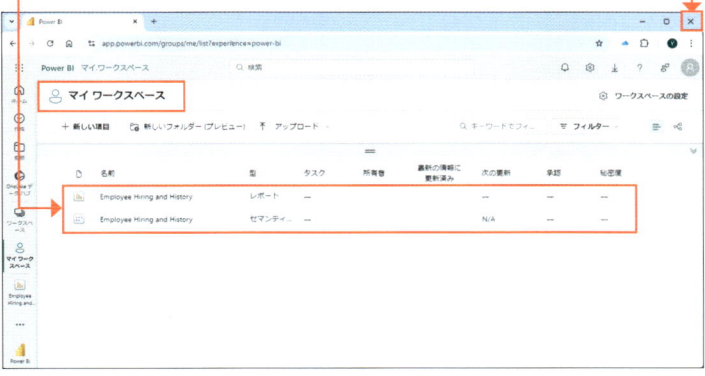

Desktopのレポートをサービスで利用しよう

レポート

練習▶36_練習.pbix

▶ Power BI サービスでレポートを閲覧する

Desktop で作成したレポートを Power BI サービス上で閲覧します。

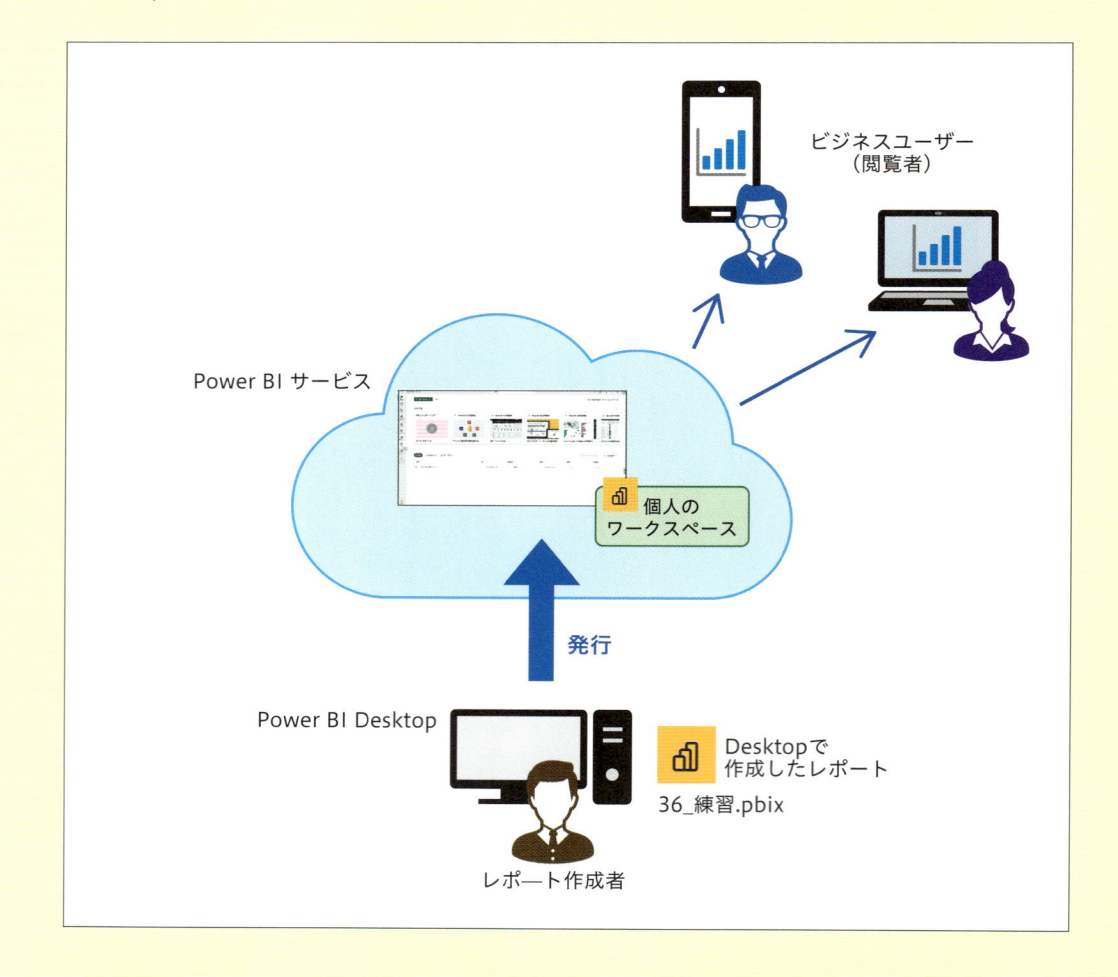

このセクションの操作を開始するには、練習フォルダーの［36_練習.pbix］をダブルクリックして開きます。

① Power BI Desktopからレポートを発行する

6

Power BI サービスによる共有

基礎編

💬 解説

Desktop から Power BI サービスへ発行する

Desktopで作成したレポートを、Power BIサービスへコピーします。この操作を[発行]または、[パブリッシュ]と呼びます。

36_練習.pbixには、4ページ分のレポートが含まれています。

💬 解説

Power BI サービスへサインインする

発行先にPower BIサービスへサインインするために、あらかじめ登録済みのMicrosoftのアカウントのメールアドレスを入力します。

⚠️ 注意

サインインする方法を指定する

各自のMicrosoftのアカウント登録方法の違いにより、手順 **3** ～ **8** は、画面の表示の有無が異なります。

1 Desktopで、36_練習.pbixをクリックして開きます。

2 レポートビュー画面で、[発行]をクリックします。

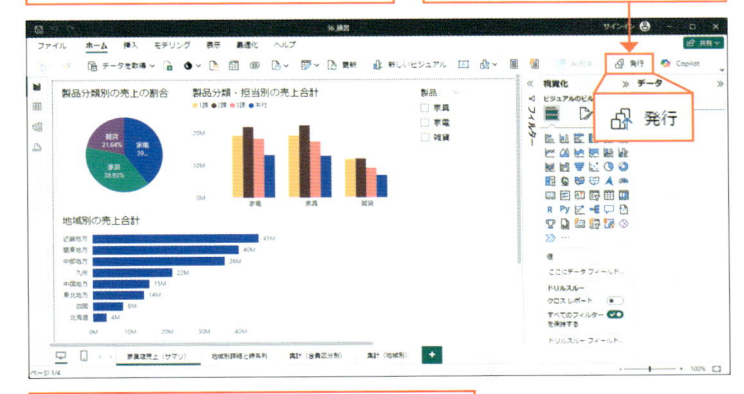

「変更を保存しますか?」のダイアログ画面が表示された場合は、[保存]をクリックします。

3 Power BI サービスへアクセスするためのサインイン画面が表示された場合は、メールアドレスを入力し、

メール アドレスの入力

Power BI Desktop と Power BI サービスを組み合わせて使用すると、効果的に動作します。共同作業を促進し、組織のコンテンツにアクセスするにはサインインしてください。

メール:

続行　キャンセル

4 [続行]をクリックします。

5 サインインの方法を確認して、

サインインする方法

hanako@gijutsu.co.jp
職場または学校アカウント

別のアカウントを使用する

Microsoft アカウント
電子メール、電話、または Skype

職場または学校アカウント
組織による割り当て

続行

6 [続行]をクリックします。

💬 解説

Power BI サービス内の宛先を指定する

有償の Power BI サービスを利用する場合は、Power BI サービス内に複数の作業領域（ワークスペース）を持つことができます。無償利用の場合は、既定の［マイワークスペース］を選択します。

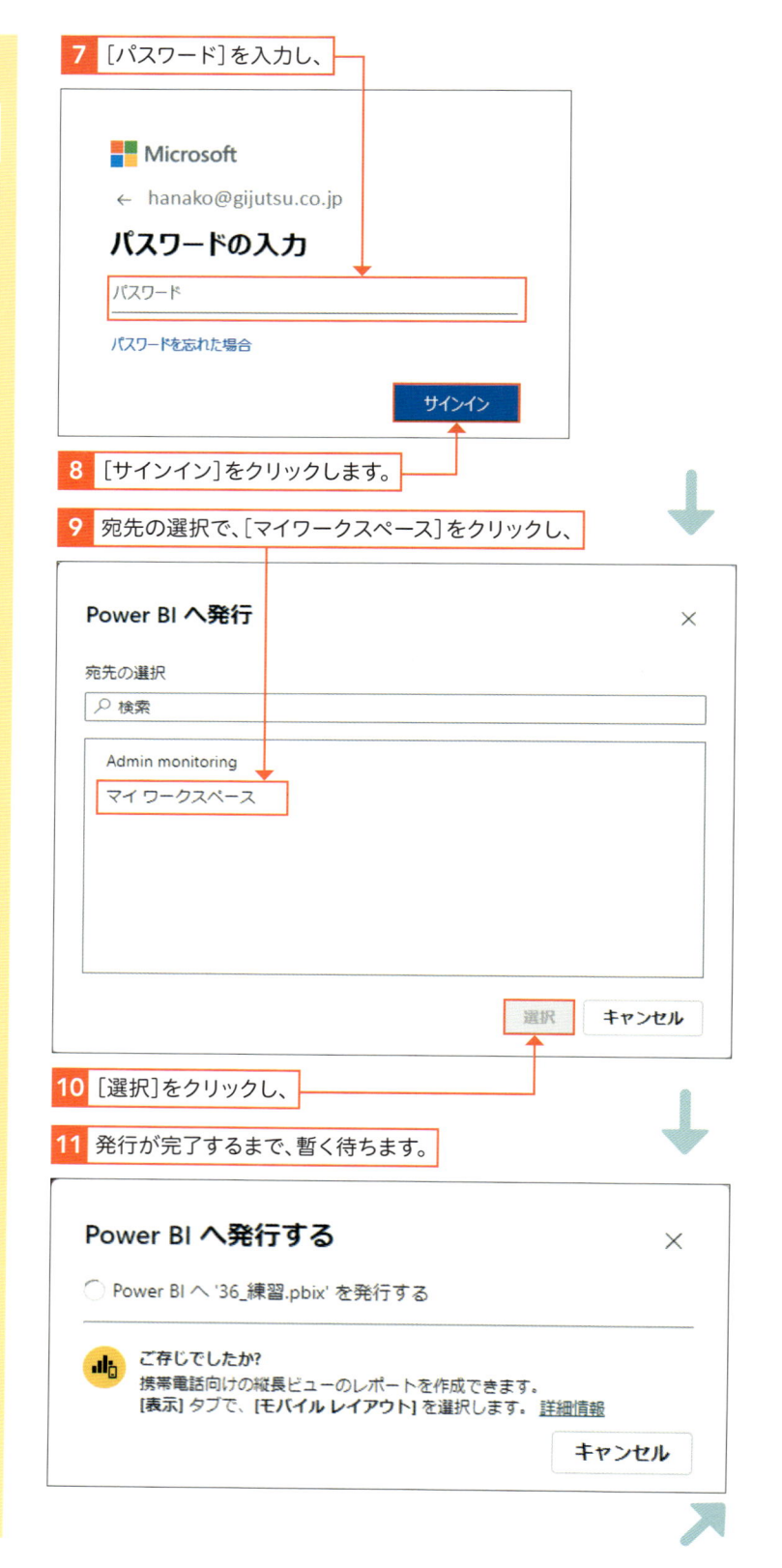

7 ［パスワード］を入力し、

8 ［サインイン］をクリックします。

9 宛先の選択で、［マイワークスペース］をクリックし、

10 ［選択］をクリックし、

11 発行が完了するまで、暫く待ちます。

**解説**

ブラウザーで Power BI サービスの画面を確認する

リンクをクリックすると、自動的にブラウザーが起動し、ブラウザー上に Power BI サービスの画面が表示されます。Desktopの画面は、開いたままでかまいません。

⚠ **注意**

サインイン画面の再表示

各自のMicrosoftのアカウント登録方法の違いにより、Desktop から Power BI サービスへ、画面が切り替わる際に、下記の[アカウントを選択する]と[パスワード]入力の画面が、再び表示されることがあります。Power BI サービスで使用するアカウントをクリック、パスワードを入力してくだしてサインインしてください。

解説

Power BI サービス上で、レポートを確認する

発行されたレポートには、4ページ含まれています。左の[ページ]ペインでそれぞれのページを開いて、Desktopで作成したレポートと同じであることを確認します。

---

12 [成功しました！]が表示されたら、[Power BIで '36_練習.pbix 'を開く]リンクをクリックします。

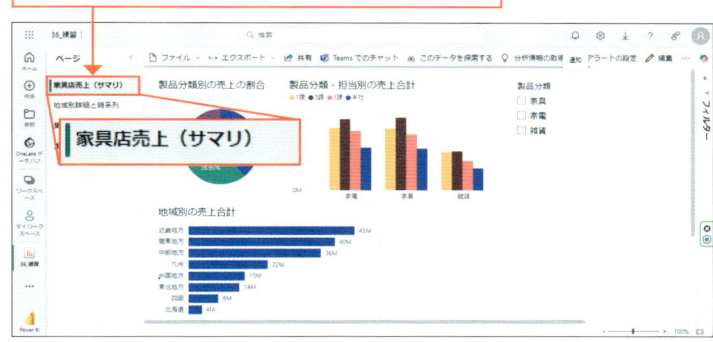

13 Power BI サービス上で、36_練習.pbixのレポートの1ページ目の[家具店売上（サマリ）]が表示されていることを確認します。

14 [地域別詳細と時系列]をクリックして、レポートの2ページ目を確認します。

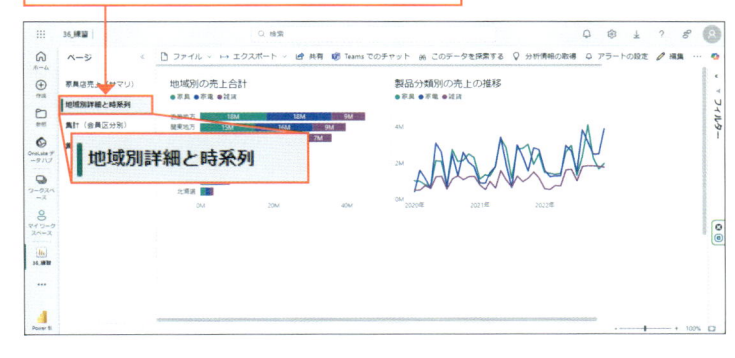

② Power BI サービスでレポートを探索する

 **解説**

ドリルスルーを確認する

3 ページ目と 4 ページ目は、ドリルスルーの詳細画面が作成されています。

1 ［集計（地域別）］や［集計（会員区分別）］をクリックして、レポートの 3 ページ目や 4 ページ目を確認します。

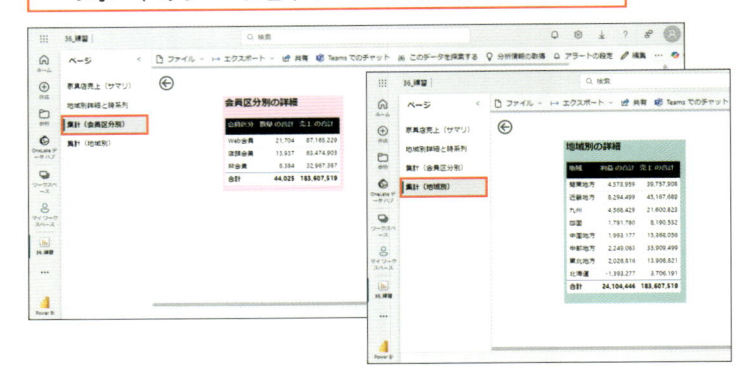

2 ［地域別詳細と時系列］をクリックして 2 ページ目に戻り、

3 棒グラフの［近畿地方］の［雑貨］を右クリックし、

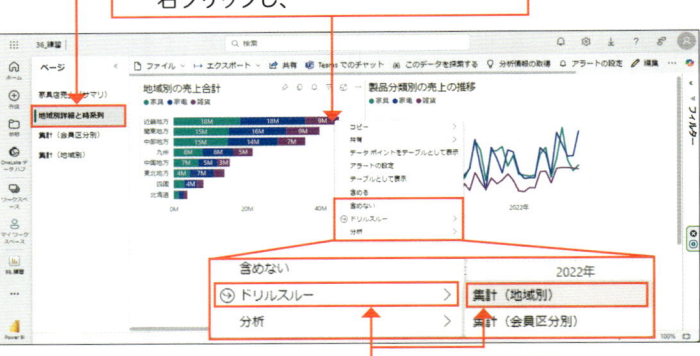

4 ［ドリルスルー］の［集計（地域別）］をクリックすると、

5 近畿地方の「利益の合計」と「売上の合計」が表示されることを確認します。

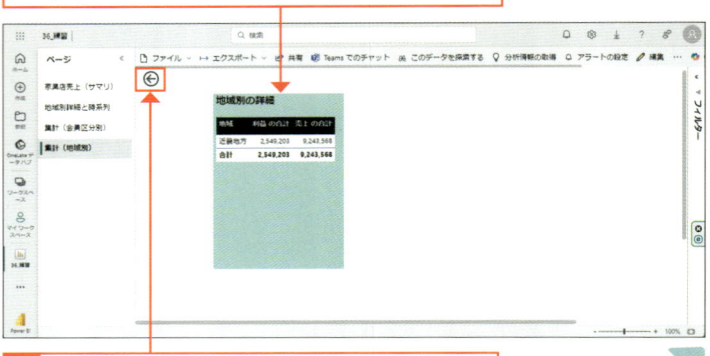

6 ［戻る］をクリックして、2 ページ目に戻ります。

 **補足**

［戻る］のクリック操作

Desktop でドリルスルー画面から［戻る］をクリックする場合は、 Ctrl を一緒に押すことが必要でしたが、 Power BI サービスでは、 Ctrl は必要ありません。

解説

ツールヒントを確認する

たとえば、棒グラフの[近畿地方]の[雑貨]の上にマウスポインターを重ねると、ツールヒントが表示され、売上合計を確認することができます。Desktopの基本的な探索機能を、Power BIサービス上でも利用することができます。

7 棒グラフで、[近畿地方]の[雑貨]にマウスポインターを合わせ、[ヒント]が表示されることを確認します。

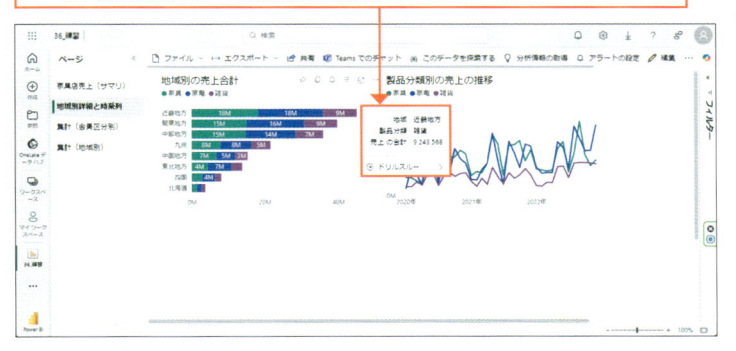

解説

強調表示を確認する

たとえば、円グラフの[雑貨]をクリックすると、同じページ内の他のビジュアルの関連する部分が強調表示されます。Desktopの基本的な探索機能を、Power BIサービス上でも利用することができます。

8 [家具店注文（サマリ）]をクリックし、円グラフの[家電]をクリックすると、

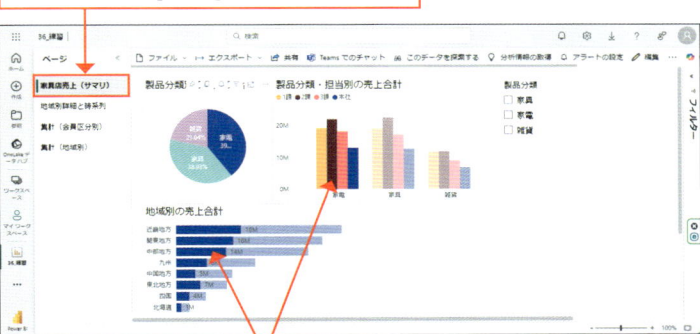

9 他のビジュアルが強調表示されます。

解説

コンテンツの種類を確認する

マイワークスペース上には、レポートだけでなく、そのレポートで使用しているデータも格納されています。このデータを使って、Power BIサービス上で新たなレポートを作成することも可能です。

10 [マイワークスペース]をクリックし、

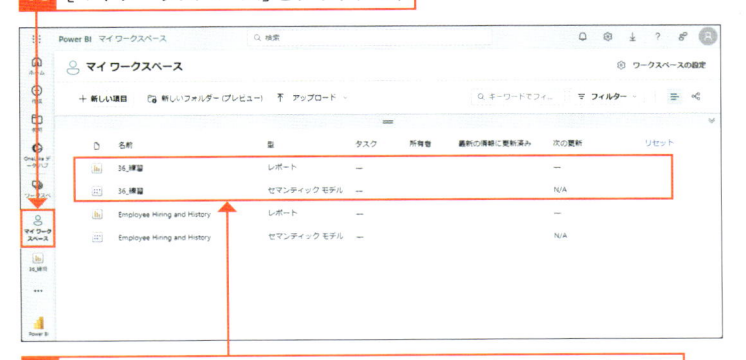

11 [マイワークスペース]に[36_練習]の[レポート]と[データ]（セマンティックモデル）がコピーされていることを確認します。

12 画面右上の[x]をクリックして、ブラウザを閉じます。

13 Power BI Desktopに戻り、ダイアログ画面の[x]をクリックして閉じ、[Alt]+[F4]を同時に押して36_練習.pbixファイルを閉じます（保存不要）。

ダッシュボードを作成しよう

ダッシュボード

練習▶37_練習.pbix

▶ レポートからダッシュボードを作成する

ダッシュボードとは、複数のレポートから、必要なビジュアルを選択し、1つにまとめて表示する Power BI サービスの機能です。関連するビジュアルを1枚の画面上に並べて、俯瞰することができるので、アイディアが生まれやすく洞察の幅が広がります。また、たとえば、毎朝見る必要があるビジュアルについて、複数のレポート画面を切り替えることなく一か所で確認できるので、短い時間で必要な確認ができます。

組織の中で共有されているレポートから、それぞれの担当者が、自分の必要なビジュアルを選び、自由に組み合わせることができます。

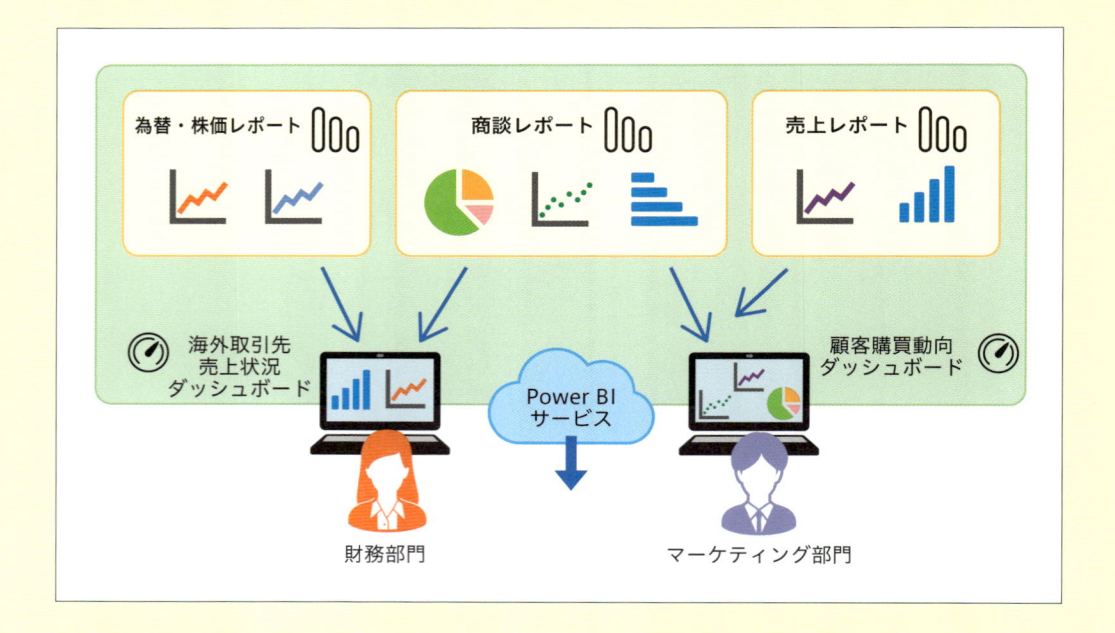

ここでは、評価版を使用して、個人専用のダッシュボードを作って探索します。評価版では、ダッシュボードを他のユーザーと共有することやWebに公開することはできません。

このセクションの操作を開始するには、練習フォルダーの37_練習.pbixを使います。
また、セクション36の作業が完了していることが前提です。

① Power BI Desktopからレポートを発行する

💬解説

操作を開始する

練習フォルダの「37_練習.pbix」をダブルクリックして開きます。

Power BI サーバーにサインインが済んでいない場合は、途中でサインイン用の画面が表示されます。ユーザー名とパスワードを入力してサインしてください。

Power BI Desktopで「変更を保存しますか？」のダイアログ画面が表示された場合は、[保存]をクリックしてください。

💬解説

DesktopからPower BI サービスへ発行する

Desktopで作成したレポートを、Power BI サービスへ発行します。37_練習.pbixには、[東京の花粉飛散量]のレポートが含まれています。

💬解説

Power BI サービス内の宛先を指定する

有償のPower BI サービスを利用する場合は、Power BI サービス内に複数の作業領域（ワークスペース）を持つことができます。無償利用の場合は、既定の[マイワークスペース]を選択します。

Desktopで、37_練習.pbixをクリックして開きます。

1 ユーザー名［技術 花子］が表示されていることを確認します。

2 レポートビュー画面で、［発行］をクリックします。

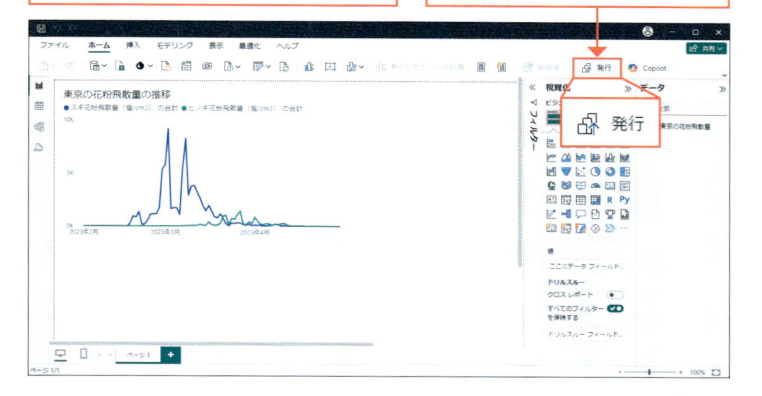

3 宛先の選択で、［マイワークスペース］をクリックし、

4 ［選択］をクリックします。

5 ［成功しました！］が表示されたら、［Power BIで '37_練習.pbix' を開く］リンクをクリックします。

253

解説

サインインする

各自のMicrosoftのアカウント登録方法の違いにより、Desktop から Power BI サービスへ、画面が切り替わる際に、[アカウントを選択する]と[パスワード]画面が、再び表示されることがあります。Power BI サービスで使用するアカウントをクリックし、パスワードを入力してください。

補足

表示されるアカウント

各自の Microsoft の利用環境により、複数、表示されることがあります。社員カードのマーク付きの[組織]のアカウントが使用可能です。

6

Power BI サービスによる共有

6 サインインの画面が表示された場合は、アカウントを選択で、Power BI サービスで使用するアカウントをクリックします。

7 [パスワード]を入力し、

8 [サインイン]をクリックします。

9 Power BI サービス上で、37_練習.pbixのレポートの[東京都の花粉飛散量]が表示されました。

10 [編集]をクリックします。

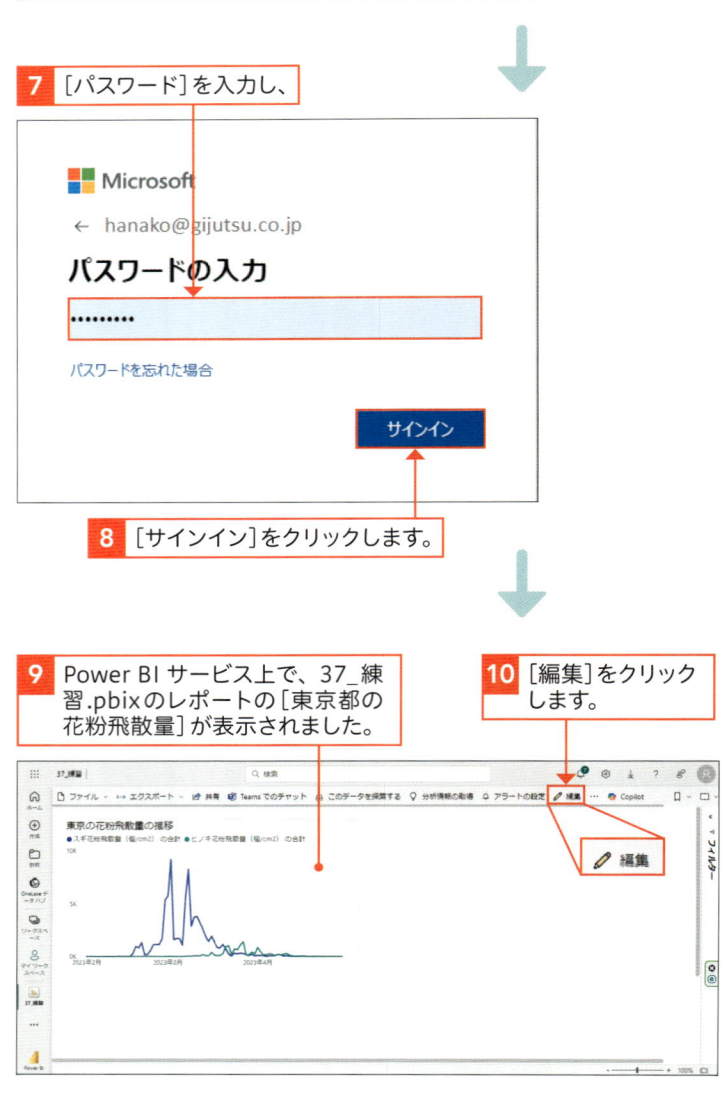

② 1つ目のレポートのビジュアルをピン留めする

ビジュアルを拡大する

ビジュアルの任意の場所をクリックして外枠を表示し、ハンドルを縦方向、横方向にドラッグして、キャンバスと同じくらいの大きさに拡大します。

🔍 重要用語

ダッシュボードへピン留めする

レポートの中からビジュアルを選び、ダッシュボードにコピーして配置することを、[ピン留めする]といいます。

🔍 重要用語

ダッシュボードとは

複数のレポートからビジュアルをコピーし、1枚の画面に集めて、Power BI サービス上で俯瞰することができます。特定の目的別に作成されたレポートから、各ユーザーが自分に必要なビジュアルを選び、1枚の画面に集めて分析します。ダッシュボードは、他のユーザーと共有することもできます（Power BI サービスの有償版が必要）。

1 ビジュアルをアクティブにし、ハンドルをドラッグして、画面を拡大し、

2 ビジュアルをピン留めする]をクリックします。

3 [保存してピン留めする]をクリックします。

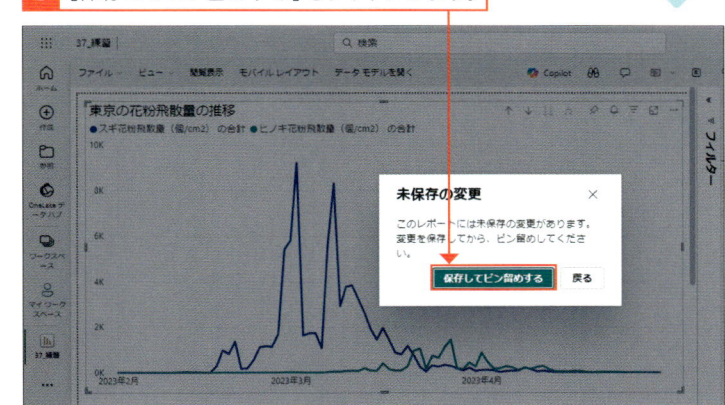

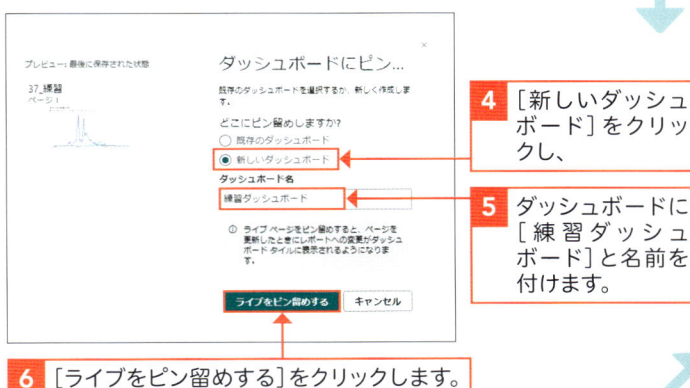

4 [新しいダッシュボード]をクリックし、

5 ダッシュボードに[練習ダッシュボード]と名前を付けます。

6 [ライブをピン留めする]をクリックします。

③ 2つ目のレポートのビジュアルを編集する

💬 解説

ダッシュボードを起動する

作成済みのダッシュボードは、マイワークスペースに一覧表示されます。有償版の Power BI サービスの場合は、マイワークスペース以外に、個別にワークスペースを作成してコピーし、他のメンバーとダッシュボードを共有することができます。

また、有償版には、このダッシュボードを社外に公開するため、URLを生成する機能もあります。

1 [マイワークスペース]をクリックします。

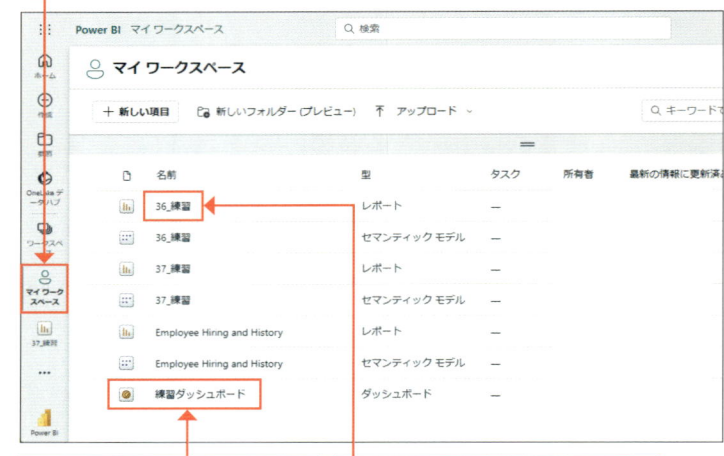

2 「練習ダッシュボード」が作成されました。

3 次に、[36_練習]のレポートをクリックします。

4 「36_練習」レポートが開きました。

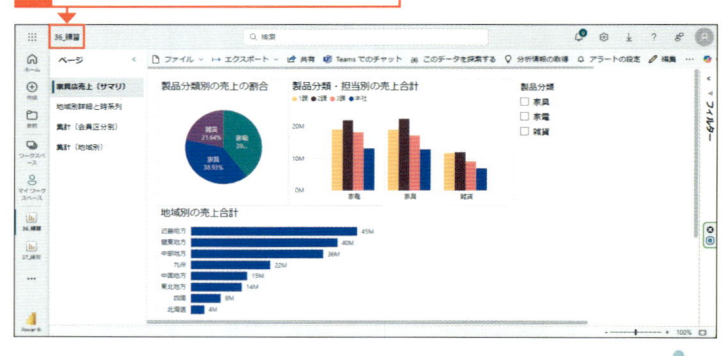

5 [地域別詳細と時系列]をクリックします。

6 [編集]をクリックします。

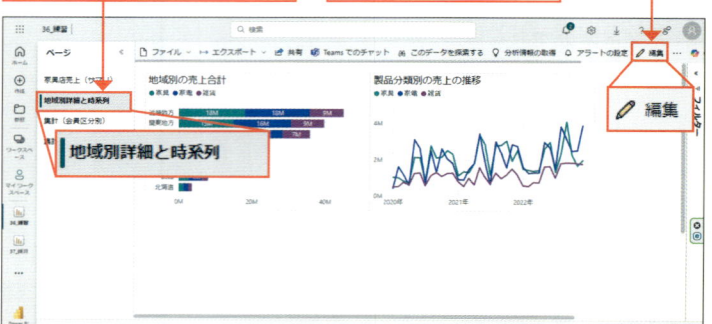

解説

Power BI サービス上で
レポートを作成、加工する

Desktopで作成済みのビジュアルを、
Power BI サービス上で、編集します。
ここでは、棒グラフを削除し、折れ線グ
ラフのみを残します。そして、フィルタ
ーペインで注文日の期間を絞り込みま
す。
この後、このビジュアルをダッシュボー
ドへピン留めします。ダッシュボード上
では、フィルター操作はできません。

7 棒グラフをアクティブにし、[Delete] を押して
ビジュアルを削除します。

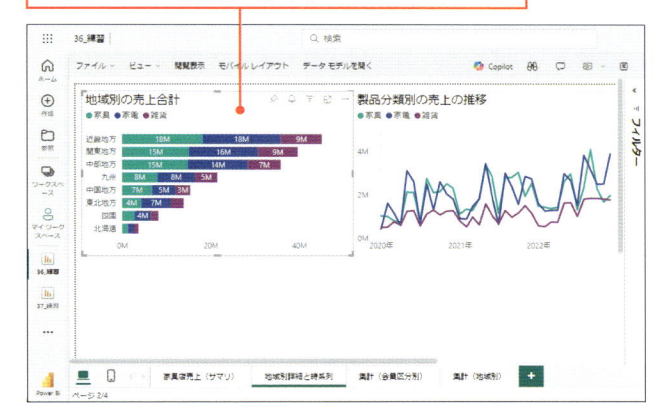

8 折れ線グラフをアクティブに
し、ハンドルをドラッグして、
ビジュアルを拡大します。

9 ここをクリックして
展開します。

10 [注文日 - 年] を
クリックし、

基礎編

解説

注文日を直近の年の 3か月に絞る

ダッシュボード上で組み合わせを予定している[花粉の飛散量のビジュアル]に合わせて、3か月分のデータにフィルターします。

今回は、同じ年のデータではないのですが、もし、同じ年のデータが手元にあれば、たとえば、ダッシュボード上で両者を並べ較べることで、日々の花粉の飛散量が、家電の空気清浄機や、インテリアのカーテンの売上にどのように影響するか、関係が明らかになるかもしれません。

11 [注文日 - 年]の[フィルターの種類]で[高度なフィルター処理]を[基本フィルター]に変更し、

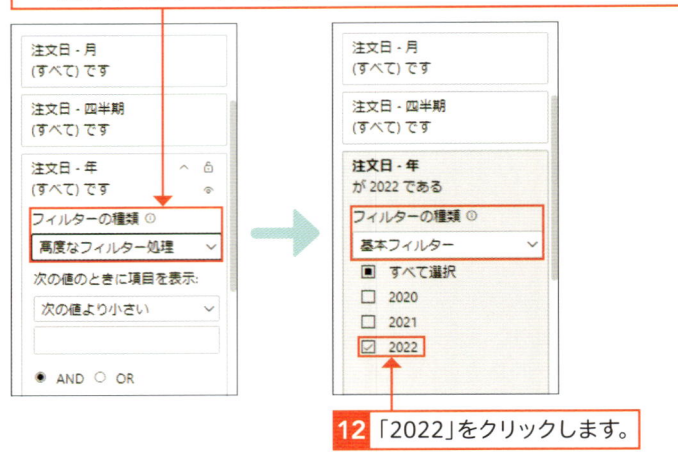

12 「2022」をクリックします。

13 [注文日-月]をクリックし、

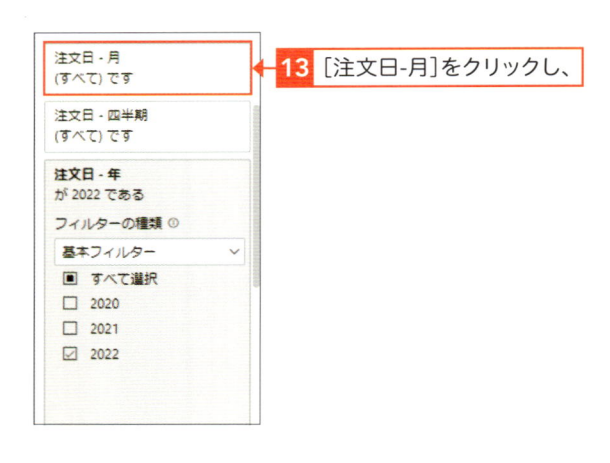

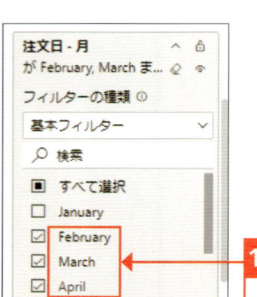

14 「February」「March」「April」をクリックします。

ヒント

[注文日]の粒度を変更する

最初に作成したビジュアルで、四半期や月の分析にとどめておくことは、実務で一般的です。ここで、探索中に[日]のレベルまでの細かいデータが必要になった場合は、データペインで[注文日]を右クリックして、[すべてのレベルを表示する]オプションを使うと、最も細かい[日]のレベルまで表示させることができます。

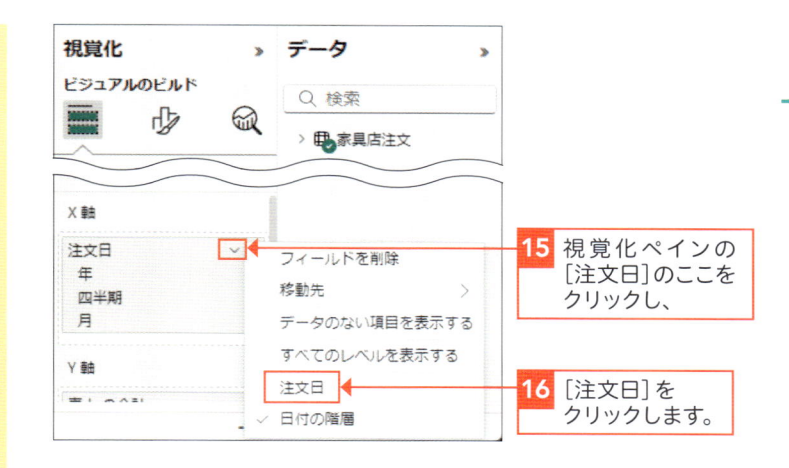

15 視覚化ペインの[注文日]のここをクリックし、

16 [注文日]をクリックします。

④ 2つ目のレポートのビジュアルをピン留めする

解説

既存のダッシュボードにビジュアルを追加する

先にピン留めした[花粉の飛散量]に加えて、[家具店の売上の推移]のビジュアルもピン留めします。ダッシュボードにピン留めする際に、事前に保存しておく必要があります。

1 ここをクリックし、フィルターペインを閉じます。

2 [ダッシュボードにピン留めする]をクリックします。

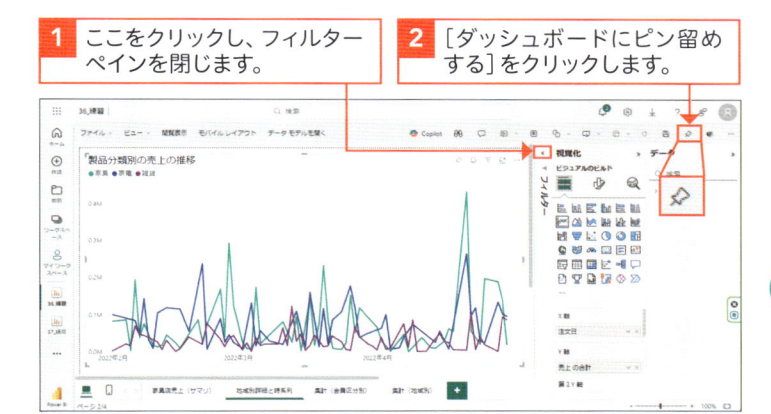

3 [保存してピン留めする]をクリックします。

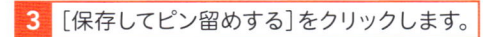

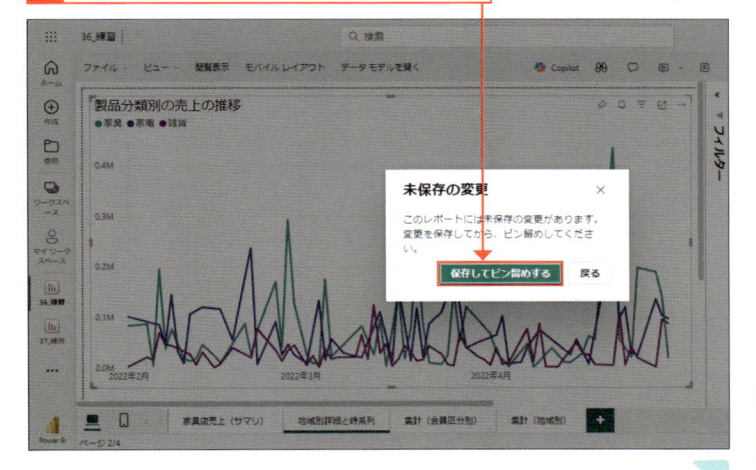

補足

ダッシュボードの保存先

通常、ダッシュボードは、Power BI サービスのワークスペースに保存し、同じ組織のメンバーと共有します。無償版利用の場合は、マイワークスペースに保存して、個人で利用します。

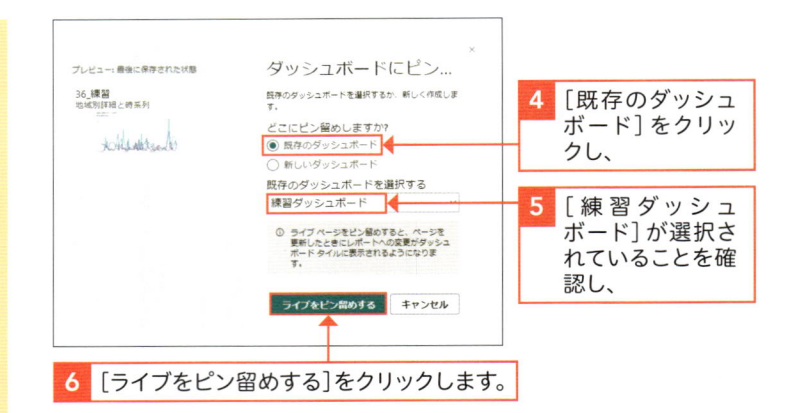

4 [既存のダッシュボード] をクリックし、

5 [練習ダッシュボード] が選択されていることを確認し、

6 [ライブをピン留めする]をクリックします。

❺ 作成したダッシュボードを確認する

1 [マイワークスペース]をクリックします。

2 [練習ダッシュボード]をクリックします。

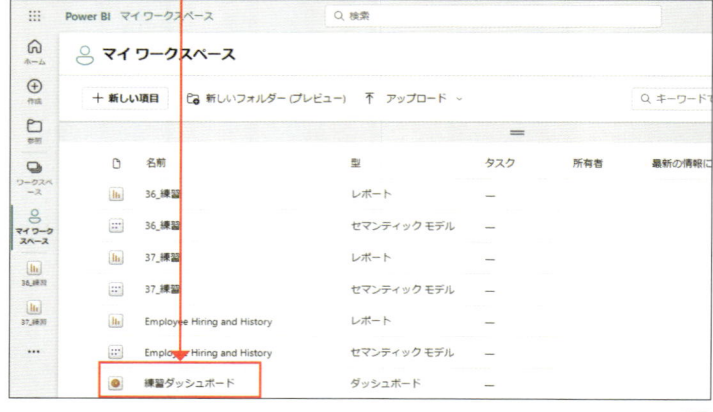

💬 解説

ダッシュボードを確認する

Web ブラウザーで、Power BI サービスにサインインし、マイワークスペースを開きます。セクション36や37で作成したレポートやダッシュボードが表示されています。それぞれクリックして開くと、探索ができます。

重要用語

タイルとは？

ダッシュボードを構成する要素を[タイル]と呼びます。ピン留めされているビジュアルの他に、自分で用意した写真やイラスト、PDFドキュメントを[タイル]として使用することができます。

解説

ダッシュボードの表示を確認する

Power BI Desktopで、異なるpbixファイルに作成した2つのレポート（[36_練習]と[37_練習]）を、Power BI サービスで、1つのダッシュボード[練習ダッシュボード]にまとめて表示します。

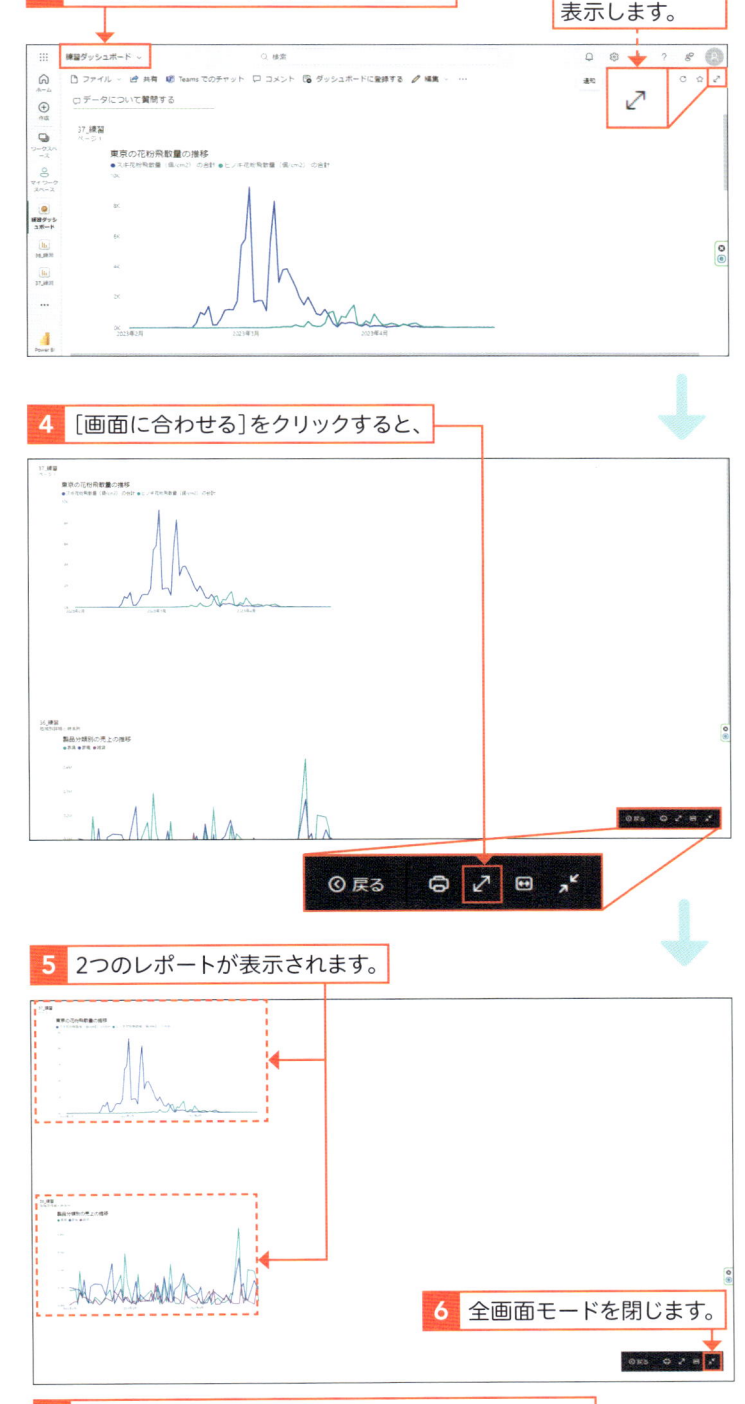

3 練習ダッシュボードが表示されました。

全画面モードで表示します。

4 [画面に合わせる]をクリックすると、

5 2つのレポートが表示されます。

6 全画面モードを閉じます。

7 画面右上の[x]をクリックして、ブラウザを閉じます。

8 Power BI Desktopに戻り、ダイアログ画面を[x]をクリックして閉じ、[Alt]と[F4]を同時に押してファイルを閉じます（保存不要）。

モバイルでPower BIの コンテンツを利用しよう

Power BI for Mobile

▶ Power BI for Mobileとは

同僚が作成したレポートやダッシュボードに共有の設定を行うと、同じ組織のビジネスユーザーは、モバイルの画面からそれらにアクセスし、探索することができます。探索から得られた洞察を、組織内で共有することができます。

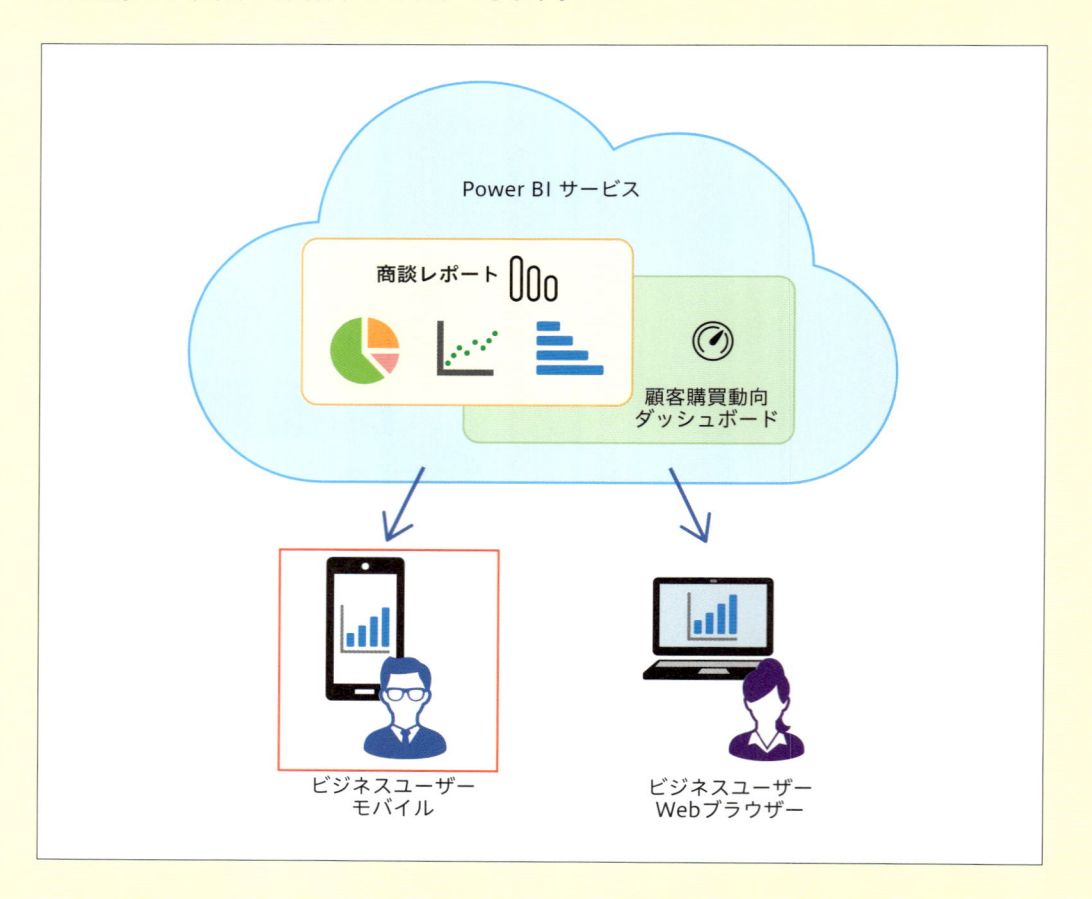

このセクションの操作を開始するには、セクション37,38の作業が完了していることが前提です。

① Power BI for Mobile をインストールする

解説

Power BI for Mobile を
入手する

Microsoft Store や App Store、Google Play でモバイル版をダウンロードし、インストールします。右の手順は、App Store を使用する例です。

補足

Power BI for Mobile の起動

手順4で [開く] をタップせず、後日起動する際は、携帯画面の Power BI for Mobile のアイコンをタップします。

1 App Store を起動します。

2 検索 Box で [powerbi] と入力して検索します。

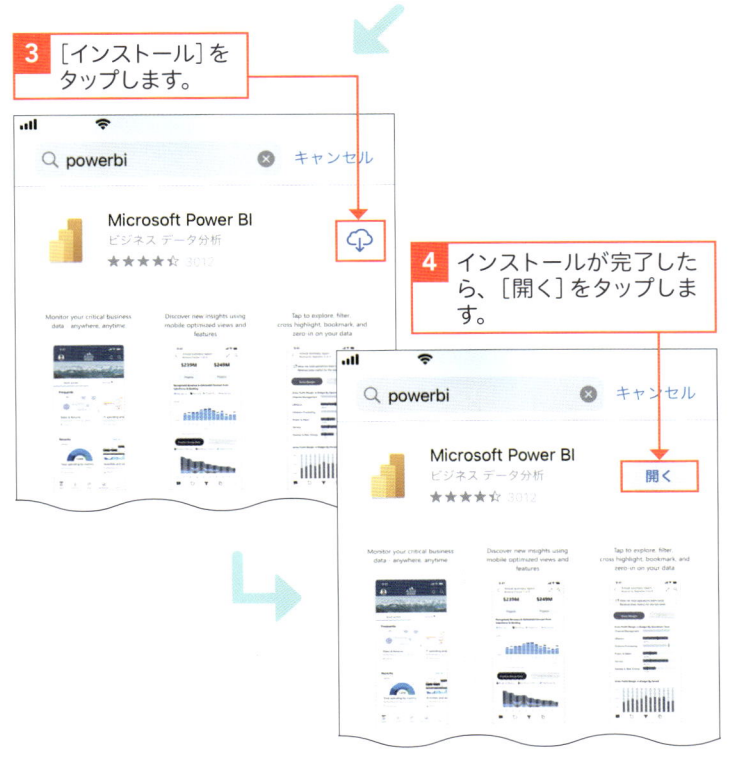

3 [インストール] を
タップします。

4 インストールが完了した
ら、[開く] をタップしま
す。

② モバイルでダッシュボードを閲覧する

💬 **解説**

ダッシュボードを確認する

携帯電話に Power BI for Mobile をインストール後、Power BI サービスにサインインし、マイワークスペースを開きます。セクション36や37で作成したレポートやダッシュボードが表示されています。それぞれタップして開くと、探索ができます。

1 メールアドレスを入力して、Power BI サービスへサインインします。

2 [マイワークスペース]をタップします。

3 [練習ダッシュボード]をタップします。

4 [練習ダッシュボード]が開かれました。

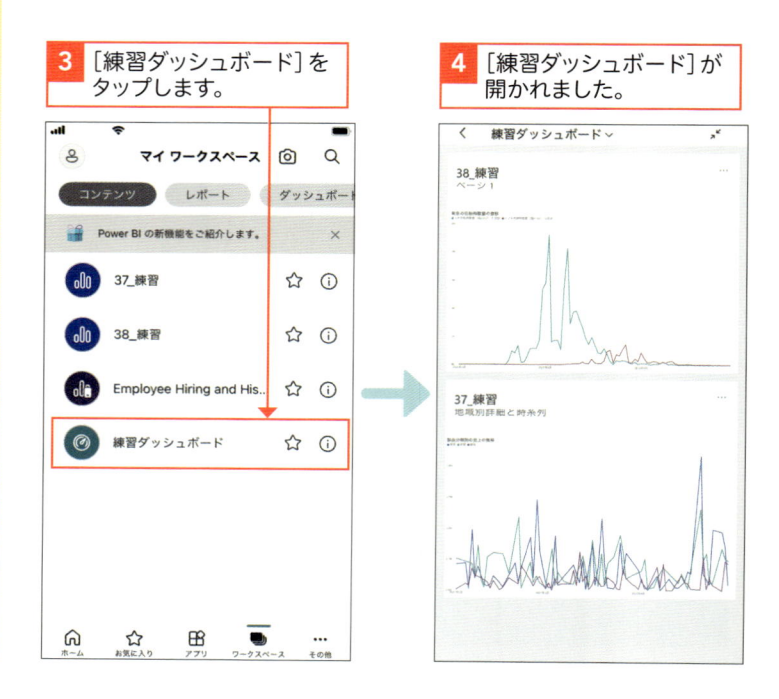

第 7 章

Power BIを使って統計データを分析してみよう 実践編

この章で学ぶこと

Power BIを使って統計データを分析しよう

▶ 気象庁と国税庁の統計データを分析する

この章では、Power BI Desktopの視覚化、探索の各種機能を組み合わせ、ビジュアルを観察し、そこから洞察を導くまで、分析の一連の流れを総復習します。

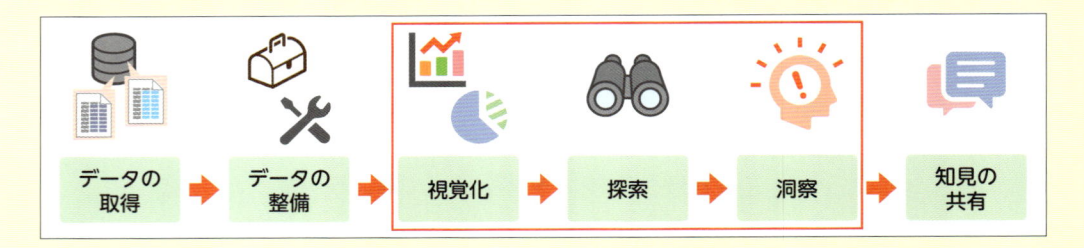

データの取得 ➡ データの整備 ➡ 視覚化 ➡ 探索 ➡ 洞察 ➡ 知見の共有

4章と5章で、気象庁や国税庁からダウンロードしたExcelデータに対して、自分の分析に必要なデータを得るために整備する方法を学びました。この章では、整備後のデータを使って、一からビジュアルを作成します。視覚化ペインの書式設定を活用して、分析により適したビジュアルを作成してみましょう。

▶ 書式設定機能を使用する

●特定のビジュアルをアクティブにして設定する

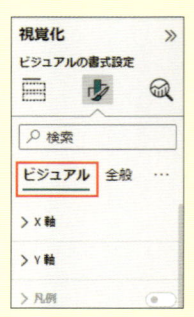

ビジュアルの書式設定：ビジュアルタイプに応じた書式設定

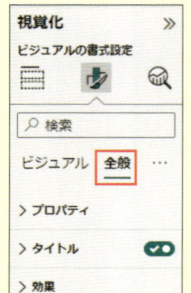

全般の書式設定：ビジュアルタイプに依らない、共通の書式設定

●ビジュアルをアクティブにせずに設定する

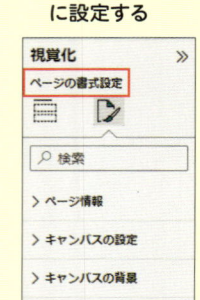

ページの書式設定：ビジュアルを配置するページの書式設定

▶ 棒グラフの書式設定を使用する

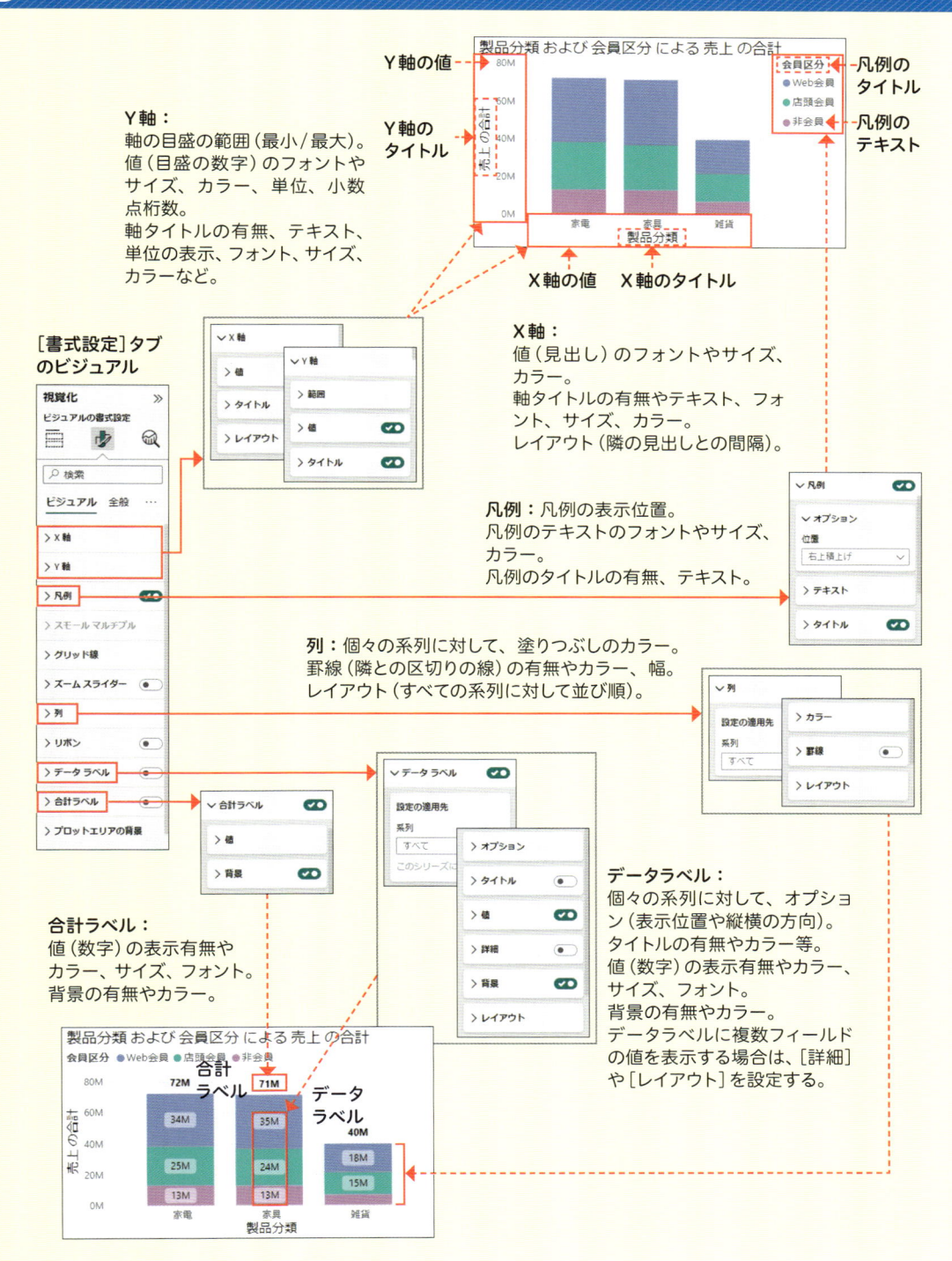

Y軸：
軸の目盛の範囲（最小／最大）。
値（目盛の数字）のフォントや
サイズ、カラー、単位、小数
点桁数。
軸タイトルの有無、テキスト、
単位の表示、フォント、サイズ、
カラーなど。

X軸：
値（見出し）のフォントやサイズ、
カラー。
軸タイトルの有無やテキスト、フォ
ント、サイズ、カラー。
レイアウト（隣の見出しとの間隔）。

凡例： 凡例の表示位置。
凡例のテキストのフォントやサイズ、
カラー。
凡例のタイトルの有無、テキスト。

列： 個々の系列に対して、塗りつぶしのカラー。
罫線（隣との区切りの線）の有無やカラー、幅。
レイアウト（すべての系列に対して並び順）。

合計ラベル：
値（数字）の表示有無や
カラー、サイズ、フォント。
背景の有無やカラー。

データラベル：
個々の系列に対して、オプショ
ン（表示位置や縦横の方向）。
タイトルの有無やカラー等。
値（数字）の表示有無やカラー、
サイズ、フォント。
背景の有無やカラー。
データラベルに複数フィールド
の値を表示する場合は、[詳細]
や[レイアウト]を設定する。

▶ 折れ線グラフの書式設定を使用する

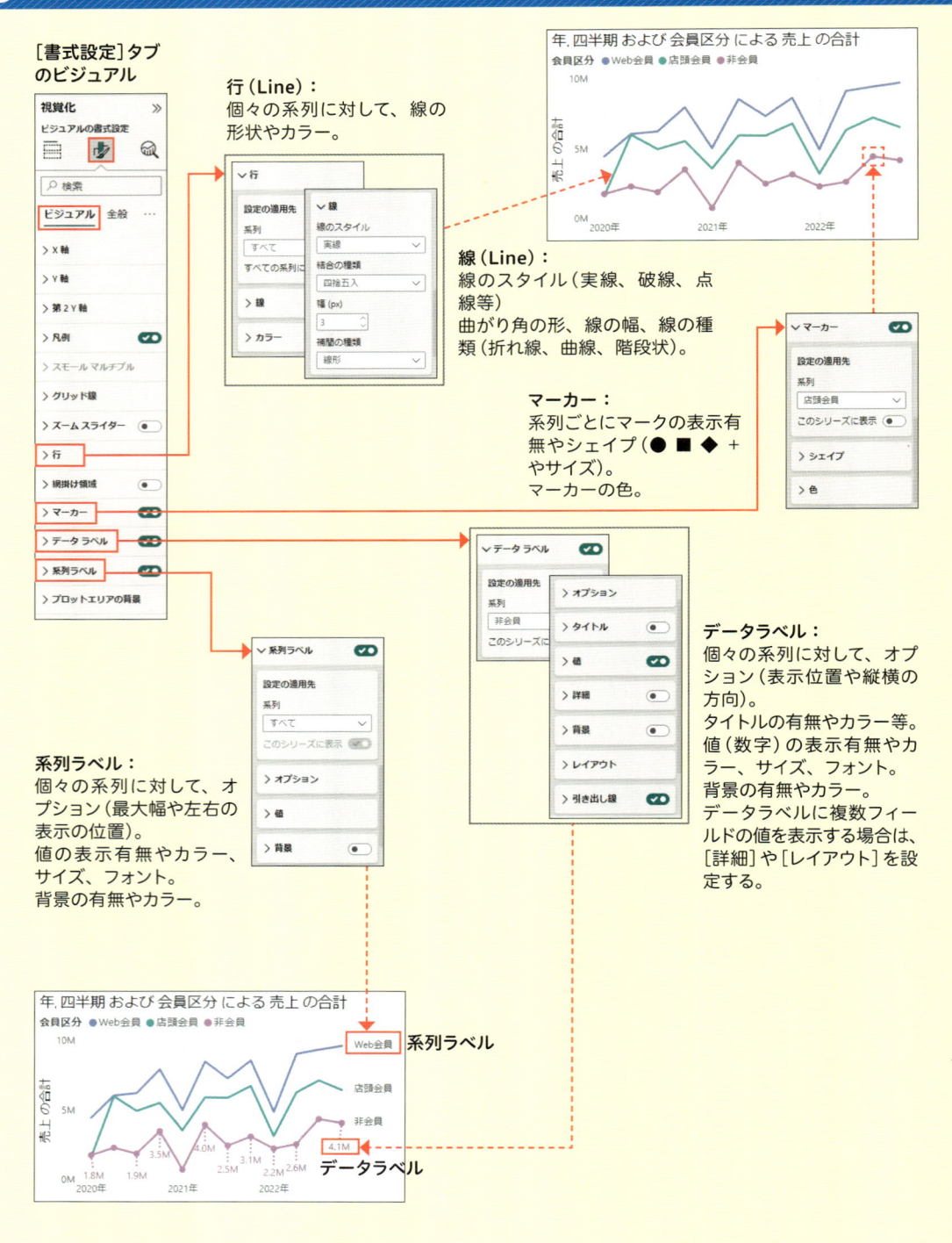

▶ ビジュアルの書式設定の［全般］を使用する

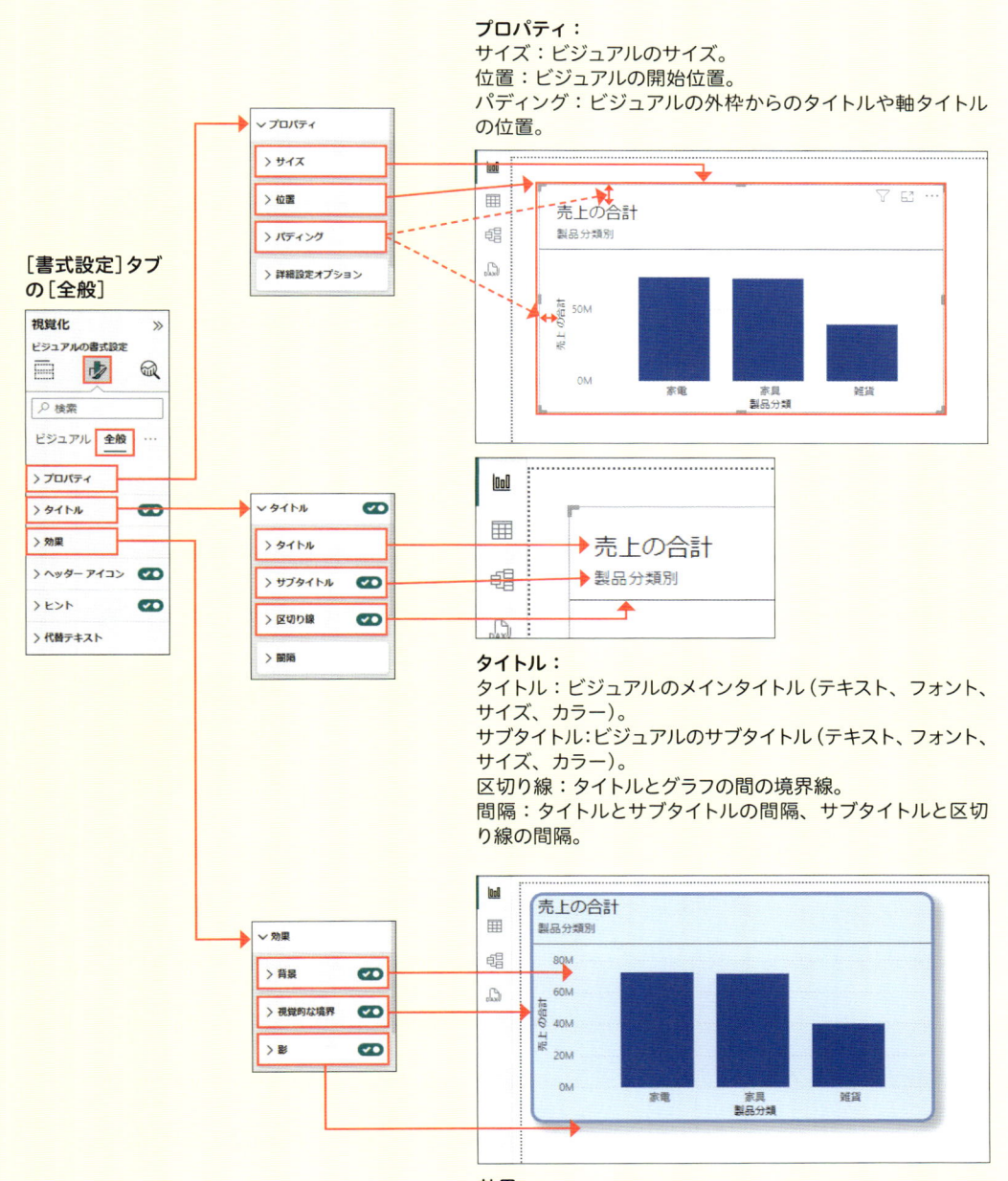

プロパティ：
サイズ：ビジュアルのサイズ。
位置：ビジュアルの開始位置。
パディング：ビジュアルの外枠からのタイトルや軸タイトルの位置。

タイトル：
タイトル：ビジュアルのメインタイトル（テキスト、フォント、サイズ、カラー）。
サブタイトル：ビジュアルのサブタイトル（テキスト、フォント、サイズ、カラー）。
区切り線：タイトルとグラフの間の境界線。
間隔：タイトルとサブタイトルの間隔、サブタイトルと区切り線の間隔。

効果：
背景：ビジュアルの背景の有無、色、透過性。
視覚的な教会：ビジュアルの枠線の有無、カラー、コーナーの丸み、幅。
影：ビジュアルの影の有無、カラー、位置（上下左右）等。

Section 39 桜の開花日のめやすを調べてみよう

折れ線グラフ、フィルター、定数線

練習▶39_練習.pbix　完成▶39_練習_end.pbix

▶ 気象庁のデータを使用して分析する

桜の開花のめやすは、2月1日からの毎日の最高気温の累計値が600℃を超える頃といわれています。2023年、600℃を超えたのはいつでしょうか?

●分析のテーマと作成するビジュアル

「最高気温（℃）の累計の推移」グラフを作成し、累計600℃を示す定数線を追加します。

折れ線グラフを作成する　　定数線を追加する

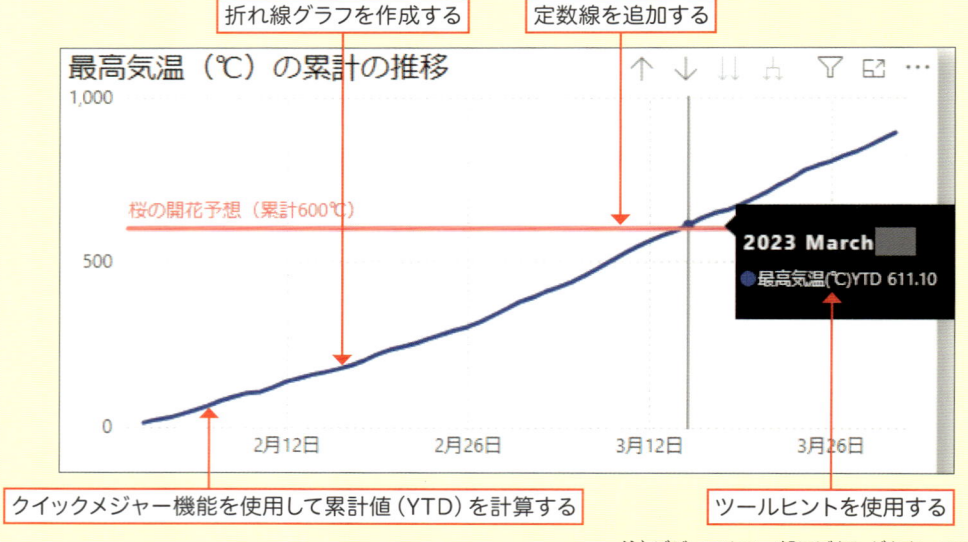

桜の開花予想（累計600℃）

2023 March
●最高気温(℃)YTD 611.10

クイックメジャー機能を使用して累計値（YTD）を計算する

ツールヒントを使用する

注）ビジュアルの一部にぼかしがかかっています

●使用するデータ

セクション24で準備した［気象］データを使用します。
データの出典や加工の詳細は第4章を参照してください。

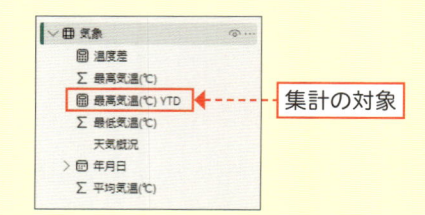

集計の対象

① 時系列グラフを作成する

💬 解説

操作を開始する

練習フォルダの「39_練習.pbix」をダブルクリックして開きます。このファイルには、セクション24で整備したデータが読み込まれています。

💬 解説

フィールドを指定する

「最高気温の累計の推移」を分析します。フィールドを次のように指定します。

・集計の対象：
　　[最高気温（℃）YTD]
・ディメンション：
　　[年月日]
[年月日]は、「年」「月」「日」で詳細化します。

💬 解説

分析対象のデータを絞り込む

読み込み済みのデータ2〜4月の3か月分のデータのうち、ここでは2月と3月のデータを使用します。使用するデータを[フィルター]機能を使って絞り込みます。

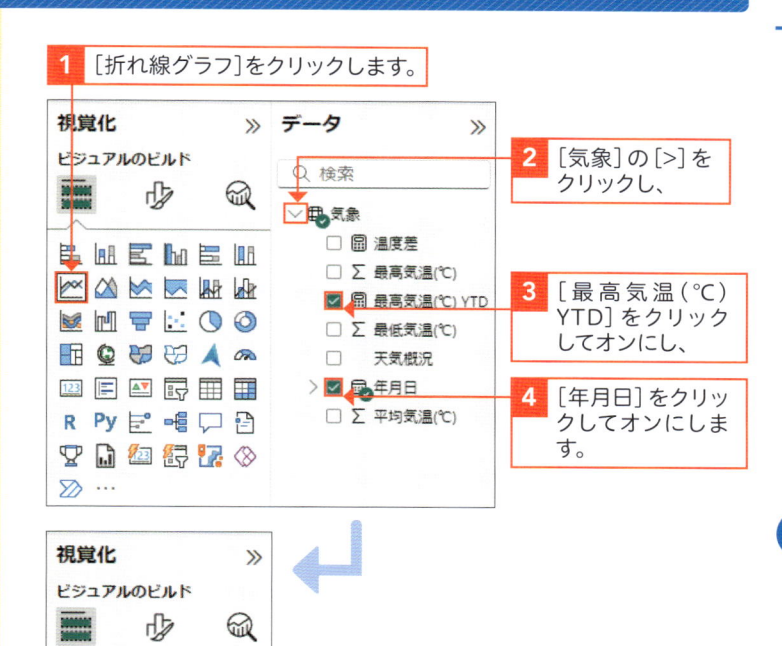

1 [折れ線グラフ]をクリックします。

2 [気象]の[>]をクリックし、

3 [最高気温（℃）YTD]をクリックしてオンにし、

4 [年月日]をクリックしてオンにします。

5 [四半期]の[x]をクリックし、

6 [年][月][日]を残します。

7 ここをクリックして、[フィルター]ペインを開きます。

8 [年月日 - 月]をクリックして、

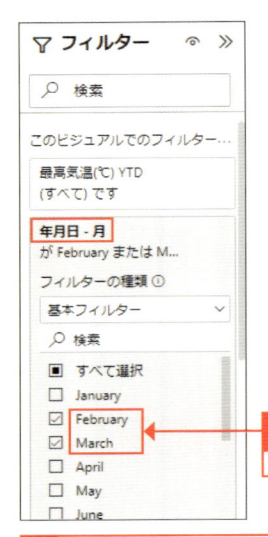

9 [February]と[March]を
クリックしてオンにします。

10 ビジュアルのサイズを整えます（35ページの手順**7**参照）。

② 定数線を追加する

💬 解説

定数線を追加する

桜の開花の目安は、最高気温の累積値が
600℃に到達したあたりであることを示
すために、ビジュアル上に600℃を示す
線を追加します。
「600」という決まった値（定数）を指定し
て線を描くので、[定数線]といいます。

1 ここをクリックして、フィルターペインを閉じます。

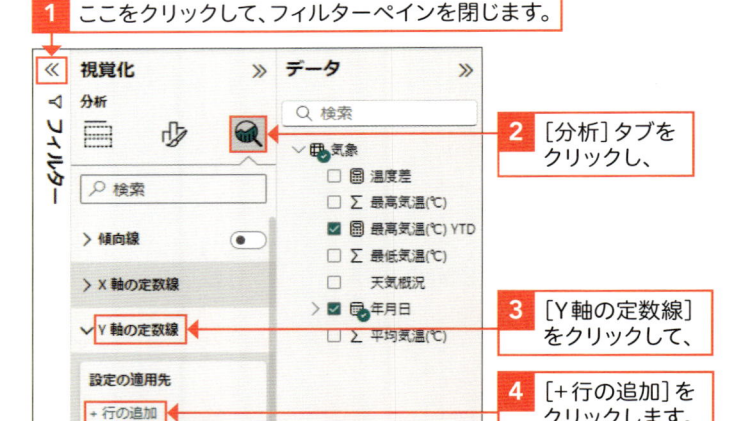

2 [分析]タブを
クリックし、

3 [Y軸の定数線]
をクリックして、

4 [+行の追加]を
クリックします。

 **補足**

定数線の方向を判断する

水平方向の［定数線］を描くには、その線がゼロから何℃離れているかを示すため、温度（℃）の目盛を持つY軸に対して線を加えます。

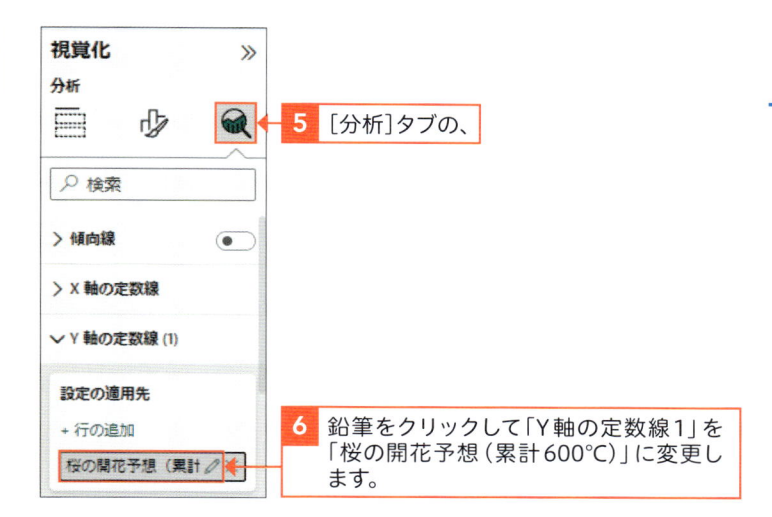

5 ［分析］タブの、

6 鉛筆をクリックして「Y軸の定数線1」を「桜の開花予想（累計600℃）」に変更します。

解説

定数線にラベルを表示する

ラベルを表示する縦位置（定数線の左端か右端か、線の上部か下部か）を指定します。
ここでは、定数線の上にラベルを表示します。

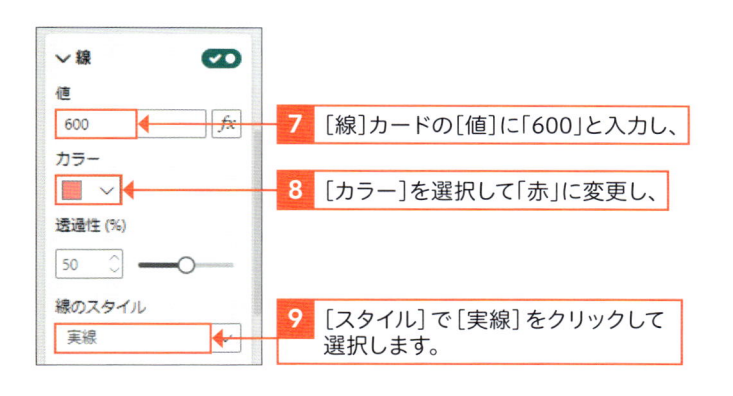

7 ［線］カードの［値］に「600」と入力し、

8 ［カラー］を選択して「赤」に変更し、

9 ［スタイル］で［実線］をクリックして選択します。

解説

定数線のラベルに書式を設定する

線の色とラベルの色を赤で統一します。
スタイルは、ラベルに表示する内容を指定します。次の3通りから選択することができます。
・データ値：手順 **7** で指定した値
・名前：手順 **6** で指定した入力値
・双方向：「データ値」と「名前」の両方
ここでは、「名前」を指定します。

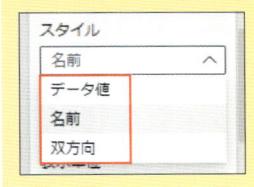

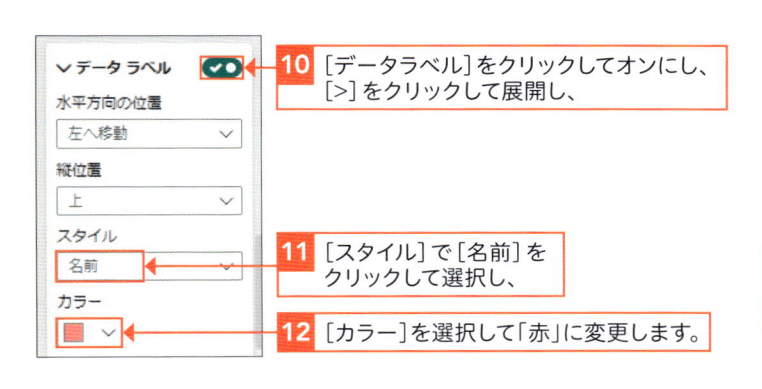

10 ［データラベル］をクリックしてオンにし、［>］をクリックして展開し、

11 ［スタイル］で［名前］をクリックして選択し、

12 ［カラー］を選択して「赤」に変更します。

③ タイトルを整える

 **解説**

ビジュアルの外観を整える

自動生成されたビジュアルのタイトルを整備します。ビジュアル全体のタイトルは、「最高気温（℃）の累計の推移」と指定し、X軸、Y軸のタイトルは非表示にします。

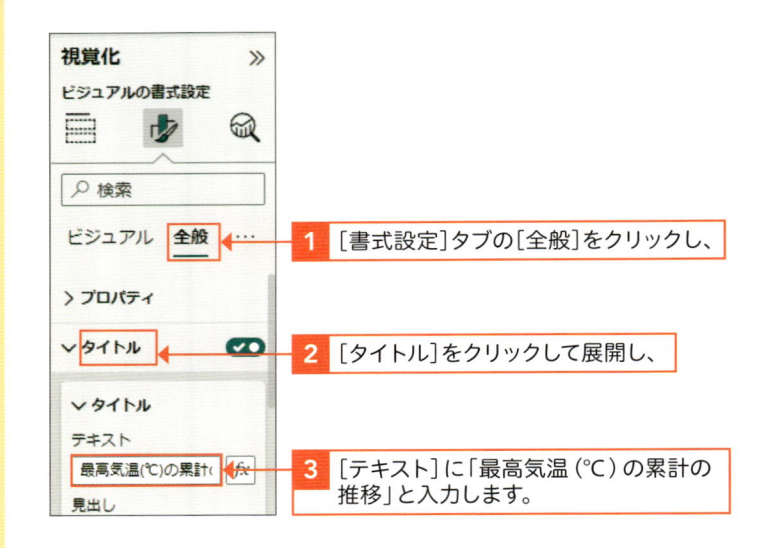

1 ［書式設定］タブの［全般］をクリックし、

2 ［タイトル］をクリックして展開し、

3 ［テキスト］に「最高気温（℃）の累計の推移」と入力します。

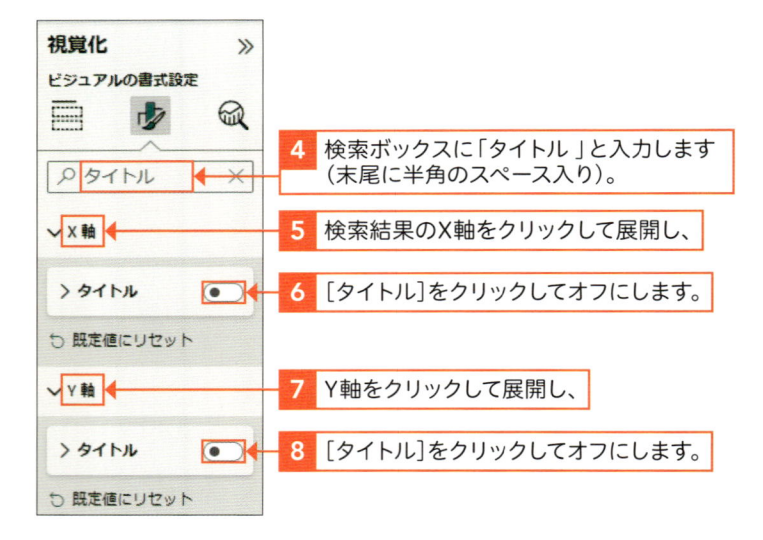

4 検索ボックスに「タイトル 」と入力します（末尾に半角のスペース入り）。

5 検索結果のX軸をクリックして展開し、

6 ［タイトル］をクリックしてオフにします。

7 Y軸をクリックして展開し、

8 ［タイトル］をクリックしてオフにします。

 応用技

検索のワードを工夫する

検索ボックスに「タイトル」と入力する際に、「タイトル」の後ろに半角のスペースを入れ、「タイトル 」と入力すると、検索結果が変わります。X軸、Y軸の軸タイトルのみを対象にするなら、半角スペース入りで、ビジュアルのメインタイトルやサブタイトルを対象にする場合は、半角スペースなしで、のように、工夫するとよいでしょう。

ヒント

累計が600℃を超えた日を確認する

折れ線と定数線の交点にマウスポインターを合わせると、ツールヒントが表示されます。

累計が600℃を超えた日は、2023年3月15日であることがわかります。

9 「最高気温（℃）の累計の推移」の折れ線グラフが作成され、

10 定数線が追加され、書式が設定されました。

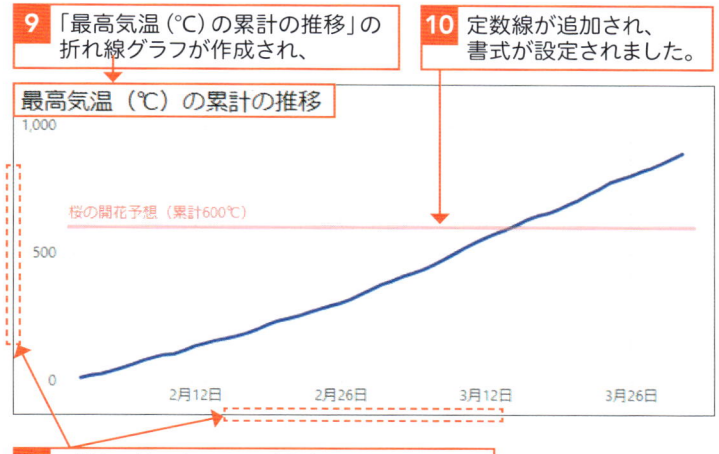

11 X軸とY軸のタイトルが非表示になりました。

12 折れ線と定数線の交点にマウスポインターを合わせ、

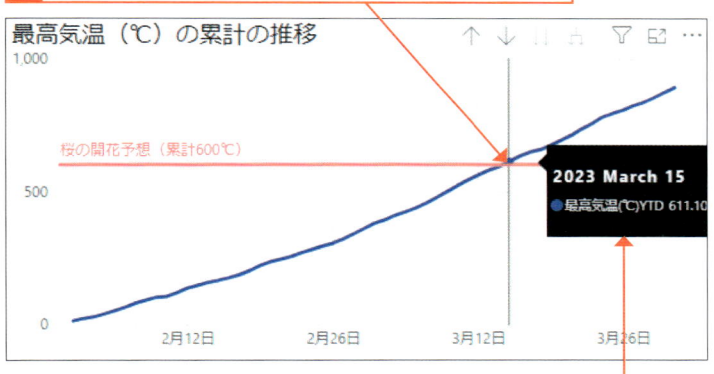

13 ツールヒントに表示される日付を確認します。

累計が600℃を超えた日は3月15日であることがわかります。

14 Alt と F4 を同時に押してファイルを閉じます（保存不要）。

実践編

Section

40

花粉飛散量の推移を調べてみよう

折れ線グラフ、積み上げ面グラフ、定数線

練習▶40_練習.pbix　完成▶40_練習_end.pbix

▶ 東京都福祉保健局のデータを使用して分析する

スギ花粉は、ヒノキ花粉より早く飛散が始まるようです。それぞれの飛散のピークを調べてみましょう。また、飛散が、いつ頃収まるのかについても調べてみましょう。

●分析のテーマと作成するビジュアル

「東京の花粉飛散量の推移」を示す折れ線グラフを作成します。その後、積み上げ面グラフに変更し、同じデータを異なる観点で視覚化し、比較します。

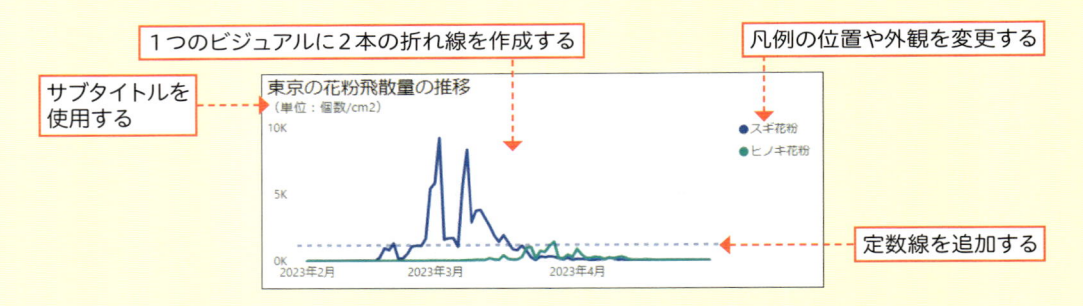

1つのビジュアルに2本の折れ線を作成する

凡例の位置や外観を変更する

サブタイトルを使用する

定数線を追加する

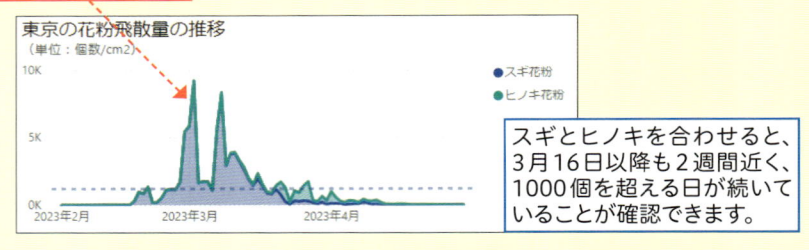

積み上げ面グラフを作成する

スギとヒノキを合わせると、3月16日以降も2週間近く、1000個を超える日が続いていることが確認できます。

●使用するデータ

セクション25で準備した［東京の花粉飛散量］データを使用します。
データの出典や加工の詳細は第4章を参照してください。

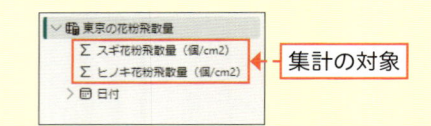

集計の対象

① 時系列グラフを作成する

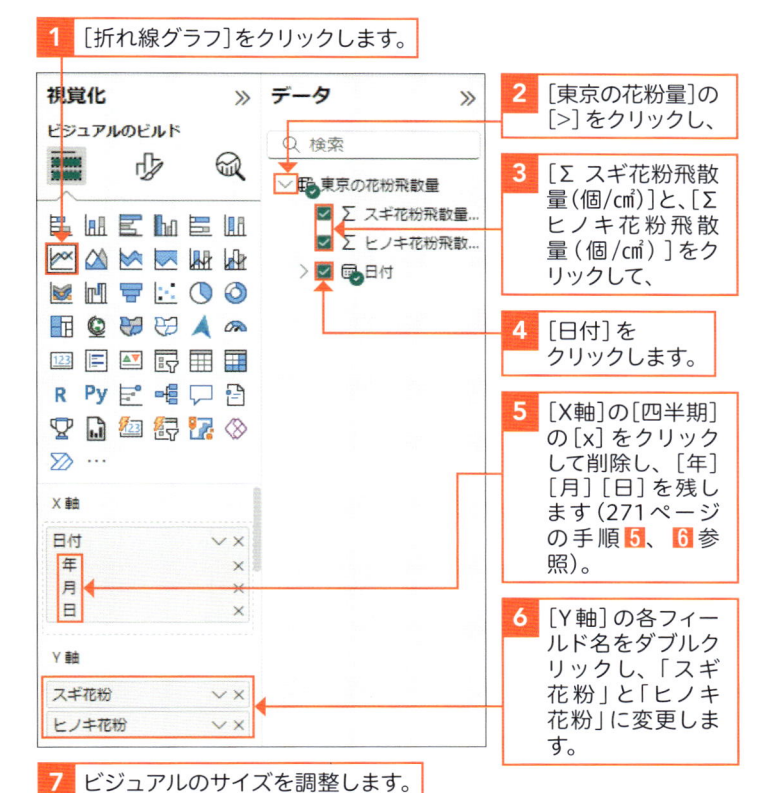

1 [折れ線グラフ]をクリックします。

2 [東京の花粉量]の [>] をクリックし、

3 [Σ スギ花粉飛散量(個/㎠)]と、[Σ ヒノキ花粉飛散量(個/㎠)]をクリックして、

4 [日付]をクリックします。

5 [X軸]の[四半期]の[x]をクリックして削除し、[年][月][日]を残します(271ページの手順 **5**、**6** 参照)。

6 [Y軸]の各フィールド名をダブルクリックし、「スギ花粉」と「ヒノキ花粉」に変更します。

7 ビジュアルのサイズを調整します。

💬 **解説**

操作を開始する

練習フォルダの「40_練習.pbix」をダブルクリックして開きます。このファイルには、セクション23で整備したデータが読み込まれています。

💬 **解説**

フィールドを指定する

「東京の花粉飛散量の推移」を分析します。
フィールドを次のように指定します。
・集計の対象：
 [スギ花粉の飛散量（個/㎠）]
 [ヒノキ花粉の飛散量（個/㎠）]
・ディメンション：
 [日付]

💬 **解説**

タイトルや凡例の表示を吟味する

凡例の定位置は、ビジュアルの左上のタイトルの下ですが、ここでは、右上に表示します。
凡例の項目は、水平（横）方向に列挙するか、垂直（縦）方向に積上げるか、いずれかから選択することができます。

8 [書式設定]タブの[全般]をクリックし、

9 [タイトル]をクリックして展開し、

10 [テキスト]の入力欄の値を Delete を押して削除して、

11 「東京の花粉飛散量の推移」と入力します。

解説

タイトルや凡例の表示を吟味する

既定では、集計の対象やディメンションで指定するフィールドは、自動生成される軸タイトルに示されます。ビジュアル全体のタイトルに、これらが含まれるよう工夫すれば、軸タイトルは不要です。

解説

サブタイトルを指定する

ここでは、[サブタイトル]に、単位(個/㎠)を表示します。
一般的に、単位は、軸タイトルに示すことが多いのですが、ここでは軸タイトルを非表示にしているので、[サブタイトル]に単位を示しています。

解説

凡例を目立つ位置に移動する

凡例は既定ではビジュアルのタイトルの下に表示されます。ここでは、ビジュアルの右上の、分析者の目に付きやすい場所に表示させます。

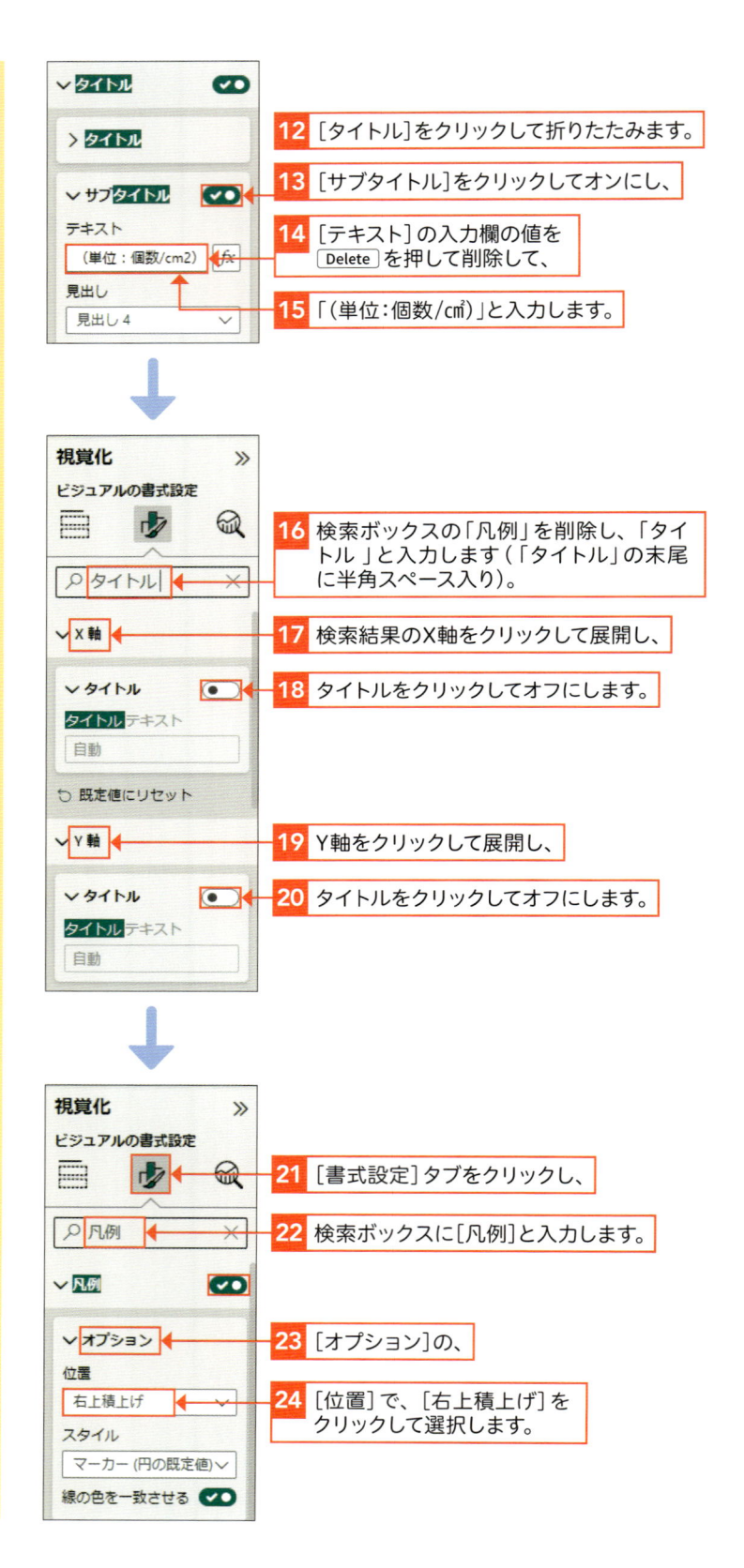

12 [タイトル]をクリックして折りたたみます。

13 [サブタイトル]をクリックしてオンにし、

14 [テキスト]の入力欄の値を Delete を押して削除して、

15 「(単位:個数/㎠)」と入力します。

16 検索ボックスの「凡例」を削除し、「タイトル 」と入力します(「タイトル」の末尾に半角スペース入り)。

17 検索結果のX軸をクリックして展開し、

18 タイトルをクリックしてオフにします。

19 Y軸をクリックして展開し、

20 タイトルをクリックしてオフにします。

21 [書式設定]タブをクリックし、

22 検索ボックスに[凡例]と入力します。

23 [オプション]の、

24 [位置]で、[右上積上げ]をクリックして選択します。

② 積み上げ面グラフを作成する

 **解説**

定数線を表示する

ここでは、花粉の飛散量が1200個を超えるか否かに注目して、分析を進めたいので、Y軸に1200個を示す定数線を追加します。

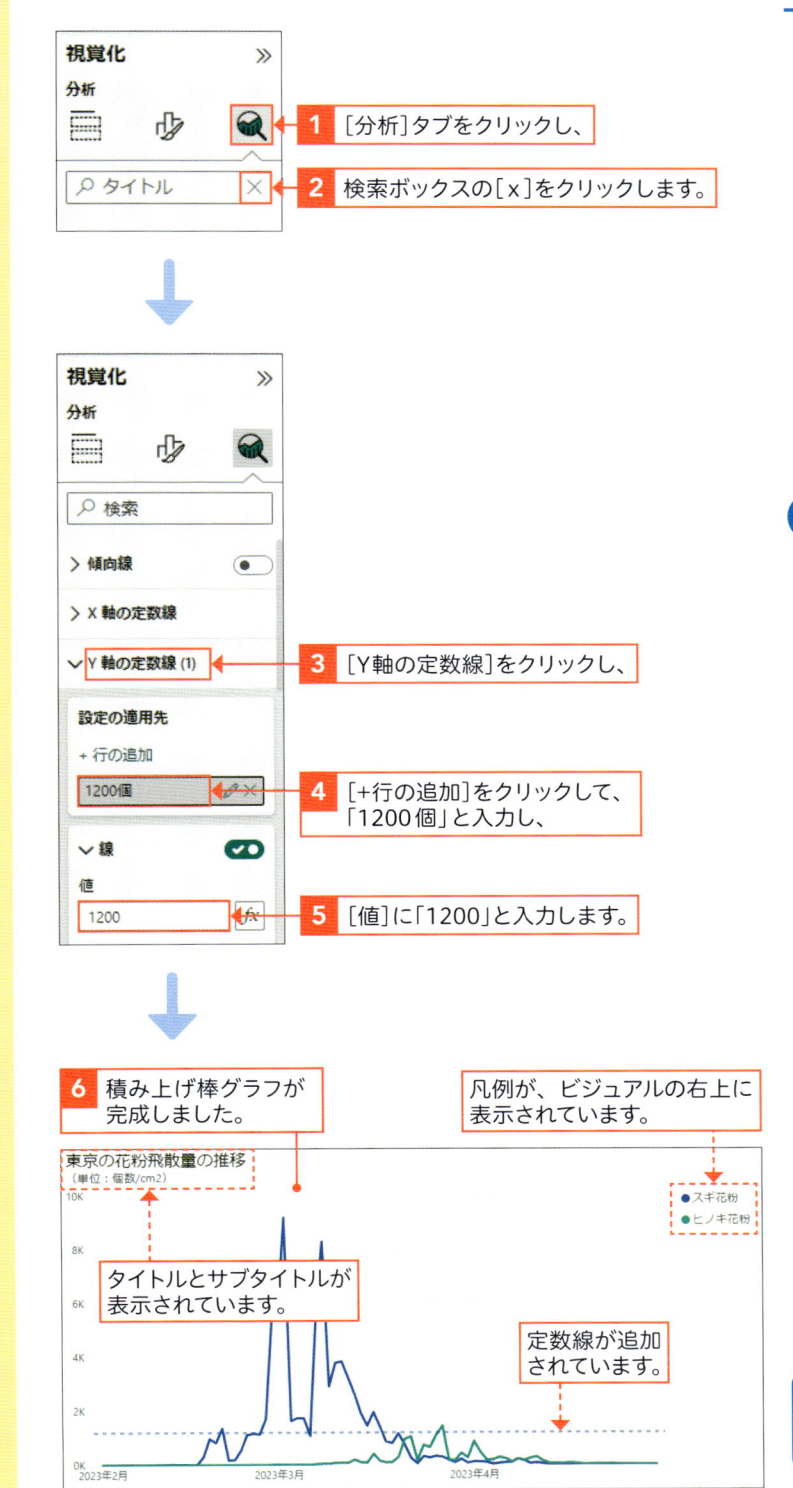

1 [分析]タブをクリックし、

2 検索ボックスの[x]をクリックします。

3 [Y軸の定数線]をクリックし、

4 [+行の追加]をクリックして、「1200個」と入力し、

5 [値]に「1200」と入力します。

6 積み上げ棒グラフが完成しました。

凡例が、ビジュアルの右上に表示されています。

タイトルとサブタイトルが表示されています。

定数線が追加されています。

③ ビジュアルの外観を整える

同じページ内に折れ線グラフをコピーする

折れ線グラフをコピーし同じページ内に貼り付け、片方を積み上げ面グラフに変更します。同じデータで作成された折れ線グラフと、積み上げ面グラフを比較します。

それぞれのビジュアルの特徴を理解すると、分析の目的に応じて選び分けられるようになります。

1 折れ線のビジュアルがアクティブであることを確認し、

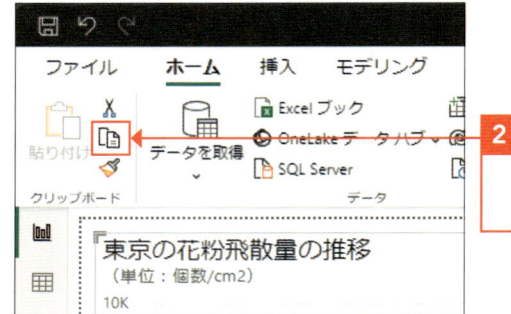

2 [クリップボード]メニューの[コピー]をクリックします。

3 [クリップボード]メニューの、[貼り付け]をクリックすると、

4 折れ線グラフがコピーされました。

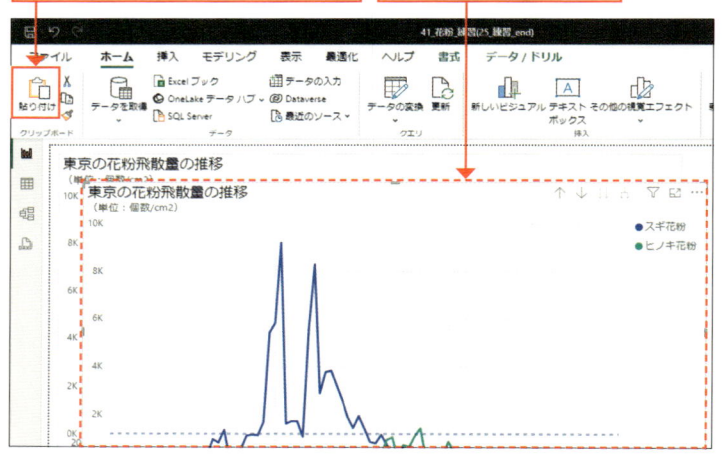

5 サイズと位置を調整して、2つのビジュアルを上下に並べます。

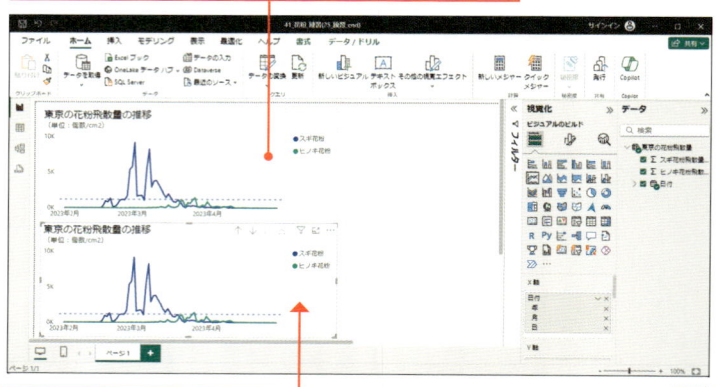

6 下のビジュアルの任意の場所をクリックしてアクティブにし、

クリップボードのオプション

まず、対象のビジュアルをクリックしてアクティブにし、続いて、右の3つのアイコンのいずれかをクリックして

操作を指定し、最後に、貼り付けアイコンをクリックします。

右の3つのアイコンは、上から、切り取り（カット）、複製（コピー）、書式のみコピーを意味します。

折れ線グラフを積み上げ面グラフに変更する

コピー＆貼り付け後、片方のビジュアルを選んで（アクティブにして）、ビジュアルのタイプを［積み上げ面グラフ］に変更します。2つのビジュアルが重ならぬよう、サイズや位置を調整します。

7 視覚化ギャラリーの［積み上げ面グラフ］をクリックします。

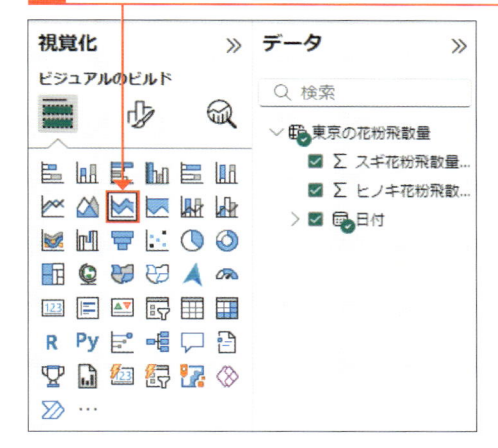

8 積み上げ面グラフに変更されました。

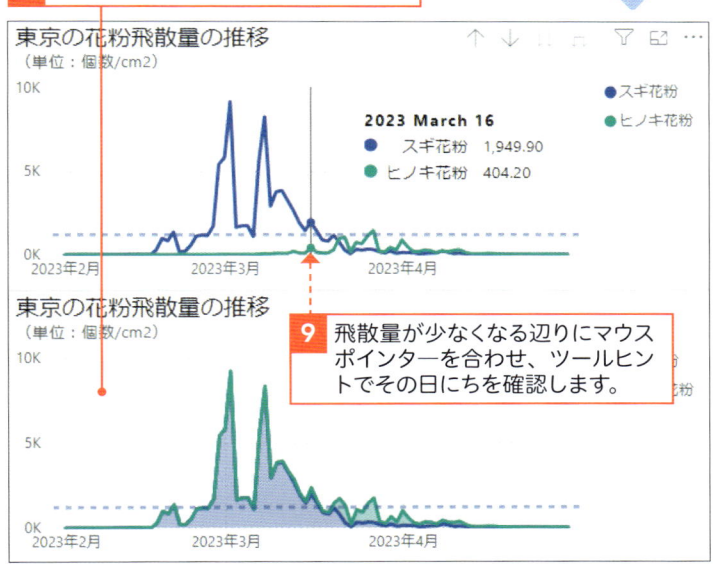

9 飛散量が少なくなる辺りにマウスポインターを合わせ、ツールヒントでその日にちを確認します。

ビジュアルを使ってデータを読む

折れ線グラフや積み上げ棒グラフの突出している部分にマウスポインターを合わせて、ツールヒントを表示させ、それぞれの日のスギ花粉やヒノキ花粉の個数を比較してみましょう。

折れ線グラフ上の、青い線（スギ花粉）と緑の線（ヒノキ花粉）の交点でツールヒントを表示させ、スギとヒノキ花粉が逆転するのは、何月何日なのか調べてみましょう。

また、ピークを越えた後、定数線の1200個を下回る日は、いつ頃からかなどを、調べてみましょう。

10 キャンバスのビジュアルのない場所をクリックし、両方のビジュアルのアクティブを解除します。

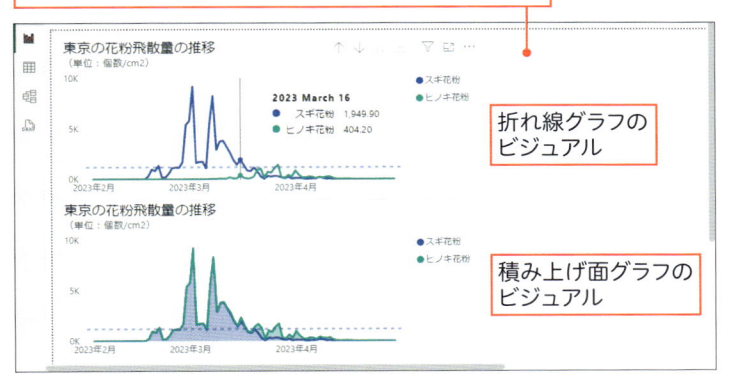

折れ線グラフのビジュアル

積み上げ面グラフのビジュアル

④ 分析の対象を絞り込む

💬 **解説**

データを絞り込んで 分析を深める

3月半ばから、スギ、ヒノキの両方の花粉が飛散する日々が続きます。ここでは、その頃に焦点をしぼって分析します。

💬 **解説**

ページ内の全ビジュアルに作用 するフィルターを定義する

折れ線グラフも、積み上げ面グラフにも、両方に作用するフィルターを作成します。［日付］が2023年3月15日以降のデータにフィルターして分析します。

💬 **解説**

［高度なフィルター処理］ オプション

日付型の列に対して、［基本フィルター］オプションでは、チェックボックスを使って、対象の月や日を個別に選択することができます。［高度なフィルター処理］オプションでは、開始日と終了日の両方、または一方を指定して、連続する期間を指定することができます。

1 ここをクリックして、フィルターペインを展開し、

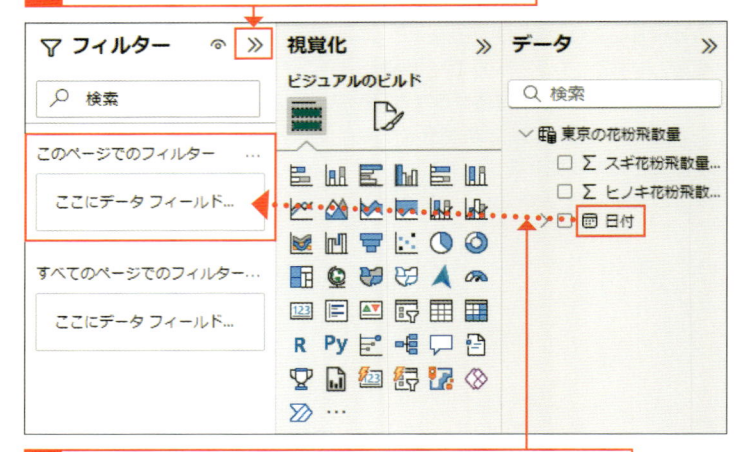

2 ［このページでのフィルター］に、［日付］をドラッグします。

3 ［高度なフィルター処理］で、

4 ［が次と同じかそれ以降］を選択して、「2023/03/16」と入力します。

5 ［フィルターを適用］をクリックします。

解説

折れ線グラフを使って
データを分析する

[折れ線グラフ]では、スギとヒノキの花粉飛散量を別々に調べ、それぞれピークはいつか、いつまで飛散量の多い日が続くのか、など個々の傾向を調べ、比較することができます。

折れ線グラフを見ると、定数線の1200個を超える日は、あと1回ぐらいか、と楽観的な印象が得られます。

6 折れ線グラフの表示が、

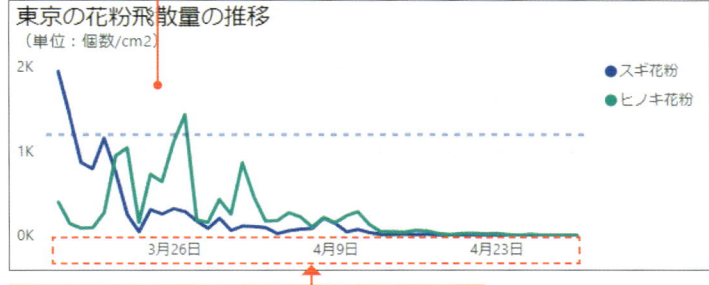

東京の花粉飛散量の推移
（単位：個数/cm2）

7 3月16日以降のデータに絞り込まれました。

「折れ線グラフ」を見ると、3月16日以降、飛散量が1200個を超えるのは、3月26日だけ、と認識されます。

解説

積み上げ面グラフを使って
データを分析する

一方、[積み上げ面グラフ]は、両方の飛散量の合算を調べ、全体の傾向を捉えることができます。ここでは、スギ、ヒノキ両方合わせた飛散量を定数線と比較することができ、

1200個を超える日は、まだまだ続くことがわかります。

8 同じページ内にある積み上げ面グラフの表示も、

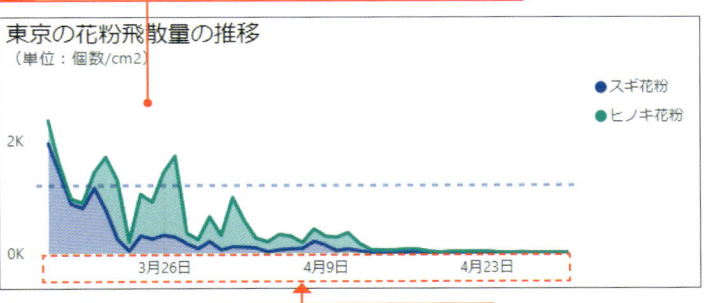

東京の花粉飛散量の推移
（単位：個数/cm2）

9 3月16日以降のデータに絞り込まれています。

「積み上げ面グラフ」で、スギとヒノキを合わせて見ると、3月16日以降、飛散量が2000個近くに達する山が2度も発生していることが認識できます。

10 Alt と F4 を同時に押してファイルを閉じます（保存不要）。

気温の平年との差を調べてみよう

クイックメジャー、移動平均、スライサー、高度な色付け

練習▶41_練習.pbix　完成▶41_練習_end.pbix

▶ 気象庁のデータを使用して分析する

天気予報でよく「今週の気温は、平年並みです」と耳にします。平年とは、過去30年間の気温の平均値で、10年に一度更新されるのだそうです（2021年に10年に一度の更新が行われました。本書では、平年値＝1991〜2020年の30年間の平均値を使用します）。

●分析のテーマと作成するビジュアル

2023年の日々の気温について、平年並みか、また平年を上回るか下回るかを2色で塗り分けます。

棒グラフを作成する

平年値との差がプラス（平年を上回る）なら赤、マイナス（下回る）なら青で表示する

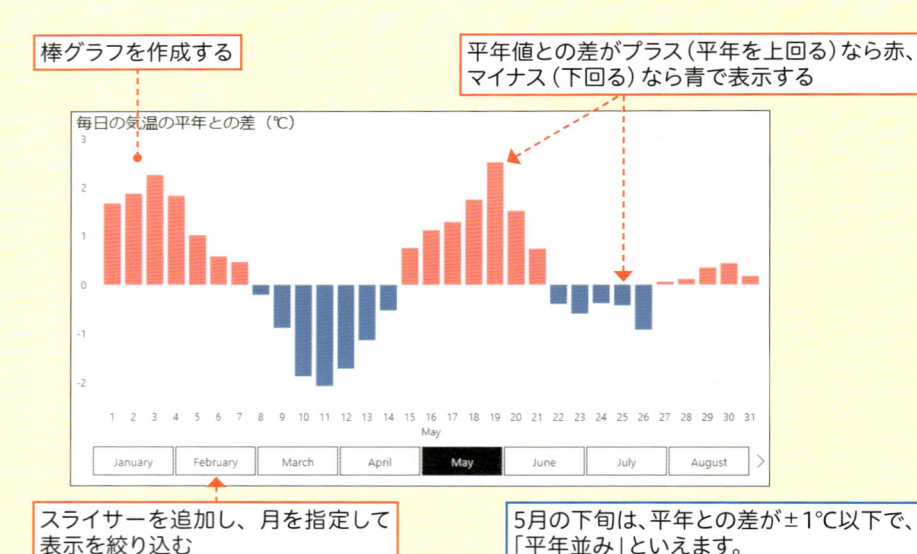

スライサーを追加し、月を指定して表示を絞り込む

5月の下旬は、平年との差が±1℃以下で、「平年並み」といえます。

●使用するデータ

セクション23で準備した［気象］データと、気象庁のサイトから新たにダウンロードした「平年の気温」に関するデータを使用します（過去の気象データのダウンロード https://www.data.jma.go.jp/risk/obsdl/）。

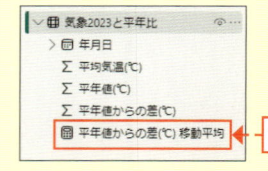

集計の対象

① 移動平均のメジャーを作成する

💬 解説

移動平均を計算するメジャーを作成する

クイックメジャー機能を使って、移動平均を計算します。ダウンロードした［平年値からの差（℃）］（2023年の毎日の気温と、同日の平年値の差）について、7日間の移動平均の値を計算して追加します。

操作を開始するには、練習フォルダーの［41_練習.pbix］をダブルクリックして開きます。

💬 解説

クイックメジャーを使用する

クイックメジャー機能には、あらかじめよく使う計算式が用意されています。メニューから［タイム インテリジェンス］グループの［移動平均］を指定します。

💬 解説

移動平均に必要な値を指定する

移動平均では、ある集計値に対して、前後数日間の値を取得して、その平均を計算します。

たとえば、4/5のデータに対して、前後3日ずつを指定する場合は、4/2、4/3、4/4と、4/6、4/7、4/8の計7日間の値を取得して、その平均値を計算します。この計算を、対象の日をずらしながら（移動させながら）、1/1から12/31まで毎日、7日間の平均を計算し続けます。

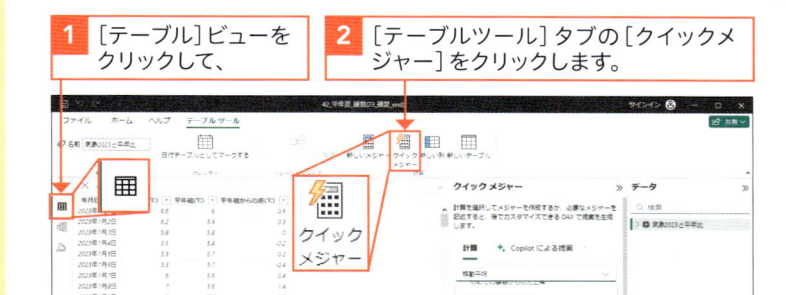

1 ［テーブル］ビューをクリックして、

2 ［テーブルツール］タブの［クイックメジャー］をクリックします。

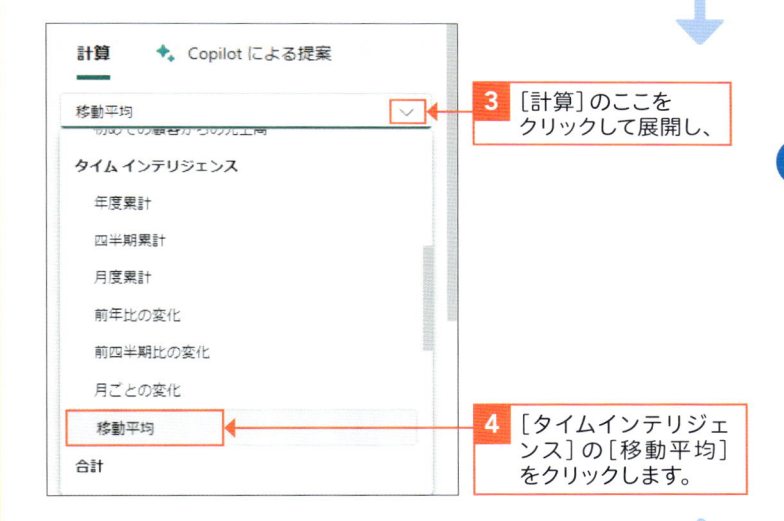

3 ［計算］のここをクリックして展開し、

4 ［タイムインテリジェンス］の［移動平均］をクリックします。

5 ［気象2023と平年比］のここをクリックして展開し、

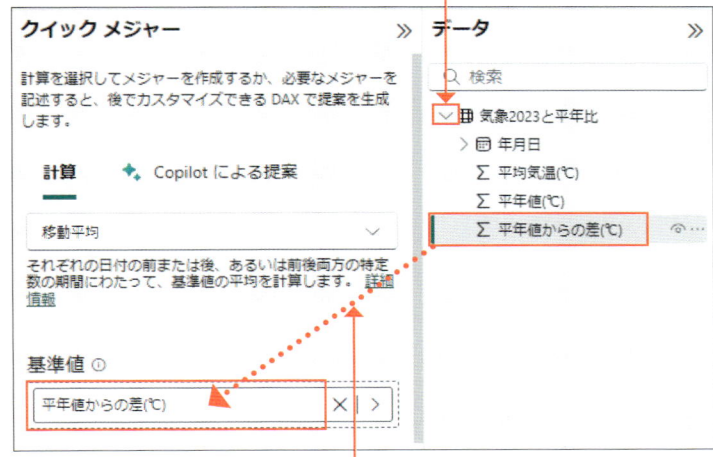

6 ［∑ 平年値からの差（℃）］をクイックメジャーの［基準値］へドラッグします。

補足

移動平均の効果

日々の値でグラフを描くと、極端な寒暖差が直接グラフに表れますが、移動平均でグラフを描くと、前後3日のデータで平準化されるため、変化の傾向が捉えやすくなります。

解説

平均を計算する期間を指定する

ここでは、対象の日の前後3日ずつの値を取得して、計7日間の移動平均を計算します。
クイックメジャーの指定画面では、期間を「日」だけでなく「か月」「四半期」「年」から選ぶことができます。
また前後の期間も前や後ろのいずれかをゼロにすることもできます。

補足

DAX 式を自動生成する

クイックメジャー機能を使用すると、移動平均を求める計算式が自動生成されます。
テーブルビューの数式バーで、その式を確認することができます。また、必要に応じて、直接数式を変更することもできます（たとえば、移動平均の指定期間を、前3日から5に変更する　など）。

7 データペインの［年月日］を、クイックメジャーの［日付］へドラッグします。

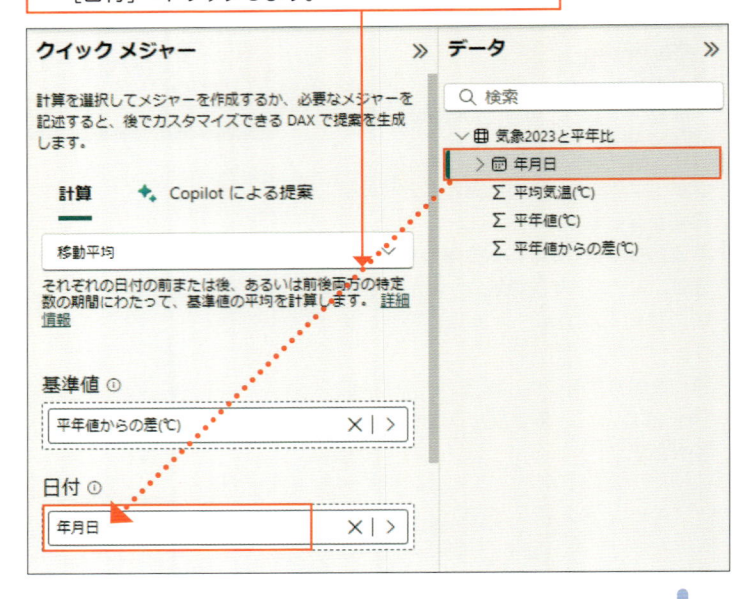

8 ［前の期間］と［後の期間］に「3」を入力します。

9 ［追加］をクリックします。

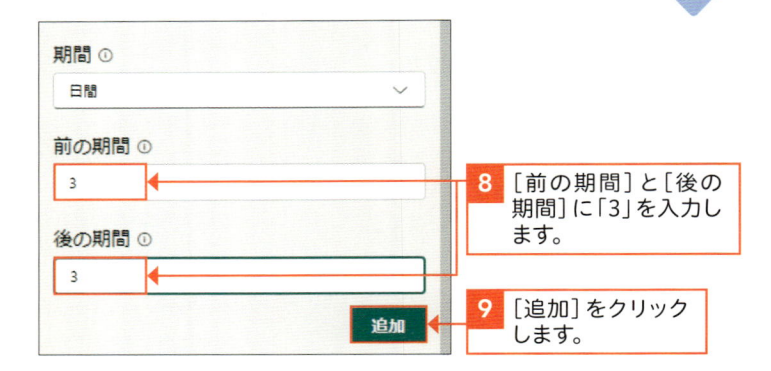

10 データペインに［平年値からの差（℃）移動平均］のクイックメジャーが作成されました。

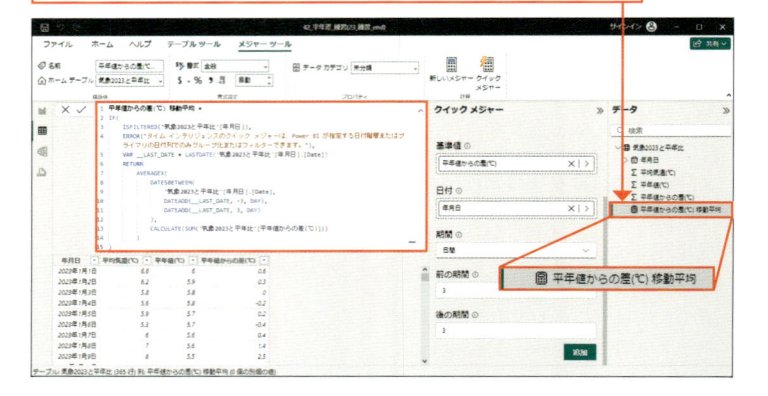

② 積み上げ棒グラフを作成する

💬 **解説**

操作を開始する

練習フォルダーの「41_練習.pbix」をダブルクリックして開きます。このファイルには、セクション23で整備したデータが読み込まれています。

1 ［レポート］ビューをクリックして、

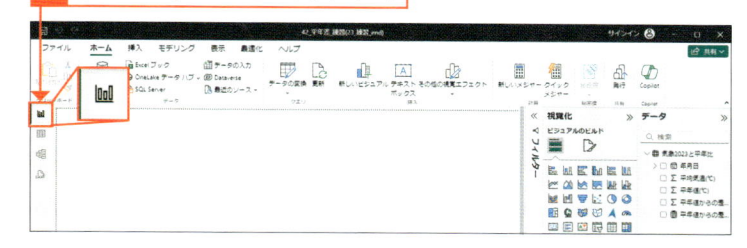

💬 **解説**

フィールドを指定する

「毎日の気温の平年との差（℃）」を分析します。
フィールドを次のように指定します。
- 集計の対象：
  ［平年値からの差（℃）移動平均］
- ディメンション：
  ［年月日］

［年月日］は、「年」「月」「日」で詳細化します。

2 ［積み上げ縦棒グラフ］をクリックします。

3 ［平年値からの差（℃）移動平均］をクリックし、

4 ［年月日］をクリックします。

✏️ **補足**

データペインで、メジャーの値を確認する

気象庁のサイトからダウンロードしたデータに移動平均の列はありませんが、クイックメジャー機能を使ってDAX式を自動生成して計算しているので、その結果を、データペインのフィールドとして使用することができます。
クイックメジャー機能を使用して作成したフィールドも、メジャーのアイコンで確認できます。

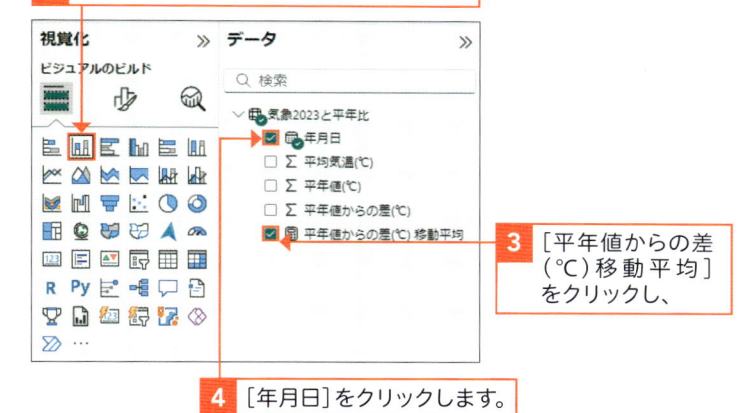

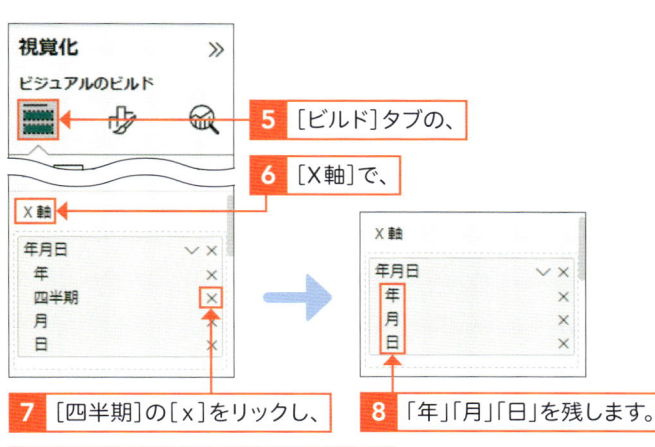

5 ［ビルド］タブの、

6 ［X軸］で、

7 ［四半期］の［x］をクリックし、

8 「年」「月」「日」を残します。

9 ビジュアルのサイズを調整します。

③ ルールを設けて色を設定する

💬 解説

棒グラフに色を指定する

棒グラフは、既定で青い色で描かれます。書式設定で、色を変更することができます。このとき、[Fx]を指定すると、条件付きの設定を定義することができます。ここでは、[ルール]を指定して、次の条件を定義します。

[平年値からの差の移動平均]の値が、「0以上なら、棒を赤で表示し、0未満なら、棒を青で表示する」

✏ 補足

ルールで、終了条件を最大に指定する

[ルール]の[終了]で、既定の「0」を選択し、[Delete]を押して削除すると、

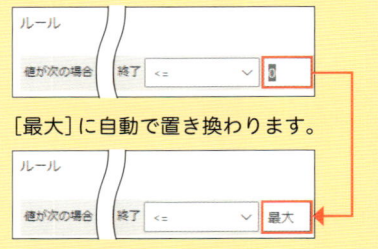

[最大]に自動で置き換わります。

✏ 補足

ルールで、下限の条件を最小に指定する

新しいルール（2行目）の[値が次の場合]で、既定の「0」を選択し、[Delete]を押して削除すると、

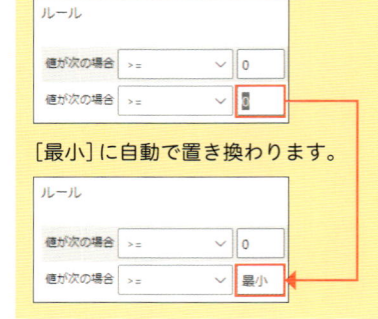

[最小]に自動で置き換わります。

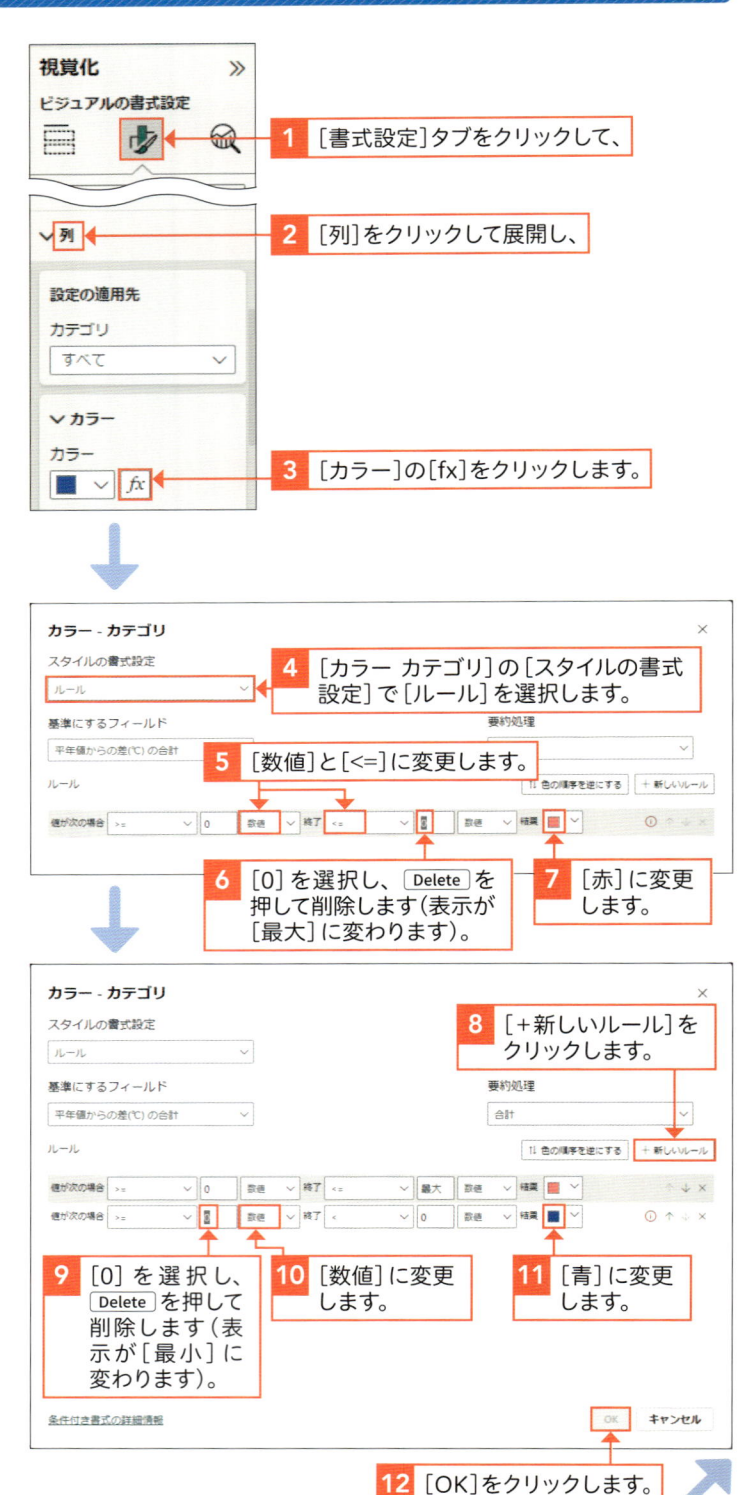

1 [書式設定]タブをクリックして、

2 [列]をクリックして展開し、

3 [カラー]の[fx]をクリックします。

4 [カラー カテゴリ]の[スタイルの書式設定]で[ルール]を選択します。

5 [数値]と[<=]に変更します。

6 [0]を選択し、[Delete]を押して削除します（表示が[最大]に変わります）。

7 [赤]に変更します。

8 [+新しいルール]をクリックします。

9 [0]を選択し、[Delete]を押して削除します（表示が[最小]に変わります）。

10 [数値]に変更します。

11 [青]に変更します。

12 [OK]をクリックします。

ヒント

Y軸の範囲を自動から固定値に変更する

[書式設定]のX軸またはY軸の[範囲]オプションで、軸の値の上限（最大値）と下限（最小値）を設定することができます。

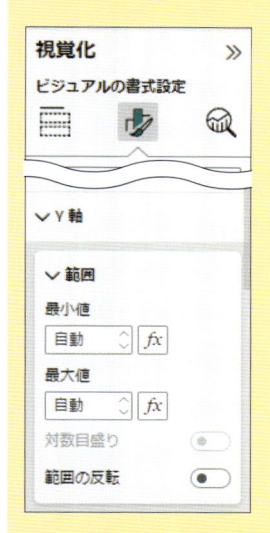

既定の[自動]の場合、扱う値の中で最大と最小の値に合わせて軸の最大値、最小値が自動で決まります。[自動]の場合は、グラフの外観は値に左右されます。外観を固定にしたい場合は、上限、下限の値を直接指定します。たとえば最小値=0、最大値=3に指定すると、ビジュアルは次のようになります。

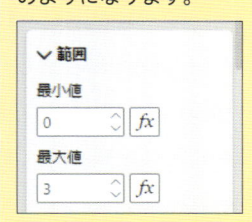

常に、負の値は表示されません。

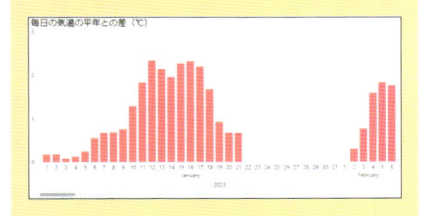

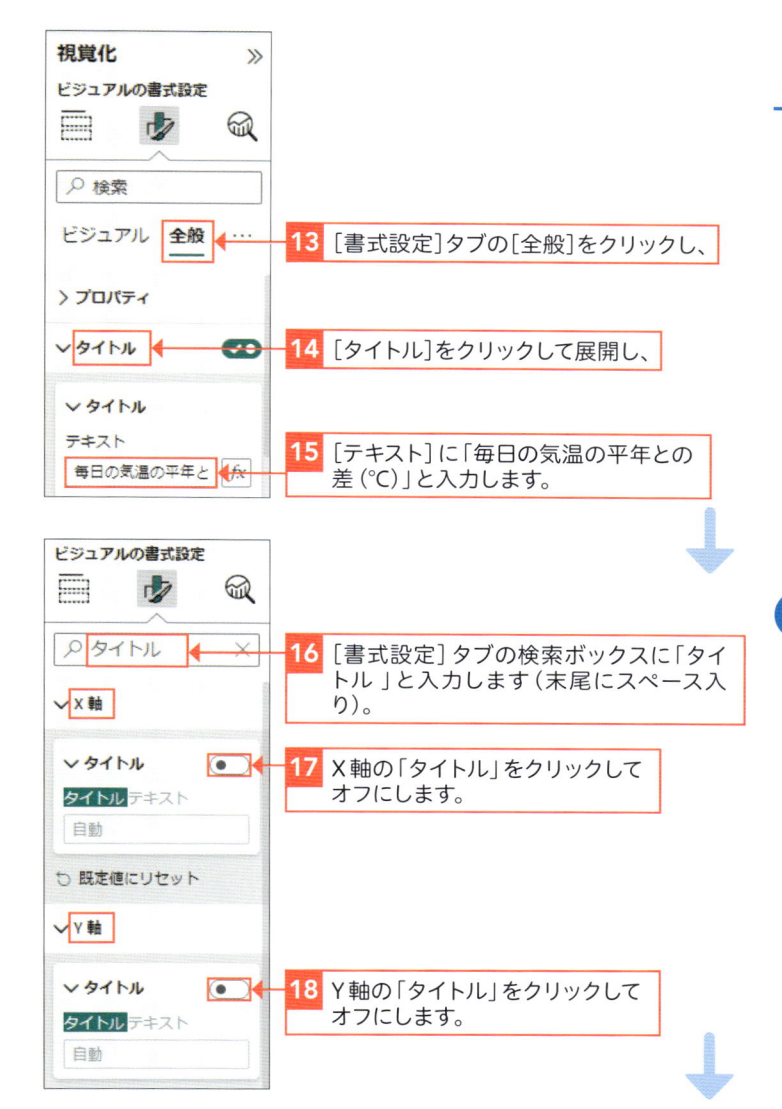

13 [書式設定]タブの[全般]をクリックし、

14 [タイトル]をクリックして展開し、

15 [テキスト]に「毎日の気温の平年との差（℃）」と入力します。

16 [書式設定]タブの検索ボックスに「タイトル 」と入力します（末尾にスペース入り）。

17 X軸の「タイトル」をクリックしてオフにします。

18 Y軸の「タイトル」をクリックしてオフにします。

19 「毎日の気温の平年との差」のビジュアルが作成されました。

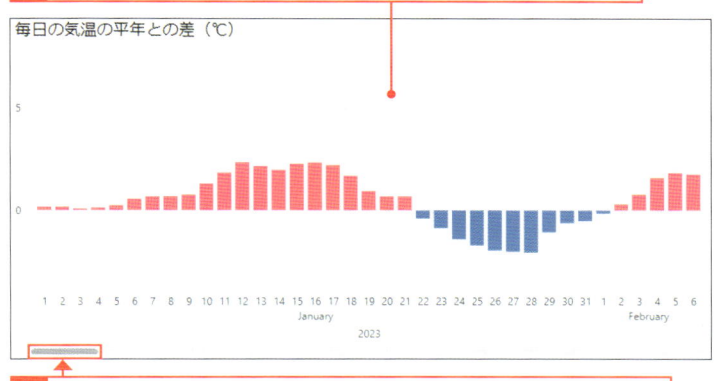

20 水平スクロールバーを左右に動かし、1〜12月まで確認します。

実践編

289

④ スライサーを追加する

フィールドを指定する

月を絞り込むためのスライサーを追加します。フィールドを次のように指定します。

・対象 ：[年月日]の[月]

1 [ホーム]タブの[新しいビジュアル]をクリックして、

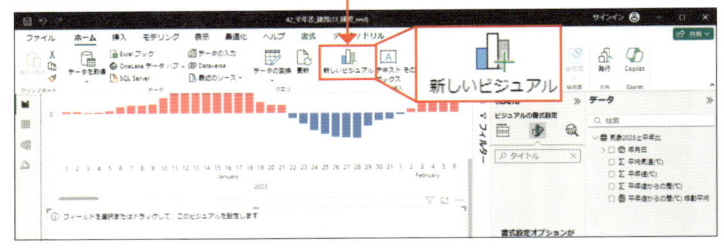

2 [ビルド]タブをクリックし、

3 視覚化ギャラリーの[スライサー]をクリックします。

4 [年月日]の > をクリックし、

5 [日付の階層]の > をクリックして展開し、

6 [月]をクリックしてオンにします。

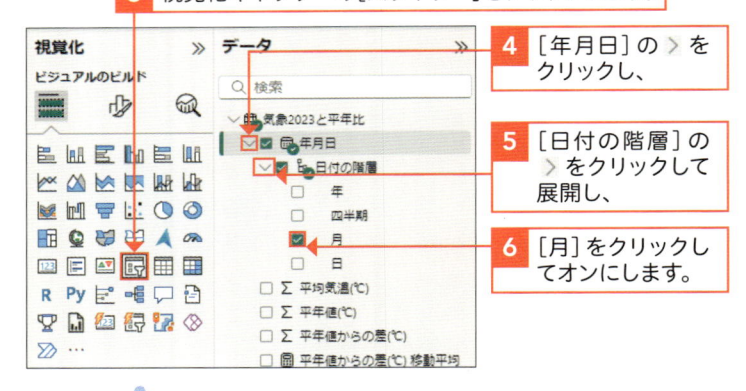

スライサーの外観を指定する

12か月の中から、月を指定するスライサーを作成します。ここでは、マウスでクリックしやすいように、スタイルを[タイル]にします。
また、一度に1つの月だけを指定できるよう、[単一選択]を指定します。

7 [書式設定]タブをクリックし、

8 [スライサーの設定]をクリックし、

9 [スタイル]で[タイル]をクリックして選択し、

10 [選択項目]の[単一選択]をクリックしてオンにします。

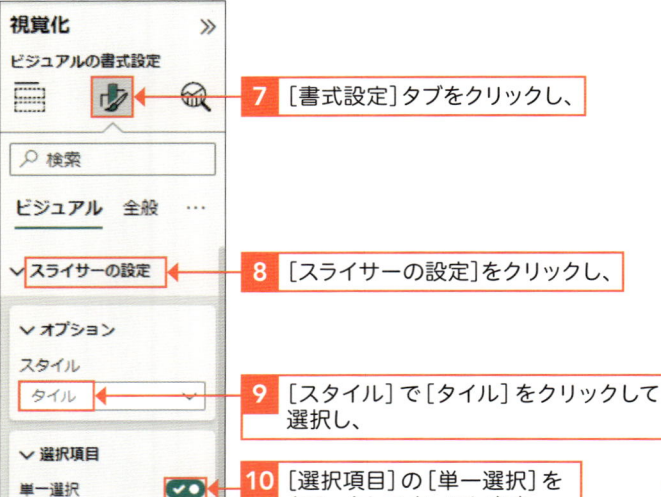

補足

棒グラフを使ってデータを読む

完成したレポートで、スライサーの1月から順番にクリックして棒グラフで結果を確かめてみましょう。

5月以外は、全体的に赤い部分が目立ち、2023年の毎日は、平年（過去10年）と比べて、どの日も気温が上回っていることが明らかです。温暖化が実感されます。

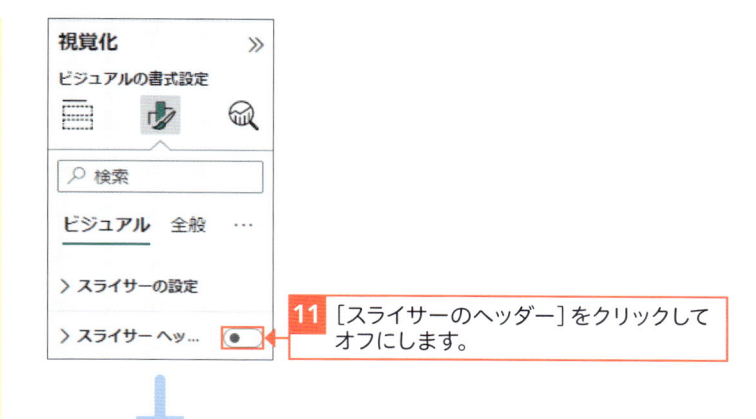

11 ［スライサーのヘッダー］をクリックしてオフにします。

12 スライサーの位置や、縦や横の幅などサイズを整えます。

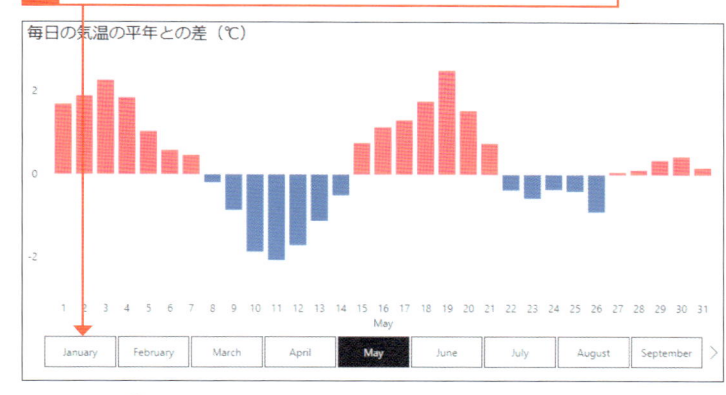

13 スライサーの月名をクリックして、各月の状況を確認します。

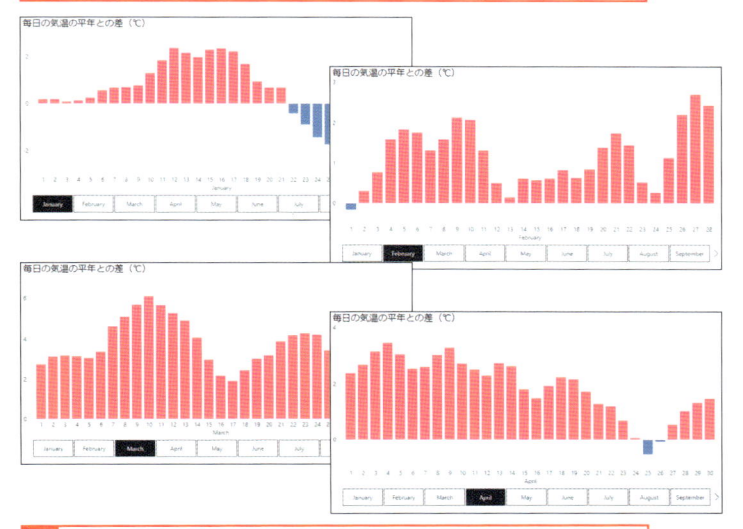

14 [Alt]と[F4]を同時に押してファイルを閉じます（保存不要）。

42 酒類の輸出額の推移を調べてみよう

折れ線グラフ、系列ラベル、マーカー、データラベル

練習▶42_練習.pbix　完成▶42_練習_end.pbix

▶ 国税庁のデータを使用して分析する

過去10年間、ウイスキーと清酒の輸出は増加傾向にあります。長い間、清酒の輸出額がウイスキーを上回っていましたが、最近、逆転しています。ウイスキーが清酒を抜いたのはいつでしょう？

●分析のテーマと作成するビジュアル

「酒類の輸出金額の推移」グラフを作成します。ここでは、特にウイスキーに注目します。

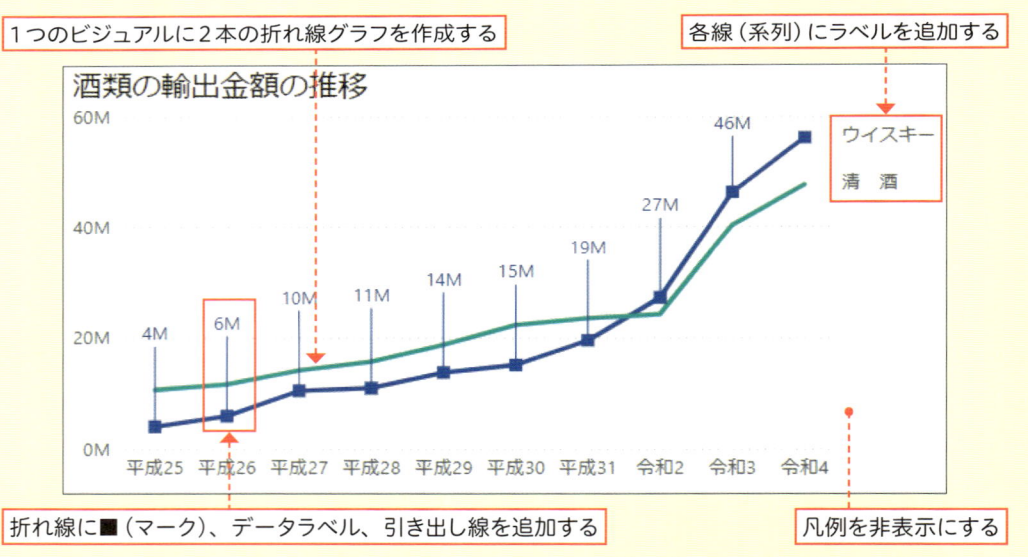

1つのビジュアルに2本の折れ線グラフを作成する

各線（系列）にラベルを追加する

折れ線に■（マーク）、データラベル、引き出し線を追加する

凡例を非表示にする

注）ビジュアルの一部にぼかしがかかっています。

●使用するデータ

セクション32で準備した［酒類の輸出（10年分）］データを使用します。
データの出典や加工の詳細は第5章を参照してください。

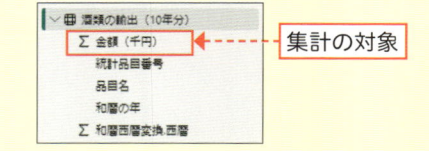

集計の対象

① 時系列グラフを作成する

解説

操作を開始する

練習フォルダの「42_練習.pbix」をダブルクリックして開きます。このファイルには、セクション32で整備したデータが読み込まれています。

解説

フィールドを指定する

「酒類の輸出金額の推移」を分析します。フィールドを次のように指定します。

- 集計の対象　：[金額（千円）]
- ディメンション：[和暦の年]

さらに、2つ目のディメンションの[品目名]で詳細化（色分け）します。

1 視覚化ギャラリーの[折れ線グラフ]をクリックし、

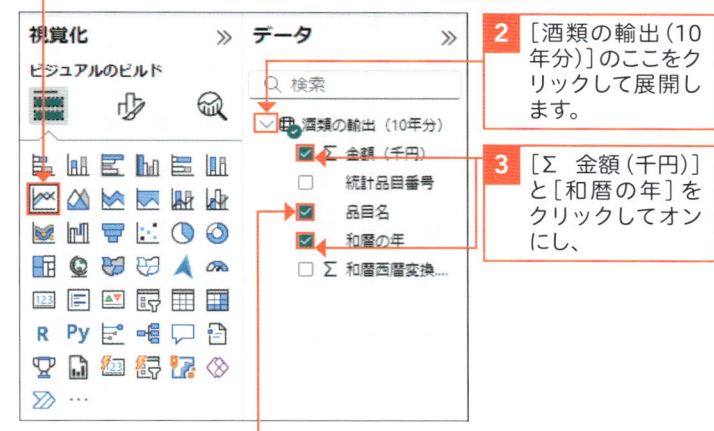

2 [酒類の輸出（10年分）]のここをクリックして展開します。

3 [Σ 金額（千円）]と[和暦の年]をクリックしてオンにし、

4 [品目名]をクリックしてオンにします。

5 ビジュアルのサイズを調整します。

② データの絞り込みや並び順を指定する

解説

分析対象のデータを絞り込む

酒類21品目のうち、ここでは[ウイスキー]と[清酒]の2品目に注目します。使用するデータを[フィルター]機能を使って絞り込みます。

1 ここをクリックして、[フィルター]ペインを開きます。

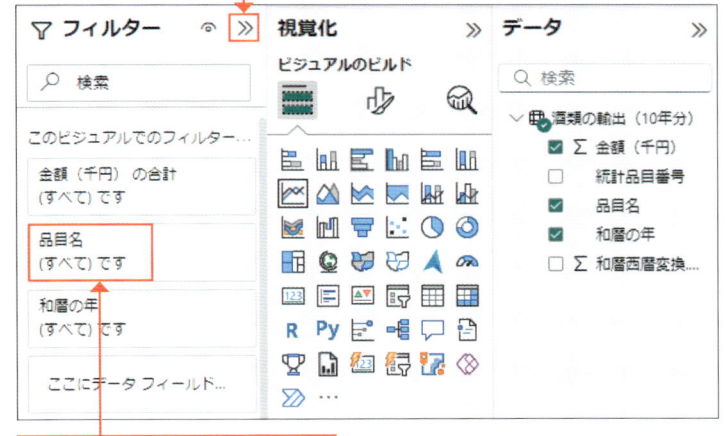

2 [品目名]をクリックします。

ヒント

隠れているチェックボックスを表示する

[フィルター]ペインのチェックボックスのリストに[清酒]が表示されていない場合は、垂直バーを下方へ移動して探します。

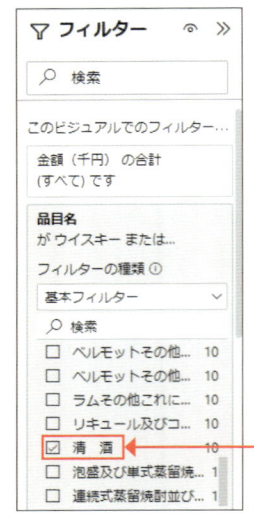

3 [ウイスキー]と[清酒]をクリックしてオンにします([ウイスキー]は一覧の上部にあります)。

4 ここをクリックして、フィルターペインを閉じます。

解説

既定の並べ順を確認する

折れ線グラフの既定の並び順は、集計対象の値である、輸出金額の多い順(降順)に表示されます。

並べ替えを指定する[その他オプション][…]は、ビジュアルの右上または右下のどちらかに表示されます。

5 ビジュアルの[その他オプション]をクリックし、

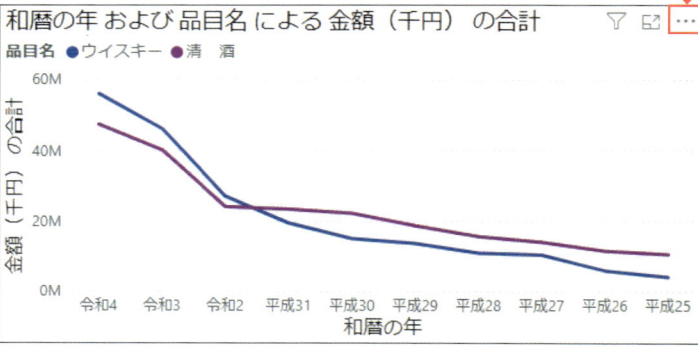

解説

折れ線グラフの並び順を変更する

ここでは、「和暦の年」の順に並べ替えます。

6 [軸の並べ替え]で[和暦の年]をクリックします。

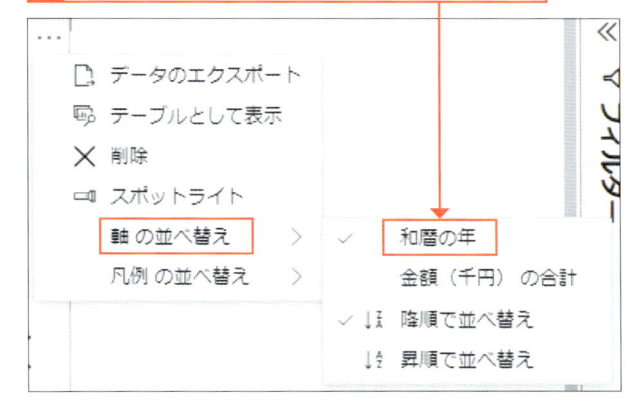

7 もう一度[その他オプション]をクリックし、

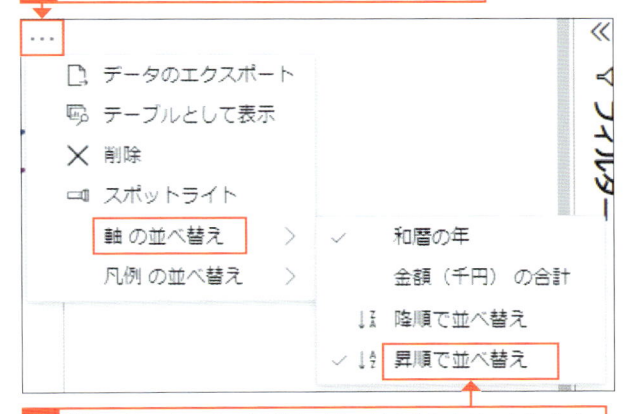

8 [軸の並べ替え]で[昇順に並べ替え]をクリックします。

解説

既定の[降順に並べ替え]から[昇順に並べ替え]に変更する

「降順で並べ替え」が既定ですが、[和暦の年]を、折れ線グラフの横軸（X軸）に左から右へ並べたいので、[昇順で並べ替え]に変更します。

昇順：左端に新しい年、右端に古い年

新←					→古
令和4	令和3	令和2	平成31	平成30	平成29

和暦の年

降順：左端に古い年、右端に新しい年

古←					→新
平成25	平成26	平成27	平成28	平成29	平成30

和暦の年

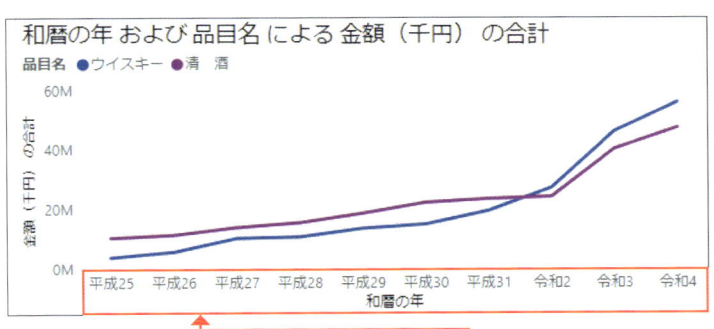

9 [和暦の年]の昇順に並べ替えられました。

③ ビジュアルの外観を整える

🗨 解説

系列を見分けやすく表示する

ここでは、「ウイスキー」と「清酒」の2種類の品目（系列）を示し、折れ線の色と凡例で系列を区別しています。

それぞれの折れ線の隣に系列ラベルを表示すると、折れ線に注目し続け、分析に集中できます。さらに、凡例を非表示にするとビジュアルがすっきりします。

系列数が少ない場合や、密集していない場合は、凡例の代わりに系列ラベルをグラフの近くに配置するとよいでしょう。系列ラベルは、グラフの左側に表示することもできます。

🗨 解説

凡例を非表示にする

凡例は、既定ではビジュアルの左上に系列名と色が表示されます。ここでは、各折れ線に系列ラベルを表示する場合、凡例は不要なので非表示にします。

前のページの操作から続きます。

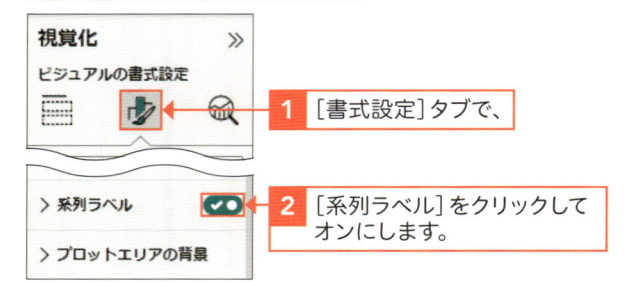

1 ［書式設定］タブで、

2 ［系列ラベル］をクリックしてオンにします。

3 ［凡例］をクリックしてオフにします。

4 ［凡例］のかわりに［系列ラベル］で折れ線を区別できるようになりました。

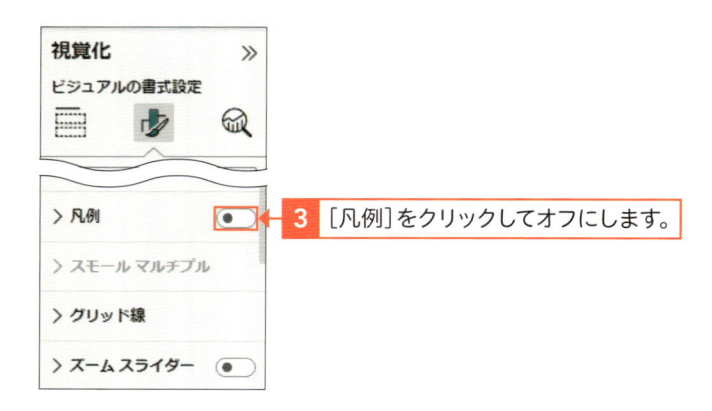

5 タイトルを整えます（274ページの手順**1**～**8**参照）（軸タイトルを非表示にし、ビジュアルのタイトルを「酒類の輸出金額の推移」に変更します）。

④ 折れ線にマーカーを表示する

💬 解説

折れ線にマーカーを表示する

年ごとの金額を判別しやすくするために、線上にマーカーを表示します。
ここでは、[清酒]と[ウイスキー]の2系列のうち、より注目したい[ウイスキー]だけにマーカーが表示されるように設定します。

💬 解説

マーカーのシェイプを変更する

マーカーのシェイプを、既定の●から▲や■に形状を変更することもできます。また、各マーカーのサイズを拡大、縮小することもできます。

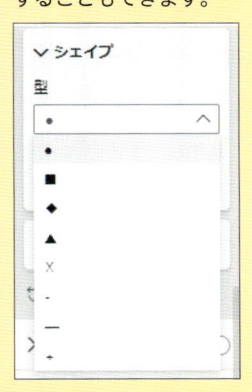

💡 ヒント

系列ごとにマーカーの指定を変更する

系列ごとにマーカーのシェイプを個別に設定することができます。モノクロで印刷するときなど系列を色で識別できない場合に役立ちます。

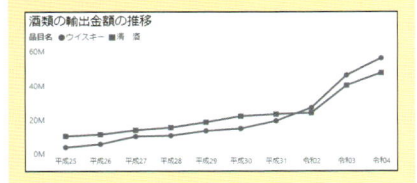

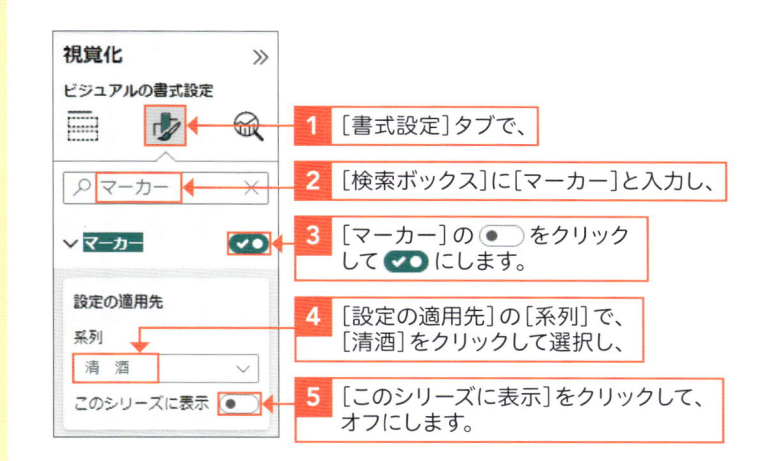

1 [書式設定]タブで、

2 [検索ボックス]に[マーカー]と入力し、

3 [マーカー]の ● をクリックして ✓● にします。

4 [設定の適用先]の[系列]で、[清酒]をクリックして選択し、

5 [このシリーズに表示]をクリックして、オフにします。

6 [ウイスキー]をクリックして選択し、

7 [シェイプ]をクリックして展開し、

8 [型]で[■]をクリックして、選択します。

ウイスキーにのみに■マークが表示されました。

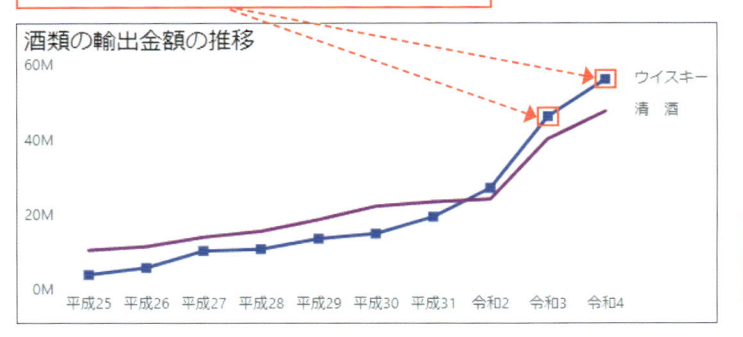

❺ 折れ線にデータラベルを表示する

💬 解説

折れ線の上にデータラベルを表示する

注目する系列のみにデータラベルを表示します。マーカーと同じ様に、注目するウイスキーにだけ表示します。
データラベルについて、次のようにオプションを指定します。
・表示場所：折れ線の上または下
・オフセット：折れ線とデータラベルの距離

💡 ヒント

折れ線グラフに適用するその他の設定

[行]の[線]オプションで、折れ線の形状を変更することができます。
[線のスタイル]で、[実線]のほか、[破線]や[点線]を指定します。

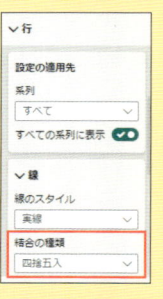

[結合の種類]で、折れ線の折れ曲がる箇所の形状を指定します。

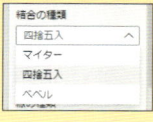

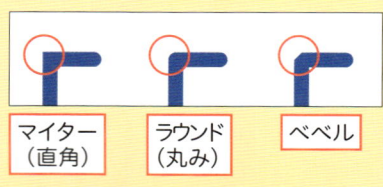

| マイター（直角） | ラウンド（丸み） | ベベル |

（製品の画面で、ラウンドは四捨五入と訳されています）

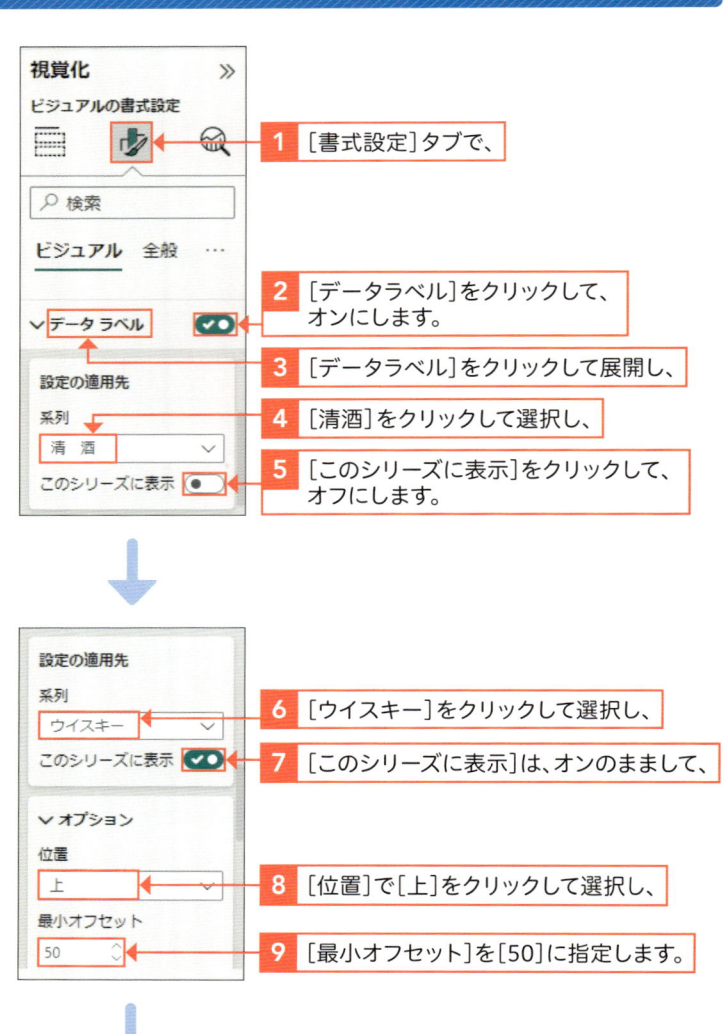

1 [書式設定]タブで、

2 [データラベル]をクリックして、オンにします。

3 [データラベル]をクリックして展開し、

4 [清酒]をクリックして選択し、

5 [このシリーズに表示]をクリックして、オフにします。

6 [ウイスキー]をクリックして選択し、

7 [このシリーズに表示]は、オンのままして、

8 [位置]で[上]をクリックして選択し、

9 [最小オフセット]を[50]に指定します。

10 注目するウイスキーにのみにデータラベルが表示されました。

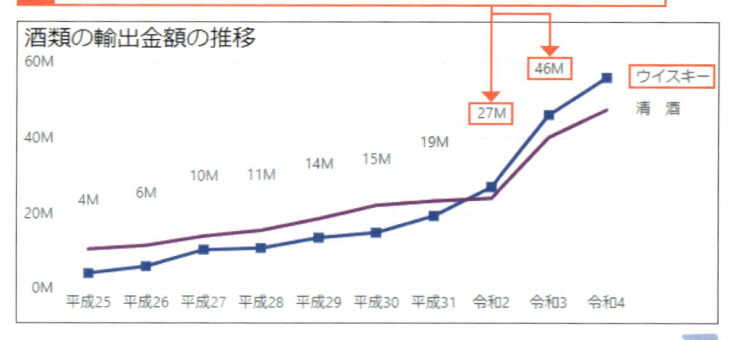

酒類の輸出金額の推移

 **解説**

データラベルに引き出し線を追加する

折れ線とデータラベルが離れている場合は、両者を引き出し線で結びます。

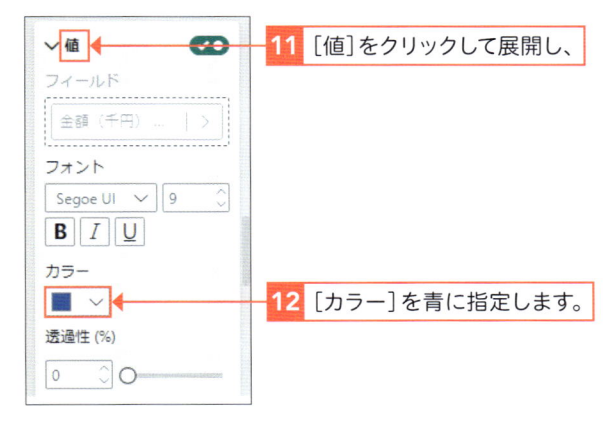

11 [値]をクリックして展開し、

12 [カラー]を青に指定します。

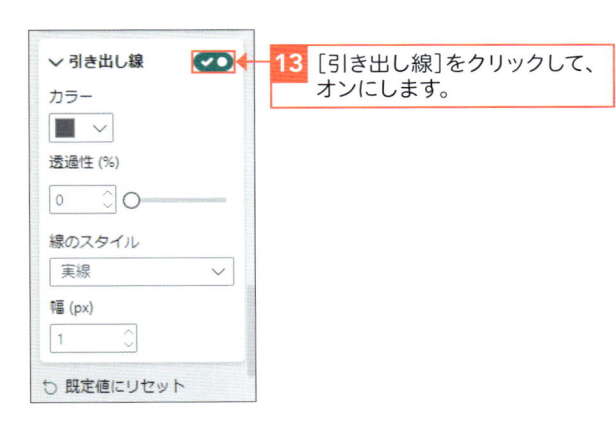

13 [引き出し線]をクリックして、オンにします。

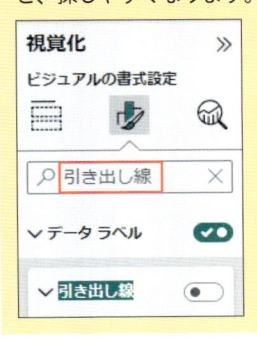

ヒント

検索ボックスを活用する

[引き出し線]が見つけにくい場合は、[書式設定]タブの検索ボックスを利用すると、探しやすくなります。

14 折れ線とデータラベルの間に[引き出し線]が追加されました。

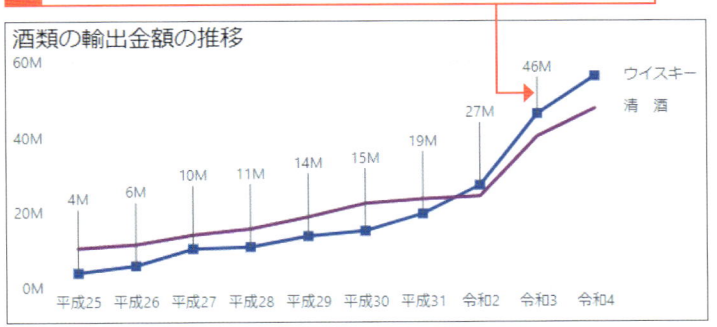

15 [Alt]と[F4]を同時に押してファイルを閉じます(保存不要)。

実践編

ビール類の販売量の推移を調べてみよう

折れ線グラフ、積み上げ面グラフ、定数線

📁 練習▶43_練習.pbix　完成▶43_練習_end.pbix

▶ 国税庁のデータを使用して分析する

国税庁によると、使用原料や麦芽使用割合により、ビールと発泡酒を区別されています。また、新ジャンル（発泡酒にスピリッツを加えたものや、麦芽・麦以外の主原料とするもの）と分類されるものもあります。ビール、発泡酒、新ジャンルの国内販売数量の移り変わりを調べてみましょう（本書では、統計上の「スピリッツ」を「新ジャンル」と置き換えています）。

●分析のテーマと作成するビジュアル

過去30年間の「ビール類の販売数量」グラフを作成します。

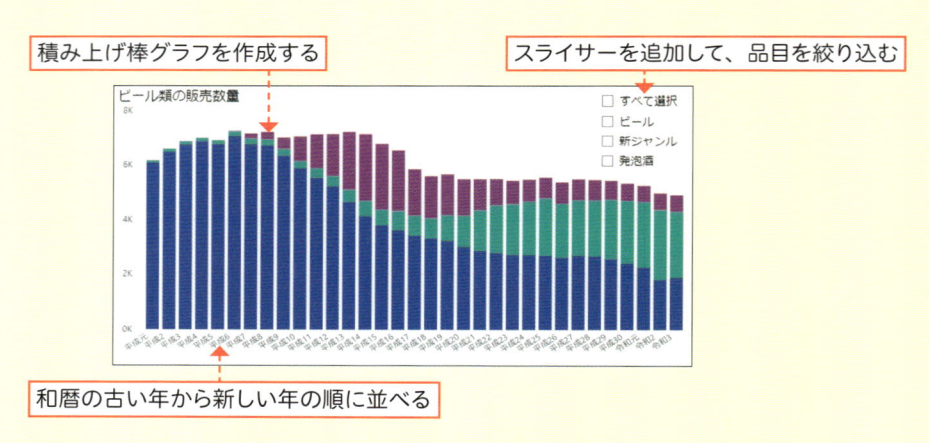

積み上げ棒グラフを作成する

スライサーを追加して、品目を絞り込む

和暦の古い年から新しい年の順に並べる

次の3つのグラフのうち、「ビール」「新ジャンル」「発泡酒」を表すのはそれぞれどれでしょう？

 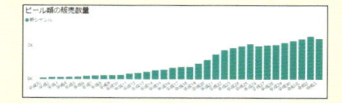 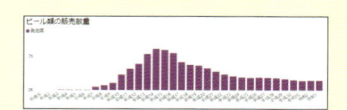

●使用するデータ

セクション33で準備した［国内販売数量］データを使用します。
データの出典や加工の詳細は第5章を参照してください。

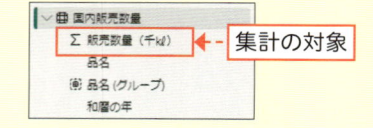

集計の対象

① 分析対象の品名を絞り込む

解説

操作を開始する

練習フォルダの「43_練習.pbix」をダブルクリックして開きます。このファイルには、セクション33で整備したデータが読み込まれています。

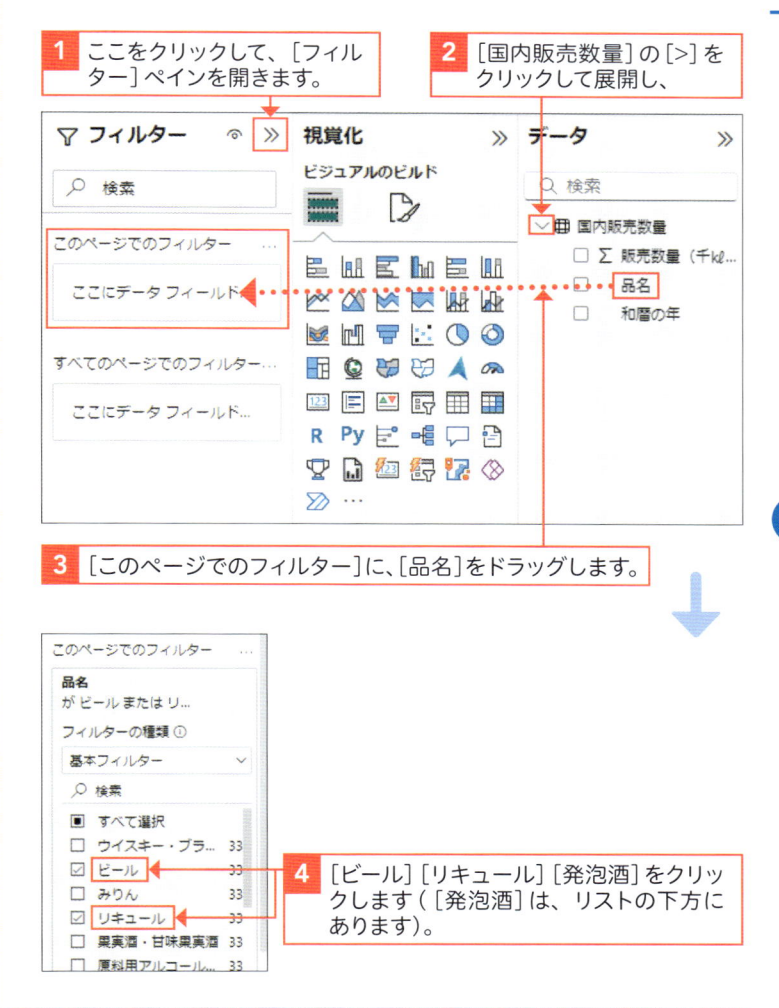

1 ここをクリックして、[フィルター]ペインを開きます。

2 [国内販売数量]の[>]をクリックして展開し、

3 [このページでのフィルター]に、[品名]をドラッグします。

4 [ビール][リキュール][発泡酒]をクリックします（[発泡酒]は、リストの下方にあります）。

② 積み上げ棒グラフを作成する

解説

フィールドを指定する

「平成元年から令和3年までの、ビール類の販売数量の推移」を分析します。
フィールドを次のように指定します。
・集計の対象　：[販売数量]
・ディメンション：[和暦の年]
さらに、2つ目のディメンションの[品名]で詳細化（色分け）します。

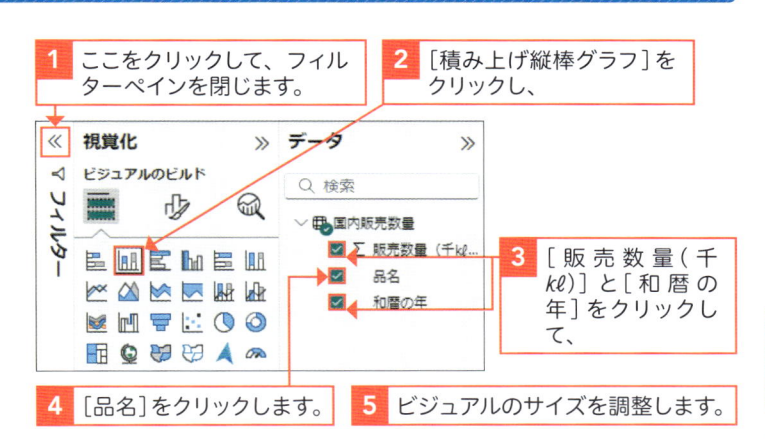

1 ここをクリックして、フィルターペインを閉じます。

2 [積み上げ縦棒グラフ]をクリックし、

3 [販売数量(千kℓ)]と[和暦の年]をクリックして、

4 [品名]をクリックします。

5 ビジュアルのサイズを調整します。

③ 既定の並び順を変更する

💬 解説

既定の並べ順を確認する

棒グラフの既定の並び順は、集計対象の値である、販売数量の多い順（降順）に表示されます。

ここでは、時系列の推移を分析するため、[和暦の年]の「古い→新しい」順（昇順）に並べ替えます。

✏️ 補足

テキスト型のフィールドで並べ替える

右のビジュアルの並べ替え後のX軸を見ると、平成2や平成3、平成元などが、平成10、平成11より右側に並んでいることがわかります。

これは、[和暦の年]は、テキスト型のフィールドであり、テキスト型の値の昇順／降順は、値の左側から1文字ずつ比較して大小が評価されることが原因です。

例1：共に2桁の場合

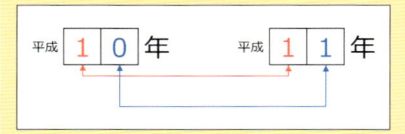

1文字目が等しいときは、2文字目の大小を比較する
2文字目が「0<1」なので、右側の「平成11年」が大きいと判断する

例2：桁数が異なる場合

1文字目が「2>1」なので、左側の「平成2年」が大きいと判断する
1文字目が異なれば2文字目は調べない

1 ビジュアルの[その他オプション]をクリックし、

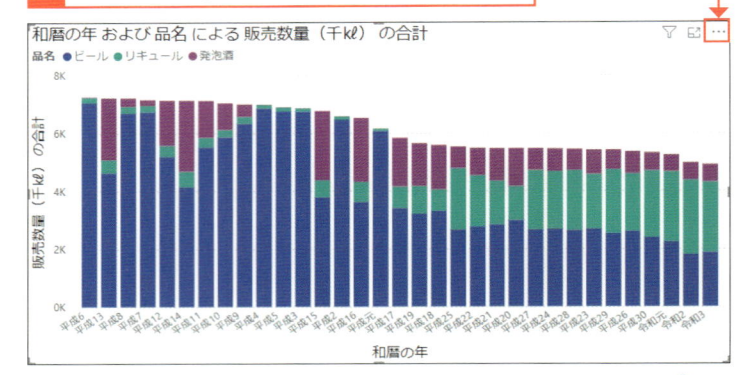

2 [軸の並べ替え]で[和暦の年]をクリックします。

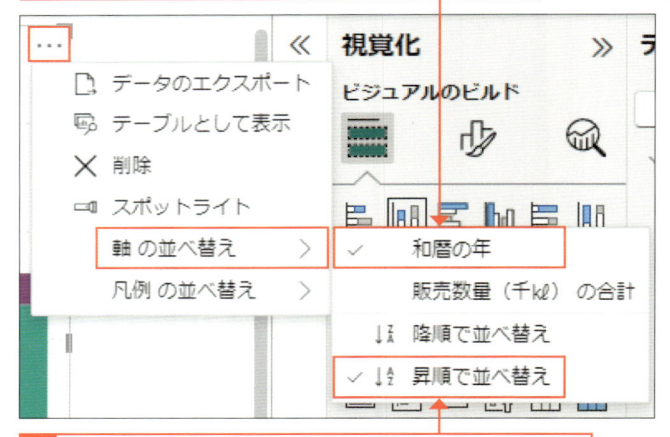

3 もう一度[その他オプション]をクリックし、[軸の並べ替え]で[昇順に並べ替え]をクリックします。

4 [和暦の年]の昇順に並べ替えられました。

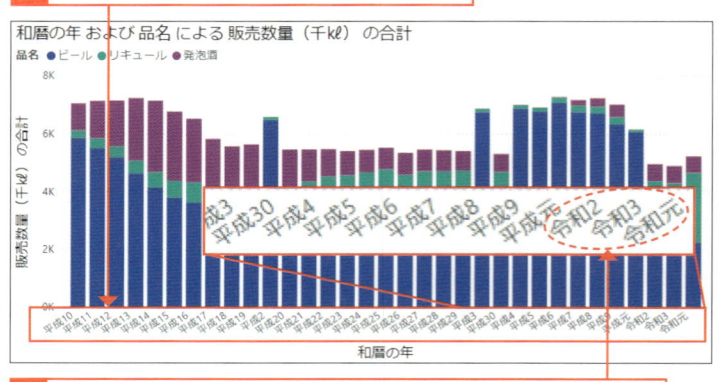

5 よく見ると和暦の順が適切ではありません（例 右端の令和）。

④ 西暦のデータを組み合わせる

解説

**西暦のデータで並び順を
指定する**

X軸を正しい並び順で表示するために、
西暦を使って並べ替えを指定します。
既に読み込まれているテーブルには、西
暦の列が存在しないので、別のファイル
にある[西暦]のデータを組み合わせて使
用します。

1 [ホーム]タブの[データを
取得]をクリックし、

2 [テキスト/CSV]を
ダブルクリックします。

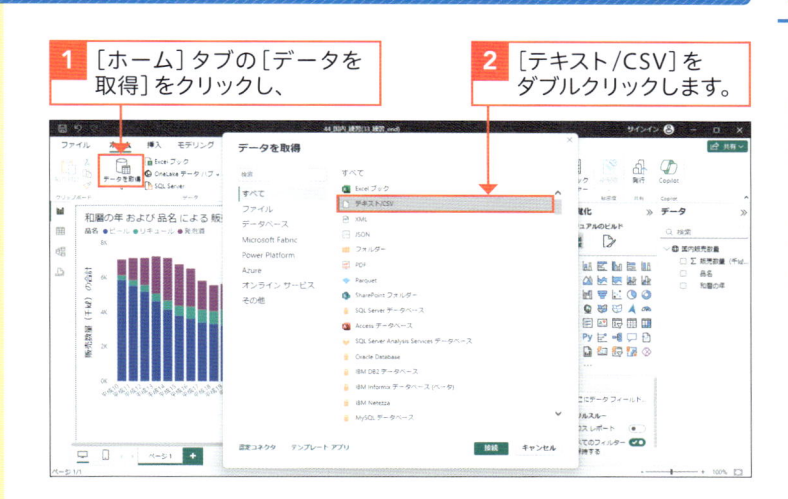

3 練習フォルダーのChapter07の
[和暦西暦変換.csv]をダブルクリックし、

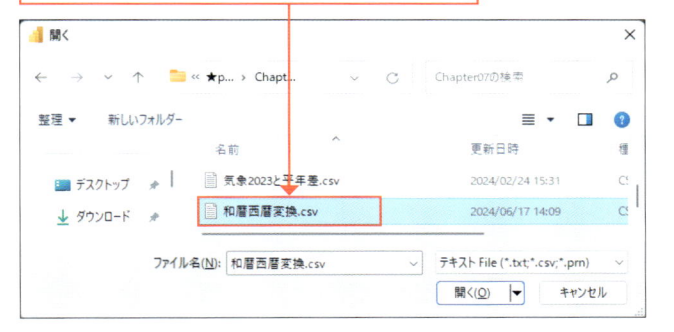

4 [和暦西暦変換.csv]に、[和暦]と[西暦]の2列が
あることを確認します。

5 [読み込み]をクリックします。

💬 解説

モデルビューを使用してリレーションシップを作成する

複数のテーブルを、共通の値を持つ列を介して、組合せます。

ここでは、[国内販売数量]テーブルの[和暦の年]列と、[和暦西暦変換]テーブルの[和暦]列を指定して、新しいリレーションシップを作成します。

6 モデルビューをクリックして開きます。

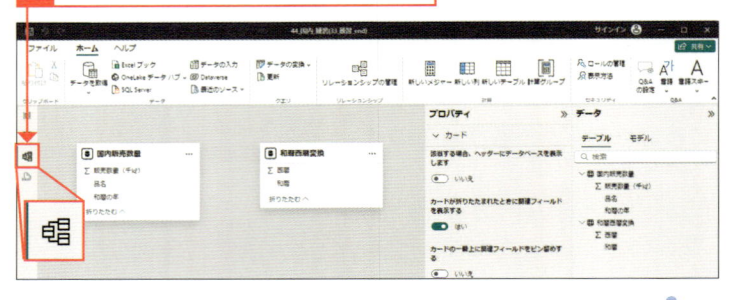

7 [和暦の年]をテーブルの[和暦]の上にドラッグします。

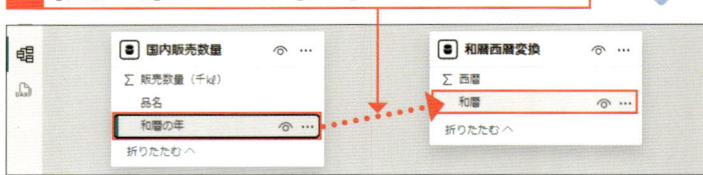

8 [新しいリレーションシップ]画面で、自動作成の設定を確認します。

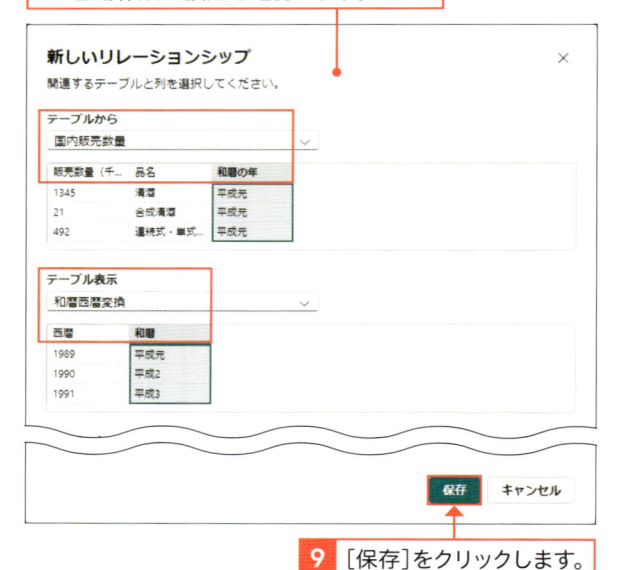

9 [保存]をクリックします。

10 モデルビューで、リレーションシップを再度確認します。

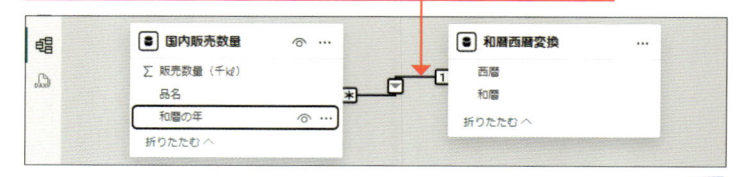

解説

［列で並べ替え］機能を使用して並べ替える

テーブルビューで、［列ツール］タブの別の列のコンテンツで並べ替える機能を使用し（詳細はセクション27の186ページ参照）、並び順を判断する列に［西暦］を指定します。

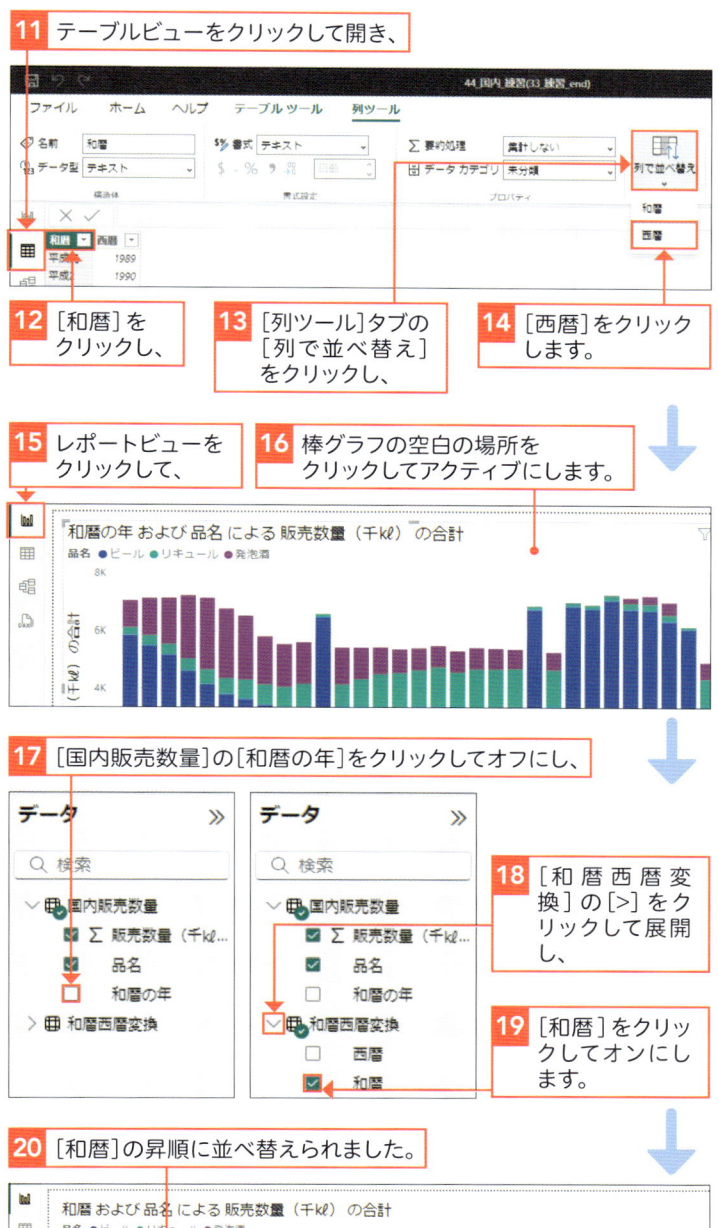

11 テーブルビューをクリックして開き、

12 ［和暦］をクリックし、

13 ［列ツール］タブの［列で並べ替え］をクリックし、

14 ［西暦］をクリックします。

15 レポートビューをクリックして、

16 棒グラフの空白の場所をクリックしてアクティブにします。

17 ［国内販売数量］の［和暦の年］をクリックしてオフにし、

18 ［和暦西暦変換］の［>］をクリックして展開し、

19 ［和暦］をクリックしてオンにします。

20 ［和暦］の昇順に並べ替えられました。

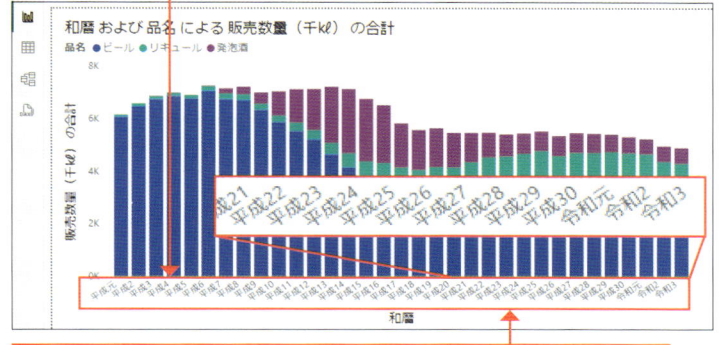

21 「平成元」から「令和3」まで、和暦の順に、適切に並んでいます。

⑤ 「リキュール」の表示名を「新ジャンル」に変更する

💬 解説

凡例の値の表示を変更する

国税庁から入手したテーブルには、［品名］＝「リキュール」の値が含まれています。

ここでは、「リキュール」を「新ジャンル」とみなし、凡例にも「新ジャンル」と表示させます。

1 テーブルビューをクリックして開き、

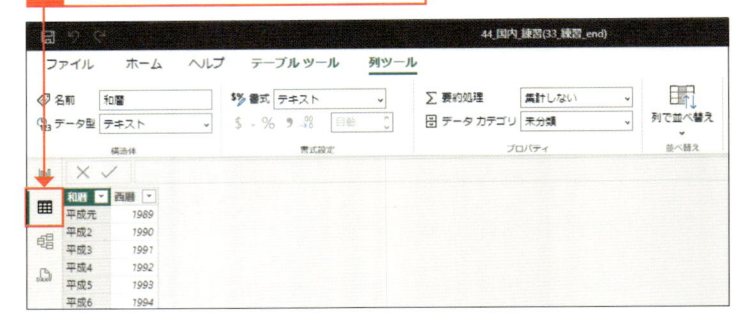

2 データペインで、［国内販売数量］の［品名］をクリックして、

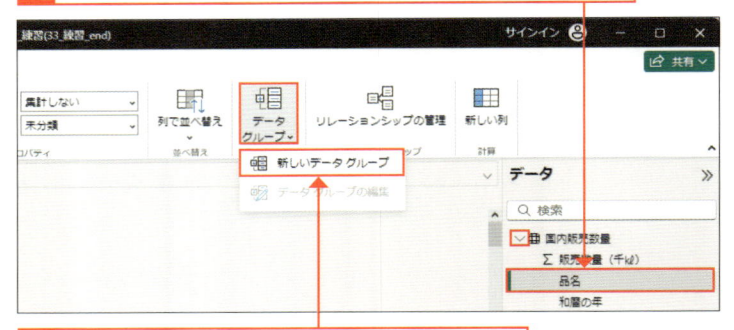

3 ［データグループ］の［新しいデータグループを作成する］をクリックします。

💬 解説

［データグループ］機能を使用する

データビューで、［列ツール］タブの［データグループ］機能を使用し（詳細はセクション27の181～184ページ参照）、実際の値「リキュール」を、別の名前「新ジャンル」に置き換えて、レポートビューで使用できるようにします。

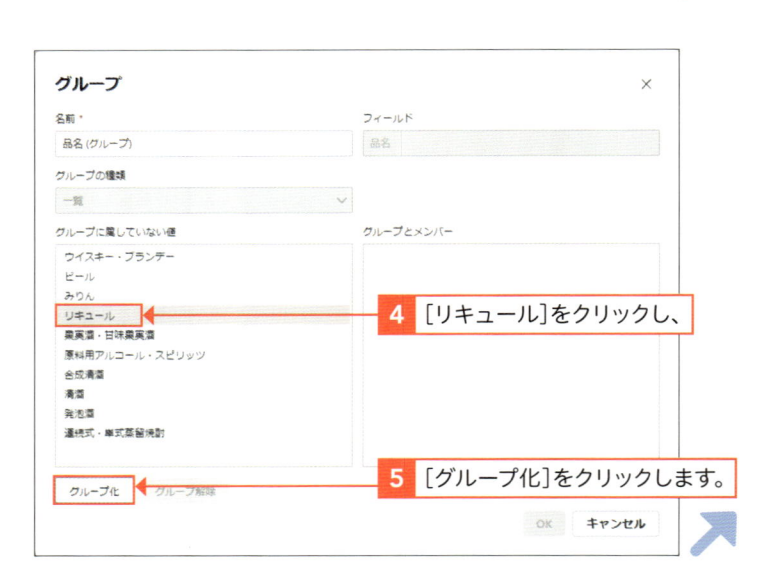

4 ［リキュール］をクリックし、

5 ［グループ化］をクリックします。

**解説**

1つの値で1つのグループを作成する

［データグループ］機能は、本来は、複数の値をまとめてグループを作成し、そのグループに名前を付けてレポートビューで使用する機能です。ここでは、この機能を応用して、単独の値でグループを作成し、そのグループにレポートビューで使用したい名前を付けて、ビジュアルの凡例に反映します。

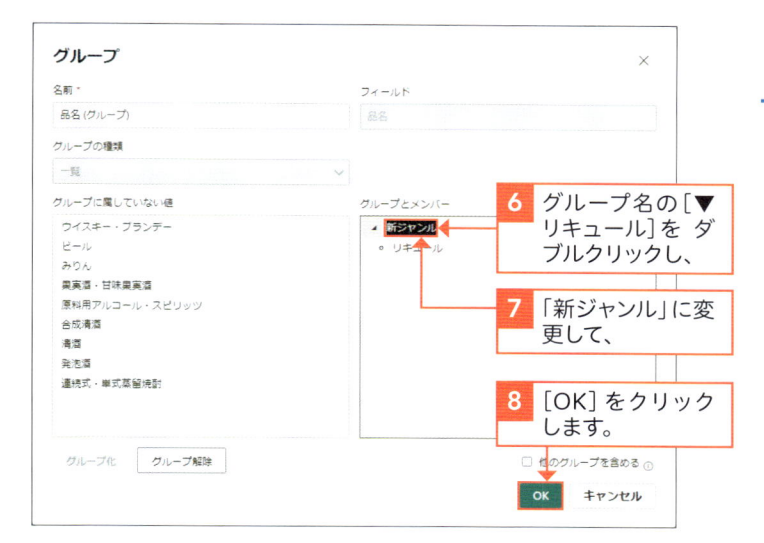

6 グループ名の［▼リキュール］を ダブルクリックし、

7 「新ジャンル」に変更して、

8 ［OK］をクリックします。

9 レポートビューをクリックします。

10 棒グラフの空白の部分をクリックしてアクティブにし、

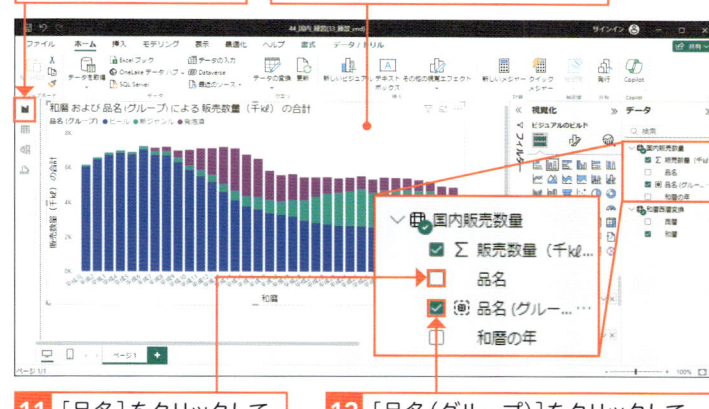

11 ［品名］をクリックしてオフにし、

12 ［品名（グループ）］をクリックして、オンにします。

13 「新ジャンル」と表示されるようになりました。

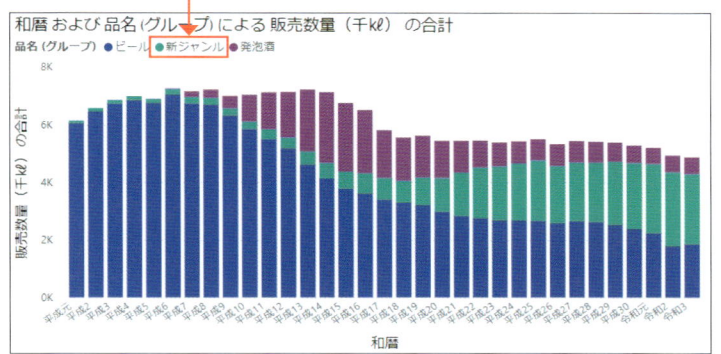

和暦 および 品名（グループ）による 販売数量（千㎘）の合計

14 タイトルを「ビール類の推移」に変更します（274ページ参照）。

⑥ スライサーを追加する

💬 **解説**

積み上げ棒グラフの
範囲を絞り込む

スライサーを使用して、「品名（グループ）」を指定します。同じページ内に、指定する品名の国内販売数量を棒グラフで表示します。

1 ［ホーム］タブの［新しいビジュアル］をクリックし、

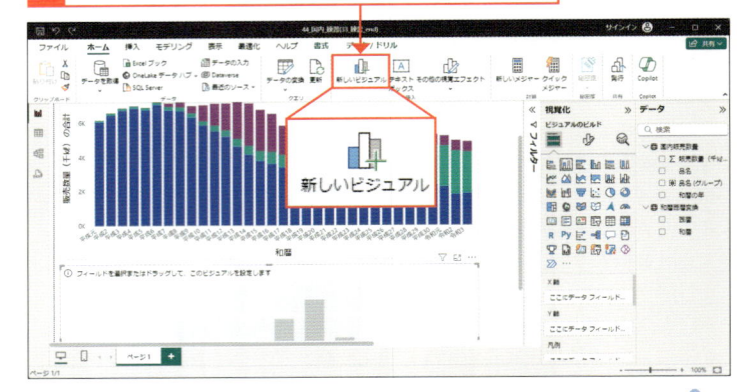

2 ビジュアルのサイズを整え、棒グラフの右上に配置します。

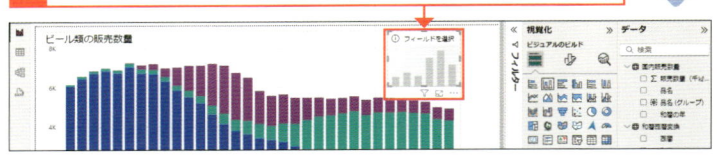

3 ［スライサー］をクリックして、　　**4** ［品目（グループ）］を
クリックします。

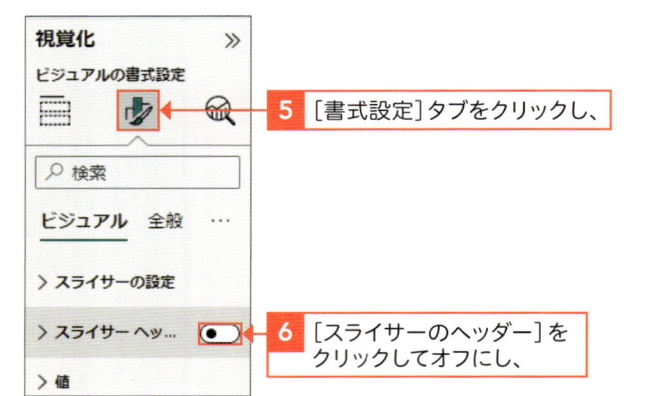

💬 **解説**

スライサーの動作や外観を
設定する

3種類の品名を1つ、または複数個選択できるようにします。このとき、Ctrl を使用せずに複数選択できるようにします。

スライサーのサイズを調整し、棒グラフの右上に配置します。また、スライサーのヘッダーの「品目」は非表示にします。

視覚化 »

ビジュアルの書式設定

5 ［書式設定］タブをクリックし、

🔍 検索

ビジュアル 全般 …

> スライサーの設定

> スライサー ヘッ… ⬤　**6** ［スライサーのヘッダー］を
クリックしてオフにし、

> 値

解説

要素の重なりの順序を指定する

常に、スライサーが棒グラフの前面に表示されるようにします。スライサーに対して、[レイヤーの順序の維持]を設定しておくと、棒グラフをクリックした時も、スライサーの表示は維持されます。

補足

ビジュアルを使ってデータを読む

過去約30年間の、各品目ごとの販売数量の推移は、読者の皆さんが予想していた通りでしたか？

ビールは減少の一途をだとり、新ジャンルは、ここ10年で伸びてきています。

発泡酒は、平成10～17年位までは、活況でしたが、酒税の引き上げが原因なのか？　最近は新ジャンルに押され気味であることがわかります。

7 [スライサーの設定]を展開して、[選択項目]で、

8 [Ctrlキーで複数選択]をクリックしてオフにし、

9 [すべて選択]オプションをクリックしてオンにします。

10 [検索ボックス]に[レイヤー]と入力し、

11 検索結果の[レイヤーの順序の維持]をクリックしてオンにします。

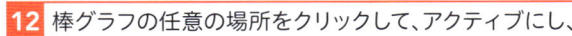

12 棒グラフの任意の場所をクリックして、アクティブにし、

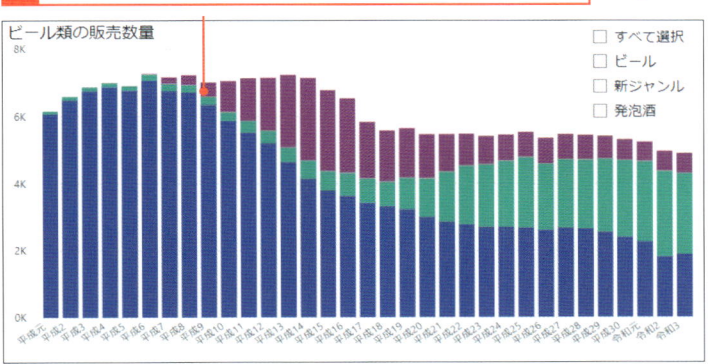

13 [Alt]と[F4]を同時に押してファイルを閉じます（保存不要）。

補足 品目ごとの推移を調べる

スライサーの各品目をクリックしてチェックをオンにし、それぞれの販売数量の推移を確認します。

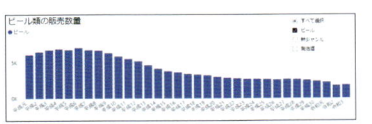
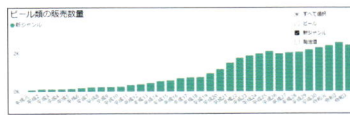
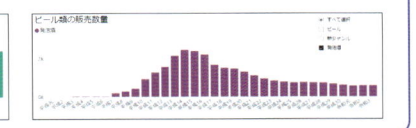

01 | レポートのテーブルに 詳細な書式を設定する

ここで学ぶこと

・ビジュアルのサイ
　ズやテーブルの列
　サイズの調整
・プリセット機能

セクション13で作成したシンプルなテーブルに対して、表示幅を調整したり、プリセット機能を使用して、見出しや罫線などを追加します。マウスのワンクリック操作で、複雑な設定を簡単に行うことができます。

練習▶Appendix_練習.pbix

① ビジュアルのサイズを変更する

🗨 解説

ビジュアルの横幅を大きくする

ビジュアルのサイズ（アクティブにしたときに、上下左右にハンドルが表示される範囲）を変更します。

変更の方法は、2通りあります。
1つは、［書式設定］の［プロパティ］に、数字でサイズを指示する方法で、
もう1つは、ビジュアルの周囲に表示されるハンドルを、直接ドラッグ＆ドロップして幅を広げる方法です。

前者は、複数のビジュアルを作成するとき、サイズの統一が容易です。
後者は、直観的に調整できます。

練習フォルダーのAppendix_練習.pbixをダブルクリックして開き、キャンバスのテーブルの任意の場所をクリックしてアクティブにします。

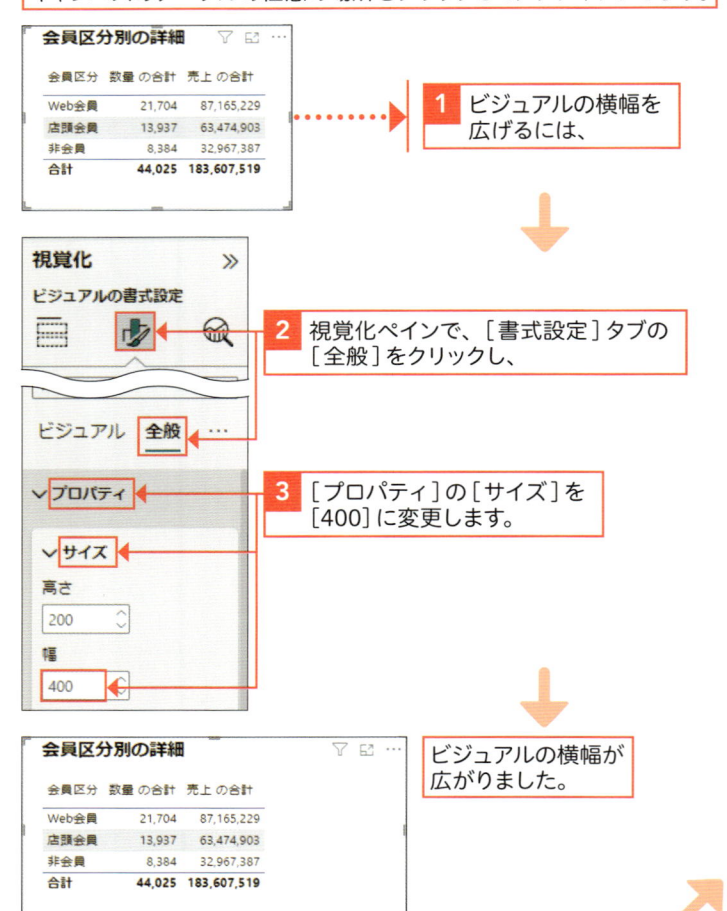

1 ビジュアルの横幅を広げるには、

2 視覚化ペインで、［書式設定］タブの［全般］をクリックし、

3 ［プロパティ］の［サイズ］を［400］に変更します。

ビジュアルの横幅が広がりました。

テーブルの各列の横幅を広げる

列ごとに列ヘッダーに表れるアイコンを使用して列幅を調整できます。
併せて、[書式設定]タブの[列見出し]の[オプション]で、「列の自動サイズ調整」の有効/無効を切り替えることができます。

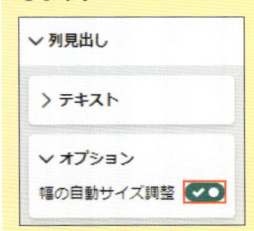

プリセット機能を利用する

スタイルのプリセットには、ヘッダーや罫線のパターンが、10種類用意されています。ワンクリックで外観を変更することができます。各自、いろいろ試してみてください。
以下使用例をいくつか示します。

なし

会員区分	数量 の合計	売上 の合計
Web会員	21,704	87,165,229
店頭会員	13,937	63,474,903
非会員	8,384	32,967,387
合計	44,025	183,607,519

最小

会員区分	数量 の合計	売上 の合計
Web会員	21,704	87,165,229
店頭会員	13,937	63,474,903
非会員	8,384	32,967,387
合計	44,025	183,607,519

文字間隔をつめる

会員区分	数量の合計	売上 の合計
Web会員	21,704	87,165,229
店頭会員	13,937	63,474,903
非会員	8,384	32,967,387
合計	44,025	183,607,519

[文字間隔をつめる]行間を狭めて表示
[スパース]は行間を広げて表示

4 列ヘッダーの[会員区分]と[数量の合計]の境界あたりにマウスポインターを近づけると、列幅調整用のアイコンが表示されます。

5 このアイコンを右にドラッグして、[会員区分]の列幅を広げます。

6 [数量の合計]や[売上の合計]の列幅も広げます。

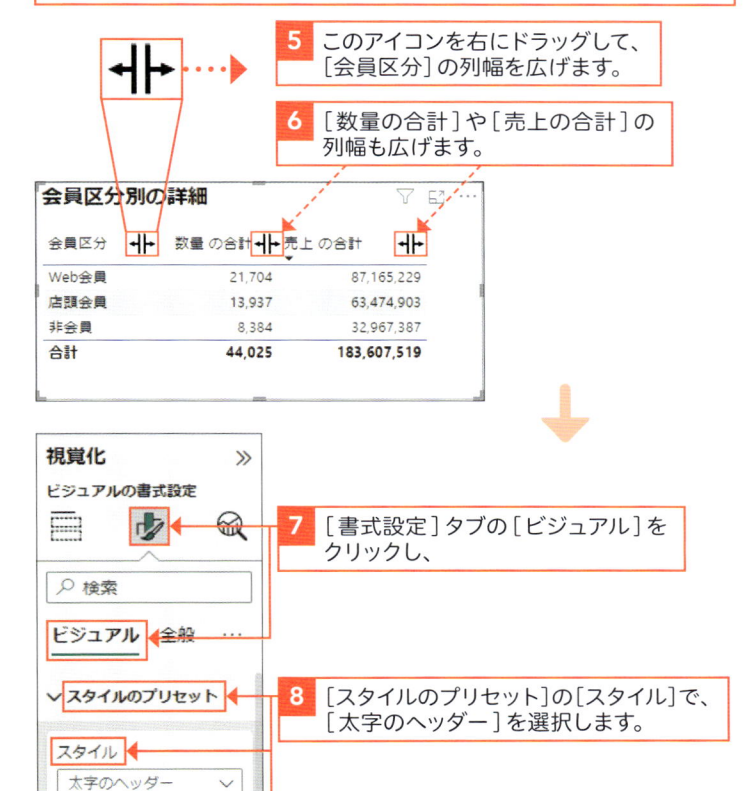

7 [書式設定]タブの[ビジュアル]をクリックし、

8 [スタイルのプリセット]の[スタイル]で、[太字のヘッダー]を選択します。

9 [列ヘッダー]の背景色が黒になり、データ行と区別しやすくなりました。

会員区分	数量 の合計	売上 の合計
Web会員	21,704	87,165,229
店頭会員	13,937	63,474,903
非会員	8,384	32,967,387
合計	44,025	183,607,519

02 | ビジュアル内のテーブルに配置や効果を設定する

ここで学ぶこと

・パディングの設定
・効果の設定（背景・境界線・影）

セクション19の[ページ2]で使用したテーブルを例に、ビジュアルの中で、テーブルの配置や外観を設定します。効果の設定により、ビジュアルをより見やすい外観に変更することができます。

練習▶Appendix_練習.pbix

---

① テーブルの外観を整える

解説

ビジュアルの中でのテーブルの位置を調整する

ビジュアル全体のサイズ（アクティブにしたときに、上下左右にハンドルが表示される範囲）の中で、テーブルが表示される位置を指定します。

ここでは、テーブルの左側のすき間を広げて、ビジュアルの中央にテーブルを配置します。

Apendix01で行った書式設定から続けて操作します。

1 テーブルの左側の境界線とのすき間を広げるには、

2 [書式設定]タブの[全般]で、

3 [プロパティ]の[パディング]の左側を「20」に変更します。

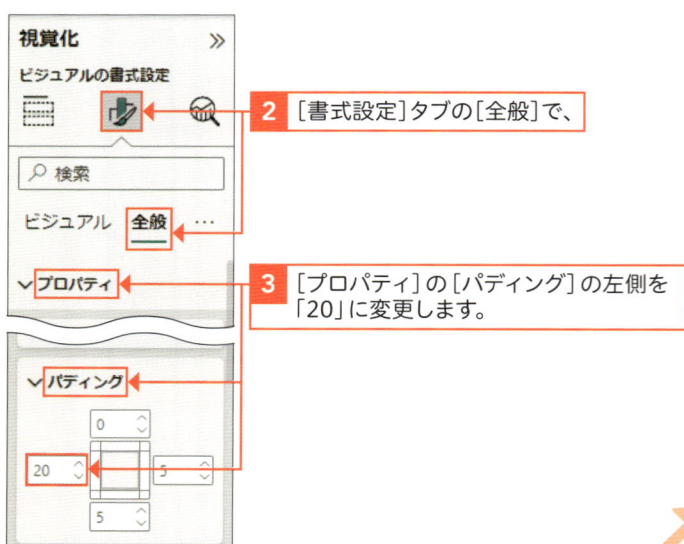

ビジュアルに背景色を設定する

ビジュアルに対する効果の設定は、[背景][視覚的な境界][影]の3種類あります。

ここでは、テーブルの背景をピンクに変更します。次のカラーパレットの中から選択します。

ビジュアルの左側のすき間が広がり、

ビジュアルの中央にテーブルが配置されました。

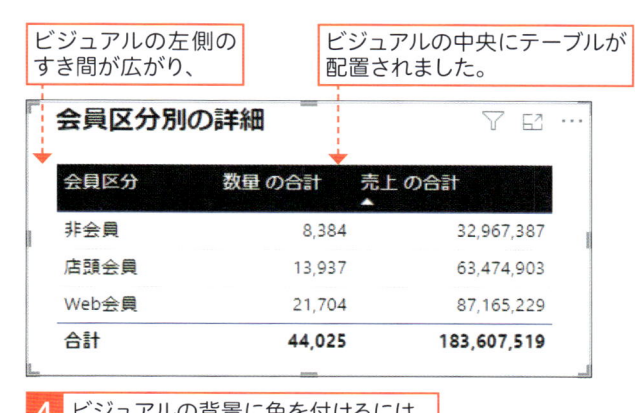

4 ビジュアルの背景に色を付けるには、

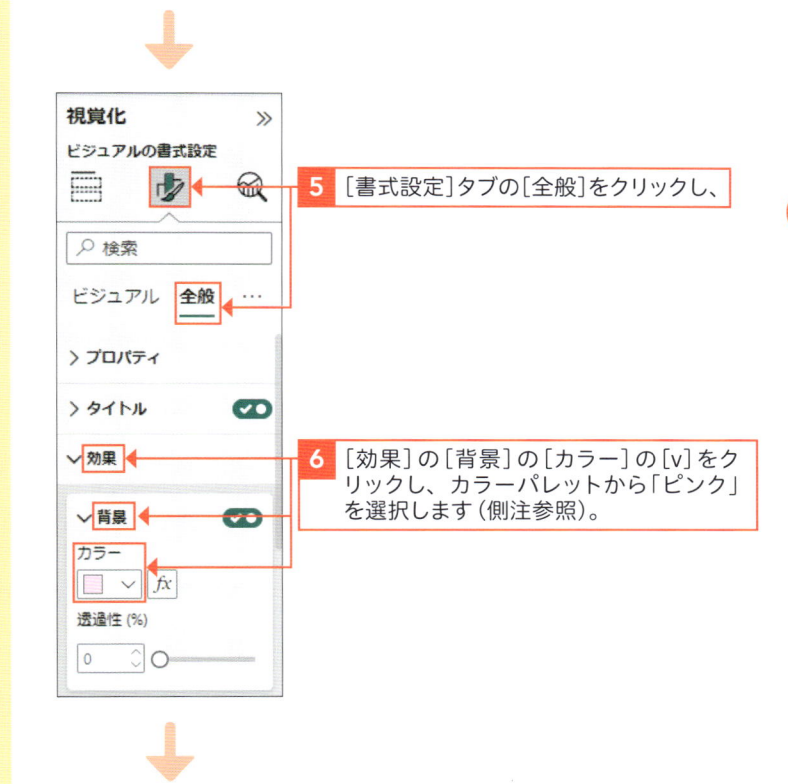

5 [書式設定]タブの[全般]をクリックし、

6 [効果]の[背景]の[カラー]の[v]をクリックし、カラーパレットから「ピンク」を選択します（側注参照）。

ビジュアルの背景が ピンクになりました。

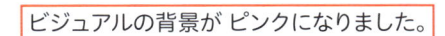

会員区分	数量 の合計	売上 の合計
Web会員	21,704	87,165,229
店頭会員	13,937	63,474,903
非会員	8,384	32,967,387
合計	44,025	183,607,519

索引

さ行

著者紹介

上村 有子（うえむら ゆうこ）

情報機器メーカーに入社後、海外で証券会社のシステム企画部門を経て、野村総合研究所に入社。在職中はグループの教育専門会社で人材育成に従事。専門領域は、Business Intelligence（BI）、Business Analysis（BA）。現在、フリーランス。福岡在住。

●著書

図解即戦力 要件定義のセオリーと実践方法がこれ1冊でしっかりわかる教科書（技術評論社）

他、エンジニア向けのコミュニケーション関連の著作やデータベース関連の技術書など。

■お問い合わせについて

本書に関するご質問については、本書に記載されている内容に関するもののみとさせていただきます。本書の内容と関係のないご質問につきましては、一切お答えできませんので、あらかじめご了承ください。また、電話でのご質問は受け付けておりませんので、必ずFAXか書面にて下記までお送りください。
なお、ご質問の際には、必ず以下の項目を明記していただきますようお願いいたします。

1　お名前
2　返信先の住所またはFAX番号
3　書名（今すぐ使えるかんたん　Power BI 完全ガイドブック）
4　本書の該当ページ
5　ご使用のOSとソフトウェアのバージョン
6　ご質問内容

なお、お送りいただいたご質問には、できる限り迅速にお答えできるよう努力いたしておりますが、場合によってはお答えするまでに時間がかかることがあります。また、回答の期日をご指定なさっても、ご希望にお応えできるとは限りません。あらかじめご了承くださいますよう、お願いいたします。

問い合わせ先

〒162-0846
東京都新宿区市谷左内町21-13
株式会社技術評論社　書籍編集部
「今すぐ使えるかんたん
Power BI 完全ガイドブック」質問係
FAX番号　03-3513-6167

https://book.gihyo.jp/116

■お問い合わせの例

FAX

1　お名前
　　技術　太郎

2　返信先の住所またはFAX番号
　　03-XXXX-XXXX

3　書名
　　今すぐ使えるかんたん
　　Power BI 完全ガイドブック

4　本書の該当ページ
　　137ページ

5　ご使用のOSとソフトウェアのバージョン
　　Windows 11
　　Power BI 2.129.1229.0

6　ご質問内容
　　解説の通りにグラフが
　　表示されない

※ご質問の際に記載いただきました個人情報は、回答後速やかに破棄させていただきます。

今すぐ使えるかんたん
Power BI 完全ガイドブック

2024年11月27日　初版　第1刷発行

著　者●上村 有子
発行者●片岡 巌
発行所●株式会社 技術評論社
　　　　東京都新宿区市谷左内町21-13
　　　　電話　03-3513-6150　販売促進部
　　　　　　　03-3513-6160　書籍編集部
装丁●田邉 恵里香
本文デザイン●ライラック
DTP●オンサイト
編集●青木 宏治
製本／印刷●株式会社シナノ

定価はカバーに表示してあります。

ISBN978-4-297-14508-8　C3055

Printed in Japan